Nginx
应用与运维实战

王小东 ◎ 著

Nginx in Action

Application and Operation

机械工业出版社
CHINA MACHINE PRESS

图书在版编目（CIP）数据

Nginx 应用与运维实战 / 王小东著 . —北京：机械工业出版社，2020.7（2024.1 重印）

ISBN 978-7-111-65992-1

I. N⋯　II. 王⋯　III. 互联网络 – 网络服务器 – 程序设计　IV. TP368.5

中国版本图书馆 CIP 数据核字（2020）第 122180 号

Nginx 应用与运维实战

出版发行：机械工业出版社（北京市西城区百万庄大街 22 号　邮政编码：100037）

责任编辑：罗词亮　　　　　　　　　　　　　责任校对：殷　虹

印　　刷：北京捷迅佳彩印刷有限公司　　　　版　　次：2024 年 1 月第 1 版第 6 次印刷

开　　本：186mm×240mm　1/16　　　　　　印　　张：27.75

书　　号：ISBN 978-7-111-65992-1　　　　　定　　价：109.00 元

客服电话：（010）88361066　68326294

为什么写这本书

在互联网与我们生活已密不可分的今天，大规模、高性能的网站架构技术已成为每个互联网技术人员的必备技能。Nginx 作为一款开源的 Web 服务器软件，因其具有性能稳定、高并发、低内存耗用、高性能的处理能力等特点，而被广泛应用到国内外各互联网厂商的实际生产架构中。由于互联网技术迭代非常快，云计算、微服务等新技术层出不穷，Nginx 也一直处于活跃开发的状态，并在新版本中增加了很多强大的功能，与这些新技术紧密集成。同时基于其开源版本衍生出来的 OpenResty 和淘宝的 Tengine 等软件也根据自身需求提供了优秀的扩展功能，满足了云计算、微服务等各种技术的应用需求，并在实际生产环境中得到了广泛应用。

作为一款 Web 服务器软件，Nginx 实现了 Web 服务器的基本功能，用户通过简单的配置指令就可以快速完成 Web 服务器的搭建。它还是网络通信协议处理软件，支持 TCP/UDP、HTTP、HTTP/2、gRPC、FastCGI、SCGI、uWSGI、WebDAV 等协议的处理，并实现了相应通信协议的请求解析、长连接、代理转发、负载均衡、会话保持等互联网架构中常见的应用功能。同时，它还是一款高并发服务软件，其采用的固定数量的多进程模型、事件驱动处理机制、工作流处理方式及模块化架构等软件开发设计，已成为高并发服务软件开发的典范。

Nginx 自诞生至今已有十几年时间，虽然相关资料很多，但国内可获得的资料很多是直接翻译自官方文档，这些资料让读者只是停留在知其然而不知其所以然的层面，即便有深入讲解某一功能的资料，也仅能让读者管中窥豹，而无法全面了解 Nginx 的功能并在实际工作中熟练应用。市面上的图书或偏重于 Nginx 服务器的搭建，或偏重于 Nginx 的源码解析，同时 Nginx 的新版本及云计算、微服务等新技术迭代较快，这就导致市面上介绍 Nginx 最新技术实际应用及运维管理的资料稀少。而 Nginx 的用户只有理解了 Nginx 的各项指令参数的功用，才能熟练对 Nginx 的各种功能进行灵活组合，以使其发挥最高的性能，进而在实际工作中解决各种问题。鉴于以上原因，本书分别从 Nginx 介绍、应用实战、运维管理及与 Kubernetes 和微服务的应用集成 4 个部分来介绍 Nginx 的特点及运维管理实战经验，力求给从事互联网技术工作的读者带来帮助。

读者对象

本书的目标群体为具有一定 Linux 基础的互联网行业运维工程师、系统架构师。因为 Nginx 可应用于 Web 服务、负载均衡、微服务等多个方面，所以本书也可作为开发工程师及软件架构师的日常工作参考书。

本书特色

本书对开源版 Nginx 自有的配置指令进行了全面介绍和配置举例，同时力求对涉及的技术术语及其原理进行阐述，使读者可以深刻理解和掌握 Nginx 配置指令的配置方法。Nginx 是一款网络通信协议处理软件，涉及大量网络通信协议的处理方法，对于本书中每个涉及网络通信协议的配置，笔者都对相关技术特点进行了介绍，使读者可以结合配置案例掌握 Nginx 在不同应用场景下的使用方法。全书所涉及的软件部署均采用了 Docker 化的部署方法，不仅充分利用了 Docker 容器的便捷部署方式，还满足了目前容器化运维管理工作的技术需求。

Nginx 现仍处于活跃开发中，本书基于 Nginx 最新版本及官方资料撰写，对 Nginx 开源版本最新功能进行了完整介绍，还介绍了 Nginx 与目前比较流行的 Kubernetes 和微服务架构应用的集成。

如何阅读本书

Nginx 是一款非常优秀的开源软件，笔者主要基于自身实际使用 Nginx 的经验来分享 Nginx 的应用和运维方法。本书在逻辑上可分为 4 个部分，分别为 Nginx 介绍、应用实战、运维管理，以及 Nginx 与 Kubernetes、微服务的应用集成。

第一部分　Nginx 介绍（第 1～4 章）

第 1 章　Nginx 概述

Nginx 的第一个版本发布于 2004 年，经过多年的发展，逐渐演变出 Nginx、Nginx Plus、Tengine、OpenResty 这 4 个被广泛应用的版本。本章分别介绍了这 4 个版本各自的特点，并通过对开源 Nginx 架构的特点及实现原理的介绍，使读者对 Nginx 的功能有初步的了解。

第 2 章　Nginx 编译及部署

Nginx 是用 C 语言开发的，需要通过对源代码进行编译才能获得可运行的二进制文件。

本章介绍了 Nginx 开源版本的编译配置参数及 Tengine、OpenResty 两个版本的扩展编译配置参数和所集成的模块，同时介绍了各个开源版本的编译和基于 Docker 的编译部署方法。

第 3 章　Nginx 核心配置指令

Nginx 的配置是通过在配置文件中调整不同配置指令的指令值实现的。本章介绍了 Nginx 配置文件的目录结构及主配置文件 nginx.conf 的文件结构，并对 Nginx 的进程及 HTTP 核心配置的配置指令进行了介绍和配置举例。

第 4 章　Nginx HTTP 模块详解

Nginx 的 HTTP 模块配置指令主要负责 HTTP 请求处理的配置。本章介绍了 Nginx 在动态赋值、访问控制、数据处理这 3 个方面的配置指令和配置举例。

第二部分　应用实战（第 5～8 章）

第 5 章　Nginx Web 服务应用实战

Nginx 的一个基本功能是作为 Web 服务器提供 HTTP 服务，它支持对静态页面、动态脚本页面、多媒体等文件的响应和处理。本章通过静态文件服务器、HTTPS 安全服务器、PHP 网站搭建、Python 网站搭建等实战案例，介绍了 Nginx 作为 Web 服务的应用实战。

第 6 章　Nginx 代理服务应用实战

Nginx 支持 HTTP、TCP、gRPC 等多种协议的代理，通过上述代理功能，后端服务器可实现更灵活安全的部署。本章通过实战案例介绍了 Nginx 代理相关配置指令的使用方法及需要关注的客户端源 IP 问题的解决方案。

第 7 章　Nginx 缓存服务应用实战

内容缓存是加速用户访问的常用技术。本章介绍了 Nginx 缓存模块的配置指令，并通过客户端缓存、代理缓存、镜像缓存及 Memcached 集成等应用场景配置案例，介绍了 Nginx 作为缓存服务器的应用实战。

第 8 章　Nginx 负载均衡应用实战

Nginx 通过上游模块与代理模块共同实现了对后端服务器的访问负载功能，Nginx 支持 HTTP、TCP/UDP、gRPC、FastCGI、uWSGI、SCGI、Memcached 等协议的反向代理。本章详细介绍了 Nginx 负载均衡相关的配置指令和官方自带的负载均衡算法及实现原理。

第三部分　运维管理（第 9～11 章）

第 9 章　Nginx 日志管理

Nginx 的日志分为访问日志和错误日志两种。日志的收集和分析是日常运维工作的重要内容，日志不仅可以帮助运维工程师排查 Nginx 的问题及优化 Nginx 的性能，还可以通过与 ELK 集成为其代理的网站应用提供安全、性能、可用性及运行的 PV/UV 等方面的数据，通过对这些数据进行不同维度的分析，可以了解如何提升网站应用的运维能力。

第 10 章　Nginx 监控配置及管理

在 Nginx 的日常运维管理工作中，Nginx 的监控管理是一项重要的工作，但开源版本 Nginx 自带的监控数据采集能力相对较弱。本章介绍了开源 Nginx 与第三方模块集成的方法，这些方法增强了 Nginx 的监控数据采集能力。本章还介绍了目前流行的监控工具 Prometheus 对 Nginx 服务器的监控、告警方法。另外还举例介绍了监控工具 Zabbix 获取 Prometheus Exporter 数据，以便在运维管理工作中实现统一化监控管理的方法。

第 11 章　Nginx 集群负载与配置管理

高业务量的互联网应用架构中，通常都是通过多组 Nginx 集群实现后端不同应用服务 集群负载均衡的，本章介绍了基于 Keepalived 的 Nginx 集群的多层负载架构搭建，并举 例介绍了通过现有的开源软件 Jenkins、GitLab 和 Ansible 组合，快速搭建一套 Web 化的 Nginx 集群配置管理框架的方法。

第四部分　Nginx 与 Kubernetes、微服务的应用集成（第 12～13 章）

第 12 章　Nginx 在 Kubernetes 中的应用

Kubernetes 是 Google 开源的分布式容器管理系统，它实现了对容器的部署、网络管 理、负载调度、节点集群和资源的扩缩容等自动化管理功能。在该服务对外发布的方案中， Nginx 以 Nginx Ingress 组件的方式为 Kubernetes 集群的 Pod 应用提供了访问控制、认证 管理、应用层代理、负载均衡等功能，使 Kubernetes 对集群中运行于容器的应用程序具有 更灵活的应用层，以提供对外访问的管理能力。本章介绍了 Kubernetes 的相关术语及网络 通信机制，读者可通过相关网络通信机制根据实际需求选择 Nginx Ingress 的部署方式，并 通过本章介绍的配置映射和注解这两种不同的配置方式实现日常 Nginx Ingress 的配置管理 工作。

第 13 章　Nginx 在微服务架构中的应用

近几年，微服务架构技术发展迅猛，已成为目前主流的应用架构技术。在微服务架构 中，Nginx 也在微服务网关等微服务的核心组件中发挥着重要的作用。本章从软件发展历史 的角度介绍了对微服务架构的认识，并举例介绍了基于 OpenResty 的开源微服务网关软件 Kong 作为微服务网关的应用配置方法。

勘误和支持

由于笔者的水平有限，书中难免存在不足或疏漏之处，在此恳请读者朋友批评和指正。 你可以将异议发布到本书的支持网站 http://www.nginxbar.com，笔者将尽量在线上为你提供 满意的答复。如果你有更多的宝贵意见，也欢迎发送邮件至 yfc@hz.cmpbook.com。非常感 谢你对本书的支持。

致谢

感谢 Nginx 的作者及其团队，他们提供了一个如此优秀且应用广泛的开源项目，并使 该项目一直处于活跃开发状态，且不断创新，拥抱新技术，为我们持续提供日益强大的互联网络通信协议解决方案。

感谢 OpenResty 的作者章亦春，他将 Lua 语言以模块的方式嵌入 Nginx 中，极大地扩展了 Nginx 的可编程性，降低了 Nginx 功能扩展的难度，给 Nginx 用户的日常使用带来了极大的便利。

感谢网络中不吝分享知识的众多朋友，大家分享的资料补充了笔者个人技术的短板，矫正了笔者诸多细节上的不妥之处，给本书的写作带来了极大的帮助。

感谢机械工业出版社的编辑杨福川，感谢他在笔者创作本书过程中给予的指导和帮助。

感谢在工作和生活中给予笔者帮助的家人及朋友，是你们的理解和支持让我能够完成本书的写作。

王小东

目 录 *Contents*

第 1 章 *Chapter 1*

Nginx 概述

Nginx（发音同"engine x"）是一个高性能的反向代理和 Web 服务器软件，最初是由俄罗斯人 Igor Sysoev 开发的。Nginx 的第一个版本发布于 2004 年，其源代码基于双条款 BSD 许可证发布，因其系统资源消耗低、运行稳定且具有高性能的并发处理能力等特性，Nginx 在互联网企业中得到广泛应用。Nginx 是互联网上最受欢迎的开源 Web 服务器之一，它不仅提供了用于开发和交付的一整套应用技术，还是应用交付领域的开源领导者。Netcraft 公司 2019 年 7 月的统计数据表明，Nginx 为全球最繁忙网站中的 25.42% 提供了服务或代理，进一步扩大了其在主机域名领域的占有量，新增 5220 万个站点，总数达 4.4 亿个，市场占有率已经超过 Apache 4.89%。得益于近几年云计算和微服务的快速发展，Nginx 因在其中发挥了自身优势而得到广泛应用，且有望在未来占有更多的市场份额。

2019 年 3 月，著名硬件负载均衡厂商 F5 宣布收购 Nginx，Nginx 成为 F5 的一部分。F5 表示，将加强对开源和 Nginx 应用平台的投资，致力于 Nginx 开源技术、开发人员和社区的发展，更大的投资将为开放源码计划注入新的活力，会主办更多的开放源码活动，并产生更多的开放源码内容。

1.1　Nginx 的不同版本

作为最受欢迎的 Web 服务器之一，Nginx 自 2004 年发布以来已经得到很多互联网企业的应用。官方目前有 Nginx 开源版和 Nginx Plus 商业版两个版本，开源版是目前使用最多的版本，商业版除了包含开源版本的全部功能外，还提供了一些独有的企业级功能。Nginx 在国内互联网企业中也得到了广泛应用，企业在实际使用中会根据自身的需求进行相应的扩展和增强。目前国内流行的 Nginx 主要有两个开源版本，分别是由淘宝网技术团队维护的 Tengine 项目和由章亦春发起的 OpenResty 项目。

1.1.1 开源版 Nginx

Nginx 开源版一直处于活跃开发状态,由 Nginx 公司负责开发与维护。截至本书写作时,Nginx 开源版本已经更新到 1.17.2 版本。Nginx 自推出以来,一直专注于低资源消耗、高稳定、高性能的并发处理能力,除了提供 Web 服务器的功能外,还实现了访问代理、负载均衡、内容缓存、访问安全及带宽控制等功能。其基于模块化的代码架构及可与其他开发语言(如 Perl、JavaScript 和 Lua)有效集成的可编程特性,使其具有强大的扩展能力。

部署和优化具有高效率、高性能并发请求处理能力的应用架构是应用架构师一直追求的目标,在应用架构技术的迭代中,各种分离式思想成为主流,比如将访问入口和 Web 服务器分离、将 Web 服务器和动态脚本解析器分开、将 Web 功能不断拆分、微服务等。Nginx 不仅提供了 Web 服务器的功能,还极大满足了这一主流架构的需求并提供了如下应用特性。

(1)访问路由

现今大型网站的请求量早已不是单一 Web 服务器可以支撑的了。单一入口、访问请求被分配到不同的业务功能服务器集群,是目前大型网站的通用应用架构。Nginx 可以通过访问路径、URL 关键字、客户端 IP、灰度分流等多种手段实现访问路由分配。

(2)反向代理

就反向代理功能而言,Nginx 本身并不产生响应数据,只是应用自身的异步非阻塞事件驱动架构,高效、稳定地将请求反向代理给后端的目标应用服务器,并把响应数据返回给客户端。其不仅可以代理 HTTP 协议,还支持 HTTPS、HTTP/2、FastCGI、uWSGI、SCGI、gRPC 及 TCP/UDP 等目前大部分协议的反向代理。

(3)负载均衡

Nginx 在反向代理的基础上集合自身的上游(upstream)模块支持多种负载均衡算法,使后端服务器可以非常方便地进行横向扩展,从而有效提升应用的处理能力,使整体应用架构可轻松应对高并发的应用场景。

(4)内容缓存

动态处理与静态内容分离是应用架构优化的主要手段之一,Nginx 的内容缓存技术不仅可以实现预置静态文件的高速缓存,还可以对应用响应的动态结果实现缓存,为响应结果变化不大的应用提供更高速的响应能力。

(5)可编程

Nginx 模块化的代码架构方式为其提供了高度可定制的特性,但可以用 C 语言开发 Nginx 模块以满足自身使用需求的用户只是少数。Nginx 在开发之初就具备了使用 Perl 脚本语言实现功能增强的能力。Nginx 对 JavaScript 语言及第三方模块对 Lua 语言的支持,使得其可编程能力更强。

Nginx 开源版本维护了两个版本分支,分别为主线(mainline)分支和稳定(stable)分支。主线分支是一个活跃分支,会添加一些最新的功能并进行错误修复,由版本号中的第二位奇数标识，截至本书写作时的最新版本为 1.17.2。稳定分支会集成修复严重错误的代码，但不会增加新的功能，由版本号中的第二位偶数标识，截至本书写作时的最新版本为 1.16.1。想了解更多内容的用户可参阅官方网站 http://www.nginx.org。

1.1.2　商业版 Nginx Plus

Nginx Plus 是 Nginx 于 2013 年推出的商业版本，在开源版本的基础上增加了使用户对 Nginx 的管理和监控更便捷的功能。其代码在单独的私有代码库中维护。它始终基于最新版本的 Nginx 开源版本主线分支，并包含一些封闭源代码特性和功能。因此，除了开源版本中提供的功能外，Nginx Plus 还具有独有的企业级功能，包括实时活动监视数据、通过 API 配置上游服务器负载平衡和主动健康检查等。相对于开源版本，Nginx Plus 还提供了以下几个功能。

（1）负载均衡

❏ 基于 cookies 的会话保持功能。

❏ 基于响应状态码和响应体的主动健康监测。

❏ 支持 DNS 动态更新。

（2）动态管理

❏ 支持通过 API 清除内容缓存。

❏ 可通过 API 动态管理上游的后端服务器列表。

（3）安全控制

❏ 基于 API 和 OpenID 连接协议单点登录（SSO）的 JWT（JSON Web Token）认证支持。

❏ Nginx WAF 动态模块。

（4）状态监控

❏ 超过 90 个状态指标的扩展状态监控。

❏ 内置实时图形监控面板。

❏ 集成可用于自定义监控工具的 JSON 和 HTML 输出功能支持。

（5）Kubernetes Ingress Controller

❏ 支持 Kubernetes 集群 Pod 的会话保持和主动健康监测。

❏ 支持 JWT 身份认证。

（6）流媒体

❏ 支持自适性串流（Adaptive Bitrate Streaming，ABS）媒体技术 HLS（Apple HTTP Live Streaming）和 HDS（Adobe HTTP Dynamic Streaming）。

❏ 支持对 MP4 媒体流进行带宽控制。

商业版本的功能比开源版本更加完善，为用户提供了更多的技术解决方案和支持。想了解更多内容的读者可参阅官方网站 http://www.nginx.com。

1.1.3 分支版本 Tengine

Tengine 是由淘宝网技术团队发起的 Nginx 二次开发项目，是在开源版 Nginx 及诸多第三方模块的基础上，针对淘宝网的高并发需求进行的二次开发。其中添加了很多针对互联网网站中使用 Nginx 应对高并发负载、安全及维护等的功能和特性。

据 Tengine 官网介绍，Tengine 不仅在淘宝网上使用，搜狗、天猫、大众点评、携程、开源中国等也在使用，其性能和稳定性得到了有效检验。Tengine 从 2011 年 12 月开始成为开源项目，Tengine 团队的核心成员来自淘宝、搜狗等互联网企业。截至本书写作时，Tengine 的最新版本是 2.3.2，在继承 Nginx 1.17.3 版本的所有功能的同时，也保持了自有的对 Nginx 的优化和增强，其增强特性如下。

❑ 继承 Nginx 1.17.3 版本的所有特性，兼容 Nginx 的配置。

❑ 支持 HTTP 的 CONNECT 方法，可用于正向代理场景。

❑ 支持异步 OpenSSL，可使用硬件（如 QAT）进行 HTTPS 的加速与卸载。

❑ 增强相关运维、监控能力，如异步打印日志及回滚、本地 DNS 缓存、内存监控等。

❑ Stream 模块支持 server_name 指令。

❑ 支持输入过滤器机制。该机制的使用使得 Web 应用防火墙的编写更为方便。

❑ 支持设置 Proxy、Memcached、FastCGI、SCGI、uWSGI 在后端失败时的重试次数。

❑ 支持动态脚本语言 Lua，其扩展功能非常高效简单。

❑ 支持按指定关键字（域名、URL 等）收集 Tengine 运行状态。

❑ 更强大的防攻击（访问速度限制）模块。

Tengine 是基于 Nginx 开发的轻量级开源 Web 服务器，作为阿里巴巴七层流量入口的核心系统，支撑着阿里巴巴"双 11"等大促活动的平稳度过，并提供了智能的流量转发策略、HTTPS 加速、安全防攻击、链路追踪等众多高级特性，同时秉着软硬件结合的性能优化思路，在高性能、高并发方面取得了重大突破。

目前，Tengine 正通过打通 Ingress Controller 和 Kubernetes 使 Tengine 具备动态感知某个服务整个生命周期的能力。未来，Tengine 将定期开源内部通用组件功能模块，并同步 Nginx 官方的最新代码，丰富开发者们的开源 Web 服务器选项。想了解更多内容的读者请参阅官方网站 http://tengine.taobao.org/。

1.1.4 扩展版本 OpenResty

OpenResty 是基于 Nginx 开源版本的扩展版本，它利用 Nginx 的模块特性，使 Nginx 支持 Lua 语言的脚本编程，鉴于 Lua 本身嵌入应用程序中增强应用程序扩展和定制功能的设计初衷，开源版本 Nginx 的可编程性得到大大增强。

据 OpenResty 官网介绍，2017 年全球互联网中至少有 23 万台主机正在使用 Nginx 的 OpenResty 版本作为 Web 服务器或网关应用。OpenResty® 是一个基于 Nginx 与 Lua 的高性能

Web 平台，其内部集成了大量精良的 Lua 库、第三方模块以及大多数依赖项，以便搭建能够处理超高并发、扩展性极高的动态 Web 应用、Web 服务和动态网关。OpenResty® 通过汇聚各种设计精良的 Nginx 模块（主要由 OpenResty 团队自主开发），将 Nginx 变成一个强大的通用 Web 应用平台。这样，Web 开发人员和系统工程师就可以使用 Lua 脚本语言调动 Nginx 支持的各种 C 模块及 Lua 模块，快速构造出足以胜任一万乃至百万以上单机并发连接的高性能 Web 应用系统。OpenResty® 的目标是让 Web 服务直接运行在 Nginx 服务内部，充分利用 Nginx 的非阻塞 I/O 模型，不仅对 HTTP 客户端请求，还对远程后端如 MySQL、PostgreSQL、Memcached 及 Redis 等都进行一致的高性能响应。

　　OpenResty 构架在 Nginx 和 LuaJIT 的基础之上，利用 Nginx 的模块特性集成了大量 Lua 支持库，用户可以很方便地使用 Lua 编程语言对 Nginx 的功能进行扩展和增强。OpenResty 通过基于 Nginx 优化的 ngx.location.capture_multi 功能，可以非阻塞地并行转发多个子请求给后端服务器，当后端服务器返回数据时进行相应的归类和排序处理，进而有效提升客户端的请求响应速度。在 OpenResty 代码架构中，其代码以 ngx_lua 模块的形式嵌入 Nginx 代码中，从而使用户编写的 Lua 代码与 Nginx 进程协同工作。OpenResty 为每个 Nginx 工作进程（Worker Process）创建了一个 Lua 虚拟机（LuaVM），如图 1-1 所示，并将 Nginx I/O 原语封装注入 Lua 虚拟机中供 Lua 代码访问，每个外部请求都由 Lua 虚拟机产生一个 Lua 协程（coroutine）进行处理，协程之间彼此数据隔离并共享对应的 Lua 虚拟机。当 Lua 代码调用异步接口时，会挂起当前协程以不阻塞 Nginx 工作进程，等异步接口处理完成时再还原当前协程继续运行。

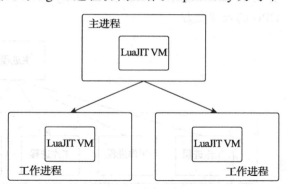

图 1-1　OpenResty Lua 虚拟机

　　OpenResty 项目开始于 2007 年 10 月，最早是为雅虎中国搜索部门开发的项目，后由章亦春进行开发和维护，并得到了国内外诸多企业的应用，目前主要由 OpenResty 软件基金会和 OpenResty Inc. 公司提供支持。

1.2　Nginx 源码架构浅析

　　Nginx 低资源消耗、高稳定、高性能的并发处理能力，来源于其优秀的代码架构。它采用了多进程模型，使自身具有低资源消耗的特性。以事件驱动的异步非阻塞多进程请求处理模型，使 Nginx 的工作进程通过异步非阻塞的事件处理机制，实现了高性能的并发处理能力，让每个连接的请求均可在 Nginx 进程中以工作流的方式得到快速处理。Nginx 代码架构充分利用操作系统的各种机制，发挥了软硬件的最大性能，使它在普通硬件上也可以处理数十万个并发连接。

　　Nginx 支持在多种操作系统下部署运行，为发挥 Nginx 的最大性能，需要对不同的平台进行细微的调整，为方便了解 Nginx 架构的特点，本书仅以 Linux 系统平台为例进行介绍。

1.2.1　多进程模型

　　进程是操作系统资源分配的最小单位，由于 CPU 数量有限，多个进程间通过被分配的时间片来获得 CPU 的使用权，系统在进行内核管理和进程调度时，要执行保存当前进程上下文、更新控制信息、选择另一就绪进程、恢复就绪进程上下文等一系列操作，而频繁切换进程会造成资源消耗。

　　Nginx 采用的是固定数量的多进程模型（见图 1-2），由一个主进程（Master Process）和数量与主机 CPU 核数相同的工作进程协同处理各种事件。主管理进程负责工作进程的配置加载、启停等操作，工作进程负责处理具体请求。进程间的资源都是独立的，每个工作进程处理多个连接，每个连接由一个工作进程全权处理，不需要进行进程切换，也就不会产生由进程切换引起的资源消耗问题。默认配置下，工作进程的数量与主机 CPU 核数相同，充分利用 CPU 和进程的亲缘性（affinity）将工作进程与 CPU 绑定，从而最大限度地发挥多核 CPU 的处理能力。

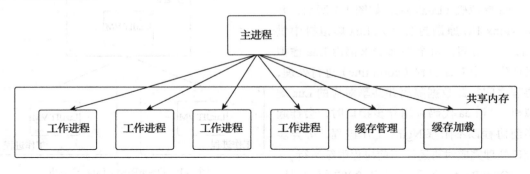

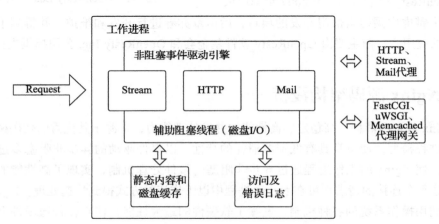

图 1-2　多进程模型

Nginx 主进程负责监听外部控制信号，通过频道机制将相关信号操作传递给工作进程，多个工作进程间通过共享内存来共享数据和信息。

1. 信号

信号（signal）又称软中断信号，可通过调用系统命令 kill 来发送信号实现进程通信。在 Nginx 系统中，主进程负责监听外部信号，实现对进程的热加载、平滑重启及安全关闭等操作的响应。Nginx 支持的信号如表 1-1 所示。

表 1-1　Nginx 支持的信号

信　号	命令行参数	功　能
TERM 或 INT	stop	快速关闭 Nginx 服务
QUIT	quit	安全关闭 Nginx 服务
HUP	reload	热加载配置文件
WINCH		安全关闭工作进程
USR1	reopen	重新创建日志文件
USR2		平滑更新 Nginx 执行文件

（1）在 Linux 系统下可以通过 kill 命令向 Nginx 进程发送信号指令，代码如下：

```
kill -HUP 'cat nginx.pid'
```

（2）在 Linux 系统下也可以通过 nginx -s 命令行参数实现信号指令的发送，代码如下：

```
nginx -s reload
```

2. 频道

频道（channel）是 Nginx 主进程向工作进程传递信号操作的通信方式，用于将控制工作进程的信号操作传递给工作进程。通信频道的原理是应用 socketpair 方法使用本机的 socket 方式实现进程间的通信。主进程发送频道消息，工作进程接收频道消息并执行相应操作，如工作进程的创建与停止等。创建工作进程时会将接收频道消息的套接字注册到对应的事件引擎（如 epoll）中，当事件引擎监听到主进程发送的频道消息时，就会触发回调函数通知工作进程执行响应操作。

3. 共享内存

共享内存是 Linux 操作系统下进程间的一种简单、高效的通信方式，其允许多个进程访问同一个内存地址，一个进程改变了内存中的内容后，其他进程都可以使用变更后的内容。Nginx 的多个进程间就是通过共享内存的方式共享数据的，主进程启动时创建共享内存，工作进程创建（fork 方式）完成后，所有的进程都开始使用共享内存。用户可以在配置文件中配置共享内存名称和大小，定义不同的共享内存块供 Nginx 不同的功能使用，Nginx 解析完配置文件后，会将定义的共享内存通过 slab 机制进行内部统一划分和管理。

4. 进程调度

当工作进程被创建时，每个工作进程都继承了主进程的监听套接字（socket），所以所有工作进程的事件监听列表中会共享相同的监听套接字。但是多个工作进程间同一时间内只能由一个工作进程接收网络连接，为使多个工作进程间能够协调工作，Nginx 的工作进程有如下几种调度方式。

（1）无调度模式

所有工作进程都会在连接事件被触发时争相与客户端建立连接，建立连接成功则开始处理客户端请求。无调度模式下所有进程都会争抢资源，但最终只有一个进程可以与客户端建立连接，对于系统而言这将在瞬间产生大量的资源消耗，这就是所谓的惊群现象。

（2）互斥锁模式（accept_mutex）

互斥锁是一种声明机制，每个工作进程都会周期性地争抢互斥锁，一旦某个工作进程抢到互斥锁，就表示其拥有接收 HTTP 建立连接事件的处理权，并将当前进程的 socket 监听注入事件引擎（如 epoll）中，接收外部的连接事件。其他工作进程只能继续处理已经建立连接的读写事件，并周期性地轮询查看互斥锁的状态，只有互斥锁被释放后工作进程才可以抢占互斥锁，获取 HTTP 建立连接事件的处理权。当工作进程最大连接数的 1/8 与该进程可用连接（free_connection）的差大于或等于 1 时，则放弃本轮争抢互斥锁的机会，不再接收新的连接请求，只处理已建立连接的读写事件。互斥锁模式有效地避免了惊群现象，对于大量 HTTP 的短连接，该机制有效避免了因工作进程争抢事件处理权而产生的资源消耗。但对于大量启用长连接方式的 HTTP 连接，互斥锁模式会将压力集中在少数工作进程上，进而因工作进程负载不均而导致 QPS 下降。

（3）套接字分片（Socket Sharding）

套接字分片是由内核提供的一种分配机制，该机制允许每个工作进程都有一组相同的监听套接字。当有外部连接请求时，由内核决定哪个工作进程的套接字监听可以接收连接。这有效避免了惊群现象的发生，相比互斥锁机制提高了多核系统的性能。该功能需要在配置 listen 指令时启用 reuseport 参数。

Nginx 1.11.3 以后的版本中互斥锁模式默认是关闭的，由于 Nginx 的工作进程数量有限，且 Nginx 通常会在高并发场景下应用，很少有空闲的工作进程，所以惊群现象的影响不大。无调度模式因少了争抢互斥锁的处理，在高并发场景下可提高系统的响应能力。套接字分片模式则因为由 Linux 内核提供进程的调度机制，所以性能最好。

5. 事件驱动

事件驱动程序设计（Event-Driven Programming）是一种程序设计模型，这种模型的程序流程是由外部操作或消息交互事件触发的。其代码架构通常是预先设计一个事件循环方法，再由这个事件循环方法不断地检查当前要处理的信息，并根据相应的信息触发事件函数进行事件处理。通常未被处理的事件会放在事件队列中等待处理，而被事件函数处理的事件也会形成一个事件串，因此事件驱动模型的重点就在于事件处理的弹性和异步化。

为了确保操作系统运行的稳定性，Linux 系统将用于寻址操作的虚拟存储器分为内核空间和用户空间，所有硬件设备的操作都是在内核空间中实现的。当应用程序监听的网络接口接收到网络数据时，内核会先把数据保存在内核空间的缓冲区中，然后再由应用程序复制到用户空间进行处理。Linux 操作系统下所有的设备都被看作文件来操作，所有的文件都通过文件描述符（File Descriptor，FD）集合进行映射管理。套接字是应用程序与 TCP/IP 协议通信的中间抽象层，也是一种特殊的文件，应用程序以文件描述符的方式对其进行读 / 写（I/O）、打开或关闭操作。每次对 socket 进行读操作都需要等待数据准备（数据被读取到内核缓冲区），然后再将数据从内核缓冲区复制到用户空间。

为了提高网络 I/O 操作的性能，操作系统设计了多种 I/O 网络模型。在 Linux 系统下，网络并发应用处理最常用的就是 I/O 多路复用模型，该模型是一种一个进程可以监视多个文件描述符的机制，一旦某个文件描述符就绪（数据准备就绪），进程就可以进行相应的读写操作。epoll 模型是 Linux 系统下 I/O 多路复用模型里最高效的 I/O 事件处理模型，其最大并发连接数仅受内核的最大打开文件数限制，在 1GB 内存下可以监听 10 万个端口。epoll 模型监听的所有连接中，只有数据就绪的文件描述符才会调用应用进程、触发响应事件，从而提升数据处理效率。epoll 模型利用 mmap 映射内存加速与内核空间的消息传递，从而减少复制消耗。

作为 Web 服务器，Nginx 的基本功能是处理网络事件，快速从网络接口读写数据。Nginx 结合操作系统的特点，基于 I/O 多路复用模型的事件驱动程序设计，采用了异步非阻塞的事件循环方法响应处理套接字上的 accept 事件，使其在调用 accept 时不会长时间占用进程的 CPU 时间片，从而能够及时处理其他工作。通过事件驱动的异步非阻塞机制（见图 1-3），使大量任务可以在工作进程中得到高效处理，以应对高并发的连接和请求。

1.2.2　工作流机制

Nginx 在处理客户端请求时，每个连接仅由一个进程进行处理，每个请求仅运行在一个工作流中，工作流被划分为多个阶段（见图 1-4），请求在不同阶段由功能模块进行数据处理，处理结果异常或结束则将结果返回客户端，否则将进入下一阶段。工作进程维护工作流的执行，并通过工作流的状态推动工作流完成请求操作的闭环。

图 1-4 所示为 HTTP 请求阶段的工作流。

HTTP 消息头包括请求头和响应头。

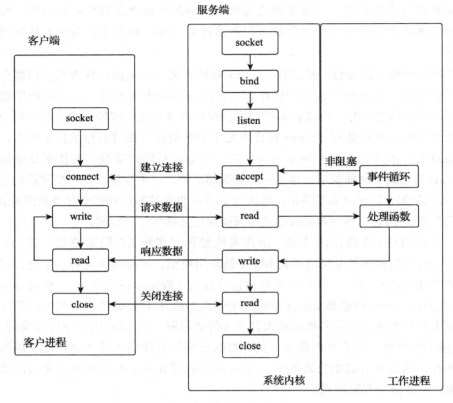

图 1-3　异步非阻塞机制

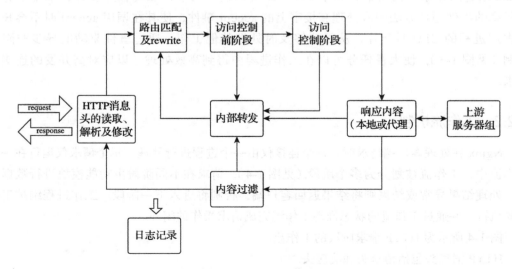

图 1-4　Nginx 工作流

1. HTTP 请求处理阶段

HTTP 请求的处理过程可分为 11 个阶段，HTTP 请求处理阶段如表 1-2 所示。

表 1-2　HTTP 请求处理阶段

阶段标识	阶段说明
NGX_HTTP_POST_READ_PHASE	读取请求阶段，会进行 HTTP 请求头的读取和解析处理
NGX_HTTP_SERVER_REWRITE_PHASE	server 重定向阶段，会在 URI 进入 location 路由前修改 URI 的内容，进行重定向处理
NGX_HTTP_FIND_CONFIG_PHASE	URI 匹配阶段，URI 进行 location 匹配处理，该阶段不支持外部模块引入
NGX_HTTP_REWRITE_PHASE	rewrite 重写阶段，对 URI 执行 rewrite 规则修改处理
NGX_HTTP_POST_REWRITE_PHASE	rewrite 重写结束阶段，对 rewrite 的结果执行跳转操作并进行次数验证，超过 10 次的则认为是死循环，返回 500 错误。该阶段不支持外部模块引入
NGX_HTTP_PREACCESS_PHASE	访问控制前阶段，进行连接数、单 IP 访问频率等的处理
NGX_HTTP_ACCESS_PHASE	访问控制阶段，进行用户认证、基于源 IP 的访问控制等处理
NGX_HTTP_POST_ACCESS_PHASE	访问控制结束阶段，对访问控制的结果进行处理，如向用户发送拒绝访问等响应。该阶段不支持外部模块引入
NGX_HTTP_PRECONTENT_PHASE	访问内容前阶段，对目标数据进行内容检验等操作。以前的版本称为 NGX_HTTP_TRY_FILES_PHASE。try_files 和 mirror 功能在这个阶段被执行
NGX_HTTP_CONTENT_PHASE	访问内容阶段，执行读取本地文件，返回响应内容等操作
NGX_HTTP_LOG_PHASE	日志记录阶段，处理完请求，进行日志记录

HTTP 请求处理阶段可以让每个模块仅在该阶段独立完成该阶段可实现的功能，而整个 HTTP 请求则是由多个功能模块共同处理完成的。

2. TCP/UDP 处理阶段

TCP/UDP 会话一共会经历 7 个处理阶段，每个 TCP/UDP 会话会自上而下地按照 7 个阶段进行流转处理，每个处理阶段的说明如表 1-3 所示。

表 1-3　TCP/UDP 处理阶段

阶段标识	阶段说明
Post-accept	接收客户端连接请求后的第一阶段。模块 ngx_stream_realip_module 在这个阶段被调用
Pre-access	访问处理前阶段。模块 ngx_stream_limit_conn_module 在这个阶段被调用
Access	访问处理阶段。模块 ngx_stream_access_module 在这个阶段被调用
SSL	TLS/SSL 处理阶段。模块 ngx_stream_ssl_module 在这个阶段被调用
Preread	数据预读阶段。将 TCP/UDP 会话数据的初始字节读入预读缓冲区，以允许 ngx_stream_ssl_preread_module 之类的模块在处理之前分析数据

（续）

阶段标识	阶段说明
Content	数据处理阶段。通常将 TCP/UDP 会话数据代理到上游服务器，或将模块 ngx_stream_return_module 指定的值返回给客户端
Log	记录客户端会话处理结果的最后阶段。模块 ngx_stream_log_module 在这个阶段被调用

Nginx 功能模块就是根据不同的功能目的，按照模块开发的加载约定嵌入不同的处理阶段的。

1.2.3 模块化

Nginx 一直秉持模块化的理念，其模块化的架构中，除了少量的主流程代码，都是模块。模块化的设计为 Nginx 提供了高度的可配置、可扩展、可定制特性。模块代码包括核心模块和功能模块两个部分：核心模块负责维护进程的运行、内存及事件的管理；功能模块则负责具体功能应用的实现，包括路由分配、内容过滤、网络及磁盘数据读写、代理转发、负载均衡等操作。Nginx 的高度抽象接口使用户很容易根据开发规范进行模块开发，有很多非常实用的第三方模块被广泛使用。

（1）模块分类

❑ 核心模块（core）。该模块提供了 Nginx 服务运行的基本功能，如 Nginx 的进程管理、CPU 亲缘性、内存管理、配置文件解析、日志等功能。

❑ 事件模块（event）。该模块负责进行连接处理，提供对不同操作系统的 I/O 网络模型支持和自动根据系统平台选择最有效 I/O 网络模型的方法。

❑ HTTP 模块（http）。该模块提供 HTTP 处理的核心功能和部分功能模块，HTTP 核心功能维护了 HTTP 多个阶段的工作流，并实现了对各种 HTTP 功能模块的管理和调用。

❑ Mail 模块（mail）。该模块实现邮件代理功能，代理 IMAP、POP3、SMTP 协议。

❑ Stream 模块（stream）。该模块提供 TCP/UDP 会话的代理和负载相关功能。

❑ 第三方模块。第三方模块即非 Nginx 官方开发的功能模块，据统计，在开源社区发布的第三方模块已经达到 100 多个，其中 lua-resty、nginx-module-vts 等模块的使用度非常高。

（2）动态模块

Nginx 早期版本在进行模块编译时，通过编译配置（configure）选项 --with_module 和 --without-module 决定要编译哪些模块，被选择的模块代码与 Nginx 核心代码被编译到同一个 Nginx 二进制文件中，Nginx 文件每次启动时都会加载所有的模块。这是一种静态加载模块的方式。随着第三方模块的增多和 Nginx Plus 的推出，模块在不重新编译 Nginx 的情况下被动态加载成为迫切的需求。Nginx 从 1.9.11 版本开始支持动态加载模块的功能，该功能使 Nginx 可以在运行时有选择地加载 Nginx 官方或第三方模块。为使动态模块更易于使用，

Nginx 官方还提供了 pkg-oss 工具，该工具可为任何动态模块创建可安装的动态模块包。在
Nginx 开源版本的代码中，编译配置选项中含有"=dynamic"选项，表示支持动态模块加
载。例如，模块 http_xslt_module 的动态模块编译配置选项示例如下。

```
./configure --with-http_xslt_module=dynamic
```

编译后，模块文件以 so 文件的形式独立存储于 Nginx 的 modules 文件夹中。动态模块
编译如图 1-5 所示。

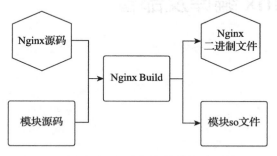

图 1-5　动态模块编译

在不同编译配置选项下，Nginx 在编译时会因为某些结构字段未被使用而不会将其编译
到代码中，因此就会出现不同编译配置选项的动态模块无法加载的问题。为解决这个问题，
Nginx 在编译配置选项中提供了"--with-compat"选项，在进行 Nginx 及动态模块编译配
置时如果使用了该选项，在相同版本的 Nginx 代码下，动态模块即使与 Nginx 执行文件的
其他编译配置选项不同，也可以被 Nginx 执行文件加载。启用兼容参数编译的示例如下：

```
./configure --with-compat --with-http_xslt_module=dynamic
```

可以在配置文件中使用 load_module 指令加载动态模块，示例如下：

```
load_module "modules/ngx_http_xslt_filter_module.so";
```

Nginx 编译及部署

Nginx 是一款优秀的开源软件,支持在 FreeBSD、Linux、Windows、macOS 等多种操作系统平台下编译及运行。CentOS 拥有良好的系统结构和工具软件生态环境,是一款基于 Linux 的非常流行的发行版本。CentOS 源自 RedHat 企业版,按照 Linux 的开源协议编译而成,在稳定性及技术的可持续性方面完全可以代替 RedHat 企业版,因此我们选择将它 CentOS 作为全书的操作系统环境。

本书采用的系统版本是 CentOS 64 位 7.2 版本。编译过程中非指定版本的软件,均使用 CentOS 官方提供的 yum 源依赖库提供的版本。非 Nginx 的二进制执行文件的安装、执行路径为 CentOS 的系统默认路径。本书默认读者已经掌握 CentOS 的使用,因此不会对其作深入介绍,请读者务必注意。虽然 Mail 模块也是 Nginx 的一个重要功能模块,但为了重点介绍 Nginx 的 HTTP 相关功能,本书不会介绍 Mail 模块的相关内容。

本章主要包括以下内容。

❑ Nginx 编译前,操作系统环境的准备。

❑ Nginx 1.17.2 版本编译配置参数详解及编译。

❑ Tengine 2.3.1 版本编译配置参数详解及编译。

❑ OpenResty 1.13.6.2 版本编译配置参数详解及编译。

❑ Nginx 的 Docker 镜像构建及运行。

2.1 编译环境准备

2.1.1 操作系统的准备

Nginx 是一款优秀的开源软件,是运行在操作系统上的应用程序,因此 Nginx 的性能依赖于操作系统及其对底层硬件的管理机制，为了使 Nginx 在运行时发挥最大的性能，需要对操作系统的服务配置和参数做一些调整。系统服务配置可用如下方式实现。

（1）系统服务安装

CentOS 可用最小化安装，安装完毕后，用如下命令补充工具。

```
yum -y install epel-release                # 安装扩展工具包yum源
yum install net-tools wget nscd lsof       # 安装工具
```

（2）DNS 缓存

编辑 /etc/resolv.conf 配置 DNS 服务器，打开 NSCD 服务，缓存 DNS，提高域名解析响应速度。

```
systemctl start nscd.service               # 启动NSCD服务
systemctl enable nscd.service
```

（3）修改文件打开数限制

操作系统默认单进程最大打开文件数为 1024，要想实现高并发，可以把单进程的文件打开数调整为 65536。

```
echo "* soft nofile 65536                  # *号表示所用用户
\* hard nofile 65536" >>/etc/security/limits.conf
```

2.1.2　Linux 内核参数

Linux 系统是通过 proc 文件系统实现访问内核内部数据结构及改变内核参数的，proc 文件系统是一个伪文件系统，通常挂载在 /proc 目录下，可以通过改变 /proc/sys 目录下文件中的值对内核参数进行修改。/proc/sys 目录下的目录与内核参数类别如表 2-1 所示。

表 2-1　/proc/sys 目录下的目录与内核参数类别

目　录	内核参数类别
fs	文件系统
kernel	CPU、进程
net	网络
vm	内存

Linux 系统环境下，所有的设备都被看作文件来进行操作，建立的网络连接数同样受限于操作系统的最大打开文件数。最大打开文件数会是系统内存的 10%（以 KB 来计算），称为系统级限制，可以使用 sysctl -a | grep fs.file-max 命令查看系统级别的最大打开文件数。同时，内核为了不让某个进程消耗掉所有的文件资源，也会对单个进程最大打开文件数做默认值处理，称之为用户级限制，默认值一般是 1024，使用 ulimit -n 命令可以查看用户级文件描述符的最大打开数。文件相关内核参数可参见 Linux 相关图书。

Nginx 是一款 Web 服务器软件，通过系统层面的网络优化可以提升 HTTP 数据传输的效率。HTTP 协议是基于 TCP/IP 通信协议传递数据的，了解 TCP 建立连接（三次握手）及进行数据传输的机制是优化网络相关内核参数的基础。相关术语说明如下。

❑ SYN：建立连接标识。

❑ ACK：确认接收标识。

❑ FIN：关闭连接标识。

❑ seq：当前数据包编号，在实际传输过程中，数据会被拆成多个数据包传输给接收端，接收端再通过该编号将多个数据包拼接为完整的数据。

❑ ack：确认号，为上一个数据包的编号 +1。

TCP 建立连接并进行数据传输的流程如图 2-1 所示，具体说明如下。

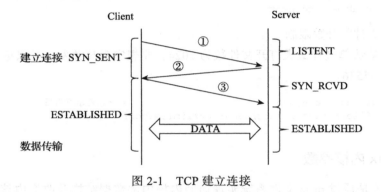

图 2-1　TCP 建立连接

1）Client（图 2-1 中①）主动将请求报文（SYN=1，初始编号 seq=x）发送给 Server，将自己的状态更改为 SYN_SENT。

2）Server（图 2-1 中②）返回确认报文（SYN=1，ACK=1，确认号 ack=x+1，初始编号 seq=y），将自己的状态更改为 SYN_RCVD。

3）Client（图 2-1 中③）返回确认报文（ACK=1，确认号 ack=y+1，编号 seq=x+1）给 Server，将自己的状态更改为 ESTABLISHED。

4）Server（图 2-1 中③）收到确认报文后，将自己的状态更改为 ESTABLISHED，并与 Client 实现数据传输。

数据传输完毕后，TCP 关闭连接流程如图 2-2 所示，具体说明如下。

1）发起端（图 2-2 中①）主动将连接关闭报文（FIN=1，编号 seq=u）发送给响应端，将自己的状态更改为 FIN_WAIT_1。

2）响应端（图 2-2 中②）返回确认报文（ACK=1，确认号 ack=u+1，编号 seq=v）给发起端，将自己的状态更改为 CLOSE_WAIT。

3）发起端（图 2-2 中②）收到确认报文后，将自己的状态更改为 FIN_WAIT_2，等待响应端发送连接释放报文。

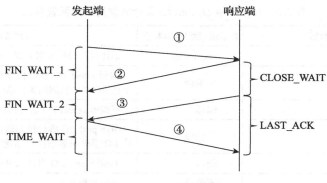

图 2-2　TCP 关闭连接

4）响应端（图 2-2 中③）发送连接释放报文（FIN=1，ACK=1，编号 seq=w，确认号 ack=u+1）给发起端，将自己的状态更改为 LAST-ACK。

5）发起端（图 2-2 中④）收到连接释放报文后，发送确认报文（ACK=1，seq=u+1，ack=w+1）给响应端，将自己的状态更改为 TIME_WAIT，系统会在等待 2 倍 MSL（Maximum Segment Lifetime）时间后关闭连接，释放资源。

6）响应端（图 2-2 中④）收到确认报文后，关闭连接，释放资源。

7）关闭连接的动作不限于 Client 和 Server，不同角色都可作为发起端主动发起关闭连接的请求。

8）有时发起端也可以在图 2-2 中①发送 reset 报文给响应端，不经过②、③、④步骤立刻关闭连接。

CentOS 操作系统支持通过配置 sysctl.conf 文件中相关内核参数的方式实现对 proc/sys 目录下文件内容的调整，网络相关内核参数可参见 Linux 相关图书。

2.2　Nginx 源码编译

2.2.1　Nginx 源码获取

Nginx 源码可通过官网直接下载，源码获取命令如下：

```
mkdir -p /opt/data/source
cd /opt/data/source
wget http://nginx.org/download/nginx-1.17.4.tar.gz
tar zxmf nginx-1.17.4.tar.gz
```

2.2.2　编译配置参数

编译 Nginx 源码文件时，首先需要通过编译配置命令 configure 进行编译配置。编译配置命令 configure 的常用编译配置参数如表 2-2 所示。

表 2-2　Nginx 中 configure 命令的常用编译配置参数

编译配置参数	默认值/默认编译状态	参数说明
--prefix=PATH	/usr/local	编译后代码的安装目录
--with-select_module	不编译	编译 select I/O 事件机制模块，在不支持 Nginx 默认 I/O 事件机制的操作系统下自动编译该模块
--without-select_module	编译	不编译 select I/O 事件机制模块
--with-poll_module	不编译	编译 poll I/O 事件机制模块，在不支持 Nginx 默认 I/O 事件机制的操作系统下自动编译该模块
--without-poll_module	编译	不编译 poll I/O 事件机制模块
--with-threads	不编译	启用线程池支持
--with-file-aio	不编译	启用 AIO 支持
--with-http_ssl_module	不编译	编译 SSL 模块
--with-http_v2_module	不编译	编译 HTTP/2 模块
--with-http_realip_module	不编译	编译 HTTP 的真实 IP 模块
--with-http_addition_module	不编译	编译响应内容追加模块
--with-http_xslt_module	不编译	编译 XSLT 样式表转换模块
--with-http_xslt_module=dynamic	—	动态编译 XSLT 样式表转换 XML 响应模块
--with-http_image_filter_module	编译	编译图像转换模块
--with-http_image_filter_module=dynamic	—	动态编译图像转换模块
--with-http_geoip_module	编译	编译客户端 IP 解析城市地址模块
--with-http_geoip_module=dynamic	—	动态编译客户端 IP 解析城市地址模块
--with-http_sub_module	不编译	编译字符串替换模块
--with-http_dav_module	不编译	编译 WebDAV 协议支持模块
--with-http_flv_module	不编译	编译 FLV 文件伪流媒体服务器支持模块
--with-http_mp4_module	不编译	编译 MP4 文件伪流媒体服务器支持模块
--with-http_gunzip_module	不编译	编译 gzip 压缩兼容模块
--with-http_gzip_static_module	不编译	编译发送 gz 预压缩文件数据模块
--with-http_auth_request_module	不编译	编译请求认证模块
--with-http_random_index_module	不编译	编译随机首页模块
--with-http_secure_link_module	不编译	编译请求连接安全检查模块
--with-http_degradation_module	不编译	编译内存不足响应模块
--with-http_slice_module	不编译	编译文件切片模块
--with-http_stub_status_module	不编译	编译运行状态模块
--without-http_charset_module	编译	不编译字符集转换模块
--without-http_gzip_module	编译	不编译 gzip 方式压缩输出模块
--without-http_ssi_module	编译	不编译 SSI 支持模块
--without-http_userid_module	编译	不编译 cookie 操作模块

（续）

编译配置参数	默认值/默认编译状态	参数说明
--without-http_access_module	编译	不编译基于 IP 的访问控制模块
--without-http_auth_basic_module	编译	不编译 HTTP 基本认证模块
--without-http_mirror_module	编译	不编译访问镜像模块
--without-http_autoindex_module	编译	不编译自动目录索引模块
--without-http_geo_module	编译	不编译根据客户 IP 创建变量模块
--without-http_map_module	编译	不编译变量映射模块
--without-http_split_clients_module	编译	不编译自定义客户请求分配模块
--without-http_referer_module	编译	不编译 referer 操作模块
--without-http_rewrite_module	编译	不编译 rewrite 规则模块
--without-http_proxy_module	编译	不编译代理功能模块
--without-http_fastcgi_module	编译	不编译 FastCGI 支持模块
--without-http_uwsgi_module	编译	不编译 uWSGI 支持模块
--without-http_scgi_module	编译	不编译 SCGI 支持模块
--without-http_grpc_module	编译	不编译 gRPC 支持模块
--without-http_memcached_module	编译	不编译 Memcached 服务访问模块
--without-http_limit_conn_module	编译	不编译并发连接数控制模块
--without-http_limit_req_module	编译	不编译单 IP 请求数限制模块
--without-http_empty_gif_module	编译	不编译空 GIF 图片模块
--without-http_browser_module	编译	不编译客户端浏览器识别模块
--without-http_upstream_hash_module	编译	不编译 hash 负载均衡算法模块
--without-http_upstream_ip_hash_module	编译	不编译 HTTP 协议 ip_hash 负载均衡模块
--without-http_upstream_least_conn_module	编译	不编译最少连接数算法负载均衡模块
--without-http_upstream_random_module	编译	不编译随机选择算法负载均衡模块
--without-http_upstream_keepalive_module	编译	不编译负载均衡后端长连接支持模块
--without-http_upstream_zone_module	编译	不编译负载均衡共享内存支持模块
--with-http_perl_module	不编译	编译 Perl 脚本支持模块
--with-http_perl_module=dynamic	—	动态编译 Perl 脚本支持模块
--with-stream	不编译	编译 TCP/UDP 代理模块
--with-stream=dynamic	—	动态编译 TCP/UDP 代理模块
--with-stream_ssl_module	不编译	编译 TCP/UDP 代理 SSL 支持模块
--with-stream_realip_module	不编译	编译 TCP/UDP 代理真实 IP 模块
--with-stream_geoip_module	不编译	编译地域信息解析模块
--with-stream_geoip_module=dynamic	—	动态编译地域信息解析模块
--with-stream_ssl_preread_module	不编译	编译 TCP/UDP 代理的 SSL 预处理模块

（续）

编译配置参数	默认值/默认编译状态	参数说明
--with-google_perftools_module	不编译	编译 Google 的 TCMalloc 内存管理支持模块
--with-cpp_test_module	不编译	编译 C++ 兼容测试模块
--add-module=PATH	—	添加第三方模块
--add-dynamic-module=PATH	—	添加第三方动态模块
--with-ld-opt	—	设置附加的编译参数
--with-pcre-jit	—	pcre JIT 支持，该功能可以提升处理正则表达式的速度
--with-compat	—	启用动态模块兼容模式，参见 1.2.3 节
--with-debug	—	打开调试日志

对于表 2-2，有以下三点说明。

❏ TCMalloc 是谷歌开源的一个内存管理分配器，优于 Glibc 的 malloc 内存管理分配器。

❏ upstream 是被代理服务器组的 Nginx 内部标识，通常称为上游服务器。

❏ 开启 pcre JIT 支持，可以提升处理正则表达式的速度。

如表 2-2 所示，具有带 "--with" 前缀的编译配置参数的模块都不会被默认编译，若要使用该功能模块，需要使用提供的编译配置参数进行编译配置。相反，具有带 "--without" 前缀的编译配置参数的模块都会被默认编译，如果不想使用某个功能模块，在进行编译配置时添加带有 "--without" 前缀的参数即可。此处只列出了常用功能的编译配置参数，也可以通过编译配置命令的帮助参数获得更多的编译配置参数。

```
./configure --help
```

2.2.3 代码编译

安装编译工具及依赖库，脚本如下：

```
yum -y install gcc pcre-devel  zlib-devel openssl-devel libxml2-devel \
    libxslt-devel gd-devel GeoIP-devel jemalloc-devel libatomic_ops-devel \
    perl-devel  perl-ExtUtils-Embed
```

编译所有功能模块，脚本如下：

```
./configure \
    --with-threads \
    --with-file-aio \
    --with-http_ssl_module \
    --with-http_v2_module \
    --with-http_realip_module \
    --with-http_addition_module \
    --with-http_xslt_module=dynamic \
    --with-http_image_filter_module=dynamic \
```

```
--with-http_geoip_module=dynamic \
--with-http_sub_module \
--with-http_dav_module \
--with-http_flv_module \
--with-http_mp4_module \
--with-http_gunzip_module \
--with-http_gzip_static_module \
--with-http_auth_request_module \
--with-http_random_index_module \
--with-http_secure_link_module \
--with-http_degradation_module \
--with-http_slice_module \
--with-http_stub_status_module \
--with-stream=dynamic \
--with-stream_ssl_module \
--with-stream_realip_module \
--with-stream_geoip_module=dynamic \
--with-stream_ssl_preread_module \
--with-compat  \
--with-pcre-jit
make && make install
```

此处只作为示例，可根据具体的需求灵活调整参数配置。编译后，默认安装目录为 /usr/local/nginx。

2.2.4　添加第三方模块

Nginx 的功能是以模块方式存在的，同时也支持添加第三方开发的功能模块。执行 configure 时，通过 --add-module=PATH 参数指定第三方模块的代码路径，在 make 时就可以进行同步编译了。

添加第三方静态模块的方法如下：

```
./configure --add-module=../ngx_http_proxy_connect_module
```

添加第三方动态模块的方法如下：

```
./configure --add-dynamic-module=../ngx_http_proxy_connect_module \
    --with-compat
```

2.3　Tengine 源码编译

2.3.1　Tengine 源码获取

Tengine 目前的版本是 Tengine 2.3.2，据其官网介绍，该版本继承了 Nginx 1.17.3 版本的所有特性，并兼容了 Nginx 的配置参数。Tengine 开发了很多自有模块，同时也集成了很多优秀的第三方模块，源代码可以通过 Tengine 的官方网站获得，获取命令如下：

```
mkdir -p /opt/data/source
cd /opt/data/source
wget http://tengine.taobao.org/download/tengine-2.3.2.tar.gz
tar zxmf tengine-2.3.2.tar.gz
```

2.3.2 编译配置参数

Tengine 比开源版 Nginx 增加了一些编译配置参数。Tengine 增加的编译配置参数如表 2-3 所示。

表 2-3 Tengine 相比于开源版 Nginx 增加的编译配置参数

编译配置参数	默认编译状态	参数说明
--without-procs	编译	不编译 Procs 模块
--without-http_ssl_module	编译	不编译 HTTP SSL 支持模块
--without-http_stub_status_module	编译	不编译运行状态模块
--without-http-upstream-rbtree	编译	不使用红黑树（RBTree）方式进行上游服务器的查找
--with-http_lua_module	不编译	编译 Lua 脚本模块
--with-stream_sni	不编译	编译 TCP 代理时基于 SSL 的 SNI 支持
--with-jemalloc	不编译	启用 jemalloc 内存管理

对于表 2-3，有以下两点说明。

❑ jemalloc 是 Facebook 开源的一个内存管理分配器。

❑ Nginx 原有编译配置参数参见 2.2.2 节。

2.3.3 代码编译

代码编译过程如下。

```
# 安装编译依赖
yum -y install gcc pcre-devel  zlib-devel openssl-devel libxml2-devel \
    libxslt-devel gd-devel GeoIP-devel yajl-devel jemalloc-devel \
    libatomic_ops-devel luajit luajit-devel perl-devel perl-ExtUtils-Embed

# 执行编译配置
./configure

# 代码编译及安装
make & make install
```

安装 Lua 或 LuaJIT 都可以，LuaJIT 是 Lua 的高效版本，推荐安装 LuaJIT。编译完成后，默认安装目录为 /usr/local/nginx。

2.3.4 Tengine 集成的模块

Tengine 自带的模块都存储在源码目录的 modules 文件中，用户可根据需要通过编译配

置参数 --add-module 进行选择。模块说明如表 2-4 所示。

表 2-4　Tengine 的集成模块

模块文件夹名	模块说明
mod_dubbo	提供对与后端 Dubbo 服务体系对接的支持
ngx_backtrace_module	该模块可用于在工作进程异常退出时转储 Nginx 的回溯信息，如在接收到某些信号（sigabr、sigbus、sigfpe、sigill、sigiot、sigsegv）时。它非常便于调试
ngx_debug_pool	该模块可以提供 Nginx/Tengine 内存池占用内存的状态信息
ngx_debug_timer	该模块可以提供 Nginx/Tengine 定时器的状态信息
ngx_http_concat_module	类似于 Apache 中的 mod_concat 模块，用于将多个文件合并在一个响应报文中
ngx_http_footer_filter_module	在请求的响应末尾输出一段内容
ngx_http_lua_module	Lua 脚本集成模块
ngx_http_proxy_connect_module	提供对 HTTP 的 CONNECT 方法的支持
ngx_http_reqstat_module	监控模块
ngx_http_slice_module	文件切片模块
ngx_http_sysguard_module	该模块监控内存（含 SWAP 分区）、CPU 和请求的响应时间，当某些监控指标达到设定的阈值时，跳转到指定的 URL
ngx_http_tfs_module	该模块实现了 TFS 的客户端，为 TFS 提供了 RESTful API。TFS 的全称是 Taobao File System，是淘宝的一个开源分布式文件系统
ngx_http_trim_filter_module	该模块用于删除 HTML、内嵌在 JavaScript 和 CSS 中的注释以及重复的空白符
ngx_http_upstream_check_module	该模块可以为 Tengine 提供主动式后端服务器健康检查功能
ngx_http_upstream_consistent_hash_module	该模块提供一致性 hash 作为负载均衡算法
ngx_http_upstream_dynamic_module	此模块可在运行时动态解析 upstream 中 Server 域名
ngx_http_upstream_dyups_module	upstream 动态修改模块
ngx_http_upstream_session_sticky_module	该模块是一个负载均衡模块，通过 cookie 实现客户端与后端服务器的会话保持，在一定条件下可以保证同一个客户端访问的是同一个后端服务器
ngx_http_upstream_vnswrr_module	该模块是一个高效的负载均衡算法，同 Nginx 官方的加权轮询算法 SWRR 相比，VNSWRR 具备平滑、散列和高性能特征
ngx_http_user_agent_module	该模块可以分析 HTTP 消息头属性字段"User-Agent"中的内容
ngx_multi_upstream_module	Dubbo 服务的多路复用连接支持模块
ngx_slab_stat	该模块可以提供 Nginx/Tengine 共享内存的状态信息

　　上述模块功能说明来源于源码中的说明文档，具体使用方法可参照源码中的说明文档。
　　Tengine 编译完成后，可使用 nginx -m 命令查看所有已经加载的模块，static 标识是静态编译的，shared 标识是动态编译的。

2.4 OpenResty 源码编译

2.4.1 OpenResty 源码获取

OpenResty 当前源码版本是 1.15.8.2，集成的 Nginx 版本是 Nginx 1.15.8 版本。其源码可通过官网直接获取，获取命令如下：

```
mkdir -p /opt/data/source
cd /opt/data/source
wget https://openresty.org/download/openresty-1.15.8.2.tar.gz
tar zxmf openresty-1.15.8.2.tar.gz
```

2.4.2 编译配置参数

OpenResty 是 Nginx 的扩展版，其在编译配置参数上也进行了清晰的区分，分为 Nginx 原有编译配置参数和扩展编译配置参数两部分，扩展编译配置参数如表 2-5 所示。

表 2-5　OpenResty 扩展编译配置参数

编译参数	参数说明
--with-debug	启用调试日志
--with-dtrace-probes	启用 DTrace USDT 探针
--without-http_echo_module	不编译可以在 Nginx 的 URL 访问中通过 echo 命令输出字符到用户的浏览器，一般用来调试输出信息，检测 Nginx 的可访问性、配置正确性
--without-http_xss_module	不编译跨站点脚本支持
--without-http_coolkit_module	不编译 Nginx 插件模块集合
--without-http_set_misc_module	不编译 rewrite 指令的扩展
--without-http_form_input_module	不编译 HTTP 请求扩展
--without-http_encrypted_session_module	不编译加密解密 Nginx 变量值的模块
--without-http_srcache_module	不编译缓存增强模块
--without-http_lua_module	不编译 Lua 脚本支持模块
--without-http_lua_upstream_module	不编译提供操作 upstream 服务器 Lua API 功能的模块
--without-http_headers_more_module	不编译 header 返回信息编辑模块
--without-http_array_var_module	不编译数组类型的 Nginx 变量模块
--without-http_memc_module	不编译 Memcache 扩展模块
--without-http_redis2_module	不编译 Redis 2.0 协议支持模块
--without-http_redis_module	不编译 Redis 缓存的模块
--without-http_rds_json_module	不编译 DBD-Stream 格式转 JSON 格式模块
--without-http_rds_csv_module	不编译 DBD-Stream 格式转 CVS 格式模块
--without-stream_lua_module	不编译 TCP/UDP 负载 Lua 脚本支持模块
--without-ngx_devel_kit_module	不编译模块开发库
--with-http_iconv_module	编译编码字符转换模块

（续）

编译参数	参数说明
--without-http_ssl_module	不编译 HTTP SSL 支持模块
--without-stream_ssl_module	不编译 Stream SSL 支持模块
--with-http_drizzle_module	编译 MySQL 或 Drizzle 数据库访问模块
--with-http_postgres_module	编译 PostgreSQL 数据库访问模块
--without-lua_cjson	不编译快速解析 JSON 的一个 Lua C 模块
--without-lua_tablepool	不编译基于 LuaJIT 的 Lua 表格资源回收池支持库
--without-lua_redis_parser	不编译 Redis 数据解析为 Lua 数据结构模块
--without-lua_rds_parser	不编译 DBD-Stream 格式的数据解析为 Lua 数据结构模块
--without-lua_resty_dns	不编译 DNS（域名系统）解析器的 Lua 模块
--without-lua_resty_memcached	不编译 Memcached 客户端模块
--without-lua_resty_redis	不编译 Redis 客户端模块
--without-lua_resty_mysql	不编译 MySQL 客户端模块
--without-lua_resty_upload	不编译上传文件支持模块
--without-lua_resty_upstream_healthcheck	不编译基于 Lua 的服务器组健康监测模块
--without-lua_resty_string	不编译字符串实用程序和通用哈希函数的 Lua 库
--without-lua_resty_websocket	不编译基于 Lua 的非阻塞 WebSocket 服务/客户端
--without-lua_resty_limit_traffic	不编译 lua-resty-limit-traffic 支持库
--without-lua_resty_lock	不编译基于 Lua Nginx 模块的共享内存字典的简单非阻塞互斥锁 API
--without-lua_resty_lrucache	不编译 Lua-land LRU 缓存
--without-lua_resty_signal	不编译 lua-resty-signal 支持库，该支持库用于向 UNIX 进程发送信号
--without-lua_resty_shell	不编译 lua-resty-shell 支持库，该支持库可以实现通过 Lua 调用 shell 脚本的支持
--without-lua_resty_core	不编译使用 LuaJIT FFI 实现 Lua Nginx 模块提供的 Lua API
--with-luajit	编译 LuaJIT 2.1 解释器
--without-luajit-lua52	不编译基于 Lua 5.2 的 LuaJIT 扩展解释器

对于表 2-5，有以下几点说明。

❑ 扩展的功能模块都是被默认编译的，可以通过设置表 2-3 中的参数选择不编译。

❑ DTrace 是基于系统底层的性能监控技术，可监测函数级别的内存、CPU 性能数据。

❑ Nginx 原有编译配置参数参见 2.2.2 节的相关内容。

2.4.3　代码编译

OpenResty 代码编译如下：

```
yum -y install gcc pcre-devel make zlib-devel openssl-devel libxml2-devel \
    libxslt-devel gd-devel GeoIP-devel libatomic_ops-devel luajit \
    luajit-devel perl-devel perl-ExtUtils-Embed
```

```
./configure \
    --with-threads \
    --with-file-aio \
    --with-http_ssl_module \
    --with-http_v2_module \
    --with-http_realip_module \
    --with-http_addition_module \
    --with-http_xslt_module=dynamic \
    --with-http_image_filter_module=dynamic \
    --with-http_geoip_module=dynamic \
    --with-http_sub_module \
    --with-http_dav_module \
    --with-http_flv_module \
    --with-http_mp4_module \
    --with-http_gunzip_module \
    --with-http_gzip_static_module \
    --with-http_auth_request_module \
    --with-http_random_index_module \
    --with-http_secure_link_module \
    --with-http_degradation_module \
    --with-http_slice_module \
    --with-http_stub_status_module \
    --with-stream=dynamic \
    --with-stream_ssl_module \
    --with-stream_realip_module \
    --with-stream_geoip_module=dynamic \
    --with-stream_ssl_preread_module

gmake && gmake install
```

编译完成后，默认安装目录为 /usr/local/openresty。Nginx 安装在 /usr/local/openresty/nginx 目录下。

2.4.4　OpenResty 集成的模块

在 OpenResty 中使用 Lua 是非常方便的，既可以在配置文件中通过 OpenResty 定义的指令区域直接编写 Lua 语法命令，也可以通过引用方式调用外部 Lua 脚本文件。OpenResty 提供了很多非常实用的 Nginx 模块和 Lua 支持库，模块说明如表 2-6 所示。

表 2-6　OpenResty 模块

模块文件夹名	模块说明
array-var-nginx-module	一个 Nginx 模块，向 Nginx 配置文件添加对数组类型变量的支持
drizzle-nginx-module	实现与 MySQL 或 Drizzle 数据库的代理连接支持
echo-nginx-module	该模块封装了大量 Nginx 内部 API，用于流式输入和输出、并行 / 顺序子请求、定时器和休眠，以及各种元数据访问
encrypted-session-nginx-module	该模块为基于 Mac 系统的 AES-256，为 Nginx 变量提供加密和解密支持
form-input-nginx-module	该模块读取编码为 application/x-www-form-urlencoded 的 HTTP POST 和 PUT 请求体，并将请求体中的参数解析为 Nginx 变量

（续）

模块文件夹名	模块说明
headers-more-nginx-module	该模块允许用户添加、设置或清除指定响应或请求头
iconv-nginx-module	该模块使用 libiconv 转换不同编码的字符，它既可以处理 Nginx 变量，也可以作为输出过滤器处理响应体
lua-cjson	可为 Lua 提供快速的 JSON 解析和编码支持
lua-rds-parser	该 Lua 库可以用于将由 Drizzle Nginx 模块和 Postgres Nginx 模块生成的 Resty-DBD-Stream 流格式的数据解析为 Lua 数据结构
lua-redis-parser	该 Lua 库实现了一个精简而快速的将 Redis Raw 格式解析为 Lua 数据结构的解析器，同时还构造了一个 Redis Raw 格式请求函数
lua-resty-core	使用 LuaJIT FFI 实现的 Lua Nginx 模块 Lua API
lua-resty-dns	基于 Lua Nginx 模块 cosocket API 的非阻塞域名解析支持库
lua-resty-limit-traffic	用于限制和控制流量的 Lua 支持库
lua-resty-lock	该 Lua 库基于 Lua Nginx 模块的共享内存字典实现了一个简单的非阻塞互斥锁 API，主要用于消除 dog-pile effects
lua-resty-lrucache	Lua-land LRU 缓存支持库
lua-resty-memcached	基于 Lua Nginx 模块 cosocket API 的 Lua Memcached 客户端驱动支持库
lua-resty-mysql	基于 Lua Nginx 模块 cosocket API 的 Lua MySQL 客户端驱动支持库
lua-resty-redis	基于 Lua Nginx 模块 cosocket API 的 Lua Redis 客户端驱动支持库
lua-resty-shell	该支持库可以实现通过 Lua 调用 shell 脚本的支持
lua-resty-signal	该支持库用于向 UNIX 进程发送信号
lua-resty-string	为 Lua Nginx 模块提供字符串实用程序和公共哈希函数的 Lua 库
lua-resty-upload	基于 Lua Nginx 模块 cosocket API 的 HTTP 文件上传流式阅读器和解析器支持库
lua-resty-upstream-healthcheck	Nginx 上游服务器运行状况的主动检查支持库
lua-resty-websocket	基于 Lua Nginx 模块 cosocket API 的非阻塞 WebSocket 服务器和非阻塞 WebSocket 客户端支持库
lua-tablepool	基于 LuaJIT 的 Lua 表格资源回收池支持库
memc-nginx-module	该模块扩展了标准的 Memcached 模块，几乎支持全部 Memcached ASCII 协议，它允许用户为 Memcached 服务器定义一个 Rest 接口，通过子请求或独立的伪请求在 Nginx 服务器中以非常高效的方式访问 Memcached 服务器
ngx_coolkit	该模块是一些小的、有用的 Nginx 附加组件集合
ngx_devel_kit	该模块旨在以其为基础为其他模块提供扩展 Nginx Web 服务器的核心功能支持
ngx_lua_upstream	该模块向 Lua Nginx 模块公开了一个 Lua API，用于 Nginx 上游服务器的操作
ngx_stream_lua	Nginx Stream 代理的 Lua 脚本支持模块
opm	OpenResty 的包管理工具
rds-csv-nginx-module	该 Lua 库可以用于将由 Drizzle Nginx 模块和 Postgres Nginx 模块生成的 Resty-DBD-Stream 流格式的数据解析为 CSV 数据结构
rds-json-nginx-module	该 Lua 库可以用于将由 Drizzle Nginx 模块生成的 Resty-DBD-Stream 流格式的数据解析为 JSON 数据结构

（续）

模块文件夹名	模块说明
redis2-nginx-module	该模块使 Nginx 以非阻塞的方式与 Redis 2.x 服务器通信，已经完整地实现 Redis 2.0 协议支持，包括 Redis pipelining 支持
redis-nginx-module	该模块使 Nginx 以非阻塞的方式与 Redis 2.x 服务器通信，且与标准的 ngx_memcached 模块有相似的接口，但是只支持 Redis 的 GET 和 SELECT 命令
resty-cli	OpenResty 的命令行实用程序的集合
set-misc-nginx-module	该模块是 Nginx 的 rewrite 模块的功能增强模块，提供了更多的指令
srcache-nginx-module	该模块为 Nginx 提供了一个透明的缓存层，可以用在 Nginx 的任意位置
xss-nginx-module	该模块提供了跨站点 AJAX 支持，目前只支持跨站点的 GET 方法

各模块的详细功能和使用方法请参见官方网站的相关介绍。

2.5 Nginx 部署

2.5.1 环境配置

Nginx 编译成功后，为了便于操作维护，建议把 Nginx 执行文件的路径添加到环境变量中，可以通过如下命令完成。

```
cat >/etc/profile.d/nginx.sh << EOF
PATH=$PATH:/usr/local/nginx/sbin
EOF
source /etc/profile
```

对于 OpenResty，为了保持与 Nginx 的维护一致性，可以将 Nginx 目录软连接到 /usr/local 目录下。

```
ln -s /usr/local/openresty/nginx /usr/local/nginx
```

在 CentOS 操作系统中，配置文件通常放在 /etc 目录下，建议将 Nginx 的 conf 目录软连接到 /etc 目录下。

```
ln -s /usr/local/nginx/conf /etc/nginx
```

2.5.2 命令行参数

Nginx 执行文件的命令行参数可以通过 -h 参数获取，Nginx 命令行参数如下：

```
Usage: nginx [-?hvVtTq] [-s signal] [-c filename] [-p prefix] [-g directives]

Options:
-?,-h            : this help
-v               : show version and exit
-V               : show version and configure options then exit
```

```
-t              : test configuration and exit
-T              : test configuration, dump it and exit
-q              : suppress non-error messages during configuration testing
-s signal       : send signal to a master process: stop, quit, reopen, reload
-p prefix       : set prefix path (default: /usr/local/openresty/nginx/)
-c filename     : set configuration file (default: conf/nginx.conf)
-g directives   : set global directives out of configuration file
```

上述代码中的主要参数解释说明如下。

❑ -v 参数：显示 Nginx 执行文件的版本信息。

❑ -V 参数：显示 Nginx 执行文件的版本信息和编译配置参数。

❑ -t 参数：进行配置文件语法检查，测试配置文件的有效性。

❑ -T 参数：进行配置文件语法检查，测试配置文件的有效性，同时输出所有有效配置内容。

❑ -q 参数：在测试配置文件有效性时，不输出非错误信息。

❑ -s 参数：发送信号给 Nginx 主进程，信号可以为以下 4 个。

　　○ stop：快速关闭。

　　○ quit：正常关闭。

　　○ reopen：重新打开日志文件。

　　○ reload：重新加载配置文件，启动一个加载新配置文件的 Worker Process，正常关闭一个加载旧配置文件的 Worker Process。

❑ -p 参数：指定 Nginx 的执行目录，默认为 configure 时的安装目录，通常为 /usr/local/nginx。

❑ -c 参数：指定 nginx.conf 文件的位置，默认为 conf/nginx.conf。

❑ -g 参数：外部指定配置文件中的全局指令。

应用示例如下：

```
nginx -t                              # 执行配置文件检测
nginx -t -q                           # 执行配置文件检测，且只输出错误信息
nginx -s stop                         # 快速停止Nginx
nginx -s quit                         # 正常关闭Nginx
nginx -s reopen                       # 重新打开日志文件
nginx -s reload                       # 重新加载配置文件
nginx -p /usr/local/newnginx          # 指定Nginx的执行目录
nginx -c /etc/nginx/nginx.conf        # 指定nginx.conf文件的位置
# 外部指定pid和worker_processes配置指令参数
nginx -g "pid /var/run/nginx.pid; worker_processes 'sysctl -n hw.ncpu';"
```

Tengine 的扩展命令如下：

```
nginx -m                              # 列出所有的编译模块
nginx -l                              # 列出支持的所有指令
```

2.5.3　注册系统服务

CentOS 系统环境中使用 systemd 进行系统和服务管理，可以按需守护进程，并通过

systemctl 命令进行 systemd 的监测和控制。为了方便 Nginx 应用进程的维护和管理，此处把 Nginx 注册成系统服务，由 systemd 进行服务管理，命令如下。

```
cat >/usr/lib/systemd/system/nginx.service <<EOF
[Unit]                                                # 记录service文件的通用信息
Description=The Nginx HTTP and reverse proxy server   # Nginx服务描述信息
After=network.target remote-fs.target nss-lookup.target  # Nginx服务启动依赖，在指定服务之后启动

[Service]                                             # 记录service文件的service信息
Type=forking                                          # 标准UNIX Daemon使用的启动方式
PIDFile=/run/nginx.pid                                # Nginx服务的pid文件位置
ExecStartPre=/usr/bin/rm -f /run/nginx.pid            # Nginx服务启动前删除旧的pid文件
ExecStartPre=/usr/local/nginx/sbin/nginx -t -q        # Nginx服务启动前执行配置文件检测
ExecStart=/usr/local/nginx/sbin/nginx -g "pid /run/nginx.pid;" # 启动Nginx服务
ExecReload=/usr/local/nginx/sbin/nginx -t -q          # Nginx服务重启前执行配置文件检测
ExecReload=/usr/local/nginx/sbin/nginx -s reload -g "pid /run/nginx.pid;"
                                                      # 重启Nginx服务
ExecStop=/bin/kill -s HUP $MAINPID                    # 关闭Nginx服务
KillSignal=SIGQUIT
TimeoutStopSec=5
KillMode=process
PrivateTmp=true

[Install]                                             # 记录service文件的安装信息
WantedBy=multi-user.target                            # 多用户环境下启用
EOF

systemctl enable nginx                                # 将Nginx服务注册为系统启动后自动启动
systemctl start nginx                                 # 启动Nginx服务命令
systemctl reload nginx                                # reload Nginx服务命令
systemctl stop nginx                                  # stop Nginx服务命令
systemctl status nginx                                # 查看Nginx服务运行状态命令
```

2.6 Nginx 的 Docker 容器化部署

2.6.1 Docker 简介

Docker 是一款基于 Go 语言开发的开源应用容器引擎，Docker 可以让用户将需要运行的应用服务和依赖环境打包在一个小体积的应用容器中，被打包的容器可以移植到任意可运行 Docker 环境的操作系统中，极大地缩短了应用服务编译和部署所需的时间。Docker 的虚拟化机制也使得在不同操作系统环境下编译的应用服务都可运行在同一 Docker 宿主机中。

Docker 中有两个基本概念：镜像（Image）和容器（Container）。Docker 使用 AUFS 文件系统进行文件管理，这种文件系统的文件是分层叠加存储的，镜像是存储在只读层的文件，而运行的容器则是镜像运行的实例，它的实例文件存储在可写层中，所以通常需要先通过 Docker 命令制作镜像，然后再通过 Docker 编排命令将镜像运行成容器。

2.6.2　Docker 环境安装

Docker 的虚拟化机制是基于操作系统的进程级别虚拟化技术，所以 Docker 也可以安装在其他虚拟机中。在物理机或云环境的 CentOS 7 环境下均可通过 yum 命令实现快速安装，安装命令如下。

```
# 安装yum工具
yum install -y yum-utils

# 安装Docker官方yum源
yum-config-manager --add-repo https://download.docker.com/linux/centos/docker-ce.repo

# 安装Docker及docker-compose应用
yum install -y docker-ce docker-compose

# 设置Docker服务开机自启动
systemctl enable docker

# 启动Docker服务
systemctl start docker
```

2.6.3　Dockerfile 常用命令及编写

Dockerfile 是按照 Docker Build 语法约定的顺序结构规则脚本文件。通过 Dockerfile 的编写可以实现 Docker 镜像的自动化制作，本章所介绍的编译过程均可被编写在 Dockerfile 中，使用 Docker 命令打包为 Nginx 的 Docker 镜像。

Dockerfile 常用命令如下。

1）FROM 用于指定构建当前镜像的基础镜像名，使用方法如下。

```
FROM centos
```

2）MAINTAINER 用于填写作者声明的描述信息，使用方法如下。

```
MAINTAINER Nginx Dockerfile Write by John.Wang
```

3）ADD 命令会向 Image 中添加文件，支持文件、目录、URL 的源，使用方法如下。

```
ADD /tmp/init_nginx.sh /usr/local/nginx/sbin/
```

4）COPY 用于向镜像内复制文件夹，使用方法如下。

```
COPY . /tmp
```

5）ENV 设置 Container 启动后的环境变量，使用方法如下。

```
ENV PATH $PATH:/usr/local/nginx/sbin
```

6）EXPOSE 设置 Container 启动后对外开放的端口，它只相当于一个防火墙开放端口的概念，与实际运行的服务无关，使用方法如下。

```
EXPOSE 8080
```

7）RUN 用于在制作 Image 时执行指定的脚本或 shell 命令，使用方法如下。

```
RUM yum -y install net-tools
```

8）USER 设置运行 Image 或 Container 的系统用户，使用方法如下。

```
USER nginx:nginx
```

9）VOLUME 定义 Image 挂载点，该挂载点可被其他 Container 使用，且目录中的内容是共享的，将会同步更新，使用方法如下。

```
VOLUME ["/data1","/data2"]
```

10）WORKDIR 设置 CMD 参数指定命令的运行目录，使用方法如下。

```
WORKDIR ~/
```

11）CMD 命令是设定于 Container 启动后执行的命令，可被外部 docker run 命令参数覆盖，使用方法如下。

```
CMD "Hello Nginx"
```

12）ENTRYPOINT 命令是设定于 Container 启动后执行的命令，不可被外部 docker run 命令参数覆盖。

```
ENTRYPOINT /usr/local/nginx/sbin/init_nginx.sh
```

现在，可以按照 Dockerfile 的命令格式编写 Dockerfile 了，基础镜像选用 CentOS 7，Nginx 选用 Nginx 的扩展版本 OpenResty 1.15.8.2。

Nginx 镜像 Dockerfile 脚本如下：

```
FROM centos:centos7
MAINTAINER Nginx Dockerfile Write by John.Wang
RUN yum -y install epel-release && yum -y install wget gcc make pcre-devel \
    zlib-devel openssl-devel libxml2-devel libxslt-devel luajit GeoIP-devel \
    gd-devel libatomic_ops-devel luajit-devel perl-devel perl-ExtUtils-Embed

RUN cd /tmp && wget https://openresty.org/download/openresty-1.15.8.2.tar.gz  && \
    tar zxmf openresty-1.15.8.2.tar.gz && \
    cd openresty-1.15.8.2 && \
    ./configure \
        --with-threads \
        --with-file-aio \
        --with-http_ssl_module \
        --with-http_v2_module \
        --with-http_realip_module \
        --with-http_addition_module \
        --with-http_xslt_module=dynamic \
        --with-http_image_filter_module=dynamic \
        --with-http_geoip_module=dynamic \
        --with-http_sub_module \
        --with-http_dav_module \
        --with-http_flv_module \
```

```
    --with-http_mp4_module \
    --with-http_gunzip_module \
    --with-http_gzip_static_module \
    --with-http_auth_request_module \
    --with-http_random_index_module \
    --with-http_secure_link_module \
    --with-http_degradation_module \
    --with-http_slice_module \
    --with-http_stub_status_module \
    --with-stream=dynamic \
    --with-stream_ssl_module \
    --with-stream_realip_module \
    --with-stream_geoip_module=dynamic \
    --with-libatomic \
    --with-pcre-jit \
    --with-stream_ssl_preread_module && \
    gmake && gmake install
ENV PATH $PATH:/usr/local/nginx/sbin
RUN ln -s /usr/local/openresty/nginx /usr/local/nginx
RUN ln -sf /dev/stdout /usr/local/nginx/logs/access.log &&\
    ln -sf /dev/stderr /usr/local/nginx/logs/error.log
EXPOSE 80
ENTRYPOINT ["nginx", "-g", "daemon off;"]
```

在 Dockerfile 文件的同一目录下，执行如下命令构建 Nginx 的 Dokcer 镜像。

```
docker build -t nginx:v1.0 .
```

在脚本执行结束后，当尾行出现 "Successfully tagged nginx:v1.0" 时表示 Dokcer 镜像
已经构建成功，可以通过 Docker 命令 docker images 查看镜像是否已经存在于本地的镜像仓
库中，查询结果如图 2-3 所示。

```
[root@vm426centos-node01 scripts]# docker images
REPOSITORY          TAG             IMAGE ID        CREATED         SIZE
nginx               v1.0            878aba4f8266    5 hours ago     657MB
centos              centos7         1e1148e4cc2c    2 months ago    202MB
```

图 2-3　本地镜像仓库中的所有 Docker 镜像

2.6.4　Nginx Docker 运行

Docker 镜像在 AUFS 文件系统中是只读的，需要通过 docker run 命令以容器方式运行，
脚本如下：

```
docker run --name nginx -p 80:80 -d nginx:v1.0
docker ps -a
CONTAINER ID        IMAGE           COMMAND                 CREATED
STATUS              PORTS           NAMES
26ffd54950e8        nginx:v1.0      "nginx -g 'daemon of…"  7 seconds ago
Up 7 seconds        0.0.0.0:80->80/tcp  nginx
```

通过 curl 命令访问本地 80 端口，可以返回 OpenResty 的提示信息。

　　Docker 容器如果被移除，所有的修改文件同样会被删除，为了把变更的配置保存下来，需要把配置文件目录复制出来进行持久化，所以需要通过卷挂载的方式实现配置的使用和维护，脚本如下：

```
mkdir -p /opt/data/apps/nginx/
docker cp nginx:/usr/local/nginx/conf /opt/data/apps/nginx/
docker stop nginx
docker rm nginx
docker run --name nginx -h nginx -p 80:80 -v
/opt/data/apps/nginx/conf:/usr/local/nginx/conf -d nginx:v1.0
```

如图 2-4 所示，Docker 容器已经把本地目录挂载到容器中。

```
[root@vm426centos-node01 scripts]# docker inspect nginx |jq -r .[].Mounts
[
  {
    "Type": "bind",
    "Source": "/opt/data/apps/nginx/conf",
    "Destination": "/usr/local/nginx/conf",
    "Mode": "",
    "RW": true,
    "Propagation": "rprivate"
  }
]
```

图 2-4　目录挂载

　　在使用 docker run 命令时，每次都需要使用很多参数，为了便于维护，可以用 Docker-Compose 工具进行容器编排，Docker-Compose 是使用基于 YAML 语法的脚本配置文件来实现容器的运行管理的。Nginx 的 docker-compose.yaml 脚本文件如下：

```
nginx:
    image: nginx:v1.0
    restart: always
    container_name: nginx
    hostname: 'nginx'
    ports:
        - 80:80
    volumes:
        - '/opt/data/apps/nginx/conf:/usr/local/nginx/conf'
```

第 3 章 　 *Chapter 3*

Nginx 核心配置指令

作为一款高性能的 HTTP 服务器软件，Nginx 的核心功能就是应对 HTTP 请求的处理。由于具体硬件、操作系统及应用场景的不同，需要 Nginx 在对 HTTP 请求的处理方法上进行不同的调整，为了应对这些差异，Nginx 提供了多种配置指令，让用户可以根据实际的软硬件及使用场景进行灵活配置。

Nginx 的配置指令很多，为了方便理解和使用，可以按照其在代码中的分布，将其分为核心配置指令和模块配置指令两大类。核心配置指令分为事件核心配置指令和 HTTP 核心配置指令，事件核心配置指令主要是与 Nginx 自身软件运行管理及 Nginx 事件驱动架构有关的配置指令；HTTP 核心配置指令是对客户端从发起 HTTP 请求、完成 HTTP 请求处理、返回处理结果，到关闭 HTTP 连接的完整过程中的各个处理方法进行配置的配置指令。模块配置指令是在每个 Nginx 模块中对所在模块的操作方法进行配置的配置指令。

本章介绍的是核心配置指令，主要涉及如下内容。

❑ Nginx 配置文件（nginx.conf）的结构解析。
❑ Nginx 事件核心配置指令详解。
❑ Nginx HTTP 核心配置指令详解。

3.1 Nginx 配置文件解析

Nginx 默认编译安装后，配置文件都会保存在 /usr/local/nginx/conf 目录下，在配置文件目录下，Nginx 默认的主配置文件是 nginx.conf，这也是 Nginx 唯一的默认配置入口。

3.1.1　配置文件目录

Nginx 配置文件在 conf 目录下，其默认目录结构如下。

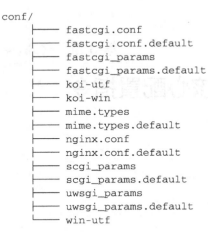

```
conf/
    ├───── fastcgi.conf
    ├───── fastcgi.conf.default
    ├───── fastcgi_params
    ├───── fastcgi_params.default
    ├───── koi-utf
    ├───── koi-win
    ├───── mime.types
    ├───── mime.types.default
    ├───── nginx.conf
    ├───── nginx.conf.default
    ├───── scgi_params
    ├───── scgi_params.default
    ├───── uwsgi_params
    ├───── uwsgi_params.default
    └───── win-utf
```

其中，以".default"为扩展名的文件是 Nginx 配置文件的配置样例文件。各配置文件的说明如下。

❑ fastcgi_params：Nginx 在配置 FastCGI 代理服务时会根据 fastcgi_params 文件的配置向 FastCGI 服务器传递变量，该配置文件现已由 fastcgi.conf 代替。

❑ fastcgi.conf：为了规范配置指令 SCRIPT_FILENAME 的用法，引入 FastCGI 变量传递配置。

❑ mime.types：MIME 类型映射表，Nginx 会根据服务端文件后缀名在映射关系中获取所属文件类型，将文件类型添加到 HTTP 消息头字段"Content-Type"中。

❑ nginx.conf：Nginx 默认的配置入口文件。

❑ scgi_params：Nginx 在配置 SCGI 代理服务时会根据 scgi_params 文件的配置向 SCGI 服务器传递变量。

❑ uwsgi_params：Nginx 在配置 uWSGI 代理服务时会根据 uwsgi_params 文件的配置向 uWSGI 服务器传递变量。

❑ koi-utf、koi-win、win-utf：这 3 个文件是 KOI8-R 编码转换的映射文件，因为 Nginx 的作者是俄罗斯人，在 Unicode 流行之前，KOI8-R 是使用最为广泛的俄语编码。

3.1.2　配置文件结构

为了便于了解 Nginx 配置文件的内部结构，这里约定几个名词的定义。

❑ 配置指令：在配置文件中，由 Nginx 约定的内部固定字符串，Nginx 官方文档中的英文单词为 directive，本书中则统一称为配置指令，简称指令。指令是 Nginx 中功能配置的最基本元素，Nginx 的每个功能配置都是通过多个不同的指令组合来实现的。

❑ 配置指令值：每个配置指令都有对应的内容来表示该指令的控制参数，本书中约定其对应的内容为配置指令值，简称指令值。指令值可以是字符串、数字或变量等多种类型。

❑ 配置指令语句：指令与指令值组合构成指令语句。一条指令语句可以包含多个配置指令值，在 Nginx 配置文件中，每条指令语句都要用 ";" 作为语句结束的标识符。

❑ 配置指令域：配置指令值有时会是由 "{}" 括起来的指令语句集合，本书中约定 "{}" 括起来的部分为配置指令域，简称指令域。指令域既可以包含多个指令语句，也可以包含多个指令域。

❑ 配置全局域：配置文件 nginx.conf 中上层没有其他指令域的区域被称为配置全局域，简称全局域。

Nginx 的常见配置指令域如表 3-1 所示。

表 3-1 Nginx 的常见配置指令域

域名称	域类型	域说明
main	全局域	Nginx 的根级别指令区域。该区域的配置指令是全局有效的，该指令名为隐性显示，nginx.conf 的整个文件内容都写在该指令域中
events	指令域	Nginx 事件驱动相关的配置指令域
http	指令域	Nginx HTTP 核心配置指令域，包含客户端完整 HTTP 请求过程中每个过程的处理方法的配置指令
upstream	指令域	用于定义被代理服务器组的指令区域，也称 "上游服务器"
server	指令域	Nginx 用来定义服务 IP、绑定端口及服务相关的指令区域
location	指令域	对用户 URI 进行访问路由处理的指令区域
stream	指令域	Nginx 对 TCP 协议实现代理的配置指令域
types	指令域	定义被请求文件扩展名与 MIME 类型映射表的指令区域
if	指令域	按照选择条件判断为真时使用的配置指令域

打开系统默认的 nginx.conf 文件，可以看到整个文件的结构如下。

```
#user    nobody;
worker_processes  1;                          # 只启动一个工作进程
events {
    worker_connections  1024;                 # 每个工作进程的最大连接为1024
}
http {
    include       mime.types;                 # 引入MIME类型映射表文件
    default_type  application/octet-stream;   # 全局默认映射类型为application/octet-stream

    #log_format  main  '$remote_addr - $remote_user [$time_local] "$request" '
    #                   '$status $body_bytes_sent "$http_referer" '
    #                   '"$http_user_agent" "$http_x_forwarded_for"';
    #access_log  logs/access.log  main;
    sendfile        on;                       # 启用零复制机制
    keepalive_timeout  65;                    # 保持连接超时时间为65s
```

```
server {
    listen       80;                    # 监听80端口的网络连接请求
    server_name  localhost;             # 虚拟主机名为localhost
    #charset koi8-r;
    #access_log  logs/host.access.log  main;
    location / {
        root   html;
        index  index.html index.htm;
    }
    error_page   500 502 503 504  /50x.html;
    location = /50x.html {
        root   html;
    }
}
}
```

由上述配置文件可以看出，配置文件中的指令和指令值是以类似于 key-value 的形式书写的。写在配置文件全局域的指令是 Nginx 配置文件的核心指令，主要是对 Nginx 自身软件运行进行配置的指令。其中，events 和 http 所包含的部分分别为事件指令域和 HTTP 指令域，指令域内的指令则明确约定了该区域内的指令的应用范围。server 指令域被包含于 http 指令域中，同时又包含了 location 指令域，各指令域中的共用范围逐层被上层指令域限定，可见各指令域匹配的顺序是由外到内的。Nginx 的配置指令按照内部设定可以同时编写在不同指令域中，包含在最内层的指令将对外层同名指令进行指令值覆盖，并以最内层指令配置为最终生效配置。

编写 Nginx 配置文件时，为了便于维护，也会把一些指令或指令域写在外部文件中，再通过 include 指令引入 nginx.conf 主配置文件中。例如，配置文件中把写有 types 指令域的 mime.types 文件引用到 http 指令域中。此处使用的是 nginx.conf 文件的相对路径。

3.1.3 配置文件中的计量单位

在 Nginx 配置文件中有很多与容量、时间相关的指令值，Nginx 配置文件有如下规范。
1）容量单位可以使用字节、千字节、兆字节或千兆字节，示例如下。

```
512
1k或1K
10m或10M
1g或10G
```

2）时间的最小单位是毫秒，示例如下。

```
10ms       # 10毫秒
30s        # 30秒
2m         # 2分钟
5h         # 5小时
1h 30m     # 1小时30分
6d         # 6天
3w         # 3周
5M         # 5个月
2y         # 2年
```

3.1.4　配置文件中的哈希表

Nginx 使用哈希表加速对 Nginx 配置中常量的处理，如 server 中的主机名、types 中的 MIME 类型映射表、请求头属性字段等数据集合。哈希表是通过关键码来快速访问常量对应值的数据存储结构，在通过哈希表获取数据的过程中，其内部实现通过相关函数将常量名转换为一个关键码来实现对应值的快速定位和读取。由于数据的复杂性，会出现不同常量名转换的关键码是一样的情况，这就会导致读取对应值时发生冲突。为了解决这个问题，Nginx 同时引入了哈希桶机制，就是把相同关键码的哈希键存在一个哈希桶定义的存储空间中，然后再进行二次计算来获取对应的值。

单个哈希桶的大小等于 CPU 缓存行大小的倍数。这样就可以通过减少内存访问的数量来加速在 CPU 中搜索哈希关键码的速度。如果哈希桶的大小等于 CPU 的缓存行的大小，在 Nginx 进行哈希关键码搜索期间，内存的访问次数最多是两次，一次是计算哈希桶的地址，另一次是在哈希桶内进行哈希关键码的搜索。

Linux 系统下查看 CPU 缓存行的指令如下。

```
cat /proc/cpuinfo |grep cache_alignment
```

Nginx 在每次启动或重新加载配置时会选择合适大小的最小值初始化哈希表。哈希表的大小会随哈希桶数量的增加而不断调整，直到哈希桶总的大小达到哈希表设置的最大值。因此，在 Nginx 提示需要增加哈希表或哈希桶的大小时，要先调整哈希表的大小。

3.2　Nginx 的进程核心配置指令

Nginx 的进程核心配置指令包含在 Nginx 核心代码及事件模块代码中，按配置指令设定的功能可分为进程管理、进程调优、进程调试、事件处理 4 个部分。

3.2.1　进程管理

Nginx 本身是一款应用软件，在其运行时，用户可对其运行方式、动态加载模块、日志输出等使用其内建的基础配置指令进行配置，指令说明如表 3-2 所示。

表 3-2　进程管理指令

指　令	默　认　值	指令说明
daemon	on	用于设定 Nginx 进程是否以守护进程的方式在后台运行，on 为启用，off 为不启用
pid	logs/nginx.pid	设定保存 Nginx 主进程 ID 的文件路径
user	nobody nobody	用于设定 Nginx 启动后，主进程唤起的工作进程运行的用户及用户组
load_module	—	加载动态模块的指令
include	—	加载外部配置文件

（续）

指　　令	默　认　值	指令说明
error_log	logs/error.log error	指定错误日志文件路径及文件名
pcre_jit	off	用于设定在配置文件中的正则表达式是否使用 pcre_jit 技术，off 为不使用，on 为使用
ssl_engine	—	指定使用的 OpenSSL 加速引擎名称

❑ pcre_jit 需要 Nginx 在配置编译时加上 --with-pcre-jit 参数。

❑ error_log 的日志级别可以为如下值：debug、info、notice、warn、error、crit、alert、emerg。

在 Linux 系统中，可用如下命令查看当前系统支持的 OpenSSL 加速引擎信息。

```
openssl engine -t
```

3.2.2　进程调优

Nginx 是按照事件驱动架构设计的。每个外部请求都以事件的形式被工作进程（Worker Process）响应，并发完成各种功能的操作处理。Nginx 工作进程的性能依赖于硬件和操作系统的配置，在实际应用场景中，用户需要按照硬件、操作系统或应用场景需求的侧重点进行相应的配置调整。Nginx 的进程调优配置指令如表 3-3～表 3-10 所示。

表 3-3　线程池指令

名　　称	线程池指令
指令	thread_pool
作用域	main
默认值	thread_pool default threads=32 max_queue=65536;
指令说明	线程池配置指令，允许调整默认线程池或创建新的线程池，用于读取和发送文件的场景中。在线程池中所有线程都繁忙时，新的请求任务将在队列中等待，默认情况下，等待队列中的最大任务数是 65536。使用线程池机制时，通过配置该指令，可以在因读取和发送文件引发阻塞的场景中提升 Nginx 读取和发送文件的处理性能

配置样例如下：

```
thread_pool pool_1 threads=16;
```

具体参数说明如下。

❑ thread_pool 也可以编写在 http 指令域中。

❑ threads 参数定义了线程池的线程数。

❑ max_queue 参数指定了等待队列中的最大任务数，在线程池中所有线程都处于繁忙状态时，新任务将进入等待队列。等待队列中的最大任务数为 65536。

❑ 线程池指令需要在编译配置时增加 --with-threads 参数。

表 3-4　定时器方案指令

名　称	定时器方案指令
指令	timer_resolution
作用域	main
默认值	—
指令说明	Nginx 中的处理事件超时管理方案有两种，一种是设定一个定时器，每过一段时间就对所有超时事件进行一次扫描；另一种是先计算出距离当前时间最近的将要发生超时事件的时间，然后等待这个时间之后再去进行一次超时检测。默认配置下使用第二种超时检测方案，该方案是依据事件超时时间与当前时间的时间差进行检测的，所以每次事件返回都需要进行新的检测时间计算，在 I/O 事件比较多的场景下，这会导致频繁地调用时间函数 gettimeofday 进行计算并更新下次检测的时间，资源消耗相对较高。而设置一个指定的时间值启用第一种方案时，Nginx 内置的事件超时检测定时器会在指定时间周期内进行事件超时检测，无须调用时间函数 gettimeofday 更新时间，资源消耗相对较低

配置样例如下：

```
timer_resolution 100ms;
```

在因频繁调用时间函数引发的资源消耗不大的场景中可不设定该指令。

表 3-5　工作进程优先级指令

名　称	工作进程优先级指令
指令	worker_priority
作用域	main
默认值	0
指令说明	工作进程优先级设定指令，可以通过该指令设定工作进程在 Linux 系统中的优先级（nice 值）

配置样例如下：

```
worker_priority -5;
```

worker_priority 指令值的取值范围是 −20～19，数值越小，优先级越高，获得的 CPU 时间就越多。配置生效后可以通过如下命令查看，输出结果如图 3-1 所示。

```
ps axo command,pid,ni | grep nginx | grep -v grep
```

```
[root@localhost nginx]# ps axo command,pid,ni | grep nginx | grep -v grep
nginx: master process /usr/  1361   0
nginx: worker process        18815  -5
nginx: worker process        18816  -5
nginx: worker process        18817  -5
nginx: worker process        18818  -5
```

图 3-1　Nginx 工作进程

表 3-6 工作进程数指令

名　称	工作进程数指令
指令	worker_processes
作用域	main
默认值	1
可配置选项	number 或 auto
指令说明	依据 Nginx 架构可知，工作进程数量的最佳配置是小于或等于 CPU 内核的数量。通过该指令可以手动设置工作进程的数量，该指令也支持 auto 指令值，由 Nginx 进行自动分配

配置样例如下：

```
worker_processes auto;
```

工作进程数指令的指令值有两种类型，分别为数字和 auto。指令值为 auto 时，Nginx 会根据 CPU 的内核数生成等数量的工作进程。

表 3-7 工作进程 CPU 绑定指令

名　称	工作进程 CPU 绑定指令
指令	worker_cpu_affinity
作用域	main
默认值	—
可配置选项	cpumark 或 auto
指令说明	Nginx 工作进程处于高效的工作状态是因为充分利用了进程与 CPU 的亲缘性，使每个工作进程均可固定在一个 CPU 上运行。该指令可以手动进行工作进程与 CPU 的绑定，当然也可以通过设定指令值 auto 交由 Nginx 自动分配

配置样例如下：

```
worker_processes 8;
worker_cpu_affinity 00000001 00000010 00000100 00001000 00010000 00100000 01000000 10000000;
```

指令值是用 CPU 掩码来表示的，使用与 CPU 数量相等位数的二进制值来表示。单个 CPU 用单个二进制值表示，多个 CPU 组合可用二进制值相加来表示。如配置样例所示，CPU 有 8 个核，分别表示绑定了从第 0 核到第 7 核的 CPU。CPU 核数是从 0 开始计数的。

指令值除了可以是 CPU 掩码外，还可以是 auto。当指令值为 auto 时，Nginx 会自动进行 CPU 绑定。

配置样例如下：

```
worker_processes auto;
worker_cpu_affinity auto;
```

工作进程与 CPU 核数也可以是多种对应组合，指令语句如下：

```
worker_processes 4;
worker_cpu_affinity 01 10 01 10;    # 当CPU为2核时，该指令配置把第1、3工作进程绑定在2核
                                    # CPU的第0核，把第2、4工作进程绑定在2核CPU的第1核
worker_processes 2;
worker_cpu_affinity 0101 1010;      # 当CPU为4核时，该指令配置把第1工作进程绑定在CPU的第0
                                    # 核和第2核，把第2工作进程绑定在CPU的第1核和第3核
```

工作进程 CPU 绑定指令仅适合于 FreeBSD 和 Linux 操作系统。

表 3-8　工作进程打开文件数指令

名　称	工作进程打开文件数指令
指令	worker_rlimit_nofile
作用域	main
默认值	—
指令说明	设置 Nginx 所有工作进程同时打开文件的最大数量，默认为操作系统的文件打开数

配置样例如下：

```
worker_rlimit_nofile 65535;
```

表 3-9　工作进程关闭等待时间指令

名　称	工作进程关闭等待时间指令
指令	worker_shutdown_timeout
作用域	main
默认值	—
指令说明	设置 Nginx 正常关闭工作进程的超时时间，当超过设定的时间时，Nginx 主进程将强制关闭所有已经打开的连接，以便关闭工作进程

配置样例如下：

```
worker_shutdown_timeout 10s;
```

表 3-10　设置互斥锁文件指令

名　称	设置互斥锁文件指令
指令	lock_file
作用域	main
默认值	logs/nginx.lock;
指令说明	设置互斥锁文件指令，在开启 accept_mutex 进程调度模式或使用共享内存的场景下，需要用到互斥锁机制。在一些支持原子操作的操作系统中，可使用共享内存实现互斥锁。在不支持原子操作的系统环境下，需要通过该指令指定一个互斥锁文件

配置样例如下：

```
lock_file logs/nginx.lock;
```

3.2.3 进程调试

Nginx 调整配置或运行发生异常时，为了及时获知工作进程在事件处理过程中发生的问题，可通过获取内存中各状态机、变量等数据的内容进行调试。Nginx 为用户提供了一些调试用的配置指令，方便用户进行进程调试。配置指令如表 3-11～表 3-14 所示。

表 3-11　主进程指令

名　称	主进程指令
指令	master_process
作用域	main
默认值	on
可配置选项	on 或 off
指令说明	Nginx 默认是以一个主进程管理多个工作进程的工作方式，设定指令值为 off 时，Nginx 将只运行一个主进程来处理所有请求

配置样例如下：

```
master_process off;
```

当只由主进程处理请求时，调试进程会更加方便。

表 3-12　调试点控制指令

名　称	调试点控制指令
指令	debug_points
作用域	main
默认值	—
可配置选项	stop 或 abort
指令说明	该指令用于进行调试点的控制，当指令值为 stop 时，Nginx 在执行到内部调试点时就会发出 SIGSTOP 信号，方便用户进行调试；当指令值为 abort 时则会停止进程并创建 corefile

配置样例如下：

```
debug_points stop;
```

表 3-13　工作目录指令

名　称	工作目录指令
指令	working_directory
作用域	main
默认值	—
指令说明	在 Linux 操作系统中，当进程执行出错或收到终止信号时，操作系统会将执行进程过程中，内存中的内容存储到一个文件中，该文件被称为崩溃文件（corefile），当 Nginx 进程发生这种状况时也会生成一个崩溃文件，该崩溃文件中包含当时的堆栈及寄存器等信息，方便用户排查问题产生的原因。该指令用于设定工作进程保存崩溃文件的目录，在 Nginx 程序崩溃时向该目录中写入崩溃文件，Nginx 进程需要被设定有目录的写权限

配置样例如下：

```
working_directory logs
```

可以使用工具 objdump、GDB 进行文件分析。

表 3-14 调试文件大小指令

名 称	调试文件大小指令
指令	worker_rlimit_core
作用域	main
默认值	—
指令说明	该指令是崩溃文件大小的设置指令。因为崩溃文件会存储非常详细的信息，数据量很大，很容易把磁盘空间占满，因此需要合理限制崩溃文件的文件大小

配置样例如下：

```
worker_rlimit_core 800m;
```

3.2.4 事件处理

Nginx 是采用事件驱动式架构处理外部请求的，这一架构使得 Nginx 在现有硬件架构下可以处理数以万计的并发请求。通过事件处理指令的配置可以让 Nginx 与实际运行的硬件及系统进行有效的适配，从而发挥更加高效的并发处理能力。Nginx 的事件处理指令编辑在 events 指令域中，如表 3-15～表 3-21 所示。

表 3-15 工作进程并发数指令

名 称	工作进程并发数指令
指令	worker_connections
作用域	events
默认值	512
指令说明	每个 Nginx 工作进程可处理并发连接的最大数

配置样例如下：

```
events {
    worker_connections 65535;
}
```

Linux 系统下，因为每个网络连接都将打开一个文件描述符，Nginx 可处理的并发连接数受限于操作系统的最大打开文件数，同时所有工作进程的并发数也受 worker_rlimit_nofile 指令值的限制。

表 3-16 事件处理机制选择指令

名 称	事件处理机制选择指令
指令	use
作用域	events
默认值	—
指令说明	Nginx 内部有多种事件处理机制模型，以下简称事件模型。默认情况下，Nginx 会自动选择一种高效的事件模型，用户可以通过该指令自行选择事件模型进行事件处理

配置样例如下：

```
events {
    use epoll;
}
```

Nginx 支持的事件模型有 select、poll、kqueue、epoll、/dev/poll、eventport。

表 3-17 互斥锁指令

名 称	互斥锁指令
指令	accept_mutex
作用域	events
默认值	off
可配置选项	on 或 off
指令说明	设置是否启用互斥锁模式的进程调度

配置样例如下：

```
events {
    accept_mutex on;
}
```

在 Nginx 1.11.3 版本之前，互斥锁指令是默认开启的。

表 3-18 互斥锁等待时间指令

名 称	互斥锁等待时间指令
指令	accept_mutex_delay
作用域	events
默认值	500ms
指令说明	Nginx 工作进程在互斥锁模式下需要不断地争抢互斥锁，没有互斥锁的工作进程如果争抢不到互斥锁，会在等待时间结束后执行下一轮争抢。通过该指令可以将抢锁等待时间设置为一个较短的时间，以提高进程争抢互斥锁的频率

配置样例如下：

```
events {
    accept_mutex_delay 300ms;
}
```

表 3-19　多请求支持指令

名　称	多请求支持指令
指令	multi_accept
作用域	events
默认值	off
可配置选项	on 或 off
指令说明	默认情况下，每个工作进程一次只接收一个新连接。如果开启该指令，则每个工作进程将接收所有的新连接

配置样例如下：

```
events {
    multi_accept on;
}
```

表 3-20　未完成异步操作最大数指令

名　称	未完成异步操作最大数指令
指令	worker_aio_requests
作用域	events
默认值	32
指令说明	用于设置当在 epoll 事件模型下使用 AIO 时，单个工作进程未完成异步 I/O 操作的最大数

配置样例如下：

```
events {
    worker_aio_requests 128;
}
```

表 3-21　调试指定连接指令

名　称	调试指定连接指令
指令	debug_connection
作用域	events
默认值	off
可配置选项	address 或 CIDR 或 unix:
指令说明	对指定的客户端连接开启调试日志

配置样例如下：

```
events {
    debug_connection 127.0.0.1;
    debug_connection localhost;
```

```
    debug_connection 192.0.2.0/24;
    debug_connection ::1;
    debug_connection 2001:0db8::/32;
    debug_connection unix:;
    ...
}
```

该指令需要 Nginx 在编译时通过 --with-debug 参数开启。

3.2.5 核心指令配置样例

本节核心指令的配置样例如下。

```
daemon on;                                            # 以守护进程的方式运行Nginx
pid  logs/nginx.pid;                                  # 主进程ID记录在logs/nginx.pid中
user nobody nobody;                                   # 工作进程运行用户为nobody
load_module "modules/ngx_http_xslt_filter_module.so"; # 加载动态模块ngx_http_xslt_
                                                      # filter_module.so
error_log  logs/error.log debug;                      # 错误日志输出级别为debug
pcre_jit on;                                           # 启用pcre_jit技术
thread_pool default threads=32 max_queue=65536;       # 线程池的线程数为32，等待队列中的最大
                                                      # 任务数为65536
timer_resolution 100ms;                               # 定时器周期为100毫秒
worker_priority -5;                                   # 工作进程系统优先级为-5
worker_processes auto;                                # 工作进程数由Nginx自动调整
worker_cpu_affinity auto;                             # 工作进程的CPU绑定由Nginx自动调整
worker_rlimit_nofile 65535;                           # 所有工作进程的最大连接数是65535
worker_shutdown_timeout 10s;                          # 工作进程关闭等待时间是10秒
lock_file logs/nginx.lock;                            # 互斥锁文件的位置是logs/nginx.lock

working_directory logs                                # 工作进程工作目录是logs
debug_points stop;                                    # 调试点模式为stop
worker_rlimit_core 800m;                              # 崩溃文件大小为800MB

events {
    worker_connections 65535;                         # 每个工作进程的最大连接数是65535
    use epoll;                                        # 指定事件模型为epoll
    accept_mutex on;                                  # 启用互斥锁模式的进程调度
    accept_mutex_delay 300ms;                         # 互斥锁模式下进程等待时间为300毫秒
    multi_accept on;                                  # 启用支持多连接
    worker_aio_requests 128;                          # 完成异步操作最大数为128
    debug_connection 192.0.2.0/24;                    # 调试指定连接的IP地址和端口是192.0.2.0/24
}
```

3.3 HTTP 核心配置指令

Nginx 最核心的功能就是处理 HTTP 请求，HTTP 核心配置指令用于进行 Nginx 处理 HTTP 请求时的相关处理方法的配置。HTTP 请求处理的简单闭环流程模型是当客户端发起 HTTP 请求后，服务端会解析 HTTP 请求头，并根据 HTTP 请求头中访问的 URI 与本地路径文件进行匹配，进行读数据或写数据的操作，然后返回处理结果并断开 HTTP 连接。

Nginx 对 HTTP 请求进行内部处理的过程要比上述过程更加复杂,但 HTTP 请求处理的闭环流程是一致的。

按照 HTTP 请求处理闭环流程模型,结合 HTTP 核心配置指令的功能,可以将 Nginx 的 HTTP 核心配置指令进行如下分类,本章也将按照以下分类对 HTTP 核心配置指令进行介绍。

- ❑ 初始化服务。
- ❑ HTTP 请求解析。
- ❑ 访问路由 location。
- ❑ 访问重写 rewrite。
- ❑ 访问控制。
- ❑ 数据处理。
- ❑ 关闭连接。
- ❑ 日志记录。

3.3.1　初始化服务

本节主要介绍与 HTTP 虚拟主机服务的建立、端口监听及监听方式等服务初始化有关的配置指令。

表 3-22 为端口监听指令及其相关说明。

表 3-22　端口监听指令

名　称	端口监听指令
指令	listen
作用域	server
默认值	listen *:80 或 *:8000
指令说明	服务监听端口、绑定 IP、监听方式的配置

- ❑ Nginx 服务通过 listen 指令的指令值监听网络请求,可以是 IP 协议的形式,也可以是 UNIX 域套接字。如果不设置 listen 指令,Nginx 在以超级用户运行时则监听 80 端口,以非超级用户运行时则监听 8000 端口。
- ❑ listen 指令的指令值还针对监听方式提供了丰富的参数,如表 3-23 所示。

表 3-23　listen 指令的指令值

参　数	默　认　值	参数说明
address	—	若为 IP 协议,该参数值为指定绑定监听端口的 IP 或主机名;若为 UNIX 域套接字,则该参数值为 sock 文件路径
port	80	IP 协议监听的端口
bind	address:port	指定 IP 及端口

（续）

参　数	默　认　值	参数说明
ipv6only	on	只接收 IPv6 连接或接收 IPv6 和 IPv4 连接
default_server	—	当 http 指令域中包含多个虚拟主机时，该参数用于指定哪个虚拟主机是默认服务，默认将第一个顺序的 server 设为默认服务。默认服务可以用来处理没有 server_name 匹配成功的请求
http2	—	HTTP/2 协议支持
spdy	—	SDPY 协议支持，与 HTTP/2 协议不能同时存在
ssl	—	SSL 支持
proxy_protocol	—	在指定监听端口上启用 proxy_protocol 协议支持
fastopen	number	HTTP 处于保持连接（keepalive）状态时，允许不经过三次握手的 TCP 连接的队列的最大数
deferred	—	添加该参数后，在 TCP 三次握手的过程中，检测到客户端有数据时才将 TCP 状态置为 ESTABLISHED 状态，没有数据则直接丢弃
reuseport	—	默认情况下，所有的工作进程会共享一个 socket 去监听同一 IP 和端口的组合。该参数启用后，允许每个工作进程有独立的 socket 去监听同一 IP 和端口的组合，内核会对传入的连接进行负载均衡。适用于 Linux 3.9+、DragonFly BSD 和 FreeBSD 12+
so_keepalive	off	配置是否在监听的端口启用 "TCP keepalive" 机制。当设置为 on 时，默认等同于 so_keepalive=30m::10，表示 30 分钟无数据传输时发送探测包，发送 10 次，发送间隔使用系统内核参数 tcp_keepalive_intvl 的设定值
backlog	−1/511	当阻塞时，设置挂起连接队列的最大长度，在 FreeBSD、DragonFly BSD 和 MacOS 操作系统上，默认值为 −1，其他平台上值为 511
rcvbuf	—	socket 接收缓冲的大小，默认为 8k 字节，在接收数据比较大的场景中可以适当调整
sndbuf	—	socket 发送缓冲的大小，默认为 8k 字节，在发送数据较大的场景中可以适当调整
setfib	number	为监听套接字设置关联路由表，仅在 FreeBSD 系统上有效
accept_filter	filter	为监听套接字设置过滤器，仅支持 FreeBSD 和 NetBSD 5.0+ 系统

配置样例如下：

```
http {
    server {
        listen 127.0.0.1:8000;              # 监听127.0.0.1的8000端口
        listen 127.0.0.1;                   # 监听127.0.0.1的默认80端口（root权限）
        listen 8000;                        # 监听本机所有IP的8000端口
        listen *:8000;                      # 监听本机所有IP的8000端口
        listen localhost:8000;              # 监听locahost的8000端口
        listen [::]:8000;                   # 监听IPv6的8000端口
        listen [::1];                       # 监听IPv6的回环IP的默认80端口(root权限)
        listen unix:/var/run/nginx.sock;    # 监听域套接字文件

        listen *:8000 \                     # 监听本机的8000端口
                default_server \            # 当前服务是http指令域的主服务
                fastopen=30 \               # 开启fastopen功能并限定最大队列数为30
```

```
        deferred \                      # 拒绝空数据连接
        reuseport \                     # 工作进程共享socket这个监听端口
        backlog=1024 \                  # 请求阻塞时挂起队列数是1024个
        so_keepalive=on;                # 当socket为保持连接时，开启状态检测功能

    }
}
```

表 3-24～表 3-34 给出了与端口监听方式等服务初始化有关的配置指令。

表 3-24　关闭保持连接指令

名　　称	关闭保持连接指令
指令	keepalive_disable
作用域	http、server、location
默认值	msie6
指令说明	对指定的浏览器关闭保持连接机制，如果指令值为 none，则对所有浏览器开启保持连接机制

配置样例如下：

```
http {
    keepalive_disable none;
}
```

保持连接机制可以使同一客户端的多个 HTTP 请求复用 TCP 连接，减少 TCP 握手次数和并发连接数，从而降低服务器资源消耗。

表 3-25　保持连接复用请求数指令

名　　称	保持连接复用请求数指令
指令	keepalive_requests
作用域	http、server、location
默认值	100
指令说明	同一 TCP 连接可复用的最大 HTTP 请求数，超过该数值后，TCP 连接将被关闭

配置样例如下：

```
http {
    keepalive_requests 1000;
}
```

表 3-26　保持连接超时指令

名　　称	保持连接超时指令
指令	keepalive_timeout
作用域	http、server、location
默认值	75s
指令说明	TCP 连接内持续没有数据传输的最大时间，超过这个时间则关闭连接。默认是 75s

配置样例如下：

```
http {
    keepalive_timeout 75s;
}
```

keepalive_timeout 的设定需要根据具体的场景来考虑，最重要的是要理解保持连接的工作方式与场景需求的匹配情况。

表 3-27　保持连接时最快发数据指令

名　称	保持连接时最快发数据指令
指令	tcp_nodelay
作用域	http、server、location
默认值	on
指令说明	当 HTTP 处于保持连接状态、SSL、无缓冲代理、WebSocket 代理时，默认开启该指令。该指令允许小数据包发送，适用于延时敏感、小包数据的场景。该指令关闭时，数据包在缓存中达到一定量值时才会发送

配置样例如下：

```
http {
    tcp_nodelay off;
}
```

表 3-28　域名解析服务器指令

名　称	域名解析服务器指令
指令	resolver
作用域	http、server、location
默认值	—
指令说明	用于指定域名解析服务器地址，域名解析服务器可以将 upstream 主机组中的主机域名解析为 IP 地址。Nginx 会缓存解析结果，默认缓存时间是解析响应中的 TTL 值，可以通过 valid 参数进行调整

配置样例如下：

```
http {
    resolver 127.0.0.1 [::1]:5353 valid=30s;
}
```

❑ 指令值参数 valid：用于设置缓存解析结果的时间。
❑ 指令值参数 ipv6：默认配置下，Nginx 将在解析域名的同时查找 IPv4 和 IPv6 地址。设置参数 ipv6=off，可以关闭 IPv6 地址的查找。
❑ 指令值参数 status_zone：设置收集指定区域请求和响应的 DNS 服务器统计信息，仅商业版本有效。

表 3-29　域名解析超时指令

名　称	域名解析超时指令
指令	resolver_timeout
作用域	http、server、location
默认值	30s
指令说明	设置进行域名解析时的超时时间

配置样例如下：

```
http {
    resolver_timeout 5s;
}
```

表 3-30　主机名指令

名　称	主机名指令
指令	server_name
作用域	server
默认值	—
指令说明	设定所在 server 指令域的主机名

配置样例如下：

```
http {
    server {
        server_name example.com .example.com;      # 泛域名的使用
        server_name www.example.;                   # 多个后缀域名的使用server_name
        www.example.com ~^www.example.com$;         # 正则表达式匹配
        # 正则匹配变量的场景
        server_name ~^(www\.)?(.+)$;
        location / {
            root /sites/$2;
        }

        # 正则匹配为变量的场景
        server_name ~^(www\.)?(?<domain>.+)$;
        location / {
            root /sites/$domain;
        }
    }
}
```

当 server_name 指令值中有多个主机名时，第一个主机名为首主机名。

表 3-31　主机名哈希表最大值指令

名　称	主机名哈希表最大值指令
指令	server_names_hash_max_size
作用域	http、server、location
默认值	512
指令说明	主机名哈希表的最大存储大小默认为 512 字节，当域名较多时，可以用该指令增加存储大小

配置样例如下：

```
http {
    server_names_hash_max_size 1024;
}
```

表 3-32　主机名哈希桶最大值指令

名　　称	主机名哈希桶最大值指令
指令	server_names_hash_bucket_size
作用域	http、server、location
默认值	—
指令说明	主机名哈希桶的默认值与 CPU 缓存行的大小一致，有 32、64、128（单位：字节）3 个值。该值也适用于增加主机名的存储空间

配置样例如下：

```
http {
    server_names_hash_bucket_size 128;
}
```

表 3-33　变量哈希表最大值指令

名　　称	变量哈希表最大值指令
指令	variables_hash_max_size
作用域	http
默认值	512
指令说明	Nginx 变量哈希表的最大存储大小

配置样例如下：

```
http {
    variables_hash_max_size 1024;
}
```

表 3-34　变量哈希桶最大值指令

名　　称	变量哈希桶最大值指令
指令	variables_hash_bucket_size
作用域	http
默认值	64
指令说明	Nginx 变量哈希桶的最大存储大小

配置样例如下：

```
http {
    variables_hash_bucket_size 128;
}
```

3.3.2　HTTP 请求处理

标准的 HTTP 请求从开始到结束包括请求报文和响应报文。

请求报文是客户端向服务端发起请求时告知服务端请求的方式、相关属性和请求内容的数据包，由请求行、请求头、请求体组成，这里以百度首页的请求为例，HTTP 请求头结构如图 3-2 所示。

```
GET https://www.baidu.com/ HTTP/1.1
Host: www.baidu.com
Connection: keep-alive
Upgrade-Insecure-Requests: 1
User-Agent: Mozilla/5.0 (Windows NT 10.0; Win64; x64) AppleWebKit/537.36 (KHTML, like Gecko) Chrome/71.0.3578.98 Safari/537.36
Accept: text/html,application/xhtml+xml,application/xml;q=0.9,image/webp,image/apng,*/*;q=0.8
Accept-Encoding: gzip, deflate, br
Accept-Language: zh-CN,zh;q=0.9
Cookie: BAIDUID=3E6E55665FFE621DE64EFE98D7253243:FG=1; BIDUPSID=3E6E55665FFE621DE64EFE98D7253243; PSTM=1547189190
```

图 3-2　HTTP 请求头结构

❑ 请求行是请求头内容的第一行，包括请求方法 GET，请求的 URI 地址 https://www.baidu.com，请求的协议及版本号 HTTP/1.1。

❑ 请求头还包含此次请求所设定的若干属性字段，属性字段由属性名称和属性值组成，如浏览器信息 User-Agent 等。

❑ 请求体则是请求数据，该请求是无参数的 GET 方法，请求体中无内容。

常见的请求头属性如表 3-35 所示。

表 3-35　常见的请求头属性

属性名称	属性值样例	属性说明
Host	www.baidu.com	记录用户请求的目标主机名，常用于服务端虚拟主机的区分，对应 Nginx 的 server_name 指令的配置
Accept	text/html,application/xhtml+xml	描述客户端能够接收服务端返回的数据类型，Nginx 会通过 types 指令域中的内容做匹配
Cookie	BD_HOME=1; sugstore=1	客户端当前连接的所有 cookie
Referer	https://www.baidu.com	表示当前连接的上一个来源 URI
Cache-Control	no-cache	当前客户端缓存机制的控制，可通过更多的属性值参数进行缓存控制，将在缓存相关章节详解
Connection	keep-alive	表示是否需要启用保持连接机制，HTTP/1.1 默认启用保持连接
If-None-Match	W/ "50b1c1d4f775c61:df3"	与页面响应头中 etag 的属性值配合使用，将 etag 的内容提交给服务端，用以判断请求内容是否已经被修改，若未被修改，则返回状态码 304，客户端使用本地缓存
if_modified_since	—	当前请求 URI 页面本地缓存的最后修改时间。服务器会将实际文件的修改时间与该参数值进行比较，若一致，则返回 304，客户端读取本地缓存；若不一致，则返回服务端文件的内容

响应报文是服务端处理客户端请求后返回客户端的数据，数据包括响应行、响应头、响应体 3 个部分，HTTP 响应头结构如图 3-3 所示。

```
HTTP/1.1 200 OK
Bdpagetype: 1
Bdqid: 0xd9d8e39a00002660
Cache-Control: private
Connection: Keep-Alive
Content-Encoding: gzip
Content-Type: text/html
Cxy_all: baidu+9f97809f8c59bc8f409734cc8cfab8c9
Date: Wed, 06 Mar 2019 01:39:13 GMT
Expires: Wed, 06 Mar 2019 01:39:12 GMT
Server: BWS/1.1
Set-Cookie: delPer=0; path=/; domain=.baidu.com
Set-Cookie: BDSVRTM=0; path=/
Set-Cookie: BD_HOME=0; path=/
Set-Cookie: H_PS_PSSID=28117_1423_21105_28608_28585_26350_28518_22160; path=/; domain=.baidu.com
Strict-Transport-Security: max-age=172800
Vary: Accept-Encoding
X-Ua-Compatible: IE=Edge,chrome=1
Transfer-Encoding: chunked
```

图 3-3　HTTP 响应头结构

❏ 响应行是响应头内容的第一行，包含报文协议及版本号 HTTP/1.1、响应状态码 200、
响应状态描述 OK。
❏ 响应头则包含服务端处理完请求后响应设定的若干属性字段，如 set-cookie 信息等。
❏ 响应体为返回的处理结果，本次请求的响应体是 HTML 页面数据。

HTTP 响应状态码是响应报文中对 HTTP 请求处理结果的重要标识，响应状态码是由
RFC 2616 规范定义的，并由互联网号码分配局（Internet Assigned Numbers Authority）维
护，状态码可以分为以下 5 个类别。

❏ 1××（消息）：表示服务端已经接收到请求，正在进行处理。
❏ 2××（处理成功）：表示服务端已经正确处理完客户端的 HTTP 请求。
❏ 3××（重定向）：服务端接收到 HTTP 请求，并将其 HTTP 请求重定向到客户本地或
其他服务器进行处理。
❏ 4××（客户端请求有误）：客户端提交的请求不符合规范或未被授权、禁止访问等。
❏ 5××（服务端处理出错）：服务端无法正常完成请求操作，如超时等。

常见的响应头属性如表 3-36 所示。

表 3-36　常见的响应头属性

属性名称	属性值样例	属性说明
Content-Type	text/html; charset=utf-8	告知客户端返回数据的类型
Connection	keep-alive	告知客户端是否启用保持连接机制
Cache-Control	no-cache	告知客户端对缓存机制的控制，将在缓存相关章节详解
ETag	"50b1c1d4f775c61:df3"	当前响应数据的实体标签值，用于在客户端与服务端提交相同请求时判断请求内容是否有修改
Location	https://map.baidu.com/	告知客户端跳转到指定的 URI
Set-Cookie	username=john.wang	通知客户端修改本地 cookie 内容

当 Nginx 接收 HTTP 请求后，处理相关的配置指令如表 3-37～表 3-58 所示。

表 3-37　忽略请求头无效属性指令

名　称	忽略请求头无效属性指令
指令	ignore_invalid_headers
作用域	http、server
默认值	on
指令值选项	on 或 off
指令说明	忽略请求头中的无效属性字段，请求头属性字段中，属性名称默认由英文字符、数字和连接符组成，不符合此标准的属性名均为无效属性名。当指令值为 on 时，不对无效的属性名称进行过滤

配置样例如下：

```
http {
    ignore_invalid_headers off;
}
```

表 3-38　请求头中下划线连接属性名指令

名　称	请求头中下划线连接属性名指令
指令	underscores_in_headers
作用域	http、server
默认值	off
指令值选项	on 或 off
指令说明	请求头中属性名称的定义中 "_" 是无效连接符，启用该指令后，"_" 将被认为是有效的连接符。如果该指令值为 off，则按照 ignore_invalid_headers 指令的配置进行处理

配置样例如下：

```
http {
    underscores_in_headers on;
}
```

表 3-39　请求头缓冲区大小指令

名　称	请求头缓冲区大小指令
指令	client_header_buffer_size
作用域	http、server
默认值	1k
指令说明	设置存放读取客户端请求头的缓冲区的大小，默认值为 1K，当请求头的数据因 cookie 过长等其他原因超过所设定的大小时，会按照 large_client_header_buffers 的指令配置进行处理

配置样例如下：

```
http {
    client_header_buffer_size 2k;
}
```

表 3-40　超大请求头缓冲区大小指令

名　称	超大请求头缓冲区大小指令
指令	large_client_header_buffers
作用域	http、server
默认值	4 8k
指令说明	当客户请求头的大小超过 client_header_buffer_size 指令设置的值时，会将超出的部分转移到该缓冲区中。在默认配置下，超大请求头第一次可分配到一个 8KB 的缓冲区块，请求行的大小不能超过该缓冲区块的大小，否则将返回 414 错误。超出 8KB 的请求头会被循环转移到新的缓冲区块中，最多转移 4 次，当超过该值时，则会返回 400 错误

配置样例如下：

```
http {
    large_client_header_buffers 10 8k;
}
```

表 3-41　请求头超时指令

名　称	请求头超时指令
指令	client_header_timeout
作用域	http、server
默认值	60s
指令说明	读取客户端请求头的最大超时时间

配置样例如下：

```
http {
    client_header_timeout 180s;
}
```

表 3-42　请求头内存池大小指令

名　称	请求头内存池大小指令
指令	request_pool_size
作用域	http、server
默认值	4k
指令说明	Nginx 开始处理请求时，会为每个请求分配一个 4KB 大小的内存池，以减少内核对小块内存的分配次数。HTTP 请求结束后会回收为其分配的内存池

配置样例如下：

```
http {
    request_pool_size 4k;
}
```

官方文档中提到，请求头内存池大小指令对性能的提升作用很小，不建议调整。

表 3-43　请求体大小指令

名　称	请求体大小指令
指令	client_max_body_size
作用域	http、server、location
默认值	1m
指令说明	HTTP 请求时，请求体的最大值。当请求头中属性 Content-Length 的大小超过指令配置时，返回状态码 408

配置样例如下：

```
http {
    client_max_body_size 100m;
}
```

当指令值为 0 时，表示没有限制。

表 3-44　请求体缓冲区大小指令

名　称	请求体缓冲区大小指令
指令	client_body_buffer_size
作用域	http、server、location
默认值	—
指令说明	设置读取客户请求体的缓冲区大小，当请求体的大小超过该设定值后，会按照 client_body_in_single_buffer 指令的配置选择部分或全部写入 client_body_temp_path 指令设定的文件中。默认配置下，32 位系统下缓冲区的大小是 8KB，64 位系统下缓冲区的大小是 16KB

配置样例如下：

```
http {
    request_pool_size 4k;
}
```

表 3-45　请求体写入缓冲区指令

名　称	请求体写入缓冲区指令
指令	client_body_in_single_buffer
作用域	http、server、location
默认值	off
指令说明	将完整的请求体存储在单个缓冲区中。当缓冲区大小不足时，会完整地写入 client_body_temp_path 指令设定的文件中。推荐在使用变量 $request_body 时启用该指令

配置样例如下：

```
http {
    request_pool_size 4k;
}
```

表 3-46　请求体写入文件指令

名　称	请求体写入文件指令
指令	client_body_in_file_only
作用域	http、server、location
默认值	off
指令值选项	off 或 clean 或 on
指令说明	默认情况下是优先使用缓存，在请求体超出请求体缓冲区的大小时再写入文件。启用该指令后将禁用缓冲区，请求体会被直接写入 client_body_temp_path 指令设定的文件中

配置样例如下：

```
http {
    client_body_in_file_only on;
}
```

指令值为 on 时，HTTP 请求结束后临时文件会被保留。指令值为 clean 时，HTTP 请求结束后临时文件会被删除。

表 3-47　请求体临时文件目录指令

名　称	请求体临时文件目录指令
指令	client_body_temp_path
作用域	http、server、location
默认值	client_body_temp_path client_body_temp
指令说明	请求体被写入文件的临时目录

配置样例如下：

```
http {
    client_body_temp_path /tmp/nginx/client_temp 1 2;
}
```

默认值是在编译时由 configure 的配置参数 --http-proxy-temp-path 决定的，没有参数指定时为 Nginx 安装目录的 client_body_temp 文件夹。

表 3-48　请求体超时指令

名　称	请求体超时指令
指令	client_body_timeout
作用域	http、server、location
默认值	60s
指令说明	当 HTTP 请求建立连接后，客户端在超过设定时间后仍未发送请求体内容到服务端，则 Nginx 认为请求体超时，将返回响应状态码 408

配置样例如下：

```
http {
    client_body_timeout 120s;
}
```

表 3-49　文件修改判断指令

名　　称	文件修改判断指令
指令	if_modified_since
作用域	http、server、location
默认值	exact
指令值选项	off 或 exact 或 before
指令说明	在请求头中存在属性 if_modified_since 时，关闭或设置客户端缓存文件修改时间的服务端校验功能

配置样例如下：

```
http {
    if_modified_since before;
}
```

当指令值为 off 时，忽略请求头中 if_modified_since 属性的处理，关闭 Nginx 的服务端校验功能；当指令值为 exact 时，与被请求文件的修改时间做精确匹配，即完全相等则认为客户端缓存有效，返回响应状态码 304；当指令值为 before 时，被请求文件的修改时间小于 if_modified_since 属性字段中设定的时间，认为客户端缓存有效，返回响应状态码 304。

表 3-50　实体标签指令

名　　称	实体标签指令
指令	etag
作用域	http、server、location
默认值	on
指令值选项	on 或 off
指令说明	etag（Entity Tag），用于在响应头中返回文件实体标签，与同一文件的下一次请求头中 If-None-Match 属性值组合检查文件是否被修改，未修改则返回响应状态码 304，否则返回最新的文件内容

配置样例如下：

```
http {
    etag off;
}
```

表 3-51　范围请求的最大值指令

名　　称	范围请求的最大值指令
指令	max_ranges
作用域	http、server、location

（续）

名　称	范围请求的最大值指令
默认值	—
指令说明	默认为不限制大小，当客户端以 byte-range 方式获取数据请求时，该指令限定了允许的最大值。当指令值为 0 时，则关闭以 byte-range 方式获取数据的功能

配置样例如下：

```
http {
    max_ranges 1024 ;
}
```

可在断点续传等场景中使用范围请求的最大值指令。

表 3-52　文件类型指令集

名　称	文件类型指令集
指令	types
作用域	http、server、location
默认值	—
指令说明	被请求文件扩展名与 MIME 类型映射表

配置样例如下：

```
types {
    application/octet-stream yaml;
}
```

将匹配路径的所有文件指定为 MIME 类型，配置样例如下：

```
location /download/ {
    types        { }
    default_type application/octet-stream;
}
```

表 3-53　文件类型哈希表大小指令

名　称	文件类型哈希表大小指令
指令	types_hash_max_size
作用域	http、server、location
默认值	1024
指令说明	设定 MIME 类型哈希表的大小

配置样例如下：

```
http {
    types_hash_max_size 2048;
}
```

表 3-54　文件类型哈希桶大小指令

名　称	文件类型哈希桶大小指令
指令	types_hash_bucket_size
作用域	http, server, location
默认值	—
指令说明	设定 MIME 类型哈希桶的大小，默认值与 CPU 缓存行的大小一致，有 32、64、128（单位：字节）3 个值

配置样例如下：

```
http {
    types_hash_bucket_size 64;
}
```

表 3-55　错误跳转指令

名　称	错误跳转指令
指令	error_page
作用域	http、server、location
默认值	—
指令说明	当 HTTP 请求发生错误时，可以根据响应状态码定义一个返回的页面或执行跳转

配置样例如下：

```
http {
    error_page 404                 /404.html;
    error_page 500 502 503 504 /50x.html;
}
```

可设定为一个 location 内部访问，配置样例如下：

```
http {
    error_page 404 = @fallback;
    location @fallback {
        proxy_pass http://backend;
    }
}
```

响应状态码可通过 "=response" 语法进行修改，配置样例如下：

```
http {
    error_page 404 =200 /empty.gif;
}
```

表 3-56　多级错误跳转指令

名　称	多级错误跳转指令
指令	recursive_error_pages
作用域	http、server、location

（续）

名　称	多级错误跳转指令
默认值	off
指令值选项	off 或 on
指令说明	当使用 error_pages 设定多层内部访问时，仍可处理上一层级返回的响应状态码

配置样例如下：

```
http {
    proxy_intercept_errors on;        # 当上游服务器返回非200状态码时，返回代理服务器处理
    recursive_error_pages on;         # 启用多级错误跳转功能。
    location / {
        error_page 404 = @fallback;   # 当前URL请求为404时执行内部请求@fallback
    }
    location @fallback {
        proxy_pass http://backend;    # 当前所有请求代理到上游服务器backend
        error_page 502 = @upfallback; # 当上游服务器返回502状态码时，执行内部请求@upfallback
    }
    location @upfallback {
        proxy_pass http://newbackend; # 当前的所有请求代理到上游服务器newbackend
    }
}
```

上述配置样例中，如果 recursive_error_pages 指令值为 off，Nginx 只会处理一次 error_page 404。当指令值为 on，且 upstream 返回状态码为 502 时，才会调用 upfallback 的内部访问。

表 3-57　响应服务版本号指令

名　称	响应服务版本号指令
指令	server_tokens
作用域	http、server、location
默认值	on
指令值选项	on 或 off
指令说明	默认在错误信息响应头中增加属性字段 "Server" 以标识 Nginx 的版本号

配置样例如下：

```
http {
    server_tokens off;
}
```

表 3-58　msie 响应注释指令

名　称	msie 响应注释指令
指令	msie_padding
作用域	http、server、location

（续）

名　称	msie 响应注释指令
默认值	on
指令值选项	on 或 off
指令说明	在响应状态大于或等于 400 时，会在响应报文中添加注释，使响应报文大小达到 512 字节。仅适用于 msie 客户端

配置样例如下：

```
http {
    msie_padding off;
}
```

代码中显示该指令配置也支持 Chrome 客户端。

3.3.3　访问路由 location

URI，即统一标识资源符，通用的 URI 语法格式如下：

```
scheme:[//[user[:password]@]host[:port]][/path][?query][#fragment]
```

❏ 在 Nginx 的应用场景中，URL 与 URI 并无明确区别。URI 标准（RFC3986）中约定，URL 是 URI 的一个子集。
❏ scheme 是 URI 请求时遵守的协议，常见的有 HTTP、HTTPS、FTP。
❏ host[:port] 是主机名与端口号，HTTP 协议的默认端口是 80，HTTPS 协议的默认端口是 443。
❏ [/path] 是访问路径与访问文件名。
❏ [?query] 是访问参数，访问参数以 "?" 开始作标识，由多个以 "&" 连接的 key=value 形式的字符串组成。

1. URI 匹配规则

location 是 Nginx 对 HTTP 请求中的 URI 进行匹配处理的指令，location 的语法形式如下：

```
location [=|~|~*|^~|@] pattern { ... }
```

其中，"[=|~|~*|^~|@]" 部分称为 location 修饰语（Modifier），修饰语定义了与 URI 的匹配方式。 pattern 为匹配项，可以是字符串或正则表达式。

无修饰语：完全匹配 URI 中除访问参数以外的内容，匹配项的内容只能是字符串，不能是正则表达式。

```
location /images {
    root /data/web;
}
```

修饰语 "="：完全匹配 URI 中除访问参数以外的内容，Linux 系统下会区分大小写，

Windows 系统下则不会。

```
location = /images {
    root /data/web;
}
```

修饰语 "~"：完全匹配 URI 中除访问参数以外的内容，Linux 系统下会区分大小写，Windows 系统下则会无效。匹配项的内容必须是正则表达式。

```
location ~ /images/.*\.(gif|jpg|png)$ {
    root /data/web;
}
```

修饰语 "~*"：完全匹配 URI 中除访问参数以外的内容，不区分大小写。匹配项的内容必须是正则表达式。

```
location ~* \.(gif|jpg|png)$ {
    root /data/web;
}
```

修饰语 "^~"：完全匹配 URI 中除访问参数以外的内容，匹配项的内容如果不是正则表达式，则不再进行正则表达式测试。

```
location ^~ /images {
    root /data/web;
}
```

修饰语 "@"：定义一个只能内部访问的 location 区域，可以被其他内部跳转指令使用，如 try_files 或 error_page。

```
location @images {
    proxy_pass http://images;
}
```

2. 匹配顺序

1）先检测匹配项的内容为非正则表达式修饰语的 location，然后再检测匹配项的内容为正则表达式修饰语的 location。

2）匹配项的内容为正则与非正则都匹配的 location，按照匹配项的内容为正则匹配的 location 执行。

3）所有匹配项的内容均为非正则表达式的 location，按照匹配项的内容完全匹配的内容长短进行匹配，即匹配内容多的 location 被执行。

4）所有匹配项的内容均为正则表达式的 location，按照书写的先后顺序进行匹配，匹配后就执行，不再做后续检测。

3. 其他事项

当 location 为正则匹配且内部有 proxy_pass 指令时，proxy_pass 的指令值中不能包含无变量的字符串。修饰语 "^~" 不受该规则限制。

```
location ~ /images {
    proxy_pass http://127.0.0.1:8080;                   # 正确的指令值
    proxy_pass http://127.0.0.1:8080$request_uri;       # 正确的指令值
    proxy_pass http://127.0.0.1:8080/image$request_uri; # 正确的指令值
    proxy_pass http://127.0.0.1:8080/;                  # 错误的指令值
}
```

4. 访问路由指令

访问路由指令如表 3-59～表 3-64 所示。

表 3-59　合并空斜线指令

名　称	合并空斜线指令
指令	merge_slashes
作用域	http、server、location
默认值	on
指令值选项	off 或 on
指令说明	当指令值为 on，在访问路径中相邻斜线内容为空时进行合并

配置样例如下：

```
http {
    merge_slashes off;
}
```

表 3-60　跳转主机名指令

名　称	跳转主机名指令
指令	server_name_in_redirect
作用域	http、server、location
默认值	off
指令说明	默认情况下，Nginx 重定向时，会用当前 server 指令域中主机的 IP 与 path 拼接成完整的 URL 进行重定向。开启该参数后，Nginx 会先查看当前指令域中 server_name 的第一个主机名，如果没有，则会查找请求头中 host 字段的内容，如果再没有则会用 IP 与 path 进行拼接

```
http {
    server_name_in_redirect on;
}
```

表 3-61　跳转端口指令

名　称	跳转端口指令
指令	port_in_redirect
作用域	http、server、location
默认值	on
指令说明	Nginx 重定向时，会用当前 server 指令域的监听端口与主机拼接成完整的 URL 进行重定向。当指令值为 off 时，则默认用 80 端口

```
http {
    port_in_redirect on;
}
```

表 3-62　子请求输出缓冲区大小指令

名　称	子请求输出缓冲区大小指令
指令	subrequest_output_buffer_size
作用域	http、server、location
默认值	4k 或 8k
指令说明	设置用于存储子请求响应报文的缓冲区大小，默认值与操作系统的内存页大小一致

配置样例如下：

```
http {
    subrequest_output_buffer_size 64K;
}
```

表 3-63　绝对跳转指令

名　称	绝对跳转指令
指令	absolute_redirect
作用域	http、server、location
默认值	on
指令值选项	off 或 on
指令说明	Nginx 发起的重定向使用绝对路径做跳转，即用主机名和端口及访问路径的方式，如果关闭的话，则跳转为默认相对当前请求的主机名和端口的访问路径

配置样例如下：

```
http {
    absolute_redirect off;
}
```

表 3-64　响应刷新指令

名　称	响应刷新指令
指令	msie_refresh
作用域	http、server、location
默认值	on
指令值选项	on 或 off
指令说明	Nginx 处理页面跳转或刷新的方式通常是以向客户端返回 3×× 状态码来实现。该指令是当客户端为 msie 时，在返回 HTML 头部添加 "<meta http-equiv=\"Refresh\" content=\"0;\" url=*>"

配置样例如下：

```
http {
    msie_refresh off;
}
```

3.3.4　访问重写 rewrite

访问重写 rewrite 是 Nginx HTTP 请求处理过程中的一个重要功能，它是以模块的形式存在于代码中的，其功能是对用户请求的 URI 进行 PCRE 正则重写，然后返回 30×重定向跳转或按条件执行相关配置。rewrite 模块内置了类似脚本语言的 set、if、break、return 配置指令，通过这些指令，用户可以在 HTTP 请求处理过程中对 URI 进行更灵活的操作控制。rewrite 模块提供的指令可以分两类，一类是标准配置指令，这部分指令只是对指定的操作进行相应的操作控制；另一类是脚本指令，这部分指令可以在 HTTP 指令域内以类似脚本编程的形式进行编写。

1. 标准配置指令

常用的标准配置指令如表 3-65～表 3-67 所示。

表 3-65　rewrite 日志记录指令

名　　称	rewrite 日志记录指令
指令	rewrite_log
作用域	http、server、location
默认值	off
指令值选项	on 或 off
指令说明	当指令值为 on 时，rewrite 的执行结果会以 notice 级别记录到 Nginx 的 error 日志文件中

配置样例如下：

```
http {
    rewrite_log off;
}
```

表 3-66　未初始化变量告警日志记录指令

名　　称	未初始化变量告警日志记录指令
指令	uninitialized_variable_warn
作用域	http、server、location
默认值	on
指令值选项	on 或 off
指令说明	指令值为 on 时，会将未初始化的变量告警记录到日志中

配置样例如下：

```
http {
    uninitialized_variable_warn off;
}
```

表 3-67 rewrite 指令

名 称	rewrite 指令
指令	rewrite
作用域	server、location
默认值	on
指令值选项	on 或 off
指令说明	对用户的 URI 用正则表达式的方式进行重写，并跳转到新的 URI

配置样例如下：

```
http {
    rewrite ^/users/(.*)$ /show?user=$1 last;
}
```

rewrite 访问重写是通过 rewrite 指令实现的，rewrite 指令的语法格式如下：

```
rewrite regex replacement [flag];
```

1）regex 是 PCRE 语法格式的正则表达式。

2）replacement 是重写 URI 的改写规则。当改写规则以"http://""https://"或"$scheme"开头时，Nginx 重写该语句后将停止执行后续任务，并将改写后的 URI 跳转返回客户端。

3）flag 是执行该条重写指令后的操作控制符。操作控制符有如下 4 种：

- □ last：执行完当前重写规则跳转到新的 URI 后继续执行后续操作。
- □ break：执行完当前重写规则跳转到新的 URI 后不再执行后续操作。不影响用户浏览器 URI 显示。
- □ redirect：返回响应状态码 302 的临时重定向，返回内容是重定向 URI 的内容，但浏览器网址仍为请求时的 URI。
- □ permanent：返回响应状态码 301 的永久重定向，返回内容是重定向 URI 的内容，浏览器网址变为重定向的 URI。

2. 脚本指令

常见的脚本指令如表 3-68～表 3-71 所示。

表 3-68 设置变量指令

名 称	设置变量指令
指令	set
作用域	server、location、if
指令说明	set 指令，可以用来定义变量

配置样例如下：

```
http {
    server{
        set $test "check";
    }
}


http{
    server {
        listen 8080;
        location /foo {
            set $a hello;
            rewrite ^ /bar;
        }
        location /bar {
            # 如果这个请求来自 "/foo"，$a的值是 "hello"。如果直接访问 "/bar"，$a的值为空
            echo "a = [$a]";
        }
    }
}
```

用 set 指令创建变量后，变量名是 Nginx 配置全局域可用的，但变量值只在有该变量赋值操作的 HTTP 处理流程中可用。

```
http{
    server {
        listen 8080;
        location /foo {
            set $a hello;
            rewrite ^ /bar;
        }
        location /bar {
            # 如果这个请求来自 "/foo"，$a的值是 "hello"。如果直接访问 "/bar"，$a的值为空
            if ( $a = "hello" ){
                rewrite ^ /newbar;
            }
        }
    }
}
```

当 set 指令后只有变量名时，系统会自动创建该变量，变量值为空。

```
http {
    server{
        set $test;
    }
}
```

变量插值如下：

```
http {
    server{
```

```
        set $test "check ";
        if ( "${test}nginx" = "nginx" ){  #${test}nginx的值为"check nginx"

        }
    }
}
```

表 3-69　条件判断指令

名　称	条件判断指令
指令	if
作用域	server、location
指令说明	条件判断指令

配置样例如下：

```
http {
    server {
        if ($http_cookie ~* "id=([^;]+)(?:;|$)") {
            set $id $1;
        }
    }
}
```

1）当判断条件为一个变量时，变量值为空或以 0 开头的字符串都被判断为 false。

2）变量内容字符串比较操作运算符为 "=" 或 "!="。

3）进行正则表达式比较时，有以下 4 个操作运算符：

❏ "~"：区分大小写匹配。

❏ "~*"：不区分大小写匹配。

❏ "!~"：区分大小写不匹配。

❏ "!~*"：不区分大小写不匹配。

4）进行文件或目录比较时，有以下 4 个操作运算符：

❏ "-f"：判断文件是否存在，可在运算符前加 "!" 表示反向判断。

❏ "-d"：判断目录是否存在，可在运算符前加 "!" 表示反向判断。

❏ "-e"：判断文件、目录或链接符号是否存在，可在运算符前加 "!" 表示反向判断。

❏ "-x"：判断文件是否为可执行文件，可在运算符前加 "!" 表示反向判断。

表 3-70　终止指令

名　称	终止指令
指令	break
作用域	server、location、if
指令说明	终止后续指令的执行

配置样例如下：

```
http {
    server {
        if ($slow) {
            limit_rate 10k;
            break;
        }
    }
}
```

表 3-71　跳转指令

名　称	跳 转 指 令
指令	return
作用域	server、location、if
指令说明	向客户端返回响应状态码或执行跳转

配置样例如下：

```
http {
    server {
        if ($request_method = POST) {
            return 405;
        }
    }
}
```

（1）return 的指令值有以下 4 种方式。

❑ return code：向客户端返回指定 code 的状态码，当返回非标准的状态码 444 时，Nginx 直接关闭连接，不发送响应头信息。

❑ return code text：向客户端发送带有指定 code 状态码和 text 内容的响应信息。因要在客户端显示 text 内容，所以 code 不能是 30×。

❑ return code URL：这里的 URL 可以是内部跳转或变量 $uri，也可以是有完整 scheme 标识的 URL，将直接返回给客户端执行跳转，code 只能是 30×。

❑ return URL：此时默认 code 为 302，URL 必须是有完整 scheme 标识的 URL。

（2）return 也可以用来调试输出 Nginx 的变量。

3.3.5　访问控制

HTTP 核心配置指令中提供了基本的禁止访问、传输限速、内部访问控制等功能配置。配置指令如表 3-72～表 3-76 所示。

表 3-72　请求方法排除限制指令

名　称	请求方法排除限制指令
指令	limit_except
作用域	http、server、location

（续）

名　　称	请求方法排除限制指令
默认值	—
指令说明	对指定方法以外的所有请求方法进行限定

配置样例如下：

```
http{
    limit_except GET {
        allow 192.168.1.0/24; # 允许192.168.1.0/24范围的IP使用非GET的方法
        deny all; # 禁止其他所有来源IP的非GET请求
    }
}
```

表 3-73　组合授权控制指令

名　　称	组合授权控制指令
指令	satisfy
作用域	http、server、location
默认值	all
指令值选项	all 或 any
指令说明	默认情况下，在响应客户端请求时，当 ngx_http_access_module、ngx_http_auth_basic_module、ngx_http_auth_request_module、ngx_http_auth_jwt_module 模块被限定的访问控制条件都符合时，才允许授权访问。当指令值为 any 时，ngx_http_access_module、ngx_http_auth_basic_module、ngx_http_auth_request_module、ngx_http_auth_jwt_module 模块的访问控制条件，符合任意一个，则认为可以授权访问

配置样例如下：

```
location / {
    satisfy any;

    allow 192.168.1.0/32;
    deny  all;

    auth_basic           "closed site";
    auth_basic_user_file conf/htpasswd;
}
```

表 3-74　内部访问指令

名　　称	内部访问指令
指令	internal
作用域	http、server、location
默认值	—
指令说明	限定 location 的访问路径来源为内部访问请求，否则返回响应状态码 404

1）Nginx 限定以下几种类型为内部访问。

- ❑ 由 error_page 指令、index 指令、random_index 指令和 try_files 指令发起的重定向请求。
- ❑ 响应头中由属性 X-Accel-Redirect 发起的重定向请求，等同于 X-sendfile，常用于下载文件控制的场景中。
- ❑ ngx_http_ssi_module 模块的 include virtual 指令、ngx_http_addition_module 模块、auth_request 和 mirror 指令的子请求。
- ❑ 用 rewrite 指令对 URL 进行重写的请求。

2）内部请求的最大访问次数是 10 次，以防错误配置引发内部循环请求，超过限定次数将返回响应状态码 500。

配置样例如下：

```
error_page 404 /404.html;

location = /404.html {
    internal;
}
```

表 3-75 响应限速指令

名　称	响应限速指令
指令	limit_rate
作用域	http、server、location
默认值	0
指令说明	服务端响应请求后，被限定传输速率的大小。速率是以字节/秒为单位指定的，0 值表示禁用速率限制

配置样例如下：

```
server {
    location /flv/ {
        flv; limit_rate_after 500k;        # 当传输速率到500KB/s时执行限速
        limit_rate 50k;                    # 限速速率为50KB/s
    }
}
```

- ❑ 响应速率也可以在 proxy_pass 的响应头属性 X-Accel-Limit-Rate 字段中设定。
- ❑ 可以通过 proxy_ignore_headers、fastcgi_ignore_headers、uwsgi_ignore_headers 和 scgi_ignore_headers 指令禁用此项功能。
- ❑ 在 Nginx 1.17.0 以后的版本中，参数值可以是变量。

```
map $slow $rate {
    1      4k;
    2      8k;
}

limit_rate $rate;
```

表 3-76　响应最大值后限速指令

名　称	响应最大值后限速指令
指令	limit_rate_after
作用域	http、server、location
默认值	0
指令说明	服务端响应请求后，当向客户端的传输速率达到指定值时，按照响应限速指令进行限速

配置样例如下：

```
location /flv/ {
    flv;
    limit_rate_after 500k;
    limit_rate       50k;
}
```

3.3.6　数据处理

用户请求的最终结果是要返回数据，当响应文件在 Nginx 服务器本地时，需要进行本地文件位置、读或写、返回执行结果的操作。数据处理包括对这些操作进行指令配置。

1. 文件位置

常用的文件位置配置指令如表 3-77～表 3-80 所示。

表 3-77　根目录指令

名　称	根目录指令
指令	root
作用域	http、server、location
默认值	on
指令说明	设定请求 URL 的本地文件根目录

配置样例如下：

```
location /flv/ {
    root /data/web;
}
```

❏ 当 root 指令在 location 指令域时，root 设置的是 location 匹配访问路径的上一层目录，样例中被请求文件的实际本地路径为 /data/web/flv/。

❏ location 中的路径是否带 "/"，对本地路径的访问无任何影响。

表 3-78　访问路径别名指令

名　称	访问路径别名指令
指令	alias
作用域	location

（续）

名　称	访问路径别名指令
默认值	—
指令说明	默认情况下，本地文件的路径是 root 指令设定根目录的相对路径，通过 alias 指令可以将匹配的访问路径重新指定为新定义的文件路径

配置样例如下：

```
server{
    listen 8080;
    server_name www.nginxtest.org;
    root /opt/nginx-web/www;
    location /flv/ {
        alias /opt/nginx-web/flv/;
    }

    location /js {
        alias /opt/nginx-web/js;
    }

    location /img {
        alias /opt/nginx-web/img/;
    }
}
```

可以用如下命令进行访问测试：

```
curl http://127.0.0.1:8080/flv/
curl -L http://127.0.0.1:8080/js
curl http://127.0.0.1:8080/js
curl -L http://127.0.0.1:8080/img
curl http://127.0.0.1:8080/img/
```

❑ alias 指定的目录是 location 路径的实际目录。

❑ 其所在 location 的 rewrite 指令不能使用 break 参数。

表 3-79　文件判断指令

名　称	文件判断指令
指令	try_files
作用域	server、location
默认值	—
指令说明	用于顺序检查指定文件是否存在，如果不存在，则按照最后一个指定 URI 做内部跳转

配置样例如下：

```
location /images/ {
    # $uri存在则执行代理的上游服务器操作，否则跳转到default.gif的location
    try_files $uri /images/default.gif;
```

```
}

location = /images/default.gif {
    expires 30s;
}
```

跳转的目标也可以是一个 location 区域，脚本如下：

```
http{
    location / {
        try_files /system/maintenance.html $uri $uri/index.html $uri.html @mongrel;
    }
    location @mongrel {
        proxy_pass http://mongrel;
    }
}
```

表 3-80　禁止符号链接文件指令

名　称	禁止符号链接文件指令
指令	disable_symlinks
作用域	http、server、location
默认值	off
指令说明	用于设置当读取的本地文件是符号链接文件时的处理方法

配置样例如下：

```
http {
    disable_symlinks off;
}
```

❑ 当指令值是 off 时，允许本地路径中出现符号链接文件。
❑ 当指令值是 on 时，若本地路径中出现符号链接文件，则拒绝访问。
❑ 当指令值是 if_not_owner 时，若本地路径中出现符号链接文件，且符号链接文件和源文件的所有者不同，则拒绝访问。
❑ 当指令值是 on 或 if_not_owner 时，可通过参数 from=part 设定检查符号链接文件的起始路径，但不会检查所指定路径本身。

2. 数据读写及返回

常用的数据读写及返回配置指令如表 3-81～表 3-96 所示。

表 3-81　预读文件大小指令

名　称	预读文件大小指令
指令	read_ahead
作用域	http、server、location
默认值	0

（续）

名　称	预读文件大小指令
指令说明	Linux 及 FreeBSD 操作系统中，为提升文件读取速度，会对读取的文件做预读机制处理，即按照算法将文件从硬盘读取到内核缓冲区中。该指令仅在 FreeBSD 系统中使用 fcntl 实现系统调用，FreeBSD 内核预读时会读取文件开始的 128K 字节到内存，后续只会以 16K 字节为单位进行读取，该指令可以修改后续读取单元的大小。Nginx 在 Linux 系统中使用了 posix_fadvise 方法对预读文件进行清除以回收内存，所以该指令在 Linux 系统中是无效的

配置样例如下：

```
http {
    read_ahead 32k;
}
```

表 3-82　打开文件缓存指令

名　称	打开文件缓存指令
指令	open_file_cache
作用域	http、server、location
默认值	off
指令说明	用于配置文件缓存，默认为关闭文件缓存

配置样例如下：

```
http {
    open_file_cache max=1000 inactive=20s;
}
```

❑ 开启缓存时，可缓存打开文件的描述符、大小和修改时间，目录的查询结果，文件查找时的错误结果。

❑ 指令值参数 max 用于设定缓存中元素的最大数量，当缓存溢出时，使用 LRU 算法删除缓存中的元素。

❑ 缓存中的元素在指令值参数 inactive 设定的时间内没有被访问，将被从缓存中删除，默认值为 60s。

表 3-83　打开文件查找错误缓存指令

名　称	打开文件查找错误缓存指令
指令	open_file_cache_errors
作用域	http、server、location
默认值	off
指令值可选项	off 或 on
指令说明	用于设定在开启 open_file_cache 时，是否对文件查找错误结果进行缓存

配置样例如下：

```
http {
    open_file_cache        max=1000 inactive=20s;
    open_file_cache_errors on;
}
```

表 3-84　打开文件缓存最小访问次数指令

名　称	打开文件缓存最小访问次数指令
指令	open_file_cache_min_uses
作用域	http、server、location
默认值	1
指令说明	用于设定在被打开文件的缓存中，处于打开状态的文件描述符的文件在 open_file_cache 指令设定的 inactive 参数时间内被访问的最小次数

配置样例如下：

```
http {
    open_file_cache        max=1000 inactive=20s;
    open_file_cache_errors on;
    open_file_cache_min_uses 2;
}
```

表 3-85　打开文件缓存有效性检查指令

名　称	打开文件缓存有效性检查指令
指令	open_file_cache_valid
作用域	http、server、location
默认值	60s
指令说明	在设定的时间后对缓存文件的源文件进行一次检查，确认是否被修改

配置样例如下：

```
http {
    open_file_cache        max=1000 inactive=20s;
    open_file_cache_errors on;
    open_file_cache_min_uses 2;
    open_file_cache_valid 30s;
}
```

表 3-86　零复制指令

名　称	零复制指令
指令	sendfile
作用域	http、server、location
默认值	off
指令值选项	on 或 off
指令说明	启用零复制（sendfile）。零复制（也称零拷贝）是读取本地文件后向网络接口发送文件内容的文件传输机制

配置样例如下：

```
http {
    sendfile on;
}
```

- ❑ 默认配置下，Nginx 读取本地文件后，在进行网络传输时会先将硬盘文件从硬盘中读取到 Nginx 的文件缓冲区中，操作流程为硬盘→内核文件缓冲区→应用缓冲区。然后将 Nginx 文件缓冲区的数据写入网络接口，操作流程：应用缓冲区→内核网络缓冲区→网络接口。Nginx 的本地文件在进行网络传输的过程中，经历了上述两个操作过程，两次操作都在内核缓冲区中存储了相同的数据。为了提高文件的传输效率，内核提供了零复制技术，该技术支持文件在内核缓冲区内直接交换打开的文件句柄，无须重复复制文件内容到缓冲区，则上述两个操作的流程变为：硬盘→内核文件缓冲区→内核网络缓冲区→网络接口。
- ❑ 零复制技术减少了文件的读写次数，提升了本地文件的网络传输速度。
- ❑ 内核缓冲区的默认大小为 4096B。

表 3-87　零复制最大传输限制指令

名　称	零复制最大传输限制指令
指令	sendfile_max_chunk
作用域	http、server、location
默认值	0
指令说明	零复制技术提升了本地文件的网络传输速度，当数据量很大时会占用 Nginx 工作进程的全部资源，可通过该指令限制零复制过程中每个连接的最大传输量

配置样例如下：

```
http {
    sendfile on;
    sendfile_max_chunk 1m;
}
```

表 3-88　零复制最小传输限制指令

名　称	零复制最小传输限制指令
指令	tcp_nopush
作用域	http、server、location
默认值	off
指令值选项	on 或 off
指令说明	在零复制过程中，当数据包太小时频繁进行网络发送会相对消耗过多的网络资源，通过该指令可以限定只有当数据包大于最大报文长度（Maximum Segment Size，MSS）时才执行网络发送操作，从而提升网络利用率

配置样例如下：

```
http {
    sendfile on;
    sendfile_max_chunk 1m;
    tcp_nopush on;
}
```

- ❑ MSS 类似于网络接口的 MTU，区别是 MSS 位于 TCP 层限定应用层数据包的最大传输大小。
- ❑ MSS 的默认大小由 TCP 建立连接的客户端与服务端 MTU 中的最小值减去 40B（IP 和 TCP 首部的固定长度）得出，通常为 1460B。

表 3-89　直接 I/O 读取指令

名　称	直接 I/O 读取指令
指令	directio
作用域	http、server、location
默认值	off
指令值选项	size 或 off
指令说明	开启直接 I/O 读取指令，可以跳过内核的文件缓存机制，直接从硬盘读取数据缓存到 Nginx 的文件缓冲区。这样可以更好地利用 CPU 资源并提高缓存效率，适合大文件读取场景。启用该指令后，任何大于或等于指令值大小的文件都将采用直接 I/O 的方式进行读取

配置样例如下：

```
http {
    directio 5m;
}
```

表 3-90　直接 I/O 读取块大小指令

名　称	直接 I/O 读取块大小指令
指令	directio_alignment
作用域	http、server、location
默认值	512
指令值选项	size 或 off
指令说明	由于文件在磁盘中存储是按照文件系统的块（block）进行分块存储的，Nginx 在以直接 I/O 方式读取大文件时，最佳的硬盘直接读取效率是每次可以读取磁盘的整块大小，也就是所谓的"对齐"。该指令可以根据不同的文件系统调整直接 I/O 方式下读取块的大小，默认 512 字节可以覆盖多数文件系统的块大小，在 XFS 等文件系统下，则需调整为 4096 字节，具体文件系统的块大小可通过操作系统命令获知

配置样例如下：

```
http {
    directio_alignment 4096;
}
```

CentOS 系统下查看当前磁盘的文件系统的指令如下：

```
df -T
```

查看当前文件系统的块大小（block size）的指令如下：

```
tune2fs -l /dev/sda1|grep Block # Ext文件系统
xfs_info /dev/sda1 # XFS文件系统
```

表 3-91　输出文件缓冲区大小指令

名　称	输出文件缓冲区大小指令
指令	output_buffers
作用域	http、server、location
默认值	2 32k
指令说明	Nginx 在将磁盘文件读取到内存并向客户端发送的过程中，为了避免由读文件与网络发送速度间的差异引起的阻塞，增加了一个输出文件缓冲区，该缓冲区默认是由两个 32K 的缓冲区构成的 64K 的缓冲区组。该指令值的两个参数中，第一个是缓冲区的数量；第二个是单个缓冲区的大小。多用于大文件的输出场景

表 3-92　异步文件 I/O 指令

名　称	异步文件 I/O 指令
指令	aio
作用域	http、server、location
默认值	off
指令值选项	on 或 off 或 threads[=pool]
指令说明	启用或关闭异步文件 I/O 指令。Linux 版本下必须配合 directio 指令使用

配置样例如下：

```
http {
    aio on;                      # 启用异步I/O
    directio 2m;                 # 当文件大小大于2M时，启用直接读取模式
    directio_alignment 4096;     # 与当前文件系统对齐
    output_buffers 3 128k;       # 输出缓冲区为384K
    sendfile on;                 # 小于2M的文件用零复制方式处理
    sendfile_max_chunk 1m;       # 零复制时最大传输大小为1M
    tcp_nopush on;               # 零复制时启用最小传输限制功能
}
```

❑ 异步文件传输是通过直接读取硬盘文件的方式实现的，对大文件的传输速度有明显的提升，但对于小文件，仍建议使用零复制的方式实现文件传输。

❑ 当指令值为 threads 时，不指定 pool 表示使用默认线程池（参见 3.2.2 小节），也可以使用自定义线程池。

```
http {
    thread_pool pool_1 threads=16;
    aio threads=pool_1;
```

```
    directio    2m;
}
```

表 3-93　异步文件 I/O 写指令

名　称	异步文件 I/O 写指令
指令	aio_write
作用域	http、server、location
默认值	off
指令值选项	on 或 off
指令说明	设置在启用 aio 指令时是否支持异步写操作。目前仅在使用 aio 线程时有效，并仅限于将被代理服务接收到的数据写入临时文件的场景

配置样例如下：

```
http {
    aio on;
    aio_write on;
}
```

表 3-94　发送超时指令

名　称	发送超时指令
指令	send_timeout
作用域	http、server、location
默认值	60s
指令说明	Nginx 在向客户端发送响应数据时，是从缓存块中读取数据后向网络接口执行写出（发送也是一种写的行为）操作。Nginx 连续两次写操作的时间超出该指令的指令值时，则认为发送超时

配置样例如下：

```
http {
    send_timeout 20s;
}
```

表 3-95　推迟发送指令

名　称	推迟发送指令
指令	postpone_output
作用域	http、server、location
默认值	1460
指令说明	只有当需要发送到客户端的数据达到设定值时才会发送数据。指令值为 0 时，表示关闭推迟发送功能

配置样例如下：

```
http {
    postpone_output 2048;
}
```

表 3-96　分块传输编码指令

名　称	分块传输编码指令
指令	chunked_transfer_encoding
作用域	http、server、location
默认值	on
指令值选项	on 或 off
指令说明	当启用分块传输编码指令时会在响应头中增加 Transfer-Encoding: chunked 字段，以告知客户端分块接收响应体数据。该指令关闭后，客户端会根据响应头中 Content-length 属性的值获知响应体的大小，并以此判断数据是否接收完毕

配置样例如下：

```
http {
    chunked_transfer_encoding off;
}
```

3.3.7　关闭连接

延迟关闭控制指令如表 3-97 所示。

表 3-97　延迟关闭控制指令

名　称	延迟关闭控制指令
指令	lingering_close
作用域	http、server、location
默认值	on
指令值选项	on 或 off 或 always
指令说明	设置 Nginx 关闭客户端连接时是否对客户端发送的额外数据进行处理（接收并忽略）

配置样例如下：

```
http {
    lingering_close always;
}
```

❏ 当指令值为 on 时，在可预知客户端仍将有额外数据发送时，等待并处理（接收并忽略）客户端发来的额外数据。

❏ 当指令值为 always 时，一直等待并处理（接收并忽略）客户端发来的额外数据。

❏ 当指令值为 off 时，强制关闭连接。

延迟关闭处理时间指令如表 3-98 所示。

表 3-98   延迟关闭处理时间指令

名　称	延迟关闭处理时间指令
指令	lingering_time
作用域	http、server、location
默认值	30s
指令说明	用于设置在 lingering_close 指令有效时，Nginx 处理（接收并忽略）客户端额外数据的最大时间，超过最大设定时间将强制关闭连接

配置样例如下：

```
http {
    lingering_time 60s;
}
```

延迟关闭超时指令如表 3-99 所示。

表 3-99   延迟关闭超时指令

名　称	延迟关闭超时指令
指令	lingering_timeout
作用域	http、server、location
默认值	5s
指令说明	在 lingering_close 指令有效时，该指令用于设置客户端额外数据到达 Nginx 的最大超时时间，超过设定时间则关闭连接，否则直到总处理时间超过 lingering_time 设定的时间后才关闭连接

配置样例如下：

```
http {
    lingering_timeout 10s;
}
```

重置超时连接指令如表 3-100 所示。

表 3-100   重置超时连接指令

名　称	重置超时连接指令
指令	reset_timedout_connection
作用域	http、server、location
默认值	on
指令值选项	on 或 off
指令说明	当 Nginx 正常发起主动关闭连接请求时，若客户端没有响应，则当前 TCP 连接会处于"FIN_WAIT1"状态，同时当前 socket 的关联内存也会一直被占用。为了避免这种无效的内存占用，Nginx 会在连接超时时，通过设置 setsockopt 函数的参数 SO_LINGER 为 0 来关闭这个连接。处于保持连接机制的连接仍将正常关闭

3.3.8　日志记录

日志记录指令如表 3-101 和表 3-102 所示。

表 3-101　不存在文件日志指令

名　称	不存在文件日志指令
指令	log_not_found
作用域	http、server、location
默认值	on
指令值选项	on 或 off
指令说明	用于设定如果文件不存在错误是否写入日志

配置样例如下：

```
http {
    log_not_found on;
}
```

表 3-102　子请求访问日志指令

名　称	子请求访问日志指令
指令	log_subrequest
作用域	http、server、location
默认值	on
指令值选项	on 或 off
指令说明	用于设定子请求的访问记录是否写入日志

配置样例如下：

```
http {
    log_subrequest on;
}
```

3.3.9　HTTP 核心配置样例

根据本节对 HTTP 核心配置指令的解析可知，HTTP 核心配置指令较多，为了方便读者理解和使用，此处做了如下样例汇总：

```
http {
    resolver 192.168.2.11 valid=30s;      # 全局域名解析服务器为192.168.2.11, 30s更新一次DNS缓存
    resolver_timeout 10s;                 # 域名解析超时时间为10s

    variables_hash_max_size 1024;         # Nginx变量的hash表的大小为1024字节
    variables_hash_bucket_size 64;        # Nginx变量的hash表的哈希桶的大小是64字节

    types_hash_max_size 1024;             # MIME类型映射表哈希表的大小为1024字节
    types_hash_bucket_size 64;            # MIME类型映射表哈希桶的大小是64字节
```

```
# 请求解析, HTTP全局有效
ignore_invalid_headers on;            # 忽略请求头中无效的属性名
underscores_in_headers on;            # 允许请求头的属性名中有下划线 "_"
client_header_buffer_size 2k;         # 客户请求头缓冲区大小为2KB
large_client_header_buffers 4 16k;#   超大客户请求头缓冲区大小为64KB
client_header_timeout  30s;           # 读取客户请求头的超时时间是30s
request_pool_size 4k;                 # 请求池的大小是4K

merge_slashes on;                     # 当URI中有连续的斜线时做合并处理
server_tokens off;                    # 当返回错误信息时, 不显示Nginx服务的版本号信息
msie_padding on;                      # 当客户端请求出错时, 在响应数据中添加注释

subrequest_output_buffer_size 8k;  #  子请求响应报文缓冲区大小为8KB

lingering_close on;                   # Nginx主动关闭连接时启用延迟关闭
lingering_time 60s;                   # 延迟关闭的处理数据的最长时间是60s
lingering_timeout 5s;                 # 延迟关闭的超时时间是5s
reset_timedout_connection on;         # 当Nginx主动关闭连接而客户端无响应时,
                                      # 在连接超时后进行关闭

log_not_found on;                     # 将未找到文件的错误信息记录到日志中
log_subrequest on;                    # 将子请求的访问日志记录到访问日志中

error_page 404              /404.html; # 所有请求的404状态码返回404.html文件的数据
error_page 500 502 503 504 /50x.html; # 所有请求的500、502、503、504状态码返回50X.html文件
                                      # 的数据

server {
    # 监听本机的8000端口, 当前服务是http指令域的主服务, 开启fastopen功能并限定最大队列数是
    # 30, 拒绝空数据连接, Nginx工作进程共享socket监听端口, 当请求阻塞时挂起队列数是1024
    # 个, 当socket为保持连接时, 开启状态检测功能
    listen *:8000 default_server fastopen=30 deferred reuseport backlog=1024
        so_keepalive=on;

    server_name a.nginxbar.com b.nginxtest.net c.nginxbar.com a.nginxbar.com;
    server_names_hash_max_size 1024;  # 服务主机名哈希表大小为1024字节
    server_names_hash_bucket_size 128;# 服务主机名哈希桶大小为128字节

    # 保持链接配置
    keepalive_disable msie6;          # 对MSIE6版本的客户端关闭保持连接机制
    keepalive_requests 1000;          # 保持连接可复用的HTTP连接为1000个
    keepalive_timeout 60s;            # 保持连接空置超时时间为60s
    tcp_nodelay on;                   # 当处于保持连接状态时, 以最快的方式发送数据包

    # 本地文件相关配置
    root /data/website;               # 当前服务对应本地文件访问的根目录是/data/website
    disable_symlinks off;             # 对本地文件路径中的符号链接不做检测

    # 静态文件场景
    location / {

        server_name_in_redirect on; # 在重定向时, 拼接服务主机名
        port_in_redirect on;        # 在重定向时, 拼接服务主机端口

        if_modified_since exact;    # 当请求头中有if_modified_since属性时,
                                    # 与被请求的本地文件修改时间做精确匹配处理
```

```
    etag on;                              # 启用etag功能
    msie_refresh on;  # 当客户端是msie时，以添加HTML头信息的方式执行跳转

    open_file_cache max=1000 inactive=20s;# 对被打开文件启用缓存支持，缓存元素数最大为
                                          # 1000个，不活跃的缓存元素保存20s
    open_file_cache_errors on;            # 对无法找到文件的错误元素也进行缓存
    open_file_cache_min_uses 2;           # 缓存中的元素至少要被访问两次才为活跃
    open_file_cache_valid 60s;            # 每60s对缓存元素与本地文件进行一次检查
}

# 上传接口的场景应用
location /upload {
    alias /data/upload                    # 将upload的请求重定位到目录/data/upload
    limit_except GET {                    # 对除GET以外的所有方法进行限制
        allow 192.168.100.1;              # 允许192.168.100.1执行所有请求方法
        deny all;                         # 其他IP只允许执行GET方法
    }
    client_max_body_size 200m;            # 允许上传的最大文件大小是200MB
    client_body_buffer_size 16k;          # 上传缓冲区的大小是16KB
    client_body_in_single_buffer on;      # 上传文件完整地保存在临时文件中
    client_body_in_file_only off;         # 不禁用上传缓冲区
    client_body_temp_path /tmp/upload 1 2;# 设置请求体临时文件存储目录
    client_body_timeout 120s;             # 请求体接收超时时间为120s
}

# 下载场景应用
location /download {
    alias /data/upload                    # 将download的请求重定位到目录/data/upload
    types { }
    default_type application/octet-stream; # 设置当前目录所有文件默认MIME类型为
                                           # application/octet-stream

    try_files $uri @nofile;               # 当文件不存在时，跳转到location @nofile
    sendfile on;                          # 开启零复制文件传输功能
    sendfile_max_chunk 1M;                # 每个sendfile调用的最大传输量为1MB
    tcp_nopush on;                        # 启用最小传输限制功能

    aio on;                               # 启用异步传输
    directio 5M;                          # 当文件大于5MB时以直接读取磁盘方式读取文件
    directio_alignment 4096;              # 与磁盘的文件系统对齐
    output_buffers 4 32k;                 # 文件输出的缓冲区为128KB

    limit_rate 1m;                        # 限制下载速度为1MB
    limit_rate_after 2m;                  # 当客户端下载速度达到2MB时，进入限速模式
    max_ranges 4096;                      # 客户端执行范围读取的最大值是4096B
    send_timeout 20s;                     # 客户端引发传输超时时间为20s
    postpone_output 2048;                 # 当缓冲区的数据达到2048B时再向客户端发送
    chunked_transfer_encoding on;         # 启用分块传输标识
}

location @nofile {
    index nofile.html
}
location = /404.html {
    internal;
}
```

```
        location = /50x.html {
            internal;
        }
    }
}
```

举上述配置样例是为了方便读者理解 HTTP 配置指令的功能和使用方法，切勿将其直接用于实际生产环境。

第 4 章 Chapter 4

Nginx HTTP 模块详解

　　Nginx 是模块化的代码架构，其代码由核心代码与功能模块代码构成。Nginx 的主要功能模块是 HTTP 功能模块，HTTP 功能模块在 HTTP 核心功能的基础上为 Nginx 对 HTTP 请求的处理流程提供了扩展功能，这些扩展功能可以让用户很方便地应对访问控制、数据处理、代理缓存等各种复杂的场景应用，同时也让有开发能力的用户能够积极参与，不断增强 Nginx 的功能。由于功能模块比较多，为了便于对各功能模块进行介绍，此处按照模块的功能进行如下分类。

- ❏ 动态赋值：可根据 HTTP 请求的变化动态地进行变量赋值的功能模块。
- ❏ 访问控制：对外部访问请求做认证、数量限制等功能的模块。
- ❏ 数据处理：对用户的响应数据进行过滤或修改的功能模块。
- ❏ 协议客户端：可与其他应用协议服务连接的客户端模块。
- ❏ 协议服务：可运行相关应用协议服务、提供其他客户端访问的功能模块。
- ❏ 代理负载：对后端服务器实现代理负载的功能模块。
- ❏ 缓存功能：对响应数据内容实现缓存的功能模块。
- ❏ 日志管理：对请求的日志进行管理配置的功能模块。
- ❏ 监控管理：对 Nginx 自身状态进行监控的功能模块。

本章介绍的是动态赋值、访问控制和数据处理 3 个功能模块的内容，其他功能模块将作为独立章节进行介绍。

4.1　动态赋值功能模块

　　Nginx 在核心模块及其他模块中都提供了内置变量，用户可以根据需要灵活调用。在 Nginx 的模块中除提供了 rewrite 指令以方便用户对变量进行静态赋值外，还提供了根据请求内容的变化为变量动态赋值的功能。

4.1.1 根据浏览器动态赋值

模块名称：ngx_http_browser_module

该模块的功能是根据客户端 HTTP 请求头中的属性字段 User-Agent 的值，按照用户的指令配置设置变量 $modern_browser 和 $ancient_browser 的值。用户可以根据变量 $modern_browser 和 $ancient_browser 的值对客户端浏览器进行区分，并对 HTTP 请求进行不同的处理。该模块的内置配置指令如表 4-1～表 4-4 所示。

表 4-1　旧浏览器标识指令

名　　称	旧浏览器标识指令
指令	ancient_browser
作用域	http、server、location
默认值	—
指令说明	当客户端的 HTTP 请求头中的属性字段 User-Agent 的值中包含指令值中的字符串时，设置变量 $ancient_browser 的值为 1

配置样例如下：

```
http {
    ancient_browser 'UCWEB';
}
```

变量 $ancient_browser 的值默认为 1。

表 4-2　设置旧浏览器变量值指令

名　　称	设置旧浏览器变量值指令
指令	ancient_browser_value
作用域	http、server、location
默认值	1
指令说明	将变量 $ancient_browser 的值设置为指定的字符串

配置样例如下：

```
http {
    ancient_browser 'UCWEB';
    ancient_browser_value oldweb;
    server {
        if ($ancient_browser) {
            rewrite ^ /${ancient_browser}.html; # 重定向到oldweb.html
        }
    }
}
```

表 4-3　新浏览器标识指令

名　称	新浏览器标识指令
指令	modern_browser
作用域	http、server、location
默认值	—
指令说明	当客户端浏览器被 Nginx 识别为内置的浏览器类型，且 HTTP 请求头中的属性字段 User-Agent 的值中的版本号等于或高于指令值的版本号时，设置变量 $modern_browser 的值为 1

配置样例如下：

```
http {
    modern_browser msie  5.5;
}
```

❑ 内置浏览器类型有 msie、gecko（由 Mozilla 基金会维护，Mozilla 及 Netscape 6 后续版本是基于 Gecko 开发的）、opera、safari、konqueror。

❑ 当指令值为 unlisted 时，Nginx 在 HTTP 请求头中的属性字段 User-Agent 的值为空或无法识别浏览器类型时，设置变量 $modern_browser 的值为 1。

配置样例如下：

```
http {
    modern_browser msie  5.5;
    modern_browser unlisted;
}
```

表 4-4　设置新浏览器变量值指令

名　称	设置新浏览器变量值指令
指令	modern_browser_value
作用域	http、server、location
默认值	1
指令说明	将变量 $modern_browser 的值设置为指定的字符串

配置样例如下：

```
http {
    modern_browser msie 5.5;
    modern_browser_value newweb;
    server {
        if ($modern_browser) {
            rewrite ^ /${modern_browser}.html;
        }
    }
}
```

配置样例如下:

```
ancient_browser 'UCWEB';              # 必须使用单引号
ancient_browser_value oldweb;         # 设置$ancient_browser的值为oldweb

modern_browser_value newweb;          # 设置$ancient_browser的值为newweb
modern_browser unlisted;              # 设置$modern_browser的值为1, $ancient_browser的值为0

root /opt/nginx-web;
server {
    listen 8080;
    if ($ancient_browser) {
        rewrite ^ /${ancient_browser}.html; # 重定向到oldweb.html
    }
    if ($modern_browser) {
        rewrite ^ /${modern_browser}.html;  # 重定向到newweb.html
    }
}
```

4.1.2 根据 IP 动态赋值

模块名称: ngx_http_geo_module

该模块的功能是从源变量获取 IP 地址,并根据设定的 IP 与对应值的列表对新变量进行赋值。该模块只有一个 geo 指令,指令格式如下:

```
geo [源变量]新变量{}
```

❑ geo 指令的默认源变量是 $remote_addr,新变量默认值为空。

❑ geo 指令的作用域只能是 http。

该指令的指令值参数如表 4-5 所示。

表 4-5 geo 指令的指令值参数

参数名	参数描述
delete	删除配置中已经存在的相同 IP 地址的设定
default	如果从源变量获取的 IP 无法匹配任何一个 IP 或 IP 范围,通过该参数的参数值为新变量赋值
include	引入一个包含 IP 与对应值的外部文件
proxy	指定上层代理 IP。当源变量的 IP 为该参数指定的 IP 时,Nginx 将从 X-Forwarded-For 头中获取 IP
proxy_recursive	开启代理递归查询。当 X-Forwarded-For 头中有多个 IP 时,Nginx 会将 X-Forwarded-For 头中的最后一个 IP 定义为源变量的 IP;启用该参数后,Nginx 会将 X-Forwarded-For 头中的最后一个 IP 与所有不属于 proxy 参数定义的 IP 定义为源变量的 IP
ranges	使用以地址段的形式定义的 IP 地址时,该参数必须放在最上面

配置样例如下:

```
http{
    geo $country {
        proxy_recursive;                    # 启用代理递归查询
        default         ZZ;                 # 默认值为ZZ
```

```
        include        conf/geo.conf;         # 引入外部列表文件
        proxy          192.168.100.0/24;      # 上层代理地址为192.168.100.0/24的IP
        proxy          2001:0db8::/32;        # 上层代理地址为2001:0db8::/32的IP

        127.0.0.0/16   US;                    # 赋值US
        127.0.0.1/32   RU;                    # 赋值RU
        10.1.0.0/16    RU;                    # 赋值RU
        192.168.1.0/24 UK;                    # 赋值UK
    }
}
```

为了加速加载 IP 来设定变量表，IP 地址应按升序填写。

外部文件 geo.conf 的内容格式如下：

```
10.2.0.0/16    RU;
192.168.2.0/24 RU;
```

以地址段形式定义的 IP 地址中 ranges 参数的配置样例如下：

```
http{
    geo $country {
        ranges;                                   # 使用以地址段的形式定义的IP地址
        default                 ZZ;
        10.1.0.0-10.1.255.255   RU;
        192.168.1.0-192.168.1.255 UK;
    }
}
```

自定义源变量配置样例如下：

```
geo $arg_ip $address {                        # 设置请求参数IP为源变量
    default         CN;
    127.0.0.0/24    US;
    127.0.0.10/32   RU;
    10.1.0.0/16     RU;
    delete 127.0.0.10/32;                     # 删除127.0.0.10/32的设定
}

server {
    listen 8081;
    server_name localhost;
    charset utf-8;
    root /opt/nginx-web;
    default_type text/xml;

    location / {
        rewrite ^ /${address}.html break;     # 重定向到$address.html
    }
}
```

4.1.3　根据 IP 动态获取城市信息

模块名称：ngx_http_geoip_module

该模块的功能是将客户端的 IP 地址与 MaxMind 数据库中的城市地址信息进行比对，然后将对应的城市地址信息赋值给内置变量。该模块的配置指令如表 4-6～表 4-10 所示。

表 4-6　国家信息数据库指令

名　称	国家信息数据库指令
指令	geoip_country
作用域	http
默认值	1
指令说明	指定国家信息的 MaxMind 数据库文件路径

表 4-7　城市信息数据库指令

名　称	城市信息数据库指令
指令	geoip_city
作用域	http
默认值	1
指令说明	指定城市信息的 MaxMind 数据库文件路径

表 4-8　机构信息数据库指令

名　称	机构信息数据库指令
指令	geoip_org
作用域	http
默认值	1
指令说明	指定机构信息的 MaxMind 数据库文件路径

表 4-9　上层代理 IP 指令

名　称	上层代理 IP 指令
指令	geoip_proxy
作用域	http
默认值	—
指令说明	指定上层代理 IP。当请求的源 IP 为该参数指定的地址时，Nginx 将从"X-Forwarded-For"头中获取客户端 IP

表 4-10　代理递归查询 IP 指令

名　称	代理递归查询 IP 指令
指令	geoip_proxy_recursive
作用域	http
默认值	off

（续）

名　称	代理递归查询 IP 指令
指令值可选项	on 或 off
指令说明	默认配置下，当 geoip_proxy 指令被配置且 X-Forwarded-For 头中有多个 IP 时，Nginx 会将 X-Forwarded-For 头中的最后一个 IP 定义为客户端 IP。启用该指令后，Nginx 会将 X-Forwarded-For 头中最后一个不属于 proxy 参数定义范围的 IP 定义为客户端 IP

geo 内置变量如表 4-11 所示。

表 4-11　geo 内置变量

变　量　名	变量说明
$geoip_country_code	两位字符国家代码，如 CN
$geoip_country_code3	3 位字符国家代码，如 CHN
$geoip_country_name	国家名称，如 China
$geoip_area_code	地区代码
$geoip_city_continent_code	洲代码，地球的七大洲，如 AS
$geoip_city_country_code	两位字符国家代码，如 CN
$geoip_city_country_code3	两位字符国家代码，如 CHN
$geoip_city_country_name	国家名称，如 China
$geoip_dma_code	美国地铁代码
$geoip_latitude	纬度
$geoip_longitude	经度
$geoip_region	国家行政区代码
$geoip_region_name	国家行政区名称
$geoip_city	城市名称
$geoip_postal_code	邮政编码
$geoip_org	网络运营商机构名称

配置样例如下：

```
geoip_country        /usr/share/GeoIP/GeoIP.dat;
geoip_city           /usr/share/GeoIP/GeoIPCity.dat;
geoip_org            /usr/share/GeoIP/GeoIPASNum.dat;
geoip_proxy          192.168.2.145;
geoip_proxy_recursive    on;

server {
    listen 8081;
    server_name localhost;
    charset utf-8;
    root /opt/nginx-web;
    default_type text/xml;
    location / {
        if ( $geoip_country_code ) {
            rewrite ^ /$geoip_country_code/ break;  # 重定向到$geoip_country_cod目录
        }
    }
}
```

4.1.4 比例分配赋值

模块名称：ngx_http_split_clients_module

该模块会按照配置指令将一个 $0\sim2^{32}$ 之间的数值根据设定的比例分割为多个数值范围，每个数值范围会被设定一个对应的给定值。用户每次请求时，指定的字符串会被计算出一个数值，该模块会将该数值所在范围对应的给定值赋值给配置中定义的变量。该功能常用来按照用户的来源 IP 进行访问流量分流。该指令语法格式如下：

```
split_clients 字符串 新变量{}
```

配置样例如下：

```
split_clients "${remote_addr}AAA" $source {    # "${remote_addr}AAA"会被计算出一个数值
    0.5%              .one;       # 数值在0~21474835之间, $source被赋值".one"
    80.0%             .two;       # 数值在21474836~3435973836之间, $source被赋值".two"
    *                 "";         # 数值在3435973837~4294967295, $source被赋值""
}
server {
    location / {
        index index${source}.html;
    }
}
```

❑ 该指令会将一个 2 的 32 次幂计算的值（数值范围为 $0\sim4294967295$）按照指令域中的比例进行分割。

❑ 客户端每次请求时，会将指定字符串使用 MurmurHash2 算法计算出一个 $0\sim2^{32}$（$0\sim4\ 294\ 967\ 295$）之间的数值，该模块会将该数值所在范围对应的给定值赋值给配置中定义的变量。

❑ 指定的字符串可以是 Nginx 内置变量。

4.1.5 变量映射赋值

模块名称：ngx_http_map_module

该模块的功能是在客户端每次请求时，Nginx 按照 map 指令域中源变量的当前值把设定的对应值赋值给新变量。该指令语法格式如下：

```
map 源变量 新变量{}
```

map 指令值参数如表 4-12 所示。

表 4-12 map 指令值参数

参数名称	参 数 值
default	为新变量指定一个默认值。若不指定该参数，新变量默认值为空
hostnames	当源变量为主机名时，允许使用主机名前缀或后缀对源变量值进行匹配

（续）

参数名称	参　数　值
include	引入一个外部文件作为 map 的指令域内容
volatile	map 默认创建的是可被缓存的变量，启用该参数后创建的为不可被缓存的变量

配置样例如下：

```
map $remote_addr $name {
    hostnames;
    default        0;
    example.com    1;
    *.example.com 1; # 主机名前缀
    wap.*          4; # 主机名后缀
    include hostmap.conf;
}
```

❏ map 指令只能编辑在 http 指令域中。

❏ map 指令域中指定了源变量为不同值时与新变量值的对应关系。

❏ map 指令域中源变量的值可以是字符串或正则表达式的匹配。

❏ map 指令域中对源变量的值进行正则表达式匹配时，以 "~" 开头表示对源变量值的匹配，区分大小写，以 "*" 开头表示对源变量值的匹配不区分大小写。

```
map $http_user_agent $mobile  {
    "~Opera Mini" 1;
    "*UCWEB" 2;
}
```

map 指令域中对源变量的值进行正则表达式匹配时，可以对源变量值进行正则捕获。

```
map $uri $new_uri {
    ~^/user/(.*) ucenter;              # 若URI为/user/login时,$new_uri被赋值为"ucenter"
}
server {
    listen        8080;
    location /user {
        default_type text/plain;
        rewrite ^ /$new_uri/$1;    # rewrite到/ucenter/login
    }
    location /ucenter {
        index index.html;
    }
}
```

若源变量值中包含特殊字符串 "~"，可以用 "~" 进行转义。

```
map $http_referer $flag {
    Mozilla    111;
    \~Mozilla  222;
}
```

新变量的值可以是字符串，也可以是另一个变量。

```
map $http_referer $value {
    Mozilla    'chrom';
    \~safity   $http_user_agent;
}
```

map 指令域中，当源变量值存在相同匹配项时，匹配顺序如下：

1）完全匹配的字符串。

2）有主机前缀的最长字符串。

3）有主机后缀的最长字符串。

4）在指令域中按自上而下顺序最先匹配到的正则表达式。

5）default 参数给定的默认值。

表 4-13　map 哈希表大小指令

名　称	map 哈希表大小指令
指令	map_hash_max_size
作用域	http
默认值	2048
指令说明	map 指令中，存储变量的哈希表的大小

表 4-14　map 哈希桶大小指令

名　称	map 哈希桶大小指令
指令	map_hash_bucket_size
作用域	http
默认值	32、64 或 128
指令说明	map 指令中，存储变量的哈希桶的大小

配置样例如下：

```
map $remote_addr $dir {
    default www;                 # 设置默认目录为www
    include conf.d/remoteip.list;# 以外部文件形式编写IP及对应新变量赋值列表
}
server {
    listen       8080;
    root /opt/nginx-web/$dir;
    index index.html;
}

remoteip.list文件内容:
192.168.2.145 blue;          # 源IP为192.168.2.145时，map的新变量值为blue
192.168.2.100 green;         # 源IP为192.168.2.100时，map的新变量值为green
```

4.2　访问控制功能模块

4.2.1　访问镜像模块

模块名称：ngx_http_mirror_module

该模块的功能是将用户的访问请求镜像复制到指定的 URI，通过 location 的 URI 匹配将流量发送到指定的服务器。用户请求的实际请求响应通过 Nginx 返回客户端，镜像服务器的请求响应则会被 Nginx 服务器丢弃。镜像请求与实际请求是异步处理的，对实际请求无影响。该模块的内置配置指令如表 4-15 和表 4-16 所示。

表 4-15　访问镜像指令

名　称	访问镜像指令
指令	mirror
作用域	http、server、location
默认值	off
指令说明	将用户的访问请求镜像到指定的 URI，同级支持多个 URI

配置样例如下：

```
server {
    listen 8080;
    root /opt/nginx-web/www;
    location / {
        mirror /benchmark;
        index index.html;
    }

    location = /benchmark {
        internal;
        proxy_pass http://192.168.2.145$request_uri;
    }
}
```

表 4-16　镜像请求体指令

名　称	镜像请求体指令
指令	mirror_request_body
作用域	http、server、location
默认值	on
指令值可选项	on 或 off
指令说明	将用户的访问请求体同步镜像到指定的 URI，当启用该指令时，创建镜像子请求前会优先读取并缓存客户端的请求体内容，同时 proxy_request_buffering、fastcgi_request_buffering、scgi_request_buffering 和 uwsgi_request_buffering 等指令的不缓存设置将被关闭

访问镜像指令可用于访问请求的复制，配置样例如下：

```
server {
    listen 8080;
    server_name localhost;
    root /opt/nginx-web/www;
    mirror_request_body off;
    location / {
        index index.html;
        mirror /accesslog;
    }

    location = /accesslog {
        internal;
        proxy_pass http://192.168.2.145/accesslog/${server_name}_$server_port$request_uri;
    }
}
```

❑ 如果指令 mirror_request_body 的指令值为 off 则不同步请求体。

访问镜像指令也可以对请求进行放大，用于压力测试场景，配置样例如下：

```
server {
    listen 8080;
    root /opt/nginx-web/www;
    location / {
        mirror /benchmark; # 镜像用户请求
        mirror /benchmark; # 镜像用户请求
        mirror /benchmark; # 镜像用户请求
        index index.html;
    }

    location = /benchmark {
        internal;
        proxy_pass http://192.168.2.145$request_uri;
    }
}
```

❑ 访问镜像模块可以将用户请求同步镜像到指定的服务器，同时还可以对用户的流量进行放大，通常可以镜像线上访问请求，进行新版本的压力测试或预生产环境验证。

4.2.2　referer 请求头控制模块

模块名称：ngx_http_referer_module

referer 请求头控制模块可以通过设置请求头中的属性字段 Referer 的值控制访问的拒绝与允许。Referer 字段用来表示当前请求的跳转来源，由于该字段可能会涉及隐私权问题，部分浏览器允许用户不发送该属性字段，因此也会存在浏览器正常的请求头中无 Referer 字段的情况。另外，有些代理服务器或防火墙也会把 Referer 字段过滤掉。通常情况下，伪造 Referer 字段的内容是很容易的，因此该模块主要用于浏览器正常发送请求中 Referer 值的过滤。虽然通过 Referer 字段进行来源控制并不十分可靠，但用在防盗链的场景中还是基本可以满足需求的。该模块的内置配置指令如表 4-17～表 4-19 所示。

表 4-17　referer 哈希表大小指令

名　称	referer 哈希表大小指令
指令	referer_hash_max_size
作用域	server、location
默认值	2048
指令说明	referer 指令中，存储变量的哈希表的大小

表 4-18　referer 哈希桶大小指令

名　称	referer 哈希桶大小指令
指令	referer_hash_bucket_size
作用域	server、location
默认值	64
指令说明	referer 指令中，存储变量的哈希桶的大小

表 4-19　有效 referer 值指令

名　称	有效 referer 值指令
指令	valid_referers
作用域	server、location
默认值	—
指令说明	当用户的 HTTP 头的属性字段 Referer 的值符合指令值的检测时，设置变量 $invalid_referer 为空

referer 指令值参数如表 4-20 所示。

表 4-20　referer 指令值参数

参 数 名 称	参 数 说 明
none	Referer 的值为空
blocked	代理服务器或防火墙过滤后的 Referer 值，这些值都不以 http:// 或 https:// 开头
server_names	Referer 的值中包含一个服务器名

配置样例如下：

```
server{
    listen 8080;
    server_name nginxtest.org;
    root /opt/nginx-web/www;
    valid_referers none blocked *.nginxtest.org;
        # 当Referer为空或内容不包含"http://"或以"https://"开头的主机名为"*.nginxtest.
        # org"时允许访问
```

```
    if ($invalid_referer) {
        return 403;
    }
}
```

❑ 指令值为字符串时，既可以是包含前缀或后缀的主机名，也可以是包含主机名的 URI。

❑ 指令值为正则表达式时，必须以 ~ 开头，Nginx 将从"http://"或"https://"之后的字符串开始匹配。

❑ 默认变量 $invalid_referer 的值为 1，当 Referer 的值与指令值的内容匹配时，$invalid_referer 的值为空。

4.2.3　连接校验模块

模块名称：ngx_http_secure_link_module

该模块的功能是与实际 HTTP 应用程序（PHP 或 Java 等动态应用程序）相结合，实现对用户的访问连接做校验和过期验证的功能。常用于访问及文件下载的防盗链的实现。该模块的内置配置指令如表 4-21 和表 4-22 所示。

表 4-21　连接校验参数指令

名　称	连接校验参数指令
指令	secure_link
作用域	http、server、location
默认值	—
指令说明	配置访问连接中用于校验的 MD5 及过期时间的参数名

表 4-22　连接校验 MD5 指令

名　称	连接校验 MD5 指令
指令	secure_link_md5
作用域	http、server、location
默认值	—
指令说明	配置访问连接中生成 MD5 的格式

该模块功能的实现原理如下：

❑ HTTP 应用程序计算出唯一的 MD5 字符串和过期时间。

❑ HTTP 应用程序把计算出的 MD5 字符串和过期时间以参数的形式与被限制的真实连接组成新的访问连接。

❑ 用户单击有 MD5 字符串和过期时间参数的连接后，请求 Nginx 服务器。

❑ Nginx 通过 secure_link 指令获取用户访问连接中的 MD5 字符串和过期时间的值。

❑ Nginx 校验过期时间是否过期，当被判断为过期时，设置模块内置参数 $secure_link 的值为 0。

❑ Nginx 把 MD5 字符串与 secure_link_md5 指令指定格式生成的 MD5 值进行比对，在 过期时间内，当 MD5 被判断为一致时，设置模块内置参数 $secure_link 的值为 1。

❑ 模块内置参数 $secure_link 的值默认为为空。

HTTP 服务器代码（PHP）配置样例如下：

```php
<?php
$secret = 'nginxtest';                                    // 定义密钥
$path   = "/download/test.zip";                           // 被保护的真实连接
$expire = time()+10;                                      // 访问超时时间是10s
$md5 = base64_encode(md5($secret . $path . $expire, true)); // 将访问密钥、访问路径、超时时
                                                          // 间加密
$md5 = strtr($md5, '+/', '-_');                           // 特殊字符 "+" 和 "/" 的处理
$md5 = str_replace('=', '', $md5);                        // 特殊字符 "=" 的处理
$url = "http://".$_SERVER['HTTP_HOST']."$path?valid=$md5&time=$expire"; // 新的访问连接
echo '<a href="'.$url.'" >test.zip</a>';

?>
```

Nginx 配置样例如下：

```
server{
    listen 8083;
    root /opt/nginx-web/phpweb;

    location ~ \.php(.*)$ {
        fastcgi_pass    127.0.0.1:9000;
        fastcgi_index   index.php;

        fastcgi_split_path_info         ^(.+\.php)(.*)$;
        fastcgi_param PATH_INFO         $fastcgi_path_info;
        include         fastcgi.conf;
    }

    location /download/ {
        alias /opt/nginx-web/files/;
        secure_link $arg_valid,$arg_time;        # 设置MD5及过期时间的参数为valid和time
        secure_link_md5 nginxtest$uri$arg_time; # MD5计算格式
        if ( $secure_link = "" ) {
                return 403;
        }
        if ( $secure_link = "0" ) {
                return 405;
        }
    }
}
```

4.2.4　源 IP 访问控制模块

模块名称：ngx_http_access_module

该模块可以对客户端的源 IP 地址进行允许或拒绝访问控制。该模块的内置配置指令如表 4-23 和表 4-24 所示。

表 4-23 允许访问指令

名　称	允许访问指令
指令	allow
作用域	http、server、location、limit_except
默认值	—
指令说明	允许指定源 IP 的客户端请求访问

表 4-24 拒绝访问指令

名　称	拒绝访问指令
指令	deny
作用域	http、server、location、limit_except
默认值	—
指令说明	拒绝指定源 IP 的客户端请求访问

配置样例如下：

```
location / {
    deny  192.168.1.1;              # 禁止192.168.1.1
    allow 192.168.0.0/24;           # 允许192.168.0.0/24的IP访问
    allow 10.1.1.0/16;              # 允许10.1.1.0/16的IP访问
    allow 2001:0db8::/32;
    deny  all;
}
```

❏ Nginx 按照自上而下的顺序进行匹配。

4.2.5　基本认证模块

模块名称：ngx_http_auth_basic_module

该模块允许使用基于"HTTP 基本认证"协议的用户名和密码对客户端访问请求进行控制。该模块的内置配置指令如表 4-25 和表 4-26 所示。

表 4-25 基本认证指令

名　称	基本认证指令
指令	auth_basic
作用域	http、server、location、limit_except
默认值	off
指令说明	启用基本认证功能，并设置基本认证提示信息

表 4-26　基本认证用户文件指令

名　称	基本认证用户文件指令
指令	auth_basic_user_file
作用域	http、server、location、limit_except
默认值	—
指令说明	指定用于保存基本认证用户的账号及密码文件

密码文件格式如下：

```
# comment
name1:password1
name2:password2:comment
name3:password3
```

配置样例如下：

```
location / {
    auth_basic              "closed site";        # 认证提示
    auth_basic_user_file conf.d/htpasswd;         # 认证密码文件conf.d/htpasswd
}
```

❑ 当 auth_basic 的指令值为 off 时，可以对当前指令域取消来自上一层指令域的 auth_
basic 配置。

❑ 用户密码可以用 Apache 中的 htpasswd 命令生成。

4.2.6　认证转发模块

模块名称：ngx_http_auth_request_module

认证转发模块允许将认证请求转发给指定的服务器进行处理。启用认证转发后，会将
认证需求以子请求的方式转发给指定的服务器，并通过子请求的返回结果判断客户端的认
证授权。如果子请求返回响应码 2××，则允许授权访问；若返回响应码 401 或 403，则拒
绝访问。该模块的内置配置指令如表 4-27 和表 4-28 所示。

表 4-27　认证转发指令

名　称	认证转发指令
指令	auth_request
作用域	http、server、location
默认值	off
指令说明	启用认证转发功能，并设置转发的目标地址

auth_request 启用时，需要指定一个内部子请求的 URI。

表 4-28　认证请求变量设置指令

名　称	认证请求变量设置指令
指令	auth_request_set
作用域	http、server、location
默认值	off
指令说明	完成认证请求后，将认证请求的变量赋值给一个新变量

配置样例如下：

```
upstream member_server {
    server 172.16.1.13:8080;
}

server {
    listen        8080;
    server_name  localhost;

    location / {
        root    /opt/nginx-web;
        index  index.html index.htm;
    }

    location /member {
        auth_request /auth;                        # 启用认证转发到/auth
        error_page 401 = @error401;                # 认证若返回状态码401，则跳转到@error401

#       auth_request_set $user $upstream_http_x_forwarded_user; # 将用户名赋予变量$user
#       proxy_set_header X-Forwarded-User $user; # 将用户名传递给应用服务
        proxy_pass http://member_server;          # 代理转发到会员服务
    }

    location /auth {
        internal;
        proxy_set_header Host $host;
        proxy_pass_request_body off;
        proxy_set_header Content-Length "";
        proxy_pass http://172.16.10.14/auth;       # 将认证信息转发到http://172.16.10.14/auth
    }

    location @error401 {
            return 302 http://172.16.10.14/login; # 认证失败跳转到登录页
    }
}
```

认证请求变量设置指令同样支持基本认证的转发。当客户端发起请求时，Nginx 会将具有 WWW-Authenticate 的子请求头响应信息转发给客户端，提示用户输入账号、密码。用户的用户名和密码信息通过 Base64 编码后写在子请求的请求头中发送给认证请求的服务器，认证服务器解码后返回相应的响应状态码。配置样例如下：

```
server {
    listen 8083;
    server_name localhost;
    root /opt/nginx-web;
    auth_request /auth;

    location / {
        index  index.html index.htm;
    }

    location /auth {
        proxy_pass_request_body off;
        proxy_set_header Content-Length "";
        proxy_set_header X-Original-URI $request_uri;
        proxy_pass http://192.168.2.145:8080/HttpBasicAuth.php;
    }
}
```

HttpBasicAuth.php 的配置样例如下：

```
<?php

if(isset($_SERVER['PHP_AUTH_USER'], $_SERVER['PHP_AUTH_PW'])){
    $user = $_SERVER['PHP_AUTH_USERv'];
    $passwd = $_SERVER['PHP_AUTH_PW'];

    if ($user == 'admin' && $passwd == v111111'){
        return true;
    }
}

header('WWW-Authenticate: Basic realm="BasicAuth Test"');
header('HTTP/1.0 401 Unauthorized');

?>
```

4.2.7　用户 cookie 模块

模块名称：ngx_http_userid_module

用户 cookie 模块的作用是为客户端设置 cookie 以标识不同的访问用户。可以通过内部变量 $uid_got 和 $uid_set 记录已接收和设置的 cookie。该模块的内置配置指令如表 4-29～表 4-36 所示。

表 4-29　用户 cookie 指令

名　　称	用户 cookie 指令
指令	userid
作用域	http、server、location
默认值	off

（续）

名　称	用户 cookie 指令
指令值可选项	on、off、v1 或 log
指令说明	设置关闭或启用用户 cookie 及启用的方式

❑ 当指令值为 off 时，关闭用户 cookie 接收和记录功能。

❑ 当指令值为 on 时，启用用户 cookie 接收和记录功能，默认为 v2 版本设置 cookie。设置 cookie 的响应头标识为 Set-Cookie2。

❑ 当指令值为 v1 时，使用 v1 版本设置 cookie，设置 cookie 的响应头标识为 Set-Cookie。

❑ 当指令值为 log 时，不设置用户 cookie，但对接收到的 cookie 进行记录。

表 4-30　用户 cookie 域指令

名　称	用户 cookie 域指令
指令	userid_domain
作用域	http、server、location
默认值	none
指令说明	设置用户 cookie 中的域名，none 表示禁用 cookie 的域设置

表 4-31　用户 cookie 过期指令

名　称	用户 cookie 过期指令
指令	userid_expires
作用域	http、server、location
默认值	off
指令值可选项	time 或 max 或 off
指令说明	设置用户 cookie 的过期时间，time 表示客户端保存 cookie 的时间，max 表示 cookie 的过期时间，默认为会话结束即过期

表 4-32　用户 cookie 标识指令

名　称	用户 cookie 标识指令
指令	userid_mark
作用域	http、server、location
默认值	off
指令值可选项	letter 或 digit 或 = 或 off
指令说明	设置用户 cookie 的标识机制并设置用作标记的字符。该标识机制用于在保存客户标识符的同时添加或修改 userid_p3p 及 cookie 的过期时间

❑ 用作标记的指令值可以是任意英文字母（区分大小写）、数字或 "＝"。

❑ userid_mark 设置完成后，将与用户 cookie 中传送的 Base64 格式的标识的第一个字符进行比较，如果不匹配，则重新发送用户标识、userid_p3p 及 cookie 的过期时间。

表 4-33　用户 cookie 名称指令

名　称	用户 cookie 名称指令
指令	userid_name
作用域	http、server、location
默认值	uid
指令说明	设置 cookie 名称

表 4-34　用户 p3p 指令

名　称	用户 p3p 指令
指令	userid_p3p
作用域	http、server、location
默认值	none
指令说明	设置是否将 p3p 头属性字段同 cookie 一同发送

P3P 是 W3C 推荐的隐私保护标准，P3P 头属性字段通常用于解决与支持 P3P 协议的浏览器的跨域访问问题。

表 4-35　用户 cookie 路径指令

名　称	用户 cookie 路径指令
指令	userid_path
作用域	http、server、location
默认值	—
指令说明	设置 cookie 路径

表 4-36　用户 cookie 源服务器指令

名　称	用户 cookie 源服务器指令
指令	userid_service
作用域	http、server、location
默认值	—
指令说明	设置 cookie 的发布服务器。当 cookie 标识符由多个服务器发出时，为确保用户标识的唯一性，则应为每个服务器分配编号，cookie 版本 1 时默认为 0，cookie 版本 2 时默认为服务器 IP 地址的最后 4 个八位字节组成的数字

配置样例如下：

```
server {
    listen 8083;
    server_name example.com;
    root /opt/nginx-web;

    auth_request /auth;

    userid          on;
    userid_name     uid;
    userid_domain   example.com;
    userid_path     /;
    userid_expires 1d;
    userid_p3p      'policyref="/w3c/p3p.xml", CP="CUR ADM OUR NOR STA NID"';

    location / {
        index   index.html index.htm;
        add_header    Set-Cookie "username=$remote_user";
    }
    location /auth {
        proxy_pass_request_body off;
        proxy_set_header Content-Length "";
        proxy_set_header X-Original-URI $request_uri;
        proxy_pass http://192.168.2.145:8080/HttpBasicAuth.php;
    }
}
```

4.2.8 并发连接数限制模块

模块名称：ngx_http_limit_conn_module

该模块对访问连接中含有指定变量且变量值相同的连接进行计数，指定的变量可以是客户端 IP 地址或请求的主机名等。当计数值达到 limit_conn 指令设定的值时，将会对超出并发连接数的连接请求返回指定的响应状态码（默认状态码为 503）。该模块只会对请求头已经完全读取完毕的请求进行计数统计。由于 Nginx 采用的是多进程的架构，该模块通过共享内存存储计数状态以实现多个进程间的计数状态共享。该模块的内置配置指令如表 4-37～表 4-40 所示。

表 4-37　计数存储区指令

名　称	计数存储区指令
指令	limit_conn_zone
作用域	http
默认值	—
指令说明	设定用于存储指定变量计数的共享内存区域

表 4-38　连接数设置指令

名　称	连接数设置指令
指令	limit_conn
作用域	http、server、location
默认值	—
指令说明	设置指定变量的最大并发连接数

表 4-39　连接数日志级别指令

名　称	连接数日志级别指令
指令	limit_conn_log_level
作用域	http, server, location
默认值	error
指令值可选项	info、notice、warn、error
指令说明	当指定变量的并发连接数达到最大值时，输出日志的级别

表 4-40　连接数状态指令

名　称	连接数状态指令
指令	limit_conn_status
作用域	http、server、location
默认值	503
指令说明	当指定变量的并发连接数达到最大值时，请求返回的状态码

配置样例如下：

```
limit_conn_zone $binary_remote_addr zone=addr:10m;   # 对用户IP进行并发计数，将计数内存区命
                                                     # 名为addr，设置计数内存区大小为10MB
server {
    location /web1/ {
        limit_conn addr 1;                           # 限制用户的并发连接数为1
    }
}
```

❑ limit_conn_zone 的格式为 limit_conn_zone key zone=name:size。

❑ limit_conn_zone 的 key 可以是文本、变量或文本与变量的组合。

❑ $binary_remote_addr 为 IPv4 时占用 4B，为 IPv6 时占用 16B。

❑ limit_conn_zone 中 1MB 的内存空间可以存储 32 000 个 32B 或 16 000 个 64B 的变量计数状态。

❑ 变量计数状态在 32 位系统平台占用 32B 或 64B，在 64 位系统平台占用 64B。

❑ 并发连接数同样支持多个变量的同时统计，配置样例如下：

```
limit_conn_zone $binary_remote_addr zone=perip:10m;
limit_conn_zone $server_name zone=perserver:10m;

server {
    ...
    limit_conn perip 10;
    limit_conn perserver 100;
}
```

4.2.9　请求频率限制模块

模块名称：ngx_http_limit_req_module

该模块会对指定变量的请求次数进行计数，当该变量在单位时间内的请求次数超过设定的数值时，后续请求会被延时处理，当被延时处理的请求数超过指定的队列数时，将返回指定的状态码（默认状态码为 503）。通常该模块被用于限定同一 IP 客户端单位时间内请求的次数。该模块通过共享内存存储计数状态以实现多个工作进程间的同一变量计数状态的共享。该模块的内置配置指令如表 4-41～表 4-44 所示。

表 4-41　计数存储区指令

名　称	计数存储区指令
指令	limit_req_zone
作用域	http
默认值	—
指令说明	设定用于存储指定变量请求计数的共享内存区域

表 4-42　请求限制设置指令

名　称	请求限制设置指令
指令	limit_req
作用域	http、server、location
默认值	—
指令说明	启用请求限制并进行请求限制的相关配置

表 4-43　请求限制日志级别指令

名　称	请求限制日志级别指令
指令	limit_req_log_level
作用域	http、server、location
默认值	error
指令值可选项	info、notice、warn、error
指令说明	当指定变量的并发连接数达到最大值时，输出日志的级别

表 4-44　请求限制状态指令

名　称	请求限制状态指令
指令	limit_req_status
作用域	http、server、location
默认值	503
指令说明	当指定变量的并发连接数达到最大值时，请求返回的状态码

配置样例如下：

```
http {
    limit_req_zone $server_name zone=addr:10m rate=1r/s;
                    # 限制访问当前站点的请求数，对站点请求计数，将计数内存区命名为addr，
                    # 设置计数内存区大小为10MB，请求限制为1秒1次
    server {
        location /search/ {
            limit_req zone=one;
                    # 同一秒只接收一个请求，其余的立即返回状态码503，直到第2秒才接收新的请求
            limit_req zone=one burst=5;
                    # 同一秒接收6个请求，其余的返回状态码503，只处理一个请求，其余5个请求进入队
                    # 列，每秒向Nginx释放一个请求进行处理，同时允许接收一个新的请求进入队列
            limit_req zone=one burst=5 nodelay;
                    # 同一秒接收6个请求，其余的返回状态码503，同时处理6个请求，6秒后再接收新的请求
        }
    }
}
```

❑ limit_req_zone 的 rate 参数的作用是对请求频率进行限制，有 r/s（每秒的请求次数）和 r/m（每分钟的请求次数）两个频率单位，也可根据每秒的次数换算成毫秒单位的次数。1MB 内存大小大约可以存储 16 000 个 IP 地址的状态信息。

❑ limit_req 的 burst 参数相当于一个缓冲容器，该容器内可容纳 burst 所设置的数量的请求，没有 nodelay 参数时，将匀速向 Nginx 释放需要处理的请求。未进入 burst 容器队列的请求将被返回状态码 503 或由 limit_req_status 指令指定的状态码。

❑ limit_req 的 nodelay 参数是指对请求队列中的请求不进行延时等待，而是立即处理。

❑ 请求频率同样支持多个变量的同时计数及叠加，配置样例如下：

```
limit_req_zone $binary_remote_addr zone=perip:10m rate=1r/s;
limit_req_zone $server_name zone=perserver:10m rate=10r/s;

server {
    ...
    limit_req zone=perip burst=5 nodelay;
    limit_req zone=perserver burst=10;
}
```

4.3 数据处理功能模块

4.3.1 首页处理

HTTP 请求经过一系列的请求流程处理后,最终将读取数据并把数据内容返回给用户。当用户请求没有明确指定请求的文件名称时,Nginx 会根据设定返回默认数据,实现这一功能包含 ngx_http_index_module、ngx_http_random_index_module、ngx_http_autoindex_module 这 3 个模块。

常用的首页处理配置指令如表 4-45~表 4-50 所示。

表 4-45　首页指令

名　称	首页指令
指令	index
作用域	http、server、location
默认值	index index.html
指令说明	设置 HTTP 服务器的默认首页

配置样例如下:

```
location / {
    index index.$geo.html index.html;
}
```

❑ 指令值为多个文件时,会按照从左到右的顺序依次查找,找到对应文件后将结束查找。

表 4-46　随机首页指令

名　称	随机首页指令
指令	random_index
作用域	location
默认值	off
指令值可选项	on 或 off
指令说明	随机读取文件目录下的文件内容为首页内容

配置样例如下:

```
root /opt/nginx-web/html;
location / {
    random_index on;
}
```

❑ 该指令的执行优先级高于 index 指令。
❑ 文件目录中的隐藏文件将被忽略。

表 4-47　自动首页指令

名　称	自动首页指令
指令	autoindex
作用域	http、server、location
默认值	off
指令值可选项	on 或 off
指令说明	自动创建目录文件列表为目录首页

表 4-48　自动首页格式指令

名　称	自动首页格式指令
指令	autoindex_format
作用域	http、server、location
默认值	html
指令值可选项	html 或 xml 或 json 或 jsonp
指令说明	设置 HTTP 服务器的自动首页文件格式

表 4-49　自动首页文件大小指令

名　称	自动首页文件大小指令
指令	autoindex_exact_size
作用域	http、server、location
默认值	on
指令值可选项	on 或 off
指令说明	设置 HTTP 服务器的自动首页显示文件大小。默认文件大小单位为 Byte，当指令值为 off 时，将根据文件大小自动换算为 KB 或者 MB 或者 GB 的单位大小

表 4-50　自动首页时间指令

名　称	自动首页时间指令
指令	autoindex_localtime
作用域	http、server、location
默认值	off
指令值可选项	on 或 off
指令说明	按照服务器时间显示文件时间。默认显示的文件时间为 GMT 时间。当指令值为 on 时，显示的文件时间为服务器时间

配置样例如下：

```
location / {
    autoindex on;
```

```
    autoindex_format html;
    autoindex_exact_size off;
    autoindex_localtime on;
}
```

4.3.2 图片处理

模块名称：ngx_http_image_filter_module

该模块可以对 JPEG、GIF、PNG 或 WebP 格式的图片文件进行动态旋转、比例缩放及裁剪。该模块的内置配置指令如表 4-51～表 4-58 所示。

表 4-51 图片处理指令

名　称	图片处理指令
指令	image_filter
作用域	location
默认值	off
指令说明	设置图片处理功能是否启用及处理方式

表 4-52 image_filter 指令值参数

参数名	参数值选项	参数说明
off	—	关闭图片处理功能
test	—	进行返回数据格式测试，确保返回数据是 JPEG、GIF、PNG 或 WebP 格式的图片文件，否则返回错误代码 415
size	—	以 JSON 格式返回图片文件信息
rotate	90、180 或 270	在 resize 之后、crop 之前对图片进行旋转
resize	width height	以最小边按比例将图片缩放到指定大小，保持图片比例
crop	width height	以最大边按比例缩放后以最小边进行裁剪，不保持图片比例

表 4-53 图片处理缓冲区指令

名　称	图片处理缓冲区指令
指令	image_filter_buffer
作用域	http、server、location
默认值	1m
指令说明	设置图片处理缓冲区的大小，超过设定值时将返回错误代码 415

表 4-54 JEPG 图片质量指令

名　称	JEPG 图片质量指令
指令	image_filter_jpeg_quality
作用域	http、server、location

（续）

名　称	JEPG 图片质量指令
默认值	75
指令说明	设置对 JEPG 图片进行压缩时的质量比例，指令值的范围是 1～100。该值越小表示图像质量越低，传输数据也越小。官方推荐的最大值为 95

表 4-55　WebP 图片质量指令

名　称	WebP 图片质量指令
指令	image_filter_webp_quality
作用域	http、server、location
默认值	80
指令说明	设置对 WebP 图片进行压缩时的质量比例，指令值的范围是 1～100。该值越小表示图像质量越低，传输数据也越小

表 4-56　图片背景指令

名　称	图片背景指令
指令	image_filter_transparency
作用域	http、server、location
默认值	on
指令值可选项	on 或 off 或 always
指令说明	设置对 GIF 或索引彩色模式（PNG-8）的 PNG 图片进行处理时，是否保持背景的透明度。PNG 图片中的 alpha 通道的透明背景不受影响

表 4-57　图片锐化指令

名　称	图片锐化指令
指令	image_filter_sharpen
作用域	http、server、location
默认值	0
指令说明	设置是否对图片进行锐化处理，指令值可以超过 100

表 4-58　图片交错加载指令

名　称	图片交错加载指令
指令	image_filter_interlace
作用域	http、server、location
默认值	off
指令值可选项	on 或 off
指令说明	将图片转换为交错格式输出。对于 JEPG 图片将转换为渐进式格式

配置样例如下：

```
upstream img1 {
    server 192.168.2.145:8080;
}
server {
    listen 8083;
    server_name image.nginxtest.org;
    index index.html index.htm index.php;
    image_filter_buffer 20M;                    # 设置图片处理缓冲区大小为20MB
    image_filter_sharpen 150;                   # 对图片进行150%的锐化处理
    image_filter_jpeg_quality 70;               # JPEG图片的压缩比为70%
    image_filter_transparency off;              # 对GIF及PNG图片去掉透明背景
    image_filter_interlace on;                  # 将输出图片转换为交错格式

    location / {
        root /opt/nginx-web;
    }
    # 比例缩放图片尺寸file_100x100.jpg
    location ~* .*_(\d+)x(\d+)\.(JPG|jpg|gif|png|PNG)$ {
        set $img_width $1;                      # 缩放图片的宽
        set $img_height $2;                     # 缩放图片的高
        rewrite ^(.*)_\d+x\d+.(JPG|jpg|gif|png|PNG)$ /images$1.$2 break;
        image_filter resize $img_width $img_height;
        proxy_pass http://img1;
    }
    # 比例缩放图片尺寸并压缩file_100x100_80.jpg
    location ~* .*_(\d+)x(\d+)_(\d+)\.(JPG|jpg|gif|png|PNG)$ {
        set $img_width $1;                      # 缩放图片的宽
        set $img_height $2;                     # 缩放图片的高
        set $img_quality $3;                    # 图片的质量
        rewrite ^(.*)_\d+x\d+_\d+.(JPG|jpg|gif|png|PNG)$ /images$1.$2 break;
        image_filter resize $img_width $img_height;
        image_filter_jpeg_quality $img_quality;
        proxy_pass http://img1;
    }
    # 比例缩放图片尺寸并旋转file_100x100_90.jpg
    location ~* .*_(\d+)x(\d+)__(\d+)\.(JPG|jpg|gif|png|PNG)$ {
        set $img_width $1;                      # 缩放图片的宽
        set $img_height $2;                     # 缩放图片的高
        set $img_rotate $3;                     # 旋转参数
        rewrite ^(.*)_\d+x\d+__\d+.(JPG|jpg|gif|png|PNG)$ /images$1.$2 break;
        image_filter resize $img_width $img_height ;
        image_filter rotate $img_rotate ;
        proxy_pass http://img1;
    }
    # 裁剪图片尺寸file_100x100_crop.jpg
    location ~* .*_(\d+)x(\d+)_crop\.(JPG|jpg|gif|png|PNG)$ {
        set $img_width $1;                      # 裁剪图片的宽
        set $img_height $2;                     # 裁剪图片的高
        rewrite ^(.*)_\d+x\d+_crop.(JPG|jpg|gif|png|PNG)$ /images$1.$2 break;
        image_filter crop $img_width $img_height;
        proxy_pass http://img1;
    }
}
```

测试方法如下：

```
curl http://image.nginxtest.org/test.jpg            # 原图test.jpg
curl http://image.nginxtest.org/test_100x100.jpg    # 获取缩放为宽100px、高100px的
                                                     # test.jpg
curl http://image.nginxtest.org/test_100x100_80.jpg # 获取缩放为宽100px、高100px、
                                                     # 压缩质量为80的test.jpg
curl http://image.nginxtest.org/test_100x100_90.jpg
curl http://image.nginxtest.org/test_100x100_crop.jpg # 获取裁剪大小为宽100px、高100px的
                                                       # test.jpg
```

模块：ngx_http_empty_gif_module

该模块将在内存中创建一个单像素
的 GIF 透明图片。该模块的内置配置指
令如表 4-59 所示。

配置样例如下：

```
location = /_.gif {
    empty_gif;
}
```

表 4-59　空图片指令

名　　称	空图片指令
指令	empty_gif
作用域	location
默认值	—
指令说明	返回一个单像素的 GIF 透明图片

4.3.3　响应处理

模块：ngx_http_headers_module

该模块允许用户在 HTTP 响应头中添加 Expires、Cache-Control 及自定义属性字段。该
模块的内置配置指令如表 4-60～表 4-62 所示。

表 4-60　添加字段指令

名　　称	添加字段指令
指令	add_header
作用域	http、server、location、if in location
默认值	—
指令说明	当响应状态码为 200、201、204、206、301、302、303、304、307 或 308 时，向 HTTP 响应头中添加指定属性字段及字段值，字段值可以是变量

表 4-61　尾添加字段指令

名　　称	尾添加字段指令
指令	add_trailer
作用域	http、server、location、if in location
默认值	—
指令说明	当响应状态码为 200、201、204、206、301、302、303、304、307 或 308 时，向 HTTP 响应体尾部添加指定属性字段及字段值，字段值可以是变量

指令格式如下：

```
add_trailer name value [always];
```

可以通过 HTTP 响应体尾部的数据对响应数据做完整性校验、数字签名或请求处理后的状态传递。

表 4-62　缓存时间指令

名　称	缓存时间指令
指令	expires
作用域	http、server、location、if in location
默认值	off
指令值可选项	时间或 epoch 或 max 或 off
指令说明	当响应状态码为 200、201、204、206、301、302、303、304、307 或 308 时，对响应头中的属性字段"Expires"和"Cache-Control"进行添加或编辑操作

❑ 当指令值为时间时，既可以是正值也可以是负值。Expires 的值为当前时间与指令值的时间之和。当指令值的时间为正或 0 时，Cache-Control 的值为指令值的时间。当指令值的时间为负时，Cache-Control 的值为 no-cache。

❑ 当指令值为时间时，可用前缀 @ 指定一个绝对时间，表示在当天的指定时间失效。

❑ 当指令值为 epoch 时，Expires 的值为 Thu, 01 Jan 1970 00:00:01 GMT，Cache-Control 的值为 no-cache。

❑ 当指令值为 max 时，Expires 的值为 Thu, 31 Dec 2037 23:55:55 GMT，Cache-Control 的值为 10 年。

❑ 当指令值为 off 时，不对响应头中的属性字段 Expires 和 Cache-Control 进行任何操作。

配置样例如下：

```
map $content_type $expires {          # 根据$content_type的值，对变量$expires进行赋值
    default        off;               # 默认不修改Expires和Cache-Control的值
    application/pdf 42d;              # application/pdf类型为42天
    ~image/        max;               # 图片类型为max
}
server {
    expires    24h;                   # 设置Expires的值为当前时间之后的24小时，
                                      # Cache-Control的值为24小时
    expires    modified +24h;        # 编辑Expires的值增加24小时，Cache-Control的值增
                                      # 加24小时
    expires    @15h;                 # 设置Expires的值为当前日的15点，Cache-Control的值
                                      # 为当前时间到当前日15点的时间差
    expires    $expires;             # 根据变量$expires的内容设置缓存时间
```

```
        add_header Cache-Control no-cache;
        add_trailer  X-Always $host always;
}
```

模块：ngx_http_charset_module

该模块在响应头的属性字段"Content-Type"添加指定的字符集，同时还可以进行字符集转换。字符集转换有如下限制：

❑ 只能从服务端到客户端进行单向转换。

❑ 只能单字节字符集进行转换或在单字节字符集与 UTF-8 之间进行转换。

该模块的内置配置参数如表 4-63～表 4-67 所示。

表 4-63　字符集指令

名　　称	字符集指令
指令	charset
作用域	http、server、location、if in location
默认值	off
指令说明	设置字符集字符编码指令，若与 source_charset 指令的字符集编码不一致，则进行转换

表 4-64　源字符集指令

名　　称	源字符集指令
指令	source_charset
作用域	http、server、location、if in location
默认值	—
指令说明	定义响应的原始编码

表 4-65　字符集映射指令

名　　称	字符集映射指令
指令	charset_map
作用域	http
默认值	—
指令说明	设置字符集转换映射表

表 4-66　字符集 MIME 类型指令

名　　称	字符集 MIME 类型指令
指令	charset_types
作用域	http、server、location
默认值	text/html text/xml text/plain text/vnd.wap.wml application/javascript application/rss+xml
指令说明	指定进行字符集处理的 MIME 类型

表 4-67　字符集代理转换指令

名　称	字符集代理转换指令
指令	override_charset
作用域	http、server、location、if in location
默认值	off
可选项	on 或 off
指令说明	当被代理服务器或 FastCGI、uWSGI、SCGI、gRPC 服务器返回响应头中 Content-Type 字段带有字符集时，是否进行字符集格式转换处理。如果启用转换，则对接收的响应数据，按照响应头中的字符集编码进行转换

4.3.4　数据修改

模块：ngx_http_addition_module

该模块可以在响应数据的前面或后面添加文本。该模块需要配置编译时，添加编译参数 --with-http_addition_module。该模块的内置配置指令如 4-68～表 4-70 所示。

表 4-68　响应数据前添加指令

名　称	响应数据前添加指令
指令	add_before_body
作用域	http、server、location
默认值	—
指令说明	将指令值子请求的响应文本添加到当前请求的响应结果前。当指令值为空时，表示取消上一层指令域中该指令的设置

表 4-69　响应数据后添加指令

名　称	响应数据后添加指令
指令	add_after_body
作用域	http、server、location
默认值	—
指令说明	将指令值子请求的响应文本添加到当前请求的响应结果后。当指令值为空时，表示取消上一层指令域中该指令的设置

表 4-70　响应数据类型指令

名　称	响应数据类型指令
指令	addition_types
作用域	http、server、location
默认值	addition_types text/html
指令说明	允许添加附加文本的相应数据的 MIME 类型。当指令值为 * 时，表示所有 MIME 类型

配置样例如下：

```
server {
    listen 8081;
    server_name localhost;
    charset utf-8;
    root /opt/nginx-web/html;

    location / {
        add_before_body /_head.html;      # 在响应数据前添加/_head.html的响应数据
        add_after_body /_footer.html;     # 在响应数据后添加/_footer.html的响应数据
        index index.html;
    }
}
```

模块：ngx_http_sub_module

该模块可以通过内建指令将响应数据中的字符串替换成指定的字符串。该模块需要配置编译时，需要添加编译参数 --with-http_sub_module。该模型的内置配置指令如表 4-71～表 4-74 所示。

表 4-71　字符串替换指令

名　称	字符串替换指令
指令	sub_filter
作用域	http、server、location
默认值	—
指令说明	指定被替换的字符串和新字符串，忽略大小写

表 4-72　保留最后编辑字段指令

名　称	保留最后编辑字段指令
指令	sub_filter_last_modified
作用域	http、server、location
默认值	off
指令值可选项	on 或 off
指令说明	允许在执行替换时保留源响应数据头中属性字段 Last-Modified 的内容。默认配置下将删除该字段

表 4-73　仅替换一次指令

名　称	仅替换一次指令
指令	sub_filter_once
作用域	http、server、location
默认值	off
指令值可选项	on 或 off
指令说明	设置对符合条件的被替换字符串是执行一次替换还是全部替换。默认为全部替换

表 4-74　替换数据类型指令

名　称	替换数据类型指令
指令	sub_filter_types
作用域	http、server、location
默认值	text/html
指令说明	设置可替换字符串响应数据的 MIME 类型，指令值为 * 时表示所有 MIME 类型

配置样例如下：

```
location / {
    sub_filter_types text/html;
    sub_filter_once off;
    sub_filter '<a href="http://127.0.0.1:8080/'  '<a href="https://$host/';
    sub_filter '<img src="http://127.0.0.1:8080/' '<img src="https://$host/';
}
```

4.3.5　gzip 压缩

模块：ngx_http_gzip_module

为提高用户获取响应数据的速度，Nginx 服务器可以将响应数据进行 gzip 压缩，在减小响应数据的大小后再发送给用户端浏览器，相对于使用用户浏览 Web 页面，上述方式显示速度更快。要想启用响应数据 gzip 压缩功能，需要用户浏览器也支持 gzip 解压功能，目前大多数浏览器都支持 gzip 压缩数据的显示。Nginx 服务器接收客户端浏览器发送的请求后，通过请求头中的属性字段 Accept-Encoding 判断浏览器是否支持 gzip 压缩，对支持 gzip 压缩的浏览器将发送 gzip 压缩的响应数据。该模块的内置配置参数如表 4-75～表 4-83 所示。

表 4-75　gzip 压缩指令

名　称	gzip 压缩指令
指令	gzip
作用域	http、server、location、if in location
默认值	off
指令值可选项	on 或 off
指令说明	启用 gzip 功能

表 4-76　gzip 压缩缓冲区指令

名　称	gzip 压缩缓冲区指令
指令	gzip_buffers
作用域	http、server、location
默认值	32 4k 或 16 8k
指令说明	设置 gzip 压缩缓冲区

表 4-77　gzip 压缩级别指令

名　称	gzip 压缩级别指令
指令	gzip_comp_level
作用域	http、server、location
默认值	1
指令说明	设置 gzip 压缩级别，取值范围为 1～9。该指令值越大，压缩程度越高

表 4-78　gzip 压缩关闭指令

名　称	gzip 压缩关闭指令
指令	gzip_disable
作用域	http、server、location
默认值	—
指令说明	当请求头中的属性字段 User-Agent 的内容与指令值正则匹配时关闭 gzip 压缩功能

表 4-79　gzip 压缩 HTTP 版本指令

名　称	gzip 压缩 HTTP 版本指令
指令	gzip_http_version
作用域	http、server、location
默认值	1.1
指令值可选项	1.0 或 1.1
指令说明	设置压缩请求的最早 HTTP 协议版本

表 4-80　gzip 压缩最小长度指令

名　称	gzip 压缩最小长度指令
指令	gzip_min_length
作用域	http、server、location
默认值	20
指令说明	设置启用 gzip 压缩的响应数据的最小长度，判断依据为响应头中 Content-Length 的值。如果 Content-Length 不存在，则该指令无效；如果指令值为 0，则表示全部压缩

表 4-81　gzip 压缩代理指令

名　称	gzip 压缩代理指令
指令	gzip_proxied
作用域	http、server、location
默认值	off
指令值可选项	off 或 expired 或 no-cache 或 no-store 或 private 或 no_last_modified 或 no_etag 或 auth 或 any
指令说明	根据被代理服务器返回响应数据的响应头属性字段判断是否启用 gzip 压缩

指令值选项说明如下。

❑ off：关闭该指令功能。

❑ expired：若 HTTP 响应头中包含属性字段 Expires，则启用压缩。

❑ no-cache：若 HTTP 响应头中包含属性字段 Cache-Control:no-cache，则启用压缩。

❑ no-store：若 HTTP 响应头中包含属性字段 Cache-Control:no-store，则启用压缩。

❑ private：若 HTTP 响应头中包含属性字段 Cache-Control:private，则启用压缩。

❑ no_last_modified：若 HTTP 响应头中不包含属性字段 Last-Modified，则启用压缩。

❑ no_etag：若 HTTP 响应头中不包含属性字段 ETag，则启用压缩。

❑ auth：若 HTTP 响应头中包含属性字段 Authorization，则启用压缩。

❑ any：对所有响应数据启用压缩。

表 4-82　gzip 响应数据类型指令

名　称	gzip 响应数据类型指令
指令	gzip_types
作用域	http、server、location
默认值	text/html
指令说明	设置可进行 gzip 压缩的响应数据的 MIME 类型，指令值为 * 时表示所有 MIME 类型

表 4-83　gzip_vary 指令

名　称	gzip_vary 指令
指令	gzip_vary
作用域	http、server、location
默认值	off
指令值可选项	on 或 off
指令说明	在响应头中添加 Vary: Accept-Encoding，返回给前端代理或 CDN 服务器，用于判断是否向客户端发送 gzip 的缓存副本，避免代理或 CDN 服务器将 gzip 压缩后的缓存副本响应给不具备 gzip 解压能力的浏览器

模块：ngx_http_gunzip_module

当客户端浏览器不支持 gzip 压缩时，该模块将压缩的数据解压后发送给客户端。对支持 gzip 压缩的浏览器不做处理。该模块的内置配置指令如表 4-84 和表 4-85 所示。

表 4-84　gzip 解压指令

名　称	gzip 解压指令
指令	gunzip
作用域	http、server、location
默认值	off
指令值可选项	on 或 off
指令说明	设置是否启用动态解压支持

表 4-85　gzip 解压缓冲区指令

名　称	gzip 解压缓冲区指令
指令	gunzip_buffers
作用域	http、server、location
默认值	32 4K
指令说明	设置用于解压的缓冲区大小

模块：ngx_http_gzip_static_module

通常 gzip 压缩指令都是读取未压缩的文本，在进行动态压缩后把响应数据发送给客户端，该模块可以使 Nginx 把 gzip 压缩过的以 .gz 为后缀的文件或已压缩的响应数据直接发送给客户端。

该模块的内置配置指令如表 4-86 所示。

表 4-86　静态压缩指令

名　称	静态压缩指令
指令	gzip_static
作用域	http、server、location
默认值	off
指令值可选项	on 或 off 或 always
指令说明	启用压缩数据读取功能

❑ on：不检查客户端是否支持 gzip 压缩数据，始终发送 gzip 压缩数据。

❑ always：不检查客户端是否支持 gzip 压缩数据，始终发送 gzip 压缩数据。

❑ 该指令的执行优先级高于 gzip 指令。

❑ 开启该指令后，默认优先查找以 .gz 为后缀的文件。

❑ gzip_types 指令对 gzip_static 的设置无效。

配置样例如下：

```
gzip_static always;              # 始终发送静态的gzip压缩数据
gunzip on;                       # 若客户端浏览器不支持gzip压缩数据，则解压后发送
gunzip_buffers 16 8k;            # 解压缓冲区大小为128KB
gzip_proxied expired no-cache no-store private auth;   # 当被代理的服务器符合条件时，
                                                       # 对响应数据启用gzip压缩

gzip on;                         # 启用动态gzip压缩功能
gzip_min_length 1k;              # 响应数据超过1KB时启用gzip压缩
gzip_buffers    4 16k;           # 动态压缩的缓冲区大小是64KB
gzip_comp_level 3;               # 压缩级别为3
gzip_types      text/plain application/x-javascript
                text/css application/xml text/javascript
                application/x-httpd-php image/jpeg
                image/gif image/png;  # 对指定的MIME类型数据启用动态压缩
gzip_vary on;                    # 向前端代理或缓存服务器发送添加"Vary：Accept-
                                 # Encoding"的响应数据
```

Nginx Web 服务应用实战

Nginx 的一个主要功能是作为 Web 服务器提供 HTTP 服务，支持静态页面、动态脚本页面、多媒体等文件的响应和处理。本章的内容如下：

❑ 静态文件服务器的搭建；

❑ HTTPS 安全服务器的搭建；

❑ 动态服务器（PHP、Python）的搭建；

❑ XSLT 及伪流媒体（FLV、MP4）服务器的搭建；

❑ Web 服务器增强协议（HTTP/2、WebDAV）服务器的搭建。

5.1 静态文件服务器的搭建

静态文件服务器是指提供 HTML 文件访问或客户端可直接从中下载文件的 Web 服务器。对于图片、JavaScript 或 CSS 文件等渲染页面外观的、不会动态改变内容的文件，大多数网站会单独提供以静态文件服务器的方式对其进行访问，实现动静分离的架构。

5.1.1 静态 Web 服务器

HTML 是一种标记语言，提供 HTML 文件读取是 Web 服务器最基本的功能，Web 服务器的配置样例如下：

```
server {
    listen 8080;
    root /opt/nginx-web/www;                    # 存放静态文件的文件目录
    location / {
        index index.html;
```

```
    }
    location /js {
        alias /opt/nginx-web/static/js/;      # 存放JavaScript文件的文件目录
        index index.html;
    }
}
```

在以上配置中，每个 server 指令域等同于一个虚拟服务器，每个 location 指令域等同于一个虚拟目录。

5.1.2　文件下载服务器

在对外分享文件时，利用 Nginx 搭建一个简单的下载文件管理服务器，文件分享就会变得非常方便。利用 Nginx 的诸多内置指令可实现自动生成下载文件列表页、限制下载带宽等功能。配置样例如下：

```
server {
    listen 8080;
    server_name  localhost;
    charset utf-8;
    root     /opt/nginx-web/files;          # 文件存放目录

    # 下载
    location / {
        autoindex on;                        # 启用自动首页功能
        autoindex_format html;               # 首页格式为HTML
        autoindex_exact_size off;            # 文件大小自动换算
        autoindex_localtime on;              # 按照服务器时间显示文件时间

        default_type application/octet-stream;# 将当前目录中所有文件的默认MIME类型设置为
                                             # application/octet-stream

        if ($request_filename ~* ^.*?\.(txt|doc|pdf|rar|gz|zip|docx|exe|xlsx|ppt|pptx)$){
            # 当文件格式为上述格式时，将头字段属性Content-Disposition的值设置为"attachment"
            add_header Content-Disposition: 'attachment;';
        }
        sendfile on;                         # 开启零复制文件传输功能
        sendfile_max_chunk 1m;               # 每个sendfile调用的最大传输量为1MB
        tcp_nopush on;                       # 启用最小传输限制功能

        aio on;                              # 启用异步传输
        directio 5m;                         # 当文件大于5MB时以直接读取磁盘的方式读取文件
        directio_alignment 4096;             # 与磁盘的文件系统对齐
        output_buffers 4 32k;                # 文件输出的缓冲区大小为128KB

        limit_rate 1m;                       # 限制下载速度为1MB
        limit_rate_after 2m;                 # 当客户端下载速度达到2MB时进入限速模式
        max_ranges 4096;                     # 客户端执行范围读取的最大值是4096B
        send_timeout 20s;                    # 客户端引发传输超时时间为20s
        postpone_output 2048;                # 当缓冲区的数据达到2048B时再向客户端发送
        chunked_transfer_encoding on;        # 启用分块传输标识
    }
}
```

5.1.3 伪动态 SSI 服务器

Nginx 可以通过 SSI 命令将多个超文本文件组合成一个页面文件发送给客户端。SSI（Server Side Include）是一种基于服务端的超文本文件处理技术。由于 SSI 仍是通过其他动态脚本语言获取动态数据的，所以此处将其归类为伪动态服务功能。SSI 服务器可通过 SSI 命令实现诸多动态脚本语言的 HTML 模板功能，配合其他动态脚本服务的 API，完全可以实现前后端分离的 Web 应用。

1. 配置指令

Nginx 是通过 ngx_http_ssi_module 模块实现 SSI 命令处理的，SSI 配置指令如表 5-1 所示。

表 5-1　SSI 配置指令

指令名称	指令值格式	默 认 值	指令说明
ssi	on 或 off	off	启用 SSI 命令功能
ssi_last_modified	on 或 off	off	允许保留原始响应头中的属性字段 Last-Modified，默认配置下该字段会被移除
ssi_min_file_chunk	size	1k	设置存储在磁盘上的响应数据的最小值，超过该值的文件使用 sendfile 功能发送
ssi_silent_errors	on 或 off	off	当指令值为 on 时，SSI 处理出现错误后不输出 errmsg 的内容
ssi_types	mime-type …	text/html	设置 SSI 处理的 MIME 类型
ssi_value_length	length	256	SSI 中变量值的最大长度

上述指令均可编写在 http、server、location 指令域中，ssi 指令还可编写在 if 指令域中。

2. SSI 命令

SSI 命令格式如下：

```
<!--# command parameter1=value1 parameter2=value2 ... -->
```

Nginx 支持如下 SSI 命令。

（1）block

通过 block 命令可以定义一个超文本内容，该内容可以被 include 命令参数 stub 引用。超文本内容中可以包含其他 SSI 命令。

（2）include

通过 include 命令可以引入一个文件或请求响应的结果数据。参数有 file（引入一个文件）、virtual（引入一个内部请求响应数据）、stub（引入一个 block 内容为默认数据）、wait（是否等待 virtual 参数发起请求处理完毕再处理 SSI 命令）、set（将 virtual 参数的响应内容输出到指定的变量）。

SSI 文件配置样例如下：

```
<!--# block name="one" --> <!--# endblock -->        # block one的内容为空
<!--# include file="footer.html" stub="one" -->
    # 引用文件footer.html的内容，若footer.html文件不存在或SSI命令出错，输出block one的内容
<!--# include virtual="/remote/body.php?argument=value" wait="yes" stub="one"
    set="body" -->
    # 引用内部请求的响应数据，等待请求完毕再处理SSI指令，若出错则输出block one的内容，成功则
    # 把返回结果赋值给变量body
```

Nginx 中样例配置如下：

```
location /remote/ {
    subrequest_output_buffer_size 128k;  # 子请求的输出缓冲区大小是128KB
    ...
}
```

❑ include 不支持 "../" 这样的相对路径。

❑ include 参数 set 的响应数据大小通过指令 subrequest_output_buffer_size 设置。

（3）config

通过 config 命令可以设置 SSI 处理过程中使用的参数 errmsg（SSI 处理出错时输出的字符串）和 timefmt（输出时间的格式，默认为 "%A, %d-%b-%Y %H:%M:%S %Z"）。

```
<!--# config errmsg="oh!出错了" timefmt="%A, %d-%b-%Y %H:%M:%S %Z" -->
```

（4）set

通过 set 命令设置变量。参数有 var（变量名）和 value（变量值）。

（5）echo

通过 echo 命令输出变量的值。参数有 encoding（HTML 编码方式，默认为 entity）、default（变量不存在时定义的默认输出，默认为 none）。

```
<!--# set var="This_TEST" value="with a SSI test value" -->
<!--# echo var="This_TEST" -->
```

（6）if

通过 if 命令可进行条件控制，且 if 命令支持正则判断。

```
<!--# if expr="$name != /text/" -->
    <!--# echo var="name" -->
<!--# endif -->
<!--# if expr="$name = /(.+)@(?P<domain>.+)/" -->
    <!--# echo var="domain" -->
<!--# else -->
    <!--# echo var="1" -->
<!--# endif -->
```

3. 配置样例

根据 Nginx SSI 模块提供的功能可以搭建一个类似 HTML 框架的前端模板网站。模板目录规划如下：

```
├──── _footer.html
├──── _header.html
├──── _head.html
├──── index.html
├──── _sidebar.html
├──── static
│     └──── main.css
└──── table.html
```

文件 _footer.html 内容如下：

```html
<div id="footer">
    <!--# config timefmt="%Y" -->&copy;<!--# echo var="date_local" --> Nginx
        SSI sample - All Rights Reserved.
</div>
```

文件 _header.html 内容如下：

```html
<div id="logo">
    <img src="http://nginx.org/nginx.png" style="width: 100px;" alt="nginx">
</div>
<div id="header">
    <ul class="nav nav-pills">
        <li class="active"><a href="index.html">首页</a></li>
        <li><a href="table.html">表格测试</a></li>
        <li><a href="#">测试2</a></li>
    </ul>
</div>
```

文件 _head.html 内容如下：

```html
<!DOCTYPE html PUBLIC "-//W3C//DTD XHTML 1.0 Transitional//EN" "http://www.w3.org/
    TR/xhtml1/DTD/xhtml1-transitional.dtd">
<html>
<head>
    <meta content="text/html; charset=UTF-8" http-equiv="Content-Type">
        <link rel="stylesheet" href="https://cdn.staticfile.org/twitter-
            bootstrap/3.3.7/css/bootstrap.min.css">
        <script src="https://cdn.staticfile.org/jquery/2.1.1/jquery.min.js"></script>
        <script src="https://cdn.staticfile.org/twitter-bootstrap/3.3.7/js/
            bootstrap.min.js"></script>
        <link rel="stylesheet" href="/static/main.css?v=12">
</head>
```

文件 index.html 内容如下：

```html
<!--# block name="one" --><!--# endblock -->
<!--# include file="_head.html" stub="one" -->
<body>
    <div>
        <!--# include file="_header.html" stub="one" -->
        <!--# include file="_sidebar.html" stub="one" -->
    </div>
<div id="section">
```

```
    <h1>Hello World</h1>
</div>
<!--# include file="_footer.html" stub="one" -->
</body>
</html>
```

文件 _sidebar.html 内容如下：

```
<div id="sidebar">
    <ul class="nav navbar-nav">
        <li class="active"><a href="http://www.baidu.com" target="blank">百度</a></li>
        <li class="active"><a href="#">测试</a></li>
    </ul>
</div>
```

首页页面效果如图 5-1 所示。

图 5-1　SSI 框架首页

文件 table.html 内容如下：

```
<!--# block name="one" --><!--# endblock -->
<!--# include file="_head.html" stub="one" -->
<body>
    <div>
        <!--# include file="_header.html" stub="one" -->
        <!--# include file="_sidebar.html" stub="one" -->
    </div>
<div id="section">
    <table class="table">
            <caption>表格示例</caption>
        <thead>
            <tr>
            <th>省份</th>
            <th>省会</th>
            </tr>
        </thead>
```

```
    <tbody>
        <tr>
        <td>上海</td>
        <td>上海</td>
        </tr>
        <tr>
        <td>广东</td>
        <td>广州</td>
        </tr>
    </tbody>
    </table>
</div>
<!--# include file="_footer.html" stub="one" -->
</body>
</html>
```

表格页页面效果如图 5-2 所示。

图 5-2　SSI 框架表格页

Nginx 配置内容如下：

```
server {
    listen 8081;
    server_name localhost;
    charset utf-8;
    root /opt/nginx-web/nginx-ssi;
    sendfile on;
    ssi on;                          # 启用SSI命令解析支持
    ssi_min_file_chunk 1k;           # 存储在磁盘上的响应数据的最小值为1KB
    ssi_value_length 1024;           # SSI中变量值的最大长度为1024字节
    ssi_silent_errors off;           # 输出errmsg的内容

    location / {
        index index.html;
    }
}
```

5.2　HTTPS 安全服务器的搭建

互联网应用为我们提供了丰富的信息内容，在给我们带来方便的同时也影响着我们的生活方式。随着人们对网络的依赖不断增强，安全问题变得愈发重要，各种加密技术应运而生。SSL 协议是 20 世纪 90 年代由 Netscape 公司提出的，后由 ITEL 接管并进行标准化，更名为 TLS 协议，TLS 1.0 就是 SSL 3.1 版本。HTTPS（HyperText Transfer Protocol Secure，超文本传输安全协议）是在 HTTP 的基础上增加了 SSL 协议，为数据传输提供了身份验证和加密功能。使用 HTTPS 协议可验证用户客户端和服务器的身份，确保数据可以在正确的用户客户端和服务器间传输。因为 HTTPS 协议的数据传输是加密的，所以在传输过程中可以有效防止数据被窃取和修改，从而保障网络信息的安全。Nginx 的 HTTPS 协议服务是通过 ngx_http_ssl_module 模块实现的，在配置编译参数时需要添加 --with-http_ssl_module 参数启用该功能。

5.2.1　配置指令

Nginx HTTPS 配置指令如表 5-2 所示。

表 5-2　HTTPS 配置指令

指令名称	指令值格式	默 认 值	指令说明
ssl	on 或 off	off	启用 SSL 支持，建议使用 listen 的 ssl 参数开启
ssl_protocols	[SSLv2] [SSLv3] [TLSv1] [TLSv1.1] [TLSv1.2] [TLSv1.3]	TLSv1 TLSv1.1 TLSv1.2	设置使用的 SSL 协议
ssl_buffer_size	size	16k	设置用于发送数据的缓存大小
ssl_certificate	file	—	PEM 格式的网站证书文件，可自建或由 CA 机构颁发
ssl_certificate_key	file	—	PEM 格式的网站证书私钥文件，可自建或由 CA 机构颁发
ssl_password_file	file	—	存放网站证书私钥密码的文件，一个密码一行，有多个密码时，Nginx 会依次尝试
ssl_ciphers	ciphers	HIGH: !aNULL: !MD5	设置 HTTPS 建立连接时用于协商使用的加密算法组合，也称密码套件，指令值内容为 openssl 的密码套件名称，多个套件名称间用 ":" 分隔
ssl_prefer_server_ciphers	on 或 off	off	是否启用在 SSLv3 和 TLSv1 协议的 HTTPS 连接时优先使用服务端设置的密码套件
ssl_dhparam	file	—	DH 密钥交换的 Diffie-Hellman 参数文件
ssl_ecdh_curve	curve	auto	配置 SSL 加密时使用椭圆曲线 DH 密钥交换的曲线参数，多个参数间使用 ":" 分隔。ecdh 是 Elliptic-Curve 和 Diffie-Hellman 的缩写，指令值为 auto 时，配置的曲线参数是 prime256v1
ssl_early_data	on 或 off	off	是否启用 TLS 1.3 0-RTT 支持

（续）

指令名称	指令值格式	默认值	指令说明
ssl_session_cache	off 或 none 或 [builtin[:size]] [shared:name:size]	none	HTTPS 会话缓存设置，指令值参数见表 5-2 后说明
ssl_session_tickets	on 或 off	on	是否启用会话凭证（Session Ticket）机制实现 HTTPS 会话缓存，当指令值为 off 时，使用会话编号（Session ID）机制
ssl_session_ticket_key	file	—	指定会话凭证密钥文件，用于在多台 Nginx 间实现会话凭证共享，否则 Nginx 会随机生成一个会话凭证密钥
ssl_session_timeout	time	5m	设置客户端可用会话缓存的超时时间
ssl_verify_client	on 或 off 或 optional 或 optional_no_ca	off	设置是否启用客户端证书验证功能。当指令值为 on 时启用验证；当指令值为 optional 时，如果接收到客户端证书则启用验证；当指令值为 optional_no_ca 时，若接收到客户端证书则启用客户端证书验证，但不进行证书链校验。将验证结果存储在 $ssl_client_verify 变量中
ssl_verify_depth	number	1	设置客户端证书链验证深度
ssl_crl	file	—	用于验证客户端证书有效性的证书吊销列表文件
ssl_client_certificate	file	—	指定一个 PEM 格式的 CA 证书（根或中间证书）文件，该证书用作在线证书协议（OCSP）响应的证书验证或客户端证书验证，该证书列表会发送给客户端
ssl_trusted_certificate	file	—	指定一个 PEM 格式的 CA 证书（根或中间证书）文件，该证书用作在线证书协议响应的证书验证或客户端证书验证，该证书列表不会发送给客户端
ssl_stapling	on 或 off	off	是否启用在线证书协议结果缓存
ssl_stapling_file	file	—	在线证书协议结果缓存文件
ssl_stapling_responder	url	—	设置获取在线证书协议结果的 URL，优先级低于 ssl_stapling_file，仅支持 HTTP 协议，默认端口为 80
ssl_stapling_verify	on 或 off	off	设置是否启用在线证书协议结果缓存证书验证

1）上述指令都可编写在 http、server 指令域中。

2）ssl_ciphers 指令值的内容是 OpenSSL 参数 ciphers 的内容，可通过如下命令查看。

```
openssl ciphers                  # 列出OpenSSL支持的密码套件
openssl ciphers -v 'ALL:eNULL'   # 列出指定密码套件详情
```

3）密码套件格式及说明可参见 OpenSSL 相关文档。

4）ssl_session_cache 指令值参数如下。

❏ off：禁用 HTTPS 会话缓存。

❏ none：启用伪会话缓存支持，Nginx 告知客户端可进行会话重用，但服务端并未存储会话参数。

❏ builtin：使用内置 OpenSSL 缓存机制，无法在 Nginx 的多个工作进程中共享缓存内容。

❏ shared：使用 Nginx 的共享缓存机制，会在 Nginx 的多个工作进程中共享缓存内容，1MB 内存可以存储 4000 个会话。

5.2.2　HTTPS 基本配置

HTTPS 协议数据的传输是基于 SSL 层加密的数据，其简单模型是服务端获得客户请求后，将用私钥加密的协商数据发送给客户端。客户端先使用服务端提供的公钥解密协商数据并读取真实的内容，再用公钥加密返回协商数据并发送给服务端，完成彼此间的密钥协商。密钥协商完毕后，服务端和客户端通过协商后的密钥进行通信数据的加解密传输。私钥只存放在服务端，公钥则由所有的客户端持有。

在实际使用过程中，为提高公钥的使用安全性、防止公钥被替换，使用第三方 CA 机构的证书实现对服务器身份的认证和网站公钥的安全传递。HTTPS 先通过非对称加密方式交换密钥，建立连接后再通过协商后的密钥与加密算法进行对称加密数据传输。图 5-3 为 HTTPS 时序图。

图 5-3　HTTPS 时序图

1）服务端按照自身的域名等身份信息创建网站证书私钥和网站证书申请文件，网站管理员将证书申请文件提交给 CA 机构并获得网站证书，网站证书和网站证书私钥被部署到服务端。

2）客户端发送包含协议版本号、客户端随机数（Client Random）、支持加密套件列表的请求给服务端。

3）服务端获得客户端 HTTPS 请求后，将包含网站信息及网站证书公钥的证书、服务端随机数（Server Random）及随机选择的客户端支持加密套件返回给客户端，若需要验证客户端身份，也会在此时发送相关信息给客户端。

4）客户端通过操作系统中的 CA 公钥解密证书获取网站证书公钥并进行网站证书的合

法性、有效期和是否被吊销的验证。

5）客户端用网站证书公钥将新生成的客户端随机数加密后发送给服务端，同时使用 3 个随机数生成会话密钥。

6）服务端使用网站证书私钥解密客户端数据获取客户端随机数（Pre-master），使用 3 个随机数生成会话密钥。

7）服务端与客户端使用一致的会话密钥和加密算法完成传输数据的加解密交互。

HTTPS 网站证书是由 CA 机构颁发的，网站管理员只需按照相关流程向 CA 机构提交请求文件即可，操作步骤如下。

（1）生成请求文件

生成请求文件的脚本如下：

```
## 创建无密码网站证书私钥文件的请求文件
openssl req -out /etc/nginx/conf/ssl/www_nginxbar_org.csr -new -sha256
    -newkey rsa:2048 -nodes -keyout /etc/nginx/conf/ssl/www_nginxbar_org.key
    -subj "/C=CN/ST=Shanghai/L=Shanghai/O=nginxbar/OU=admin/CN=nginxbar.com/
    emailAddress=admin@nginxbar.com"

## 创建有密码私钥文件的请求文件
openssl genrsa -aes256 -passout pass:111111 -out /etc/nginx/conf/ssl/www_nginxbar_
    org.key 2048

openssl req -out /etc/nginx/conf/ssl/www_nginxbar_org.csr -new -sha256 -nodes
    -passin pass:111111 -key /etc/nginx/conf/ssl/www_nginxbar_org.key -subj "/C=CN/
    ST=Shanghai/L=Shanghai/O=nginxbar/OU=admin/CN=nginxbar.com/emailAddress=admin@
    nginxbar.com"

## 保存私钥密码
echo "111111" >>/etc/nginx/conf/ssl/www_nginxbar_org.pass
```

❏ 网站证书私钥文件是否需要密码由用户自行选择，只需选择一种方式执行即可。

（2）获取证书文件

将 www_nginxbar_org.csr 文件提交给 CA 机构后，即可获得 Nginx 支持的 PEM 格式证书文件。

CA 机构为方便进行证书管理，通常会以证书链的方式进行网站证书的颁发与验证，证书链通常由网站证书、中间证书与根证书组成。证书链的验证是由网站证书开始、自下而上进行信任验证传递的。根证书通常存放在客户端，吊销根证书的过程非常困难；中间证书只是增加了一个中间验证环节，可以减少 CA 机构对根证书的管理维护工作，吊销也相对简单。除了向 CA 机构申请证书外，也可以自签证书在内部使用，自签证书操作如下：

```
## 创建独立站点使用的自签证书
openssl req -new -x509 -nodes -out /etc/nginx/conf/ssl/www_nginxbar_org.pem
    -keyout /etc/nginx/conf/ssl/www_nginxbar_org.key -days 3650 -subj "/C=CN/
    ST=Shanghai/L=Shanghai/O=nginxbar/OU=admin/CN=nginxbar.com/emailAddress=admin@
    nginxbar.com"
```

```
## 创建独立站点使用有密码的网站证书私钥文件的自签证书
openssl genrsa -aes256 -passout pass:111111 -out /etc/nginx/conf/ssl/www_nginxbar_
    org.key 2048

openssl req -new -x509 -nodes -out /etc/nginx/conf/ssl/www_nginxbar_org.pem
    -passin pass:111111 -key /etc/nginx/conf/ssl/www_nginxbar_org.key -days 3650
    -subj "/C=CN/ST=Shanghai/L=Shanghai/O=nginxbar/OU=admin/CN=nginxbar.com/
    emailAddress=admin@nginxbar.com"

## 保存私钥密码
echo "111111" >>/etc/nginx/conf/ssl/www_nginxbar_org.pass

## 创建自签客户端证书
openssl req -new -x509 -nodes -out /etc/nginx/conf/ssl/client.pem -keyout /etc/
    nginx/conf/ssl/client.key -days 3650 -subj "/C=CN/ST=Shanghai/L=Shanghai/
    O=nginxbar/OU=admin/CN=nginxbar.com/emailAddress=admin@nginxbar.com"

## 转换客户端证书为可被浏览器导入的pkcs12格式
openssl pkcs12 -export -clcerts -in /etc/nginx/conf/ssl/client.pem -inkey /etc/
    nginx/conf/ssl/client.key -out /etc/nginx/conf/ssl/client.p12
```

获得网站证书后，可以按照如下方式配置 HTTPS 站点。

```
server {
    listen 443 ssl;                                    # 启用HTTPS支持
    server_name www.nginxbar.org;
    charset utf-8;
    root /opt/nginx-web;
    index index.html index.htm;

    ssl_certificate ssl/www_nginxbar_org.pem;          # HTTPS网站证书
    ssl_certificate_key ssl/www_nginxbar_org.key;      # HTTPS网站证书私钥
    ssl_password_file ssl/www_nginxbar_org.pass;       # HTTPS网站证书私钥密码文件
}
```

5.2.3　HTTPS 密钥交换算法

在 HTTPS 建立连接进行密钥交换阶段，可以通过多种密钥交换算法实现密钥交换。基于 RSA 的密钥交换过程是客户端把第 3 个随机数发送给服务端，但在 HTTPS 建立连接阶段的传输仍是明文的，会存在安全问题。DH（Diffie-Hellman）密钥交换算法可保证通信双方在明文传输的环境下安全地交换密钥。基于 DH 的密钥交换过程是在服务端产生服务端随机数后，将 DH 参数和密钥交换服务端公钥加密后传递给客户端，客户端根据 DH 参数和密钥交换服务端公钥计算出第 3 个随机数，并把自己产生的密钥更换为客户端公钥发送给服务端，服务端依据密钥交换客户端公钥计算出第 3 个随机数并完成后续的操作。椭圆曲线的 DH（ECDH）密钥交换算法与 DH 交换算法相似，但使用了不同的数学模型。在使用椭圆曲线的 DH 密钥交换时，服务器会为密钥交换指定一条预先定义好参数的曲线，Nginx 的 ECDH 密钥交换默认配置的是 prime256v1 曲线算法。配置样例如下：

```
server {
    listen 443 ssl;
    server_name www.nginxbar.org;
    charset utf-8;
    root /opt/nginx-web;
    index index.html index.htm;

    ssl_certificate ssl/www_nginxbar_org.pem;
    ssl_certificate_key ssl/www_nginxbar_org.key;
    ssl_password_file ssl/www_nginxbar_org.pass;
    ssl_dhparam ssl/dhparam.pem;                        # DH参数文件
    ssl_ecdh_curve auto;                                # ECDH椭圆曲线算法为prime256v1
}
```

DH 参数文件可通过如下命令生成。

```
openssl dhparam -out /etc/nginx/conf/ssl/dhparam.pem 2048
```

基于 DH 的密钥交换算法也称前向加密（Forward Secrecy）或完全前向加密（Perfect Forward Secrecy），其应用场景是即便日后服务器的 SSL 私钥被第三方获得，后者也无法推算出会话密钥。

5.2.4 HTTPS 会话缓存

HTTPS 建立连接时传递证书及协商会话密钥会占用一定资源，为加快 HTTPS 建立连接的速度，提升性能，TLS 协议使用了会话缓存机制。会话缓存机制可以使已经断开连接的 HTTPS 会话重用之前的协商会话密钥继续 HTTPS 数据传输。会话缓存机制有两种实现方式：会话编号（Session ID）和会话凭证（Session Ticket）。

（1）会话编号

服务端在与客户端进行数据传输时，会为每次会话生成一个会话编号，并存储该会话编号与会话协商数据。HTTPS 会话中断需要重新连接时，客户端将最后一次会话的会话编号发送给服务端，服务端检查存储中该编号是否存在，如果存在就与客户端使用原有的会话密钥进行数据传输。配置样例如下：

```
server {
    listen 443 ssl;
    server_name www.nginxbar.org;
    charset utf-8;
    root /opt/nginx-web;
    index index.html index.htm;

    ssl_certificate ssl/www_nginxbar_org.pem;
    ssl_certificate_key ssl/www_nginxbar_org.key;
    ssl_password_file ssl/www_nginxbar_org.pass;

    ssl_session_cache shared:SSL:10m;                   # HTTPS会话缓存存储大小为10MB
    ssl_session_tickets off;                            # 以会话编号机制实现会话缓存
    ssl_session_timeout 10m;                            # 会话缓存超时时间为10分钟
}
```

这里作以下两点说明。

❑ 服务端会存储会话编号和会话协商数据，相对会消耗服务器资源。

❑ 当 Nginx 服务器为多台时，无法实现会话共享。

（2）会话凭证

会话凭证类似于 cookie，它将协商的通信数据加密之后发送给客户端保存，服务端只保存密钥。HTTPS 建立连接后，服务端发送一个会话凭证给客户端，当需要重新连接时，客户端发送会话凭证与服务端恢复会话连接。配置样例如下：

```
server {
    listen 443 ssl;
    server_name www.nginxbar.org;
    charset utf-8;
    root /opt/nginx-web;
    index index.html index.htm;

    ssl_certificate ssl/www_nginxbar_org.pem;
    ssl_certificate_key ssl/www_nginxbar_org.key;
    ssl_password_file ssl/www_nginxbar_org.pass;

    ssl_session_cache shared:SSL:10m;                    # HTTPS会话缓存存储大小为10MB
    ssl_session_tickets off;                             # 以会话凭证机制实现会话缓存
    ssl_session_timeout 10m;                             # 会话缓存超时时间为10分钟
    ssl_session_ticket_key ssl/session_ticket.key;       # 会话凭证密钥文件
}
```

ssl_session_ticket_key 可以实现多台 Nginx 间共用会话缓存，解决了会话缓存共享问题，可通过如下命令生成：

```
openssl rand 80 > /etc/nginx/conf/ssl/session_ticket.key
```

5.2.5　HTTPS 双向认证配置

通常网站的 HTTPS 访问，都是客户端通过证书验证所访问服务器的身份，而服务器对来访的客户端并不做身份验证，也称单向认证。在一些场景中，也会增加客户端身份验证以提高数据传输的安全性，这就是双向认证。配置样例如下：

```
server {
    listen 443 ssl;
    server_name www.nginxbar.org;
    charset utf-8;
    root /opt/nginx-web;
    index index.html index.htm;

    ssl_certificate ssl/www_nginxbar_org.pem;
    ssl_certificate_key ssl/www_nginxbar_org.key;
    ssl_password_file ssl/www_nginxbar_org.pass;
```

```
ssl_session_cache shared:SSL:10m;
ssl_session_timeout 10m;
ssl_session_ticket_key ssl/session_ticket.key;

ssl_verify_client on;                               # 启用客户端证书认证
ssl_client_certificate ssl/ca.pem;                  # 客户端证书信任链的CA中间证书或根证书
}
```

5.2.6　HTTPS 吊销证书配置

HTTPS 的证书会因安全原因在正常有效期到期前进行证书变更，为了方便客户端或浏览器及时判断当前使用的网站证书是否已被吊销，通常会采用以下两种方式实现：证书吊销列表（CRL）和在线证书协议（OCSP）。

（1）证书吊销列表

证书吊销列表是由 CA 机构维护的列表，列表中包含已被吊销的证书序列号和时间，通常在 CA 机构证书中都会包含 CRL 下载地址。证书吊销列表 Nginx 配置如下：

```
server {
    listen 443 ssl;
    server_name www.nginxbar.org;
    charset utf-8;
    root /opt/nginx-web;
    index index.html index.htm;

    ssl_certificate ssl/www_nginxbar_org.pem;
    ssl_certificate_key ssl/www_nginxbar_org.key;
    ssl_password_file ssl/www_nginxbar_org.pass;

    ssl_session_cache shared:SSL:10m;
    ssl_session_timeout 10m;
    ssl_session_ticket_key ssl/session_ticket.key;

    ssl_crl ssl/ca.crl;                             # 证书吊销列表文件
}
```

❏ 证书吊销列表可通过查看网站证书字段 "CRL 分发点" 的字段值下载获得。

（2）在线证书协议

在线证书协议是一个吊销证书在线查询协议，虽然可以实现实时查询，但同时也会因在 HTTPS 建立连接时查询 OCSP 接口引发性能问题。为解决 OCSP 查询造成的性能影响，引入了 OCSP Stapling 机制，即由 HTTPS 服务器查询 OCSP 接口或本地 OCSP 缓存，并通过证书状态消息返回给客户端。在线证书协议缓存 Nginx 配置如下：

```
resolver 114.114.114.114 valid=300s;                # DNS服务器地址
resolver_timeout 1s;                                # DNS解析超时时间为1s

server {
    listen 443 ssl;
    server_name www.nginxbar.org;
```

```
charset utf-8;
root /opt/nginx-web;
index index.html index.htm;

ssl_certificate ssl/www_nginxbar_org.pem;
ssl_certificate_key ssl/www_nginxbar_org.key;
ssl_password_file ssl/www_nginxbar_org.pass;

ssl_session_cache shared:SSL:10m;
ssl_session_timeout 10m;
ssl_session_ticket_key ssl/session_ticket.key;

ssl_stapling on;                                  # 启用OCSP缓存
ssl_stapling_file ssl/ocsp.pem;                   # OCSP结果缓存文件
ssl_stapling_responder http://ocsp.example.com/;  # 设置获取OCSP结果的URL
ssl_stapling_verify on;                           # 设置OCSP结果缓存证书验证
ssl_trusted_certificate ssl/ca.pem;               # 网站证书信任证书链的中间证书文件
}
```

注意，OCSP 结果缓存文件和获取 OCSP 结果的 URL 同时设置时，OCSP 结果缓存文件的优先级最高。

OCSP 响应结果可通过如下命令获得。

```
openssl ocsp -issuer /etc/nginx/conf/ssl/ca.pem -cert
/etc/nginx/conf/ssl/www_nginxbar_org.pem -no_nonce -text -url
http://ocsp.example.com -text -respout /etc/nginx/conf/ssl/ocsp.pem
```

5.2.7　HTTPS 配置样例

HTTPS 通过加密通道保护客户端与服务端之间的数据传输，极大地降低了数据被窃取、篡改的风险，增强了网站对数据安全的保护能力，已成为当前网站建设的必选配置。根据 Nginx 提供的配置指令，HTTPS 配置样例如下：

```
resolver 114.114.114.114 valid=300s;             # DNS服务器地址
resolver_timeout 5s;                             # DNS解析超时时间为5s

server {
    listen 443 ssl;
    server_name www.nginxbar.org;
    charset utf-8;
    root /opt/nginx-web;
    index index.html index.htm;

    ssl_protocols TLSv1 TLSv1.1 TLSv1.2 TLSv1.3;   # DNS服务器地址
    ssl_ciphers  EECDH+CHACHA20:EECDH+CHACHA20-draft:EECDH+AES128:RSA+AES128:EECDH+A
        ES256:RSA+AES256:EECDH+3DES:RSA+3DES:!MD5;
    ssl_prefer_server_ciphers on;                  # 启用服务端密码组件优先
    ssl_dhparam  ssl/dhparam.pem;                  # 设置DH密钥交换算法参数
    ssl_ecdh_curve secp384r1;                      # DH密钥交换椭圆曲线算法为secp384r1

    ssl_certificate ssl/www_nginxbar_org.pem;      # 网站证书文件
```

```
        ssl_certificate_key ssl/www_nginxbar_org.key;     # 网站证书密钥文件
        ssl_password_file ssl/www_nginxbar_org.pass;      # 网站证书密钥密码文件

        ssl_session_cache shared:SSL:10m;                 # 会话缓存储大小为10MB
        ssl_session_timeout  10m;                         # 会话缓存超时时间为10分钟
        ssl_session_tickets on;                           # 设置会话凭证为会话缓存机制
        ssl_session_ticket_key  ssl/session_ticket.key;   # 设置会话凭证密钥文件

        ssl_stapling on;                                  # 启用OCSP缓存
        ssl_stapling_file ssl/ocsp.pem;                   # OCSP结果缓存文件
        ssl_stapling_verify on;                           # 设置OCSP结果缓存证书验证
        ssl_trusted_certificate  ssl/ca.pem;              # 网站证书信任证书链的中间证书文件

        # 启用HSTS
        add_header Strict-Transport-Security "max-age=63072000; includeSubDomains; preload";

        add_header X-Frame-Options DENY;                  # 禁止被嵌入框架
        add_header X-XSS-Protection "1; mode=block";      # XSS跨站防护
        add_header X-Content-Type-Options nosniff;        # 防止在浏览器中的MIME类型混淆攻击
    }

    server {
        listen      80;
        server_name www.nginxbar.org;
        rewrite ^(.*)$  https://$host$1? permanent;       # 强制HTTP访问跳转为HTTPS访问
    }
```

可以通过网站 ssllabs.com 对 HTTPS 的配置进行安全性检测，并按照测试结果有针对性地进行优化。

5.3 PHP 网站搭建

PHP 作为目前最受欢迎的 Web 服务器脚本语言，已经被全球 80% 的网站使用。Nginx 的 PHP 网站搭建是 Nginx 与 PHP-FPM 组合实现的，由于 Nginx 不支持对 PHP 动态脚本程序的直接调用或解析，所有的动态脚本程序解析都是通过调用 FastCGI 接口服务器实现的。FastCGI 是 Web 服务器和动态脚本程序间的一个高速、可伸缩的接口，它采用 C/S 架构，将 Web 服务器和动态脚本解析器分离，同时启动一个或多个脚本解析器守护进程接收 Web 服务器的动态脚本解析请求。当用户向 Nginx 服务器发起动态脚本请求时，Nginx 服务器将动态脚本解析任务交由 FastCGI 进程来执行，并将 FastCGI 解析的结果返回给用户。PHP-FPM 是一个被编译到 PHP 内核中的 FastCGI 应用，因为它是作为 PHP 的补丁开发的，所以它在 PHP 脚本的解析上更加高效。本节选择在 CentOS 7 环境下使用 PHP 5.6 版本来搭建 PHP 网站。

5.3.1 FastCGI 模块指令

Nginx 的 FastCGI 模块默认编译在 Nginx 的二进制文件中，无须单独编译。该模块配置指令如表 5-3 所示。

表 5-3　FastCGI 配置指令

指令名称	指令值格式	默认值	指令说明
fastcgi_bind	address [transparent] 或 off	—	设置从指定的本地 IP 地址及端口号与 FastCGI 服务器建立连接，指令值可以是变量。当指令值参数为 transparent 时，允许将客户端的真实 IP 透传给 FastCGI 服务器，并以客户端真实 IP 为访问 FastCGI 服务器的源 IP。当指令值为 off 时，取消上一层指令域同名指令的配置
fastcgi_buffering	on 或 off	on	设置是否启用响应数据缓冲区
fastcgi_buffers	number size	8 4k 或 8k	设置单个连接从 FastCGI 服务器接收响应数据缓冲区的数量及单个缓冲区的大小，至少是两个
fastcgi_buffer_size	size	4k 或 8k	设置用于读取 FastCGI 服务器响应数据第一部分的缓冲区大小，默认值根据操作系统平台的不同为 4KB 或 8KB
fastcgi_busy_buffers_size	size	8k 或 16k	限制在响应数据未完全读取完毕时忙于向客户端发送响应的缓冲区的大小，以使其余的缓冲区用于读取响应数据。该值必须大于单个缓冲区或 fastcgi_buffer_size 的大小，小于总缓冲区大小减掉一个缓冲区的大小
fastcgi_limit_rate	rate	0	限制从 FastCGI 服务器读取响应的每个请求的速率，单位是字节/秒，指令值为 0 表示不限制。该指令只在 fastcgi_buffering 启用时有效
fastcgi_max_temp_file_size	size	1024m	当响应数据超出响应数据缓冲区的大小时，超出部分的数据将存储于临时文件中。该指令用于设置临时文件的最大值。该指令值必须大于单个缓冲区或 fastcgi_buffer_size 的大小
fastcgi_temp_file_write_size	size	8k 或 16k	限制一次写入临时文件的数据大小。默认配置下，其大小通过 fastcgi-buffer-size 和 fastcgi-buffers 指令配置进行限制，最大值是 fastcgi_max_temp_file_size 指令的值，最小值必须大于单个缓冲区或 fastcgi_buffer_size 的大小
fastcgi_temp_path	path [level1 [level2 [level3]]]	fastcgi_temp	设置临时文件存储目录
fastcgi_request_buffering	on 或 off	on	设置是否在将请求转发给 FastCGI 服务器之前先从客户端读取整个请求体。当禁用该功能时，如果已经发送请求主体，则无法将请求传递到下一个服务器
fastcgi_store	on、off 或 string	off	设置是否将 FastCGI 的响应数据在本地持久存储。当指令值为 on 时，存储路径为 root 或 alias 的设置。该指令可以为不经常变更的 FastCGI 响应文件创建本地镜像。响应数据先存储到临时文件中，再进行复制或重命名存储
fastcgi_store_access	users:permissions …	user:rw	设置创建持久存储路径的文件夹权限
fastcgi_cache	zone 或 off	off	设置一个共享内存 zone 用作缓存
fastcgi_cache_path	path 参数	—	设置缓存文件存储路径及参数。缓存数据以 URL 的 MD5 值命名并存储在缓存目录中。指令值参数如表 5-4 所示
fastcgi_cache_bypass	string …	—	设置不使用缓存响应数据的条件，指令值中至少有一个值不为空或 0 时，当前请求不使用缓存中的响应数据
fastcgi_cache_key	string	—	设置缓存的关键字

（续）

指令名称	指令值格式	默认值	指令说明
fastcgi_cache_lock	on 或 off	off	是否启用缓存锁指令。向 FastCGI 发送请求时，每次只允许一个请求按照 fastcgi_cache_key 指令设置的标识增添新的缓存数据，其他相同的请求将等待缓存中出现响应数据或该缓存锁被释放，等待时间由 fastcgi_cache_lock_timeout 指令设置
fastcgi_cache_lock_age	time	5s	如果一个请求在该指令设定的时间内没有完成响应数据缓存的添加，则再向 FastCGI 发送一次请求
fastcgi_cache_lock_timeout	time	5s	缓存锁超时时间。超过该时间的请求将直接从 FastCGI 读取响应
fastcgi_cache_max_range_offset	number	—	用于设置范围请求（byte-range）请求时的最大偏移量。超出该偏移量的请求将直接从 FastCGI 读取响应
fastcgi_cache_methods	GET、HEAD 或 POST …	GET HEAD	指定可被缓存的请求方法列表
fastcgi_cache_min_uses	number	1	响应数据超过设置请求次数后将被缓存
fastcgi_no_cache	string …	—	指定字符串的值不为空或不等于 0，则不对当前请求的响应数据进行缓存
fastcgi_cache_purge	string …	—	定义清除缓存请求条件，若指定的字符串不为空或 0，则将 fastcgi_cache_key 设置的标识的缓存清除。清除成功则返回状态码 204。商业版有效
fastcgi_cache_revalidate	on 或 off	off	设置在 HTTP 头中有字段属性 If-Modified-Since 和 If-None-Match 时是否启用重新验证
fastcgi_cache_use_stale	error、timeout、invalid_header、updating、http_500、http_503、http_403、http_404、http_429、off …	off	当出现指定的条件时，使用已经过期的缓存响应数据
fastcgi_cache_background_update	on 或 off	off	当允许使用过期的响应数据时，设置是否启用后台子请求更新过期缓存，同时向客户端返回过期的缓存响应数据
fastcgi_cache_valid	[code …] time	—	根据响应码设置缓存时间
fastcgi_catch_stderr	string	—	错误响应标识。若 FastCGI 响应中包含指定的字符串，则被判断为返回了无效响应
fastcgi_index	name	—	设置默认 index 文件
fastcgi_pass	address	—	设置 FastCGI 服务器的 IP 地址或套接字，也可以是域名或 upstream 定义的服务器组
fastcgi_pass_request_body	on 或 off	on	设置是否将客户端请求体传递给 FastCGI 服务器
fastcgi_pass_request_headers	on 或 off	on	设置是否将客户端请求头传递给 FastCGI 服务器

（续）

指令名称	指令值格式	默认值	指令说明
fastcgi_force_ranges	on 或 off	off	无论 FastCGI 的 HTTP 响应头中是否有字段 Accept-Ranges，都启用 byte-range 请求支持
fastcgi_hide_header	field	—	指定 FastCGI 响应数据中不向客户端传递的 HTTP 头字段名称
fastcgi_pass_header	field	—	默认配置下，Nginx 不会将头字段属性 Status 和 X-Accel-…传递给客户端，可通过该指令开放传递
fastcgi_ignore_headers	field …	—	设置禁止 Nginx 处理从 FastCGI 获取响应的头字段
fastcgi_connect_timeout	time	60s	Nginx 与 FastCGI 服务器建立连接的超时时间，通常不超过 75s
fastcgi_keep_conn	on 或 off	off	默认配置下，FastCGI 发送完响应数据后会立刻关闭连接，当该指令的指令值为 on 时，将启用保持连接
fastcgi_ignore_client_abort	on 或 off	off	设置当客户端关闭连接时，是否关闭与 FastCGI 服务器的连接
fastcgi_read_timeout	time	60s	在连续两个从 FastCGI 服务器接收数据的读操作之间的间隔时间超过设定的时间时，将关闭连接
fastcgi_send_timeout	time	60s	在连续两个发送到 FastCGI 服务器的写操作之间的间隔时间超过设定的时间时，将关闭连接
fastcgi_send_lowat	size	0	设置 FreeBSD 系统中使用 kqueue 驱动时，socket 接口 SO_SNDLOWAT 选项的大小。在 Linux、Solaris 及 Windows 平台该指令无效
fastcgi_socket_keepalive	on 或 off	off	设置是否对 FastCGI 的连接启用 so-keepalive socket 选项
fastcgi_intercept_errors	on 或 off	off	在 FastCGI 响应数据中响应码大于或等于 300 时，设置是直接传递给客户端还是重定向给 Nginx，以便 error_page 指令进行处理
fastcgi_next_upstream	error、timeout、invalid_header、http_500、http_503、http_403、http_404、http_429、non_idempotent、off…	error timeout	当出现指定的条件时，将未返回响应的客户端请求传递给 upstream 中的下一个服务器
fastcgi_next_upstream_timeout	time	0	设置将符合条件的请求传递给 upstream 中下一个服务器的超时时间。当指令值为 0 时，关闭该限制
fastcgi_next_upstream_tries	number	0	设置将符合条件的请求传递给 upstream 中下一个服务器的尝试次数。当指令值为 0 时，关闭该限制
fastcgi_split_path_info	regex	—	定义一个正则表达式，可以将 URI 正则匹配赋值到 $fastcgi_script_name 及 $fastcgi_path_info 两个变量中，可用于获取 index.php/arg1/111/arg2/222 格式的请求参数
fastcgi_param	parameter value [if_not_empty]	—	设置发送请求到 FastCGI 时传递的请求参数。指令值为 if_not_empty 时，表示当传递的参数值不为空时才进行传递

对于表 5-3，有以下几点说明。

☐ 除 fastcgi_cache_path 指令外，FastCGI 模块指令均可编写在 http、server、location 指令域中。

☐ fastcgi_cache_purge 指令仅商业版 Nginx 才支持。开源版可通过第三方模块或自己写脚本实现。

☐ fastcgi_cache_path 指令只能编写在 http 指令域中。

☐ fastcgi_cache 与 fastcgi_store 指令不能在同一指令域中同时使用。

☐ non_idempotent 是指 POST、LOCK、PATCH 请求方法的处理。

fastcgi_cache_path 指令值参数如表 5-4 所示。

表 5-4 fastcgi_cache_path 指令值参数

参 数 名	参数格式	默 认 值	参数说明
levels	levels	—	设置缓存目录的层级及命名方式
use_temp_path	on 或 off	on	当指令值为 on 时，使用 fastcgi_temp_path 设置作为临时文件目录；当指令值为 off 时，使用缓存目录作为临时文件目录
keys_zone	name:size	—	设置存储 cache_key 的共享内存 zone 及其大小，1MB 内存可以存储 8000 个 key
inactive	time	10 分钟	设定时间内未被访问的缓存将被删除
max_size	size	—	缓存数据的最大值，超出设定的最大值时，将执行一次迭代更新，并删除最近使用最少的缓存数据
manager_files	number	100	当执行一次迭代更新时，删除文件的最大数
manager_sleep	time	50ms	连续两次迭代更新间的最短时间间隔
manager_threshold	time	200ms	执行一次迭代更新时的最大执行时间
loader_files	number	100	每次迭代加载时，加载缓存目录中缓存数据的最大文件数
loader_sleep	time	50ms	连续两次迭代加载间的最短时间间隔
loader_threshold	time	200ms	每次迭代加载时的最大执行时间
purger	on 或 off	off	是否启用缓存清除功能。仅商业版有效
purger_files	number	10	每次迭代清除时，清除缓存目录中缓存数据的最大文件数。仅商业版有效
purger_sleep	time	50ms	连续两次迭代清除间的最短时间间隔。仅商业版有效
purger_threshold	time	50ms	每次迭代清除时的最大执行时间。仅商业版有效

5.3.2 PHP 环境安装

CentOS 7 默认的 PHP 版本是 5.3，可以使用 Remi 扩展源安装 PHP 5.6 和 PHP-FPM。

```
yum install -y epel-release                      # 安装EPEL扩展源
         # 安装Remi扩展源
rpm -ivh http://rpms.famillecollet.com/enterprise/remi-release-7.rpm
yum install -y --nogpgcheck --enablerepo=remi --enablerepo=remi-php56 \
    php php-opcache php-devel php-mbstring php-mcrypt \
```

```
php-mysqlnd php-phpunit-PHPUnit php-pecl-xdebug \
php-pecl-xhprof php-gd php-ldap php-xml php-fpm \
php-pecl-imagick                # 安装基于Remi扩展源的PHP 5.6

systemctl start php-fpm          # 启动PHP-FPM服务
```

5.3.3　PHP 网站配置样例

在 Nginx 的 conf 文件夹中创建文件 fscgi.conf，用于编辑 FastCGI 的全局配置，配置内容如下：

```
# 缓冲区配置
fastcgi_buffering on;            # 默认启用缓冲区
fastcgi_buffers 8 64k;           # 若响应数据大小小于512KB，则会分配8个64KB缓冲区为其缓
                                 # 冲；若大于512KB，则超出的部分会存储到临时文件中
fastcgi_buffer_size 64k;         # 读取FastCGI服务器响应数据第一部分的缓冲区大小为64KB，
                                 # 通常包含响应头信息
fastcgi_busy_buffers_size 128K;  # 繁忙时向客户端发送响应的缓冲区大小为128KB
fastcgi_limit_rate 0;            # 默认不做限制
fastcgi_max_temp_file_size 1024M; # 临时文件中大小为1024MB
fastcgi_temp_file_write_size 64k; # 每次写入临时文件的数据大小为64KB
# fastcgi_temp_path使用默认配置


# 请求处理
fastcgi_request_buffering on;    # 默认启用读取整个请求体到缓冲区后再向FastCGI服务器发送请求
fastcgi_pass_request_body on;    # 默认将客户端请求体传递给FastCGI服务器
fastcgi_pass_request_headers on; # 默认将客户端请求头传递给FastCGI服务器


# FastCGI连接配置
fastcgi_connect_timeout 60s;     # 默认Nginx与FastCGI服务器建立连接的超时时间为60s
fastcgi_keep_conn on;            # 启用保持连接
fastcgi_ignore_client_abort on;  # 当客户端关闭连接时，同时关闭与FastCGI服务器的连接
fastcgi_read_timeout 60s;        # 默认连续两个从FastCGI服务器接收数据的读操作之间的间隔
                                 # 时间为60s
fastcgi_send_timeout 60s;        # 默认连续两个发送到FastCGI服务器的写操作之间的间隔时间
                                 # 为60s
fastcgi_socket_keepalive on;     # FastCGI的连接启用so-keepalive socket选项

# 响应处理
fastcgi_force_ranges on ;        # 强制启用byte-range请求支持
fastcgi_hide_header X-Powered-By; # 隐藏PHP版本字段
# fastcgi_pass_header无必须传递的特殊头字段属性

fastcgi_ignore_headers X-Accel-Redirect X-Accel-Expires \
                       X-Accel-Limit-Rate X-Accel-Buffering \
                       X-Accel-Charset Expires \
                       Cache-Control Set-Cookie Vary;
                                 # 禁止Nginx处理从FastCGI获取响应的头属性字段

# 异常处理
fastcgi_intercept_errors on;     # 在FastCGI响应数据中响应码大于等于300时重定向给Nginx
```

```
fastcgi_next_upstream      error timeout invalid_header \
                           http_500 http_503 http_403 \
                           http_404 http_429;    # 当出现指定的条件时, 将用户请求传递给upstream
                                                  # 中的下一个服务器
fastcgi_next_upstream_timeout 0;                  # 不限制将用户请求传递给upstream中的下一个
                                                  # 服务器的超时时间
fastcgi_next_upstream_tries 0;                    # 不限制将用户请求传递给upstream中的下一个
                                                  # 服务器的尝试次数
```

Nginx PHP 网站配置如下:

```
server {
    listen 8080;
    root /opt/nginx-web/phpweb;
    index index.php;                       # 默认首页index.php
    include fscgi.conf;                    # 引入FastCGI配置


    location ~ \.php(.*)$ {
        fastcgi_pass    127.0.0.1:9000;    # FastCGI服务器地址及端口
        fastcgi_index   index.php;

        fastcgi_split_path_info   ^(.+\.php)(.*)$;    # 获取$fastcgi_path_info变量值
        fastcgi_param PATH_INFO   $fastcgi_path_info; # 赋值给参数PATH_INFO
        include         fastcgi.conf;                 # 引入默认参数文件
    }

    error_page 404 /404.html;
    error_page 500 502 503 504 /50x.html;
}
```

5.3.4 FastCGI 集群负载及缓存

Nginx 支持后端多个 FastCGI 服务器的负载均衡,负载均衡有两种方式:一种是通过域名解析多个 FastCGI 服务器,该方式通过所有域名地址轮询(round-robin)的方式实现负载;另一种是通过配置 Nginx 的 upstream 模块实现负载。本节通过后一种方式实现负载均衡场景的搭建。Nginx 的 FastCGI 模块支持对后端 PHP 解析数据的缓存,对于动态数据的缓存可以在实际应用场景中提升动态网站的访问速度。

安装 PHP-FPM 后,如果把 PHP 代码部署在与 Nginx 不同的服务器上,需要修改 PHP-FPM 服务器中的 /etc/php-fpm.d/www.conf 配置。

```
    # PHP-FPM绑定本机所有IP
sed -i "s/^listen =.*/listen = 0.0.0.0:9000/g" /etc/php-fpm.d/www.conf
    # 允许任何主机访问PHP-FPM服务
sed -i "s/^listen.allowed_clients/;listen.allowed_clients/g" /etc/php-fpm.d/www.conf
```

Nginx 配置样例如下:

```
upstream fscgi_server {
    ip_hash;                               # session会话保持
```

```
        server 192.168.2.145:9000;              # PHP-FPM服务器IP
        server 192.168.2.159:9000;              # PHP-FPM服务器IP
}


fastcgi_cache_path /usr/local/nginx/nginx-cache1
                        levels=1:2
                        keys_zone=fscgi_hdd1:100m
                        max_size=10g
                        use_temp_path=off
                        inactive=60m;   # 设置缓存存储路径1，缓存的共享内存名称和大小
                                        # 100MB，无效缓存的判断时间为1小时

fastcgi_cache_path /usr/local/nginx/nginx-cache2
                        levels=1:2
                        keys_zone=fscgi_hdd2:100m
                        max_size=10g
                        use_temp_path=off
                        inactive=60m;   # 设置缓存存储路径2，缓存的共享内存名称和大小
                                        # 100MB，无效缓存的判断时间为1小时

split_clients $request_uri $fscgi_cache {
        50%             "fscgi_hdd1";   # 50%请求的缓存存储在第一个磁盘上
        50%             "fscgi_hdd2";   # 50%请求的缓存存储在第二个磁盘上
}

server {
    listen 8080;
    root /opt/nginx-web/phpweb;
    index index.php;
    include        fscgi.conf;          # 引入默认配置文件

    location ~ \.(gif|jpg|png|htm|html|css|js|flv|ico|swf)(.*) {  # 静态资源文件过期时间
                                                                  # 为12小时
        expires        12h;
    }

    set $no_cache 0;
    if ($query_string != "") {          # URI无参数的数据不进行缓存
        set $no_cache 1;
    }

    location ~ \.php(.*)$ {
        root /opt/nginx-web/phpweb;

        fastcgi_cache $fscgi_cache;             # 启用fastcgi_cache_path设置的$fscgi_cache
                                                # 的共享内存区域做缓存
        fastcgi_cache_key ${request_method}://$host$request_uri; # 设置缓存的关键字
        fastcgi_cache_lock on;                  # 启用缓存锁
        fastcgi_cache_lock_age 5s;              # 启用缓存锁时，添加缓存请求的处理时间为5s
        fastcgi_cache_lock_timeout 5s;          # 等待缓存锁超时时间为5s
        fastcgi_cache_methods GET HEAD;         # 默认对GET及HEAD方法的请求进行缓存
        fastcgi_cache_min_uses 1;               # 响应数据被请求一次就将被缓存

        fastcgi_no_cache $no_cache;             # $no_cache时对当前请求不进行缓存
```

```
    fastcgi_cache_bypass $no_cache;      # $no_cache时对当前请求不进行缓存

    fastcgi_cache_use_stale error timeout invalid_header
                            updating http_500 http_503
                            http_403 http_404 http_429; # 当出现指定的条件时，使用
                                                         # 已经过期的缓存响应数据
    fastcgi_cache_background_update on;  # 允许使用过期的响应数据时，启用后台子请求用于
                                         # 更新过期缓存，并将过期的缓存响应数据返回给客户端

    fastcgi_cache_revalidate on;         # 当缓存过期时，向后端服务器发起包含If-
                                         # Modified-Since和If-None-Match HTTP消息
                                         # 头字段的服务端校验
    fastcgi_cache_valid 200 301 302 10h; # 200 301 302状态码的响应缓存10小时
    fastcgi_cache_valid any 1m;          # 其他状态码的响应缓存1分钟

    add_header X-Cache-Status $upstream_cache_status;   # 查看缓存命中状态

    fastcgi_pass     fscgi_server;
    fastcgi_index    index.php;
    fastcgi_split_path_info      ^(.+\.php)(.*)$;  # 获取$fastcgi_path_info变量值
    fastcgi_param PATH_INFO      $fastcgi_path_info;   # 赋值给参数PATH_INFO
    include          fastcgi.conf;                     # 引入默认参数文件
  }

  error_page 404 /404.html;
  error_page 500 502 503 504 /50x.html;
}
```

5.4 Python 网站的搭建

5.4.1 CGI、FastCGI、SCGI、WSGI

（1）CGI（Common Gateway Interface，通用网关接口）

CGI 是一种通用网关接口规范，该规范详细描述了 Web 服务器和请求处理程序（脚本解析器）在获取及返回数据过程中传输数据的标准，如 HTTP 协议的参数名称等。大多数 Web 程序以脚本形式接收并处理请求，然后返回响应数据，如脚本程序 PHP、JSP、Python 等。

（2）FastCGI（Fast Common Gateway Interface，快速通用网关接口）

FastCGI 是 CGI 的增强版本，其将请求处理程序独立于 Web 服务器之外，并通过减少系统为创建进程而产生的系统开销，使 Web 服务器可以处理更多的 Web 请求。FastCGI 与 CGI 的区别在于，FastCGI 不像 CGI 那样对 Web 服务器的每个请求均建立一个进程进行请求处理，而是由 FastCGI 服务进程接收 Web 服务器的请求后，由自己的进程自行创建线程完成请求处理。

（3）SCGI（Simple Common Gateway Interface，简单通用网关接口）

SCGI 是 CGI 的替代版本，它与 FastCGI 类似，同样是将请求处理程序独立于 Web 服

务器之外，但更容易实现，性能比 FastCGI 要弱一些。

（4）WSGI（Web Server Gateway Interface，Web 服务网关接口）

WSGI 是为 Python 语言中定义的 Web 服务器与 Python 应用程序或框架间的通用通信接口，可以使 Python 应用程序或框架与支持这一协议的不同 Web 服务器进行通信。常见的 Python Web 框架都实现了该协议的封装。

5.4.2　uWSGI 模块指令

uWSGI 是 Python 实现 WSGI、uWSGI（uWSGI 独有的协议）、HTTP 等协议功能的 Web 服务器，Nginx 通过 ngx_http_uwsgi_module 模块实现与 uWSGI 服务器的数据交换并完成 Python 网站的请求处理。该模块默认编译在 Nginx 二进制文件中，无须单独编译。该模块的配置指令如表 5-5 所示。

表 5-5　uWSGI 模块配置指令

指令名称	指令值格式	默认值	指令说明
uwsgi_bind	address [transparent] 或 off	—	设置从指定的本地 IP 地址及端口号与 uWSGI 服务器建立连接，指令值可以是变量。当指令值为 transparent 时，允许将客户端的真实 IP 透传给 uWSGI 服务器，并以客户端真实 IP 为访问 uWSGI 服务器的源 IP；当指令值为 off 时，则取消上一层指令域同名指令的配置
uwsgi_buffering	on 或 off	on	设置是否启用响应数据缓冲区
uwsgi_buffers	number size	8 4k 或 8k	设置单个连接从 uWSGI 服务器接收响应数据缓冲区的数量及单个缓冲区的大小。至少是两个
uwsgi_buffer_size	size	4k 或 8k	设置用于读取 uWSGI 服务器响应数据第一部分的缓冲区大小，默认值根据操作系统平台的不同为 4KB 或 8KB
uwsgi_busy_ buffers_size	size	8k 或 16k	限制在响应数据未完全读取完毕时忙于向客户端发送响应的缓冲区的大小，以使其余的缓冲区用于读取响应数据。该值必须大于单个缓冲区或 uwsgi_buffer_size 的大小，小于总缓冲区大小减掉一个缓冲区的大小
uwsgi_limit_rate	rate	0	限制从 uWSGI 服务器读取响应的每个请求的速率，单位是字节 / 秒，指令值为 0 表示不限制。该指令只在 uwsgi_buffering 启用时有效
uwsgi_max_temp_ file_size	size	1024m	当响应数据超出响应数据缓冲区的大小时，超出部分的数据将存储于临时文件中。该指令设置临时文件的最大值。该值必须大于单个缓冲区或 uwsgi_buffer_size 的大小
uwsgi_temp_file_ write_size	size	8k 或 16k	限制一次写入临时文件的数据大小。默认配置下，大小通过 uwsgi-buffer-size 和 uwsgi-buffers 配置指令进行限制，最大值是 uwsgi_max_temp_file_size 指令的值，最小值必须大于单个缓冲区或 uwsgi_buffer_size 的大小
uwsgi_temp_path	path [level1 [level2 [level3]]]	uwsgi_temp	设置临时文件存储目录

（续）

指令名称	指令值格式	默认值	指令说明
uwsgi_request_buffering	on 或 off	on	设置是否在将请求转发给 uWSGI 服务器之前先从客户端读取整个请求体。若禁用该功能，如果已经发送请求主体，则无法将请求传递到下一个服务器。对于基于 HTTP/1.1 协议的分块传输请求，会强制读取完整请求体
uwsgi_store	on 或 off 或 string	off	设置是否将 uWSGI 服务器的响应数据在本地持久存储。当指令值为 on 时，存储路径为 root 或 alias 的设置。该指令可以为不经常变更的 uWSGI 服务器响应文件创建本地镜像。响应数据先存储到临时文件中再进行复制或重命名存储
uwsgi_store_access	users:permissions …	user:rw	设置创建持久存储路径的文件夹权限
uwsgi_cache	zone 或 off	off	设置一个共享内存 zone 用作缓存
uwsgi_cache_path	path 参数	—	设置缓存文件存储路径及参数。缓存数据以 URI 的 MD5 值命名并存储在缓存目录中。指令值参数如表 5-6 所示
uwsgi_cache_bypass	string …	—	设置不使用缓存响应数据的条件，指令值中至少一个值不为空或 0 时，则当前请求不使用缓存中的响应数据
uwsgi_cache_key	string	—	设置缓存的关键字
uwsgi_cache_lock	on 或 off	off	是否启用缓存锁指令。向 uWSGI 服务器发送请求时，每次只允许一个请求按照 uwsgi_cache_key 指令设置的标识增添新的缓存数据，其他相同的请求将等待缓存中出现响应数据或该缓存锁被释放，等待时间通过 uwsgi_cache_lock_timeout 指令设置
uwsgi_cache_lock_age	time	5s	如果一个请求在该指令设定的时间内没有完成响应数据缓存的添加，则向 uWSGI 服务器再发送一次请求
uwsgi_cache_lock_timeout	time	5s	缓存锁超时时间。超过该时间的请求将直接从 uWSGI 服务器读取响应
uwsgi_cache_max_range_offset	number	—	用于设置范围请求请求时的最大偏移量。超出该偏移量的请求将直接从 uWSGI 服务器读取响应
uwsgi_cache_methods	GET、HEAD 或 POST …	GET HEAD	指定可被缓存的请求方法列表
uwsgi_cache_min_uses	number	1	响应数据超过设置请求次数后将被缓存
uwsgi_no_cache	string …	—	指定字符串的值不为空或不等于 0，则不对当前请求的响应数据进行缓存
uwsgi_cache_purge	string …	—	定义清除缓存请求条件，若指定的字符串不为空或 0，则对 uwsgi_cache_key 设置的标识的缓存进行清除。清除成功则返回状态码 204。仅商业版有效
uwsgi_cache_revalidate	on 或 off	off	设置在 HTTP 头中有字段属性 If-Modified-Since 和 If-None-Match 时是否启用重新验证

（续）

指令名称	指令值格式	默认值	指令说明
uwsgi_cache_use_stale	error、timeout、invalid_header、updating、http_500、http_503、http_403、http_404、http_429、off …	off	当出现指定的条件时，使用已经过期的缓存响应数据
uwsgi_cache_background_update	on 或 off	off	允许使用过期的响应数据时，设置是否启用后台子请求更新过期缓存，同时向客户端返回过期的缓存响应数据
uwsgi_cache_valid	[code …] time	—	根据响应码设置缓存时间
uwsgi_pass	address	—	设置 uWSGI 服务器的协议、IP 地址或套接字，也可以是域名或 upstream 定义的服务器组。支持的协议有 HTTP、uWSGI、suwsgi（基于 SSL 的 uWSGI）
uwsgi_pass_request_body	on 或 off	on	设置是否将客户端请求体传递给 uWSGI 服务器
uwsgi_pass_request_headers	on 或 off	on	设置是否将客户端请求头传递给 uWSGI 服务器
uwsgi_force_ranges	on 或 off	off	无论 uWSGI 服务器的 HTTP 响应头中是否有字段 Accept-Ranges，都启用 byte-range 请求支持
uwsgi_hide_header	field	—	指定 uWSGI 服务器响应数据中不向客户端传递的 HTTP 头字段名称
uwsgi_pass_header	field	—	默认配置下，Nginx 不会将头字段属性 Status 和 X-Accel-…传递给客户端，可通过该指令开放传递
uwsgi_ignore_headers	field …	—	设置禁止 Nginx 处理从 uWSGI 服务器获取响应的头字段
uwsgi_modifier1	number	0	设置 uWSGI 数据包头中 modifier1 字段的值
uwsgi_modifier2	number	0	设置 uWSGI 数据包头中 modifier2 字段的值
uwsgi_connect_timeout	time	60s	Nginx 与 uWSGI 服务器建立连接的超时时间，通常不超过 75s
uwsgi_ignore_client_abort	on 或 off	off	当客户端关闭连接时，是否关闭与 uWSGI 服务器的连接
uwsgi_read_timeout	time	60s	在连续两个从 uWSGI 服务器接收数据的读操作之间的间隔时间超过设定的时间时，将关闭连接
uwsgi_send_timeout	time	60s	在连续两个发送到 uWSGI 服务器的写操作之间的间隔时间超过设定的时间时，将关闭连接
uwsgi_socket_keepalive	on 或 off	off	设置是否对 uWSGI 服务器的连接启用 so-keepalive socket 选项
uwsgi_intercept_errors	on 或 off	off	在 uWSGI 服务器响应数据中响应码大于或等于 300 时，设置是直接传递给客户端还是重定向给 Nginx，以便 error_page 指令进行处理

（续）

指令名称	指令值格式	默认值	指令说明
uwsgi_next_upstream	error、timeout、invalid_header、http_500、http_503、http_403、http_404、http_429、non_idempotent、off …	error timeout	当出现指定条件时，将未返回响应的客户端请求传递给 upstream 中的下一个服务器
uwsgi_next_upstream_timeout	time	0	设置将符合条件的请求传递给 upstream 中的下一个服务器的超时时间。指令值为 0 时关闭该限制
uwsgi_next_upstream_tries	number	0	设置将符合条件的请求传递给 upstream 中的下一个服务器的尝试次数。指令值为 0 时关闭该限制
uwsgi_param	parameter value [if_not_empty]	—	设置发送请求到 uWSGI 服务器时传递的请求参数。指令值为 if_not_empty 时，表示传递的参数值不为空时才进行传递
uwsgi_ssl_certificate	file	—	指定用于安全 uWSGI 服务器 SSL 身份认证的 PEM 格式服务器证书文件
uwsgi_ssl_certificate_key	file	—	指定用于安全 uWSGI 服务器 SSL 身份认证的 PEM 格式服务器证书密钥文件
uwsgi_ssl_password_file	file	—	指定一个包含服务器证书密钥密码的文件。文件中每行一个密码，Nginx 将遍历整个文件并尝试有效的密码
uwsgi_ssl_ciphers	ciphers	DEFAULT	指定用于安全 uWSGI 服务器 SSL 请求的 OpenSSL 格式密码套件
uwsgi_ssl_crl	file	—	指定用于验证安全 uWSGI 服务器 SSL 证书的 PEM 格式吊销证书文件
uwsgi_ssl_trusted_certificate	file	—	指定用于验证安全 uWSGI 服务器 SSL 证书的 PEM 格式 CA 证书文件
uwsgi_ssl_name	name	uwsgi_pass 指令指定的主机	允许指定并覆盖安全 uWSGI 服务器 SSL 证书验证的主机名，将通过 SNI 向建立连接的 SSL 安全 uWSGI 服务器进行传递
uwsgi_ssl_protocols	[SSLv2] [SSLv3] [TLSv1] [TLSv1.1] [TLSv1.2] [TLSv1.3]	TLSv1 TLSv1.1 TLSv1.2	指定安全 uWSGI 服务器 SSL 协议的版本
uwsgi_ssl_server_name	on 或 off	off	启用通过 SNI 或 RFC 6066 向建立连接的 SSL 安全 uWSGI 服务器传递主机名
uwsgi_ssl_session_reuse	on 或 off	off	启用 SSL 会话重用功能
uwsgi_ssl_verify	on 或 off	off	启用安全 uWSGI 服务器的证书验证功能
uwsgi_ssl_verify_depth	number	1	设置安全 uWSGI 服务器的证书链的验证深度

❑ 除 uwsgi_cache_path 指令外，uWSGI 模块指令均可编写在 http、server、location 指令域中。

❑ uwsgi_cache_path 指令只能编写在 http 指令域中。

❑ uwsgi_cache 与 uwsgi_store 指令不可在同一指令域中同时使用。

❑ non_idempotent 是指 POST、LOCK、PATCH 请求方法的处理。

uwsgi_cache_path 指令值参数如表 5-6 所示。

表 5-6　uwsgi_cache_path 指令值参数

参数名	参数格式	默认值	参数说明
levels	levels	—	设置缓存目录的层级及命名方式
use_temp_path	on 或 off	on	当指令值为 on 时，使用 uwsgi_temp_path 设置作为临时文件目录；当指令值为 off 时，使用缓存目录作为临时文件目录
keys_zone	name:size	—	设置存储 cache_key 的共享内存 zone 及其大小，1MB 内存可以存储 8000 个 key
inactive	time	10m	设定时间内未被访问的缓存将被删除
max_size	size	—	缓存数据的最大值，超出设定的最大值时将执行一次迭代更新，并删除最近使用最少的缓存数据
manager_files	number	100	执行一次迭代更新时删除文件的最大数
manager_sleep	time	50ms	连续两次迭代更新间的最短时间间隔
manager_threshold	time	200ms	执行一次迭代更新时的最大执行时间
loader_files	number	100	每次迭代加载时，加载缓存目录中缓存数据的最大文件数
loader_sleep	time	50ms	连续两次迭代加载间的最短时间间隔
loader_threshold	time	200ms	每次迭代加载时的最大执行时间
purger	on 或 off	off	是否启用缓存清除功能。仅商业版有效
purger_files	number	10	每次迭代清除时，清除缓存目录中缓存数据的最大文件数。仅商业版有效
purger_sleep	time	50ms	连续两次迭代清除间的最短时间间隔。仅商业版有效
purger_threshold	time	50ms	每次迭代清除时的最大执行时间。仅商业版有效

5.4.3　Python 网站的搭建

CentOS 7 系统默认安装 Python 2.7 版本，本节搭建的是基于 Python3 的 Django 网站，所以需要升级到 Python3 版本。

（1）安装 Python 及 Django

配置样例如下：

```
yum install -y epel-release                 # 安装EPEL扩展源
yum install -y python36 python36-pip python36-devel \
               sqlite-devel supervisor      # 安装Python3.6及其工具组件
ln -s /usr/bin/pip3 /usr/bin/pip            # 设置pip3为默认pip
pip install --upgrade pip                    # 升级pip版本
```

```
echo "alias python='/usr/bin/python3.6'" >/etc/profile.d/python.sh
                                    # 添加Python 3.6为系统执行的默认Python
echo "alias pip='/usr/local/bin/pip'" >>/etc/profile.d/python.sh
                                    # 添加pip为系统执行的默认pip
source /etc/profile                 # 使系统配置生效
pip install django==2.0 uwsgi -i https://pypi.tuna.tsinghua.edu.cn/simple
                                    # 安装Django和uWSGI
```

（2）创建测试 Django 项目 demonginx 及项目应用 Nginx

配置样例如下：

```
cd /opt/nginx-web/pythonweb
django-admin.py startproject demonginx
cd demonginx
sed -i "s/ALLOWED_HOSTS = \[.*/ALLOWED_HOSTS = \['\*', \]/g" demonginx/settings.py

# 创建项目应用Nginx及测试页面
django-admin.py startapp nginx

cat >>nginx/views.py<<EOF
from django.http import HttpResponse
def index(request):
    return HttpResponse("<h1>Hello Nginx for Django!</h1>")
EOF

sed -i "/\]/i\    path('',nginx_views.index,name=\"index\")," demonginx/urls.py
```

（3）创建默认 admin 管理后台账号

配置样例如下：

```
python manage.py migrate
python manage.py createsuperuser --username admin --email admin@example.com
```

启动测试 Django 项目测试 Python 网站的有效性，测试成功后关闭该进程。

```
python manage.py runserver 0.0.0.0:9080
```

（4）配置 uWSGI 服务器

配置样例如下：

```
cat>/opt/nginx-web/pythonweb/demonginx/nginx_uwsgi.ini<<EOF
[uwsgi]
socket = :9080
chdir       = /opt/nginx-web/pythonweb/demonginx  # 设置Python文件目录
module      = demonginx.wsgi                        # demonginx项目的wsgi.py位置
master      = true                                  # 主进程模式
processes   = 2                                     # 开启两个工作进程
vacuum      = true                                  # 退出时自动删除UNIX socket和PID文件
max-requests = 1000                                 # 每个工作进程设置请求数为1000
limit-as    = 512                                   # 每个uWSGI工作进程的虚拟内存为512MB
buffer-size = 32768                                 # uWSGI接收数据包的缓存区大小为32KB
pidfile = /var/run/uwsgi9080.pid                    # 进程pid文件
daemonize = /opt/nginx-web/pythonweb/demonginx/uwsgi9080.log
```

```
    # 使进程在后台运行，并输出日志到uwsgi9080.log
EOF
```

（5）配置 uWSGI 服务器守护进程 supervisord
配置样例如下：

```
## 启用supervisord Web管理
sed -i "s/^;\[inet_http/\[inet_http/g" /etc/supervisord.conf
sed -i "s/^;port/port/g" /etc/supervisord.conf

## 设置supervisord
cat>/etc/supervisord.d/demonginx.ini<<EOF
# 配置进程运行命令
[program:demonginx]
command=/usr/local/bin/uwsgi --ini /opt/nginx-web/pythonweb/demonginx/nginx_
uwsgi.ini
directory=/opt/nginx-web/pythonweb/demonginx   # 进程运行目录
startsecs=5                          # 启动5秒后没有异常则退出表示进程正常启动，默认为1秒
autostart=true                       # 在supervisord启动的时候也自动启动
autorestart=true                     # 程序退出后自动重启
EOF

# 启动demonginx的uWSGI服务
systemctl restart supervisord
```

（6）Nginx 配置
Nginx 配置样例如下：

```
## Python网站配置
server {
    listen          8083;
    server_name     localhost
    charset UTF-8;

    client_max_body_size 75M;

    location / {
        include uwsgi_params;           # 引入uWSGI默认参数配置
        uwsgi_pass 127.0.0.1:9080;      # uWSGI服务端口
        uwsgi_read_timeout 2;
    }
}

## supervisord Web管理配置
server {
    listen          9083;
    server_name     localhost
    charset UTF-8;

    location / {
        allow 192.168.2.0/24;
        deny all;
```

```
        proxy_pass 127.0.0.1:9001;    # supervisord服务端口
    }
}
```

（7）启动 Nginx 服务

配置样例如下：

```
# 测试Nginx配置
nginx -t

# 重启Nginx服务
systemctl restart nginx
```

5.5　XSLT 转换服务器

XSLT 是用于将 XML 文档转换成其他格式，如 XML、HTML 或 XHTML 的脚本语言。通常我们会把 XML 元素转换成 HTML 或 XHTML 元素，也可以利用其语法命令对各元素进行添加、移除或重新排列。Nginx 通过 ngx_http_xslt_module 模块对加载的 XML 进行动态转换。

5.5.1　模块配置指令

XSLT 模块配置指令如表 5-7 所示。

表 5-7　XSLT 模块配置指令

指令名称	指令值格式	默认值	指令说明
xml_entities	path	—	指定定义合法的 XML 文档的 DTD 文件
xslt_last_modified	on 或 off	off	允许保留原始响应头中的属性字段 Last-Modified，默认配置下该字段会被移除
xslt_stylesheet	stylesheet [parameter=value …]	—	定义 XSLT 样式模板文件及传递参数。多个参数用换行符或 ":" 分隔。参数值中的 ":" 转义为 %3A
xslt_param	parameter value	—	定义 XSLT 样式模板的 XPath 表达式参数
xslt_string_param	parameter value	—	定义 XSLT 样式模板的字符串参数
xslt_types	mime-type …	text/xml	设置 XSLT 处理的 MIME 类型

XSLT 样式模板是在 Nginx 启动初始化时加载的，所以 XSLT 样式模板每次变更都需要 Nginx 重载配置。

5.5.2　XSLT 服务器配置样例

本节的配置样例是将 Nginx 利用自动索引功能生成 XML 格式目录列表，通过 XSLT 模板将 XML 数据转换成 Bootstrap 样式的 HTML 表格页面，页面效果如图 5-4 所示。

Nginx XSLT 示例		
文件名	文件大小	文件修改时间
test.zip	200.5K	2019-02-06 20:10:59

图 5-4　XSLT 页面示例图

Nginx 配置样例如下：

```
server {
    listen 8081;
    server_name localhost;
    charset utf-8;
    root /opt/nginx-web/files;
    default_type text/xml;

    location / {
        autoindex on;                                        # 启用自动页面功能
        autoindex_localtime on;                              # 使用Nginx服务器时间
        autoindex_format xml;                                # 自动页面输出格式为XML
        xslt_stylesheet conf/conf.d/example/test2.xslt;      # 引入XSLT模板文件
    }
}
```

页面模板文件 test2.xslt 内容如下：

```
<?xml version="1.0" encoding="UTF-8"?>
<xsl:stylesheet version="1.0" xmlns:xsl="http://www.w3.org/1999/XSL/Transform">
    <xsl:template match="/">
    <html>
    <head>
        <meta content="text/html; charset=UTF-8" http-equiv="Content-Type" />
        <link rel="stylesheet" href="https://cdn.staticfile.org/twitter-bootstrap/
            3.3.7/css/bootstrap.min.css"/>
        <script src="https://cdn.staticfile.org/jquery/2.1.1/jquery.min.js"></script>
        <script src="https://cdn.staticfile.org/twitter-bootstrap/3.3.7/js/bootstrap.
            min.js"></script>
    </head>
    <body>
        <h3>Nginx XSLT示例</h3>
        <table  class="table table-striped table-bordered">
        <thead>
            <th>文件名</th>
            <th>文件大小</th>
            <th>文件修改时间</th>
        </thead>
        <xsl:for-each select="list/*">
        <xsl:sort select="mtime"/>
            <xsl:variable name="name">
                <xsl:value-of select="."/>
```

```
        </xsl:variable>
        <xsl:variable name="size">
            <xsl:if test="string-length(@size) &gt; 0">
                    <xsl:if test="number(@size) &gt; 0">
                        <xsl:choose>
                                <xsl:when test="round(@size div 1024) &lt;
                                    1"><xsl:value-of select="@size" /></xsl:when>
                                <xsl:when test="round(@size div 1048576) &lt;
                                    1"><xsl:value-of select="format-number((@
                                    size div 1024), '0.0')" />K</xsl:when>
                                <xsl:otherwise><xsl:value-of select="format-
                                    number((@size div 1048576), '0.00')" />M</
                                    xsl:otherwise>
                        </xsl:choose>
                    </xsl:if>
            </xsl:if>
        </xsl:variable>
        <xsl:variable name="date">
            <xsl:value-of select="substring(@mtime,1,4)"/>-<xsl:value-
                of select="substring(@mtime,6,2)"/>-<xsl:value-of select=
                "substring(@mtime,9,2)"/><xsl:text> </xsl:text>
            <xsl:value-of select="substring(@mtime,12,2)"/>:<xsl:value-of select=
                "substring(@mtime,15,2)"/>:<xsl:value-of select="substring(@
                mtime,18,2)" />
        </xsl:variable>
    <tr>
        <td><a href=" {$name}" ><xsl:value-of select=" ." /></a></td>
        <td align=" center" ><xsl:value-of select=" $size" /></td>
        <td><xsl:value-of select=" $date" /></td>
    </tr>
    </xsl:for-each>
    </table>
    </body>
    </html>
    </xsl:template>
</xsl:stylesheet>
```

XSLT 样式模板可以引入 CSS、JS 文件，所以它可将 XML 文件渲染成具有更多功能的前端动态页面。

5.6　伪流媒体服务器的搭建

Nginx 支持伪流媒体播放功能，其可以和客户端的 Flash 播放器结合，对以 .flv、.f4f、.mp4、.m4v、.m4a 为扩展名的文件实现流媒体的播放功能。若启用伪流媒体的支持功能，需要按媒体文件格式在配置编译时增加 --with-http_f4f_module、--with-http_flv_module 和 --with-http_mp4_module 这 3 个参数。

5.6.1　模块配置指令

伪流媒体模块配置指令如表 5-8 所示。

表 5-8　伪流媒体模块配置指令

指令名称	指令值格式	默认值	指令说明
f4f	—	—	启用 F4F 文件支持
f4f_buffer_size	size	512k	设置读取 .f4x 索引文件的缓冲区大小
flv	—	—	启用 FLV 文件支持
mp4	—	—	启用 MP4 文件支持
mp4_buffer_size	size	512k	设置处理 MP4 文件的缓冲区大小
mp4_max_buffer_size	size	512k	Metadata 数据处理过程中的最大缓冲区大小
mp4_limit_rate	on 或 off 或 facto	off	限制客户单媒体流请求的最大速率。仅在 Nginx 商业版本中提供
mp4_limit_rate_after	time	60s	客户单媒体流请求的速率达到指定值时开始限速。仅在 Nginx 商业版本中提供

F4F 格式仅在 Nginx 商业版本中提供。

5.6.2　伪流媒体配置样例

伪流媒体配置样例是利用 Nginx 的自动索引功能生成 XML 格式的目录列表，通过 XSLT 生成前端页面，使用 jQuery 插件 video.js 的 Flash 播放器播放 FLV 及 MP4 格式的流媒体文件。页面效果如图 5-5 所示。

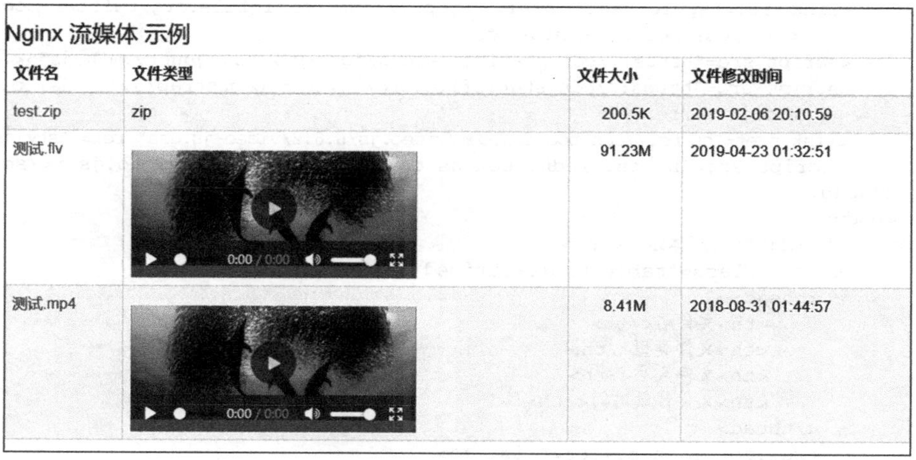

图 5-5　流媒体播放页面

Nginx 配置样例如下：

```
server {
    listen 8081;
    server_name localhost;
    charset utf-8;
    root /opt/nginx-web/files;
    default_type text/xml;

    location / {
        autoindex on;                                    # 启用自动页面功能
        autoindex_localtime on;                          # 使用Nginx服务器时间
        autoindex_format xml;                            # 自动页面输出格式为XML
        xslt_stylesheet conf/conf.d/example/test.xslt;   # 引入XSLT模板文件
    }

    location ~ \.flv$ {
        flv;                                             # FLV文件启用伪流媒体支持
    }
    location ~ \.mp4$ {
        mp4;                                             # MP4文件启用伪流媒体支持
        mp4_buffer_size         1m;                      # MP4文件的缓冲区大小为1MB
        mp4_max_buffer_size     5m;                      # MP4文件最大缓冲区大小为5MB
    }
}
```

文件 test.xslt 内容如下：

```
<?xml version="1.0" encoding="UTF-8"?>
<xsl:stylesheet version="1.0" xmlns:xsl="http://www.w3.org/1999/XSL/Transform">
    <xsl:template match="/">
    <html>
    <head>
        <meta content="text/html; charset=UTF-8" http-equiv="Content-Type" />
        <link rel="stylesheet" href=" https://cdn.staticfile.org/twitter-bootstrap/
            3.3.7/css/bootstrap.min.css"/>
        <script src="https://cdn.staticfile.org/jquery/2.1.1/jquery.min.js"></script>
        <script src="https://cdn.staticfile.org/twitter-bootstrap/3.3.7/js/bootstrap.
            min.js"></script>
        <link href="https://cdn.bootcss.com/video.js/6.6.2/video-js.css" ref=" stylesheet"/>
        <script src="https://cdn.bootcss.com/video.js/6.6.2/video.js"></script>
    </head>
    <body>
        <h3>Nginx流媒体示例</h3>
        <table class="table table-striped table-bordered">
          <thead>
            <th>文件名</th>
            <th>文件类型</th>
            <th>文件大小</th>
            <th>文件修改时间</th>
          </thead>
          <xsl:for-each select="list/*">
            <xsl:sort select="mtime"/>

            <xsl:variable name="name">
```

```
                <xsl:value-of select="."/>
        </xsl:variable>
        <xsl:variable name="ext">
                <xsl:value-of select="substring($name,string-length($name)-2,3)"/>
        </xsl:variable>
        <xsl:variable name="size">
                <xsl:if test="string-length(@size) &gt; 0">
                        <xsl:if test="number(@size) &gt; 0">
                            <xsl:choose>
                                    <xsl:when test="round(@size div 1024) &lt; 1">
                                        <xsl:value-of select="@size" /></xsl:when>
                                    <xsl:when test="round(@size div 1048576) &lt;
                                        1"><xsl:value-of select="format-number((@
                                        size div 1024), '0.0')" />K</xsl:when>
                                    <xsl:otherwise><xsl:value-of select="format-
                                        number((@size div 1048576), '0.00')" />M</
                                        xsl:otherwise>
                            </xsl:choose>
                        </xsl:if>
                </xsl:if>
        </xsl:variable>
        <xsl:variable name="date">
                <xsl:value-of select="substring(@mtime,1,4)"/>-<xsl:value-of select=
                    "substring(@mtime,6,2)"/>-<xsl:value-of select="substring(@
                    mtime,9,2)"/><xsl:text> </xsl:text>
                <xsl:value-of select="substring(@mtime,12,2)"/>:<xsl:value-of
                    select="substring(@mtime,15,2)"/>:<xsl:value-of select="substring(@
                    mtime,18,2)"/>
        </xsl:variable>

    <tr>
        <td>
            <a href="{$name}"><xsl:value-of select="."/></a>
        </td>
        <td>
          <xsl:choose>
            <xsl:when  test="$ext='mp4' or $ext='flv'">
                <video id="example_video_1" class="video-js vjs-default-skin"
                    controls="true" preload="none" width="640" height="264"
                    poster="http://vjs.zencdn.net/v/oceans.png">
                    <source src="{$name}" type="video/mp4"/>
                </video>
            </xsl:when>
            <xsl:otherwise>
                <xsl:value-of select="$ext"/>
            </xsl:otherwise>
          </xsl:choose>
        </td>
        <td align="center"><xsl:value-of select="$size"/></td>
        <td><xsl:value-of select="$date"/></td>
    </tr>
```

```
    </xsl:for-each>
  </table>
</body>
<script>
```

5.7   HTTP 增强协议服务器的搭建

5.7.1   HTTP/2 协议服务

HTTP/2 是 HTTP 协议的 2.0 版本，该协议通过多路复用、请求优化、HTTP 头压缩等功能提升网络传输速度、优化用户体验。HTTP/2 使用二进制分帧层将传输的数据分割为更小的数据和帧，并对它们进行二进制格式编码处理，以实现在不改变 HTTP 现有语义等标准的基础上提升传输性能，从而降低响应延迟、提高请求吞吐的能力。HTTP/2 通过多路复用技术使客户端可以并行发送多个请求，以提高带宽的利用率。HTTP/2 是基于 SPDY 协议设计的，是 SPDY 的演进版本，但其不强制使用 HTTPS 协议，仍可支持 HTTP 明文传输。Nginx 是通过 ngx_http_v2_module 实现 HTTP/2 协议支持的，编译配置时可通过增加参数 --with-http_v2_module 启用 HTTP2 模块。HTTP2 模块配置指令如下。

表 5-9   HTTP2 模块配置指令

指令名称	指令值格式	默认值	指令说明
http2_body_preread_size	size	64k	设置每个请求可用缓冲区的大小，可用于保存请求体数据
http2_chunk_size	size	8k	设置响应体被分割成块的大小，该指令值设置得太小时将消耗服务器资源，太大时会因队列头部阻塞（Head-of-line Blocking, HOL）影响优先级
http2_idle_timeout	time	3m	设置关闭连接后非活动连接超时时间
http2_max_concurrent_pushes	number	10	设置连接中并发推送请求的最大数
http2_max_concurrent_streams	number	128	设置连接中并发 HTTP/2 流的最大数
http2_max_field_size	size	4k	设置 HPACK 压缩请求头字段的最大大小，如果应用了 Huffman 编码，解压缩后的名称和值字符串的实际大小可能会更大
http2_max_header_size	size	16k	设置 HPACK 解压缩后整个请求头列表的最大大小
http2_max_requests	number	1000	设置一个连接多路复用最大请求数
http2_push	uri 或 off	off	设置服务端主动推送的资源 URI，指令值 uri 是推送资源的网站绝对路径
http2_push_preload	on 或 off	off	设置当响应头中有 Link 字段时，是否自动向客户端推送 Link 字段中设置的网站资源
http2_recv_buffer_size	size	256k	设置 Nginx 每个工作进程接收缓冲区的大小
http2_recv_timeout	time	30s	设置等待客户端发送更多数据的超时时间，超过设定时间之后关闭连接

❑ http2_recv_buffer_size 指令可编写在 http 指令域中。

❑ http2_chunk_size、http2_push、http2_push_preload 指令可编写在 http、server、location 指令域中。

❑ 其余的指令可编写在 http、server 指令域中。

HTTP2 服务器推送可以实现将多个资源文件（CSS、JS、图片等）同时发送到客户端，如下页面中包含 style.css 和 nginx.png 两个资源文件。

```
<!DOCTYPE html>
<html>
<meta charset="utf-8">
<title>Nginx HTTPv2 Test</title>
<head>
    <link rel="stylesheet" href="style.css">
</head>
<body>
    <h1>Nginx HTTPv2 Test</h1>
    <img src="nignx.png">
</body>
</html>
```

在没有服务器推送的情况下，客户端通过 3 个 GET 方法获取该页面的所有资源。在启用服务器推送后客户端只需通过一个 GET 方法，就可以获取到该页面的所有资源。配置样例如下：

```
server {
    listen 443 ssl http2 default_server;

    ssl_certificate ssl/www_nginxbar_org.pem;        # 网站证书文件
    ssl_certificate_key ssl/www_nginxbar_org.key;    # 网站证书密钥文件
    ssl_password_file ssl/www_nginxbar_org.pass;     # 网站证书密钥密码文件

    root /opt/nginx-web;

    location / {
        http2_push /style.css                        # 服务端推送
        http2_push /nginx.png                        # 服务端推送
    }
}
```

5.7.2　WebDAV 协议服务

WebDAV(Web-based Distributed Authoring and Versioning) 是基于 HTTP/1.1 的增强协议。该协议使用户可以直接对 Web 服务器进行文件读写，并支持对文件的版本控制和写文件的加锁及解锁等操作。Nginx 通过 ngx_http_dav_module 模块实现对 WebDAV 协议的支持，使用户通过 WebDAV 模块的配置指令实现文件的管理操作，该模块支持 WebDAV 协议的 PUT、DELETE、MKCOL、COPY 和 MOVE 请求方法，在配置编译参数时，需要添加 --with-http_dav_module 参数启用该功能。ngx_http_dav_module 模块的配置指令如表 5-10 所示。

表 5-10　WebDAV 模块配置指令

指令名称	指令值格式	默认值	指令说明
create_full_put_path	on 或 off	off	启用创建目录支持，默认情况下，Put 方法只能在已存在的目录里创建文件
dav_access	users:permissions …	user:rw	设置创建的文件及目录的访问权限，如果定义了 group 或 all 权限，user 设置可省略
dav_methods	off 或 [PUT] [DELETE] [MKCOL] [COPY] [MOVE]	off	指定支持的 WebDAV 方法
min_delete_depth	number	0	允许删除文件及目录的最小层级，小于该层级的文件及目录不允许删除

上述指令都可编写在 http、server、location 指令域中。

Nginx 的自有模块对 WebDAV 协议的支持并不完整，可以通过第三方模块 nginx-dav-ext-module 增加文件特性查找和对写文件的加锁与解锁支持。ngx_http_dav_module 模块的配置指令如表 5-11 所示。

表 5-11　WebDAV 扩展模块配置指令

指令名称	指令值格式	默认值	指令说明
dav_ext_methods	[PROPFIND] [OPTIONS] [LOCK] [UNLOCK]	—	指定支持的 WebDAV 方法
dav_ext_lock_zone	zone=NAME: SIZE [timeout=TIMEOUT]	—	定义存储文件锁的共享内存区域及锁超时时间，默认锁超时时间是 1 分钟
dav_ext_lock	zone=NAME	—	启用 WebDav 的锁操作支持

❏ dav_ext_lock_zone 指令只能编写在 http 指令域中。

❏ dav_methods 和 dav_ext_lock 指令可编写在 http、server、location 指令域中。

❏ WebDAV 协议方法及方法说明如表 5-12 所示。

表 5-12　WebDAV 协议方法

方法名称	文件权限	方法说明
OPTIONS	—	支持 WebDAV 的检索服务方法
GET	读	获取文件
PUT、POST	写	上传文件
DELETE	删除	删除文件或集合
COPY	读、写	复制文件
MOVE	删除、写	移动文件
MKCOL	写	创建由一个或多个文件 URI 组成的新集合
PROPFIND	读	获取一个或多个文件的特性（创建日期、文件作者等），实现文件的查找与管理
LOCK、UNLOCK	写	添加、删除文件锁，实现写操作保护

　　进行 WebDAV 协议的 MOVE / COPY 操作时，会通过 HTTP 请求头属性字段 Destination 指定目标路径，如果客户端请求头中没有字段 Destination，Nginx 会直接报错。为增加服务端兼容性，可以通过第三方模块 headers-more-nginx-module 的 more_set_input_headers 指令在 MOVE / COPY 操作的 HTTP 请求头中强制添加 Destination 字段。

　　WebDAV 协议服务配置过程如下所示。

（1）模块编译

模块编译配置样例如下：

```
# 编译模块
$ ./configure --with-http_dav_module --add-module=../nginx-dav-ext-module --add-
    module=../headers-more-nginx-module
```

（2）设置文件夹权限

文件夹权限配置样例如下：

```
chown -R nobody:nobody /opt/nginx-web/davfile
chmod -R 700 /opt/nginx-web/davfile
```

（3）设置登录账号及密码

登录账号及密码配置样例如下：

```
echo "admin:$(openssl passwd 123456)" >/etc/nginx/conf/.davpasswd
```

（4）Nginx 配置

Nginx 配置样例如下：

```
dav_ext_lock_zone zone=davlock:10m;                     # DAV文件锁内存共享区

server {
    listen 443 ssl http2;                               # 启用HTTPS及HTTP/2提升传输性能
    server_name  dav.nginxbar.org;
    access_log  logs/webdav.access.log  main;
    root    /opt/nginx-web/davfile;

    ssl_certificate ssl/www_nginxbar_org.pem;           # 网站证书文件
    ssl_certificate_key ssl/www_nginxbar_org.key;       # 网站证书密钥文件
    ssl_password_file ssl/www_nginxbar_org.pass;        # 网站证书密钥密码文件
    ssl_session_cache shared:SSL:10m;                   # 会话缓存存储大小为10MB
    ssl_session_timeout  20m;                           # 会话缓存超时时间为20分钟

    client_max_body_size 20G;                           # 最大允许上传的文件大小

    location / {
        autoindex on;
        autoindex_localtime on;

        set $dest $http_destination;
        if (-d $request_filename) {                     # 对目录请求、对URI自动添加“/”
            rewrite ^(.*[^/])$ $1/;
```

```
            set $dest $dest/;
        }

        if ($request_method ~ (MOVE|COPY)) { # 对MOVE|COPY方法强制添加Destination请求头
            more_set_input_headers 'Destination: $dest';
        }

        if ($request_method ~ MKCOL) {
            rewrite ^(.*[^/])$ $1/ break;
        }

        dav_methods PUT DELETE MKCOL COPY MOVE;        # DAV支持的请求方法
        dav_ext_methods PROPFIND OPTIONS LOCK UNLOCK;# DAV扩展支持的请求方法
        dav_ext_lock zone=davlock;                     # DAV扩展锁绑定的内存区域
        create_full_put_path  on;                      # 启用创建目录支持
        dav_access user:rw group:r all:r;              # 设置创建的文件及目录的访问权限

        auth_basic "Authorized Users WebDAV";
        auth_basic_user_file /etc/nginx/conf/.davpasswd;
    }
}
```

主流操作系统均支持 WebDAV 协议，用户既可以直接通过添加网络设备的方式添加 WebDAV 网站目录，也可以使用支持 WebDAV 协议的客户端进行访问。

第 6 章　Chapter 6

Nginx 代理服务应用实战

Nginx 不仅可以搭建 Web 服务器对外提供内容服务，还可以实现对客户端访问的代理功能。代理是客户端请求数据处理的中间角色，它本身并不产生响应数据，只是将客户端的请求转发给目标应用服务器，然后目标应用服务器再将响应数据通过代理返回客户端。Nginx 不仅可以实现 HTTP 协议的代理，还支持 TCP/UDP 及基于 HTTP/2 的 gRPC 代理。

本章的主要内容如下：
❑ HTTP 的正向代理
❑ HTTP 的反向代理
❑ TCP/UDP 反向代理
❑ gRPC 反向代理

6.1　HTTP 代理

代理功能根据应用方式的不同可以分为正向代理和反向代理。正向代理是客户端设置代理地址后，以代理服务器的 IP 作为源 IP 访问互联网应用服务的代理方式；反向代理则是客户端直接访问代理服务器，代理服务器再根据客户端请求的主机名、端口号及 URI 路径等条件判断后，将客户端请求转发到应用服务器获取响应数据的代理方式。

6.1.1　模块指令

Nginx 的 HTTP 代理功能是通过 ngx_http_proxy_module 模块实现的，该模块会被默认构建，无须特殊配置编译参数。配置指令如表 6-1 所示。

表 6-1　HTTP 代理模块配置指令

指令名称	指令值格式	默认值	指令说明
proxy_bind	address [transparent] 或 off	—	设置从指定的本地 IP 地址及端口与被代理服务器建立连接，指令值可以是变量。指令值参数为 transparent 时，允许将客户端的真实 IP 透传给被代理服务器，并将客户端的真实 IP 设置为访问被代理服务器的源 IP；指令值参数为 off 时，取消上一层指令域同名指令的配置
proxy_buffering	on 或 off	on	设置是否启用响应数据缓冲区
proxy_buffers	number size	4k 或 8k	设置每个连接从被代理服务器接收响应数据的缓冲区数量及单个缓冲区的大小。默认单个缓冲区的大小与操作系统的单个内存页（Page Size）的大小相等。缓冲区至少有 2 个
proxy_buffer_size	size	4k 或 8k	设置用于读取被代理服务器响应数据第一部分的缓冲区大小，默认值等于操作系统的单个内存页的大小
proxy_busy_ buffers_size	size	8k 或 16k	当每个连接从被代理服务器接收响应数据时，限制 proxy_buffers 设置的缓冲区中可用于向客户端发送响应数据的缓冲区大小，以使其余的缓冲区用于从被代理服务器接收响应数据。该值必须大于单个缓冲区或 proxy_buffer_size 的大小，小于总缓冲区减掉一个缓冲区的大小。默认值为单个缓冲区大小的 2 倍
proxy_limit_rate	rate	0	限制从被代理服务器读取响应的每个请求的流量速度，单位是字节 / 秒，指令值为 "0" 时表示不限制。该指令只有在 proxy_buffering 启用时才有效
proxy_max_ temp_file_size	size	1024m	当响应数据超出响应数据缓冲区的大小时，超出部分数据将存储到临时文件中。该指令设置临时文件的最大值，指令值为 "0" 时，关闭存储临时文件的功能。该值必须大于单个缓冲区或 proxy_buffer_size 的大小
proxy_temp_ file_write_size	size	8k 或 16k	限制一次写入临时文件的数据大小，默认值为 2 个缓冲区的大小。在默认配置下，缓冲区大小由 proxy_ buffer_size 和 proxy_buffers 指令配置限制，最大值是 proxy_max_temp_file_size 指令的值
proxy_temp_path	path [level1 [level2 [level3]]]	proxy_temp	设置临时文件存储目录
proxy_ request_buffering	on 或 off	on	设置是否将请求转发给被代理服务器之前，先从客户端读取整个请求体。若禁用该功能，Nginx 接收到请求体时会立即转发给被代理服务器，已经发送请求体的请求，将无法使用 proxy_next_upstream 指令功能。对于基于 HTTP/1.1 协议的分块传输请求，会强制读取完整请求体
proxy_pass	address	—	设置连接被代理服务器的协议、IP 地址或套接字，也可以是域名或 upstream 定义的服务器组
proxy_method	method	—	将当前客户端的请求方法改为指令值设定的请求方法，并向被代理服务器发送请求

（续）

指令名称	指令值格式	默认值	指令说明
proxy_pass_request_body	on 或 off	on	设置是否将客户端请求体传递给被代理服务器
proxy_pass_request_headers	on 或 off	on	设置是否将客户端请求头传递给被代理服务器
proxy_set_header	field value	—	在转发给被代理服务器前，修改或添加客户端的请求头属性字段
proxy_set_body	value	—	修改客户端的请求体为指令值指定的内容，指令值可以是文本、变量及其组合
proxy_redirect	default 或 off 或 redirect replacement	default	替换被代理服务器返回的响应头中属性字段 location 或 Refresh 的值，并返回给客户端。指令值为 default 时，使用 proxy_pass 指令值的内容进行替换
proxy_cookie_domain	off 或 domain replacement	off	修改被代理服务器返回的响应头属性字段 Set-Cookie 中 domain 的内容，支持正则及变量
proxy_cookie_path	off 或 path replacement	off	修改被代理服务器返回的响应头属性字段 Set-Cookie 中 path 的内容，支持正则及变量
proxy_force_ranges	on 或 off	off	无论被代理服务器的 HTTP 响应头中是否有属性字段 Accept-Ranges，都启用 byte-range 请求支持
proxy_hide_header	field	—	指定被代理服务器响应数据中不向客户端传递的 HTTP 头字段名称
proxy_pass_header	field	—	默认配置下 Nginx 不会将头属性字段 Status 和 X-Accel-… 传递给客户端，可通过该指令开放传递
proxy_headers_hash_bucket_size	size	64	设置指令 proxy_set_header 及 proxy_hide_header 使用哈希表的桶的大小
proxy_headers_hash_max_size	size	512	设置指令 proxy_set_header 及 proxy_hide_header 使用哈希表的大小
proxy_ignore_headers	field …	—	设置 Nginx 对被代理服务器响应头包含指定字段时，不执行响应操作。如 Expires 和 Cache-Control
proxy_send_lowat	size	0	设置 FreeBSD 系统中，使用 kqueue 驱动时 socket 接口 SO_SNDLOWAT 选项的大小。在 Linux、Solaris 及 Windows 平台，该指令无效
proxy_connect_timeout	time	60s	Nginx 与被代理服务器建立连接的超时时间，通常不应该超过 75s，与请求是否返回响应无关
proxy_read_timeout	time	60s	在连续两个从被代理服务器接收数据的读操作之间的间隔时间超过设置的时间时，将关闭连接
proxy_send_timeout	time	60s	在连续两个发送到被代理服务器的操作之间的间隔时间超过设置的时间时，将关闭连接
proxy_ignore_client_abort	on 或 off	off	设置当客户端未接收响应就关闭连接时，是否关闭 Nginx 与被代理服务器的连接。默认配置下，Nginx 会记录日志响应码 499，并关闭连接

（续）

指令名称	指令值格式	默认值	指令说明
proxy_http_version	1.0	1.0 或 1.1	设置用于代理的 HTTP 协议版本，若使用 keepalive 或 NTLM 认证，建议指令值设置为 1.1
proxy_socket_keepalive	on 或 off	off	设置 Nginx 与被代理服务器的 TCP keepalive 行为的心跳检测机制，默认使用操作系统的 socket 配置。若指令值为 on，则开启 SO_KEEPALIVE 选项进行心跳检测
proxy_intercept_errors	on 或 off	off	当指令值为 on 时，将拦截被代理服务器响应码大于或等于 300 的结果，error_page 指令可对该结果做后续处理；当指令值为 off 时，直接返回给客户端
proxy_next_upstream	error、timeout、invalid_header、http_500、http_502、http_503、http_504、http_403、http_404、http_429、non_idempotent、off …	error timeout	当出现指令值中指定的条件时，将未返回响应的客户端请求传递给 upstream 中的下一个服务器
proxy_next_upstream_timeout	time	0	设置将符合条件的客户端请求传递给 upstream 中下一个服务器的超时时间。"0" 为不做超时限制，此时须遍历完所有上游服务器组中的服务器
proxy_next_upstream_tries	number	0	设置将符合条件的客户端请求传递给 upstream 中下一个服务器的尝试次数，包括第一次失败次数。"0" 为不做尝试次数限制，此时须遍历完所有上游服务器组中的服务器
proxy_ssl_protocols	[SSLv2] [SSLv3] [TLSv1] [TLSv1.1] [TLSv1.2] [TLSv1.3]	TLSv1 TLSv1.1 TLSv1.2	指定可用于 Nginx 与被代理服务器建立 SSL 连接的 SSL 协议版本
proxy_ssl_server_name	on 或 off	off	在与被代理服务器建立 HTTPS 连接时，设置是否启用通过 SNI 或 RFC 6066 传递主机名
proxy_ssl_ciphers	ciphers	DEFAULT	设置与被代理服务器建立 SSL 连接时用于协商使用的加密算法组合，又称密码套件，指令值内容为 openssl 的密码套件名称，多个套件名称由 ":" 分隔
proxy_ssl_session_reuse	on 或 off	off	决定是否启用与被代理服务器 HTTPS 连接的 SSL 会话重用功能
proxy_ssl_certificate	file	—	指定被代理服务器对 Nginx 服务器身份验证的 PEM 格式 SSL 证书文件
proxy_ssl_certificate_key	file	—	指定被代理服务器对 Nginx 服务器身份验证的 PEM 格式 SSL 证书私钥文件
proxy_ssl_password_file	file	—	存放被代理服务器对 Nginx 服务器身份验证的 PEM 格式 SSL 证书私钥文件的密码文件，一个密码一行。有多个密码时，Nginx 会依次尝试

（续）

指令名称	指令值格式	默认值	指令说明
proxy_ssl_verify	on 或 off	off	设置是否启用对被代理服务器的 SSL 证书验证功能
proxy_ssl_crl	file	—	证书吊销列表文件，用以验证被代理服务器 SSL 证书有效性的 PEM 格式文件
proxy_ssl_trusted_certificate	file	—	指定一个 PEM 格式 CA 证书（根或中间证书）文件，该证书用作被代理服务器的证书链验证
proxy_ssl_name	name	$proxy_host	指定对被代理服务器 SSL 证书验证的主机名
proxy_ssl_verify_depth	number	1	设置对被代理服务器 SSL 证书链的验证深度

- ❑ ngx_http_proxy_module 模块与缓存相关指令请参见第 7 章。
- ❑ 在 ngx_http_proxy_module 模块指令列表中，除 proxy_pass 指令以外，其余指令使用的指令域范围都是 http、server 或 location。
- ❑ 缓冲区的大小默认为操作系统中单个内存页的大小，在 CentOS 下可通过如下命令查询：

```
getconf PAGE_SIZE
```

- ❑ proxy_next_upstream 指令值中，当 non_idempotent 参数启用时，请求方法 POST、LOCK、PATCH 在出现错误时，也可以向下一个服务器重复提交。

6.1.2　正向代理

正向代理是客户端设置代理地址后，通过将代理服务器的 IP 作为源 IP 访问互联网应用服务的代理方式。通过对正向代理访问设置，可以实现限制客户端的访问行为、下载速度、访问记录统计、隐藏客户端信息等目的。实现原理如图 6-1 所示。

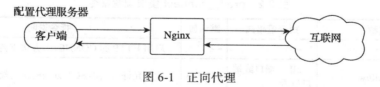

图 6-1　正向代理

1. HTTP 的正向代理

Nginx 的 proxy 模块可以实现基础的 HTTP 代理功能。配置样例如下：

```
map $host $deny {
    hostnames;
    default 0;
    www.google.com 1;                          # 禁止访问www.google.com
}

server {
    listen 8080;
    resolver 114.114.114.114;
```

```
resolver_timeout 30s;
access_log logs/proxy_access.log;                    # 记录访问日志
location / {

    if ( $deny ) {
        return 403;                                 # 被禁止访问的网址返回403错误
    }
    proxy_limit_rate    102400;                     # 限制客户端的下载速率是100KB/s
    proxy_buffering on ;                            # 启用代理缓冲
    proxy_buffers   8 8k;                           # 代理缓冲区大小为64KB
    proxy_buffer_size   8k;                         # 响应数据第一部分的缓冲区大小为8KB
    proxy_busy_buffers_size 16k;                    # 向客户端发送响应的缓冲区大小16KB
    proxy_temp_file_write_size  16k;               # 一次写入临时文件的数据大小为16KB

    # 设置所有代理客户端的agent
    proxy_set_header User-Agent "Mozilla/5.0 (Windows; U; Windows NT 5.1; zh-
        CN; rv:1.8.1.14) Gecko/20080404 Firefox/2.0.0.14" ;

    proxy_set_header Host $http_host;
    proxy_connect_timeout    70s;                   # 代理连接超时时间
    proxy_http_version   1.1;                       # 代理协议为http/1.1
    proxy_pass $scheme://$http_host$request_uri;   # 代理到远端服务器
}
}
```

2. HTTPS 的正向代理

Nginx 默认不支持 HTTP 的 CONNECT 方法，所以无法实现 HTTPS 的正向代理的功能，若要实现 Nginx 的 HTTPS 的正向代理功能，需要添加一个第三方模块 ngx_http_proxy_connect_module，实现 HTTPS 的正向代理支持。对于该模块，官网提示可支持到 Nginx 1.15.8 版本，但实测 Nginx 的 1.17.0 版本也可以编译通过。模块配置指令如表 6-2 所示。

表 6-2　proxy_connect 模块配置指令

指令名称	指令值格式	默认值	指令说明
proxy_connect	—	—	启用 HTTP 的 CONNECT 方法支持
proxy_connect_allow	all 或端口或端口范围	443 563	设置允许 CONNECT 方法的访问端口
proxy_connect_timeout	time	—	设置与被代理服务器建立连接的超时时间
proxy_connect_read_timeout	time	60s	在连续两个从被代理服务器接收数据的操作之间的间隔时间超过设置的时间时，将关闭连接
proxy_connect_send_timeout	time	60s	在连续两个发送到被代理服务器的操作之间的间隔时间超过设置的时间时，将关闭连接
proxy_connect_address	address 或 off	none	设置代理服务器的 IP 地址，指令值可以是变量。指令值 off 等于 none
proxy_connect_bind	address [transparent] 或 off	none	设置从指定的本地 IP 地址及端口号与被代理服务器建立连接，指令值不能是变量。transparent 参数启用时，将会允许以非 Nginx 的客户端 IP 为源 IP 访问被代理服务器。指令值 off 等于 none

proxy_connect 模块指令使用的指令域范围为 server。模块编译如下：

```
yum -y install patch
git clone https://github.com/chobits/ngx_http_proxy_connect_module.git
cd nginx
patch -p1 < ../ngx_http_proxy_connect_module/patch/proxy_connect_rewrite_101504.patch
./configure --add-module=../ngx_http_proxy_connect_module
```

配置样例如下：

```
server {
    listen 8080;
    resolver 114.114.114.114;
    resolver_timeout 30s;
    access_log logs/proxy_access.log                 # 记录访问日志

    proxy_connect;                                   # 启用HTTP的CONNECT方法支持
    proxy_connect_allow            all;              # 允许所有端口
    proxy_connect_connect_timeout  60s;              # 与互联网网站建立连接的超时时间

    location / {
        proxy_buffering on ;                         # 启用代理缓冲
        proxy_buffers    8 8k;                       # 代理缓冲区的大小为64KB
        proxy_buffer_size    8k;                     # 响应数据第一部分的缓冲区的大小为8KB
        proxy_busy_buffers_size 16k;                 # 向客户端发送响应的缓冲区的大小16KB
        proxy_limit_rate    102400;                  # 限制客户端的下载速率是100KB/s
        proxy_temp_file_write_size  16k;             # 一次写入临时文件的数据大小为16KB

        # 设置所有代理客户端的agent
        proxy_set_header    User-Agent  "Mozilla/5.0 (Windows; U; Windows NT 5.1;
zh-CN; rv:1.8.1.14) Gecko/20080404 Firefox/2.0.0.14"  ;

        proxy_set_header Host $host;
        proxy_connect_timeout    70s;                # 代理连接
        proxy_http_version  1.1;                     # 代理协议为http/1.1
        proxy_pass $scheme://$http_host$request_uri;# 代理到远端服务器
    }
}

## 本地测试
curl -x 127.0.0.1:8080  https://www.baidu.com
```

各浏览器可以通过代理功能配置使用 Nginx 代理服务器访问互联网服务器。

6.1.3　HTTP 的反向代理

反向代理是用户客户端访问代理服务器后，被反向代理服务器软件按照一定的规则从一个或多个被代理服务器中获取响应资源并返回给客户端的代理模式，客户端只知道代理服务器的 IP，并不知道后端服务器的 IP，原因是代理服务器隐藏了被代理服务器的信息。因为编写 Nginx 的反向代理配置时，被代理服务器通常会被编写在 upstream 指令域中，所以被代理服务器也被称为上游服务器。实现原理如图 6-2 所示。

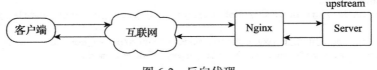

图 6-2　反向代理

为方便反向代理的配置，此处把通用的代理配置写在 proxy.conf 文件中。在使用时，通过主配置文件 nginx.conf 用 include 指令引入。文件 proxy.conf 的内容如下：

```
cat >proxy.conf<<EOF

proxy_buffering on;              # 启用响应数据缓冲区
proxy_buffers 8 8k;             # 设置每个HTTP请求读取上游服务器响应数据缓冲区的大小为64KB
proxy_buffer_size 8k;          # 设置每个HTTP请求读取响应数据第一部分缓冲区的大小为8KB
proxy_busy_buffers_size 16k;   # 接收上游服务器返回响应数据时，同时用于向客户端发送响应的缓
                               #   冲区的大小为16KB
proxy_limit_rate 0;            # 不限制每个HTTP请求每秒读取上游服务器响应数据的流量
proxy_request_buffering on;    # 启用客户端HTTP请求读取缓冲区功能
proxy_http_version 1.1;        # 使用HTTP 1.1版本协议与上游服务器建立通信
proxy_connect_timeout 5s;      # 设置与上游服务器建立连接的超时时间为5s
proxy_intercept_errors on;     # 拦截上游服务器中响应码大于300的响应处理
proxy_read_timeout 60s;        # 从上游服务器获取响应数据的间隔超时时间为60s
60sproxy_send_timeout 60s;     # 向上游服务器发送请求的间隔超时时间为60s

# 设置发送给上游服务器的头属性字段Host为客户端请求头头字段Host的值
proxy_set_header    Host              $host:$server_port;

# 设置发送给上游服务器的头属性字段Referer为客户端请求头头字段的值Host
proxy_set_header    Referer           $http_referer;

# 设置发送给上游服务器的头属性字段Cookie为客户端请求头头字段的值Host
proxy_set_header    Cookie            $http_cookie;

# 设置发送给上游服务器的头属性字段X-Real-IP为客户端的IP
proxy_set_header    X-Real-IP         $remote_addr;

# 设置发送给上游服务器的头属性字段X-Forwarded-For为客户端请求头的X-Forwarded-For的
# 值，如果没有该字段，则等于$remote_addr
proxy_set_header    X-Forwarded-For   $proxy_add_x_forwarded_for;

# 设置发送给上游服务器的头属性字段X-Forwarded-Proto为请求协议的值
proxy_set_header    X-Forwarded-Proto $scheme;

EOF
```

在 nginx.conf 的 http 指令域中引入该文件，配置样例如下：

```
http {
    ...
```

```
    include proxy.conf
    include conf.d/*.conf
}
```

Nginx 的指令支持在指令域中对上级指令域指令的继承和修改，若对 proxy.conf 有特殊配置需求的，可在对应的 server 指令域中添加同名指令。

反向代理的配置样例如下：

```
server {
    listen        8088;
    access_log  logs/proxy.access.log  main;

    tcp_nodelay off;                        # 因启用缓冲区功能，所以关闭立刻发送功能

    location ~ ^/ {
        proxy_force_ranges on;        # 强制启用字节范围请求支持
        proxy_pass    http://192.168.2.145:8082;
        break;
    }
}
```

6.1.4　HTTPS 的反向代理

HTTPS 通过加密通道保护客户端与服务端之间的数据传输，已成为当前网站部署的必选配置。在部署有 Nginx 代理集群的 HTTPS 站点，通常会把 SSL 证书部署在 Nginx 的服务器上，然后把请求代理到后端的上游服务器。这种部署方式由 Nginx 服务器负责 SSL 请求的运算，相对减轻了后端上游服务器的 CPU 运算量，这种方式也被称为 SSL 终止（SSL Termination）。因 Nginx 启用了对 TSL SNI（Server Name Identification）技术的支持，所以在同一服务器上可以安装多个绑定不同域名的 SSL 证书，使其可以在 Nginx 服务器上统一部署，同时也极大地方便了证书的管理和维护。

由 Nginx 服务器实现 SSL 终止的 HTTPS 的反向代理的常见方式有两种，一种是由 Nginx 通过 HTTP 方式与被代理服务器建立连接；另一种是由 Nginx 通过 HTTPS 方式与被代理服务器建立连接。由 Nginx 通过 HTTP 方式与被代理服务器建立连接的部署方式为客户端→Nginx 服务器（HTTPS）→上游服务器（HTTP），配置样例如下：

```
server {
    listen 443 ssl;
    server_name www.nginxbar.org;
    charset utf-8;
    access_log  logs/sslproxy.access.log  main;

    tcp_nodelay off;                                # 因启用缓冲区功能，所以关闭立刻发送功能

    ssl_certificate ssl/www_nginxbar_org.pem;      # 网站证书文件
    ssl_certificate_key ssl/www_nginxbar_org.key;  # 网站证书密钥文件

    ssl_session_cache shared:SSL:10m;              # 会话缓存的存储大小为10MB
```

```
ssl_session_timeout  10m;                          # 会话缓存的超时时间为10分钟
ssl_session_tickets on;                            # 设置会话凭证为会话缓存机制
ssl_session_ticket_key  ssl/session_ticket.key;   # 设置会话凭证密钥文件

location ~ ^/ {
    proxy_pass   http://192.168.2.145:8082;
    break;
}
}
```

按照上面的配置，Nginx 服务器与后端的上游服务器之间仍然采用的是 HTTP 透明传输，虽然可以与上游服务器部署在同一内网，但数据传输仍是不安全的。为了提高传输安全性，建议在上游服务器也开启 HTTPS 协议，实现全链路的安全数据传输。由 Nginx 通过 HTTPS 方式与被代理服务器建立连接的配置样例场景如下。

在配置样例的场景中有两个 HTTPS 节点，为方便举例说明配置指令的功能及配置指令中所用的 SSL 证书的区别，共设计了 3 个 SSL 证书并通过自签证书的方式进行签发，部署方式如图 6-3 所示。

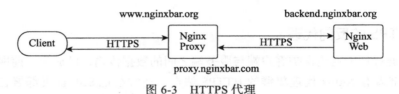

图 6-3　HTTPS 代理

❑ www.nginxbar.org 证书为对外网站的域名证书，用于给用户提供身份验证。

❑ backend.nginxbar.org 证书为被代理服务器的域名证书，用于给 Nginx 服务器提供身份验证。

❑ proxy.nginxbar.com 证书为 Nginx 服务器的域名证书，用于给被代理服务器提供身份验证。

自签证书命令如下：

```
# 生成自建根域nginxbar.org证书
openssl req -new -x509 -out /etc/nginx/conf/ssl/root.pem -keyout
/etc/nginx/conf/ssl/root.key -days 3650 -subj
"/C=CN/ST=Shanghai/L=Shanghai/O=nginxbar/OU=admin/CN=nginxbar.org/emailAddress=
 admin@nginxbar.org"

# 域名www.nginxbar.org生成请求文件，面向用户端的域名请求文件
openssl req -out /etc/nginx/conf/ssl/www_nginxbar_org.csr -new -sha256
-newkey rsa:2048 -nodes -keyout /etc/nginx/conf/ssl/www_nginxbar_org.key
-subj
"/C=CN/ST=Shanghai/L=Shanghai/O=nginxbar/OU=www/CN=www.nginxbar.org/emailAddress=
 www@nginxbar.org"

# 颁发自签域名www.nginxbar.org证书，面向用户端的域名证书
openssl x509 -req -in /etc/nginx/conf/ssl/www_nginxbar_org.csr -out
```

```
/etc/nginx/conf/ssl/www_nginxbar_org.pem -CA /etc/nginx/conf/ssl/root.pem
-CAkey /etc/nginx/conf/ssl/root.key  -CAcreateserial -days 3650

# 域名backend.nginxbar.org生成请求文件，后端上游服务器的SSL请求文件
openssl req -out /etc/nginx/conf/ssl/backend_nginxbar_org.csr -new -sha256
-newkey rsa:2048 -nodes -keyout
/etc/nginx/conf/ssl/backend_nginxbar_org.key -subj
"/C=CN/ST=Shanghai/L=Shanghai/O=nginxbar/OU=backend/CN=backend.nginxbar.org/
 emailAddress=backend@nginxbar.org"

# 颁发自签域名backend.nginxbar.org证书，后端上游服务器的SSL证书
openssl x509 -req -in /etc/nginx/conf/ssl/backend_nginxbar_org.csr -out
/etc/nginx/conf/ssl/backend_nginxbar_org.pem -CA
/etc/nginx/conf/ssl/root.pem -CAkey /etc/nginx/conf/ssl/root.key
-CAcreateserial -days 3650

# 生成自建根域nginxbar.com证书，该域名仅为方便区分代理端和后端证书使用，实际使用时可以使用一个根证书
openssl req -new -x509 -out /etc/nginx/conf/ssl/proxy_root.pem -keyout
/etc/nginx/conf/ssl/proxy_root.key -days 3650 -subj
"/C=CN/ST=Shanghai/L=Shanghai/O=nginxbar/OU=admin/CN=nginxbar.com/emailAddress=
 admin@nginxbar.com"

# 域名proxy.nginxbar.com生成请求文件，Nginx服务器的SSL代理请求文件
openssl req -out /etc/nginx/conf/ssl/proxy_nginxbar_com.csr -new -sha256
-newkey rsa:2048 -nodes -keyout /etc/nginx/conf/ssl/proxy_nginxbar_com.key
-subj  "/C=CN/ST=Shanghai/L=Shanghai/O=nginxbar/OU=proxy/CN=proxy.nginxbar.com
/emailAddress=proxy@nginxbar.com"

# 颁发自签域名proxy.nginxbar.com证书，Nginx服务器的SSL代理证书
openssl x509 -req -in /etc/nginx/conf/ssl/proxy_nginxbar_com.csr -out
/etc/nginx/conf/ssl/proxy_nginxbar_com.pem -CA
/etc/nginx/conf/ssl/proxy_root.pem -CAkey
/etc/nginx/conf/ssl/proxy_root.key  -CAcreateserial -days 3650
```

Nginx 代理服务器的配置如下：

```
resolver 114.114.114.114 valid=300s;          # DNS服务器地址
resolver_timeout 5s;                          # DNS解析的超时时间为5s

server {
    listen      443 ssl;
    server_name www.nginxbar.org;
    access_log  logs/sslproxy2_access.log  main;

    ssl_certificate ssl/www_nginxbar_org.pem;      # 网站www.nginxbar.org证书文件
    ssl_certificate_key ssl/www_nginxbar_org.key;  # 网站www.nginxbar.org证书密钥文件

    ssl_session_cache shared:SSL:10m;         # 会话缓存的存储大小为10MB
    ssl_session_timeout  10m;                 # 会话缓存的超时时间为10分钟
    ssl_session_tickets on;                   # 设置会话凭证为会话缓存机制
    ssl_session_ticket_key ssl/session_ticket.key;  # 设置会话凭证密钥文件
```

```
location / {
    proxy_pass                      https://backend.nginxbar.org;   # 被代理服务器的地址
    proxy_ssl_certificate           ssl/proxy_nginxbar_com.pem;     # 代理服务器的客户端证书
                                                                    # 文件
    proxy_ssl_certificate_key       ssl/proxy_nginxbar_com.key;     # 代理服务器的客户端证书
                                                                    # 密钥文件

    proxy_ssl_protocols       TLSv1 TLSv1.1 TLSv1.2;
    proxy_ssl_ciphers         HIGH:!aNULL:!MD5;

    proxy_ssl_verify          on;                 # 启用验证被代理服务器的证书
    proxy_ssl_trusted_certificate ssl/root.pem;   # 用于验证被代理服务器的主机名backend.
                                                  # nginxbar.org的根证书
    proxy_ssl_verify_depth    2;                  # 证书验证深度为2
    proxy_ssl_session_reuse on;                   # SSL连接启用会话重用
    }
}
```

Nginx Web 服务器配置如下：

```
server {
    listen      443 ssl;
    server_name backend.nginxbar.org;
    access_log  logs/sslbackend_access.log  main;

    ssl_certificate        ssl/backend_nginxbar_org.pem;# 网站backend.nginxbar.org证书文件
    ssl_certificate_key    ssl/backend_nginxbar_org.key;# 网站backend.nginxbar.org证书密钥
                                                        # 文件
    ssl_verify_client      on;                          # 启用对Nginx服务的证书验证
    ssl_client_certificate ssl/proxy_root.pem;          # 用以验证Nginx服务器主机名
                                                        # proxy.nginxbar.com的根证书
    ssl_verify_depth       2;                           # 证书验证深度为2

    ssl_session_cache shared:SSL:10m;                   # HTTPS会话缓存的存储大小为10MB
    ssl_session_tickets off;                            # 以会话编号机制实现会话缓存
    ssl_session_timeout 10m;                            # 会话缓存的超时时间为10分钟

    charset utf-8;
    root /opt/nginx-web;
    index index.html index.htm;
}
```

HTTPS 相关介绍请参见 5.2 节。

6.1.5 反向代理的真实客户端 IP

客户端在访问互联网应用服务器时，与真实的应用服务器之间会因为有多层反向代理，而导致真实应用服务器获取的仅是最近一层的反向代理服务器 IP。为使 Nginx 后端的上游服务器可以获得真实客户端 IP，Nginx 提供了 ngx_http_realip_module 模块用以实现真实客户端 IP 的获取及传递的功能。通过该模块提供的配置指令，用户可以手动设置上层反向代理服务器的 IP 作为授信 IP，Nginx 服务器根据配置指令的配置排除授信 IP，而甄别出真实的客户端 IP 进行日志记录，并传递给上游服务器。模块配置指令如表 6-3 所示。

表 6-3　真实客户端 IP 模块配置指令

指令名称	指令值格式	默认值	指令说明
set_real_ip_from	address 或 CIDR 或 unix	—	设置授信 IP、IP 网段或 UNIX 套接字
real_ip_header	field 或 X-Real-IP 或 X-For-warded-For 或 proxy_protocol	X-Real-IP	通过指定的 HTTP 头字段获取真实客户端 IP
real_ip_recursive	on 或 off	off	当客户端经多层反向代理到达当前服务器时，指定的 HTTP 头字段中会有多个 IP 地址。默认会以最后一个 IP 为真实客户端 IP，当指令值为 on 时，会以最后一个非授信 IP 为真实客户端 IP

该模块指令使用的指令域范围为 http、server、location。配置样例如下：

```
server {
    listen         8088;
    access_log  logs/proxy.access.log  main;

    set_real_ip_from 192.168.2.159;      # 设置192.168.2.159为授信IP
    real_ip_header X-Forwarded-For;      # 通过HTTP头字段X-Forwarded-For获取真实客户端IP
    real_ip_recursive on;                # 以最后一个非授信IP为真实客户端IP

    tcp_nodelay off;                     # 因启用缓冲区功能，所以关闭立刻发送功能

    location ~ ^/ {
        proxy_force_ranges on;           # 强制启用字节范围请求支持
        proxy_pass   http://192.168.2.145:8082;
        break;
    }
}
```

6.2　TCP/UDP 代理

Nginx 通过 stream 模块提供了对 TCP/UDP 代理的支持，stream 模块是在 Nginx 1.9.0 版本上开始添加的，该模块在 Nginx 配置文件配置中增加了 stream 指令域，通过在 stream 指令域中对指令的配置，实现 TCP/UDP 协议的代理功能。

6.2.1　stream 核心模块

Nginx 的 TCP/UDP 代理功能的模块分为核心模块和辅助模块，核心模块 stream 需要在编译配置时增加 "--with-stream" 参数进行编译。核心模块的全局配置指令如表 6-4 所示。

表 6-4　stream 核心模块配置指令

参数名称	指令值格式	默认值	参数说明
listen	address:port [ssl] [udp] [proxy_protocol] [backlog=number] [rcvbuf=size]	—	stream 监听协议及端口

（续）

参数名称	指令值格式	默认值	参数说明
listen	[sndbuf=size] [bind] [ipv6only=on 或 off] [reuseport] [so_keepalive=on 或 off 或 [keepidle]:[keepintvl]:[keepcnt]]	—	stream 监听协议及端口
preread_buffer_size	size	16k	设置每个会话数据预读缓冲区的大小
preread_timeout	timeout	30s	设置每个会话数据预读取的超时时间
proxy_protocol_timeout	timeout	30s	读取代理协议头的超时时间
resolver	address … [valid=time] [ipv6=on 或 off]	—	域名解析服务器地址
resolver_timeout	time	30s	域名解析超时时间
tcp_nodelay	on 或 off	on	启用或关闭立即发送数据（tcp_nodelay）选项
variables_hash_bucket_size	size	64	设置变量哈希表中桶的大小
variables_hash_max_size	size	1024	设置变量哈希表的最大值

- ❏ 指令 listen 使用的指令域范围为 server。
- ❏ 指令 variables_hash_bucket_size 和 variables_hash_max_size 使用的指令域范围为 stream。
- ❏ stream 核心模块其余指令使用的指令域范围为 stream、server。
- ❏ resolver 指令值可填写多个域名解析服务器地址，各个地址用空格分隔。
- ❏ listen 指令值参数如表 6-5 所示。

表 6-5　listen 指令值参数

参数名称	默认值	参数说明
ssl	—	在指定监听端口上启用 SSL 协议支持
udp	—	在指定监听端口上启用 UDP 协议支持
proxy_protocol	—	在指定监听端口上启用 proxy_protocol 协议支持
backlog	−1/511	设置挂起连接队列的最大长度，在 FreeBSD、DragonFly BSD 和 macOS 操作系统上，设置默认值为 −1，其他平台为 511
rcvbuf	—	设置套接字（socket）接收缓冲区（SO_RCVBUF 选项）的大小，Linux 操作系统下默认值为内核参数 net.core.rmem_default 的值
sndbuf	—	设置套接字（socket）发送缓冲区（SO_SNDBUF 选项）的大小，Linux 操作系统下默认值为内核参数 net.core.wmem_default 的值
bind	—	address:port 指定 IP 及端口
ipv6only	on	只接收 IPv6 连接，或接收 IPv6 和 IPv4 连接
reuseport	—	在默认情况下，所有的工作进程都会共享一个 socket 去监听同一 IP 和端口的组合。该参数启用后，允许每个工作进程由独立的 socket 去监听同一 IP 和端口的组合，内核会对传入的连接进行负载均衡。目前，它只适用于 Linux 3.9+、DragonFly BSD 和 FreeBSD 12+
so_keepalive	off	配置监听的端口启用 TCP keepalive 机制时的心跳检测参数。当指令值为 on 时，默认等同于 so_keepalive=30m::10，表示 30 分钟无数据传输时发送探测包，总共发送 10 次，发送时间间隔为系统内核参数 tcp_keepalive_intvl 的设定值

配置样例如下：

```
stream {
    resolver 114.114.114.114 valid=300s;
    resolver_timeout 2s;

    upstream backend {
        server 192.168.0.1:333;
        server www.example.com:333;
    }

    server {
        listen 127.0.0.1:333 udp reuseport;
        proxy_timeout 20s;
        proxy_pass backend;
    }

    server {
        listen [::1]:12345;
        proxy_pass unix:/tmp/stream.socket;
    }
}
```

6.2.2　stream 辅助模块

（1）ngx_stream_map_module

该模块的功能是在客户端每次连接时，Nginx 按照 map 指令域中源变量的当前值，把设定的对应值赋给新变量。该指令的语法格式如下：

```
map  源变量  新变量{}
```

❑ 这个指令使用的指令域只有 stream。

❑ 指令值参数如表 6-6 所示。

表 6-6　map 指令值参数

参数名称	参 数 值
default	为新变量指定一个默认值。若不指定这个参数，新变量默认值为空
hostnames	当源变量为主机名时，允许使用主机名前缀或后缀对源变量值进行匹配
include	引入一个外部文件作为 map 的指令域内容
volatile	map 默认创建的是可被缓存的变量，启用该参数后，创建的为不可被缓存的变量

❑ map 指令域中，当源变量值存在相同匹配项时，匹配的顺序如下：

　　○ 完全匹配的字符串；

　　○ 有主机前缀的最长字符串；

　　○ 有主机后缀的最长字符串；

❍ 在指令域中按自上而下的顺序最先匹配到的正则表达式；

❍ default 参数给定的默认值。

map 哈希表大小指令如表 6-7 所示。

表 6-7　map 哈希表大小指令

名　称	map 哈希表大小指令
指令	map_hash_max_size
作用域	stream
默认值	2048
指令说明	map 指令中，存储变量的哈希表的大小

map 哈希桶大小指令如表 6-8 所示。

表 6-8　map 哈希桶大小指令

名　称	map 哈希桶大小指令
指令	map_hash_bucket_size
作用域	stream
默认值	32、64 或 128
指令说明	map 指令中，存储变量的哈希桶的大小

配置样例如下：

```
stream{

    map $remote_addr $limit {
        127.0.0.1        "" ;
        default          $binary_remote_addr;
    }

    limit_conn_zone $limit zone=addr:10m;
    limit_conn addr 1;
    server {
        listen 33060 reuseport;
        access_log  logs/tcp.log tcp;

        proxy_timeout 20s;
        proxy_pass 127.0.0.1:3306;
    }
}
```

（2）ngx_stream_geo_module

该模块的功能是从源变量获取 IP 地址，并根据设定的 IP 与对应值的列表对新变量进行赋值。该模块只有一个 geo 指令，指令格式如下：

```
geo [源变量]新变量{}
```

❏ geo 指令的默认源变量是 $remote_addr,新变量默认值为空。
❏ 这个指令使用的指令域只有 stream。
❏ 指令值参数如表 6-9 所示。

表 6-9　geo 指令值参数

参数名	参数描述
delete	删除配置中已经存在的相同 IP 地址的设定
default	如果从源变量获取的 IP 无法匹配任意一个 IP 或 IP 范围时,使用这个参数的值作为新变量赋值
include	引入一个包含 IP 与对应值的外部文件
ranges	以地址段的形式定义 IP 地址,这个参数必须放在最上面

配置样例如下:

```
geo $country {
    ranges;
    default                  CN;
    127.0.0.0-127.0.0.0      US;
    10.1.0.0-10.1.255.255    RU;
    192.168.1.0-192.168.1.255 UK;
}

geo $country {
    default         ZZ;
    include         conf/geo.conf;
    delete          127.0.0.0/16;

    127.0.0.0/24    US;
    10.1.0.0/16     RU;
    192.168.1.0/24  UK;
}
```

（3）ngx_stream_geoip_module

该模块的功能首先是根据客户端的 IP 地址与 MaxMind 数据库中的城市地址信息做比对,然后再将对应的城市地址信息赋值给内置变量。

国家信息数据库指令如表 6-10 所示。

表 6-10　国家信息数据库指令

名　称	国家信息数据库指令
指令	geoip_country
作用域	stream
默认值	1
指令说明	指定国家信息的 MaxMind 数据库文件路径

城市信息数据库指令如表 6-11 所示。

表 6-11 城市信息数据库指令

名　称	城市信息数据库指令
指令	geoip_city
作用域	stream
默认值	1
指令说明	指定城市信息的 MaxMind 数据库文件路径

机构信息数据库指令如表 6-12 所示。

表 6-12 机构信息数据库指令

名　称	机构信息数据库指令
指令	geoip_org
作用域	stream
默认值	1
指令说明	指定机构信息的 MaxMind 数据库文件路径

配置样例如下：

```
stream {
    geoip_country           /usr/share/GeoIP/GeoIP.dat;
    geoip_city              /usr/share/GeoIP/GeoLiteCity.dat;

    map $geoip_city_continent_code $nearest_server {
        default         example.com;
        EU              eu.example.com;
        NA              na.example.com;
        AS              as.example.com;
    }
    ...
}
```

（4）ngx_stream_split_clients_module

该模块会按照配置指令将一个 $0\sim2^{32}$ 之间的数值根据设定的比例分割为多个数值范围，每个数值范围会被设定一个对应的给定值。用户每次请求时，指定的字符串会被计算出一个数值，该模块会将该数值所在范围对应的给定值赋值给配置中定义的变量。该功能常用来按照用户的来源 IP 进行访问流量分流。该指令的语法格式如下：

```
split_clients 字符串 新变量 {}
```

配置样例如下：

```
stream {
    split_clients "${remote_addr}AAA" $upstream {  # ${remote_addr}AAA会被计算出一个数值
        0.5%        backend1;  # 数值在0 ~ 21474835之间，$upstream被赋值backend1
        80.0%       backend2;  # 数值在21474836 ~ 3435973836之间，$upstream被赋值backend2
        *           backend;   # 数值在3435973837 ~ 4294967295，$upstream被赋值backend
    }
    server {
```

```
        listen 389;
        proxy_pass $upstream;
    }
}
```

❑ 这个指令使用的指令域只有 stream。

❑ 客户端每次请求时，指定字符串会被使用 MurmurHash2 算法计算出一个 $0\sim2^{32}$（$0\sim4\,294\,967\,295$）之间的数值，该模块会将该数值所在范围对应的给定值赋值给配置中定义的变量。

（5）ngx_stream_ssl_preread_module

该模块可以在预读取阶段从 ClientHello 消息中提取信息，赋值给内置变量后供用户调用。

SSL 信息预读如表 6-13 所示。

表 6-13　SSL 信息预读

名　称	SSL 信息预读
指令	ssl_preread
作用域	stream、server
可选项	on 或 off
默认值	off
指令说明	设置是否启用 SSL 信息预读功能

内置变量如表 6-14 所示。

表 6-14　内置变量

变量名	变量说明
$ssl_preread_protocol	客户端支持的最高 SSL 协议版本
$ssl_preread_server_name	通过 SNI 请求的服务器名称
$ssl_preread_alpn_protocols	客户通过 ALPN 公布的协议列表

配置样例如下：

```
stream {
    map $ssl_preread_protocol $upstream {
        ""         ssh.example.com:22;
        "TLSv1.2"  new.example.com:443;
        default    tls.example.com:443;
    }

    server {
        listen     192.168.0.1:443;
        proxy_pass $upstream;
        ssl_preread on;
    }
}
```

（6）ngx_stream_limit_conn_module

该模块对访问连接中含有指定变量且变量值相同的连接数进行计数，当计数值达到 limit_conn 指令设定的值时，Nginx 服务器将关闭此类连接。由于 Nginx 采用的是多进程的架构，因此该模块通过共享内存存储计数状态并实现了多个进程间的计数状态共享。

计数存储区指令如表 6-15 所示。

表 6-15 计数存储区指令

名　称	计数存储区指令
指令	limit_conn_zone
作用域	stream
默认值	—
指令说明	设定用以存储指定变量计数的共享内存区域

连接数设置指令如表 6-16 所示。

表 6-16 连接数设置指令

名　称	连接数设置指令
指令	limit_conn
作用域	stream, server
默认值	—
指令说明	设置指定变量并发连接的最大数

连接数日志级别指令如表 6-17 所示。

表 6-17 连接数日志级别指令

名　称	连接数日志级别指令
指令	limit_conn_log_level
作用域	stream、server
默认值	error
可选项	info、notice、warn、error
指令说明	当指定变量的并发连接数达最大值时，输出日志的级别

配置样例如下：

```
stream {
    limit_conn_zone $binary_remote_addr zone=addr:10m;  # 对客户端IP进行并发计数，计数内存区
                                                        # 命名为addr，计数内存区的大小为10MB
    server {
        limit_conn addr 1;                              # 限制客户端的并发连接数为1
        ...
    }
}
```

- ❑ limit_conn_zone 的格式如下：

```
limit_conn_zone key zone=name:size;
```

- ❑ limit_conn_zone 的 key 可以是文本、变量或文本与变量的组合。
- ❑ $binary_remote_addr 为 IPv4 时，占用 4B；为 IPv6 时，占用 16B。
- ❑ limit_conn_zone 中，1MB 的内存空间可以存储 32 000 个 32B 或 16 000 个 64B 的变量计数状态。
- ❑ 变量计数状态在 32 位系统平台占用 32B 或 64B，在 64 位系统平台占用 64B。

（7）ngx_stream_access_module

这个模块可以允许或拒绝客户端的源 IP 地址进行连接。

允许连接指令如表 6-18 所示。

表 6-18　允许连接指令

名　称	允许连接指令
指令	allow
作用域	stream，server
可选项	address 或 CIDR 或 unix: 或 all
默认值	—
指令说明	允许指定源 IP 的客户端连接

拒绝连续指令如表 6-19 所示。

表 6-19　拒绝连接指令

名　称	拒绝连接指令
指令	deny
作用域	stream，server
可选项	address 或 CIDR 或 unix: 或 all
默认值	—
指令说明	拒绝指定源 IP 的客户端连接

配置样例如下：

```
stream {
    server {
        deny  192.168.1.1;            # 禁止192.168.1.1
        allow 192.168.0.0/24;         # 允许192.168.0.0/24的IP访问
        allow 10.1.1.0/16;            # 允许10.1.1.0/16的IP访问
        allow 2001:0db8::/32;
        deny  all;
    }
}
```

Nginx 按照自上而下的顺序进行匹配。

（8）ngx_stream_return_module

该模块向客户端返回指定值并关闭连接。

返回值指令如表 6-20 所示。

表 6-20　返回值指令

名　称	返回值指令
指令	return
作用域	server
指令说明	向客户端返回指定值并关闭连接

配置样例如下：

```
stream {
    server {
        listen 12345;
        return $time_iso8601; # 返回当前连接的时间
    }
}
```

6.2.3　TCP/UDP 代理

Nginx 并不直接提供 TCP/UDP 的应用响应，Nginx Stream 模块的核心功能是将客户端的 TCP/UDP 连接反向代理给后端的被代理服务器。

（1）核心配置指令

TCP/UDP 代理功能的核心配置指令如表 6-21 所示。

表 6-21　TCP/UDP 代理配置指令

指令名称	指令值格式	默认值	指令说明
proxy_bind	address [transparent] 或 off	—	设置从指定的本地 IP 地址及端口与被代理服务器建立连接，指令值可以是变量。指令值参数为 transparent 时，允许将客户端的真实 IP 透传给被代理服务器，并以客户端真实 IP 为访问被代理服务器的源 IP；指令值参数为 off 时，则取消上一层指令域同名指令的配置
proxy_buffer_size	size	16k	设置用于从被代理服务器读取数据的缓冲区的大小，也用于设置从客户端读取会话数据的缓冲区的大小
proxy_connect_timeout	time	60s	与被代理服务器建立连接的超时时间
proxy_timeout	time	10m	Nginx 服务器与客户端或被代理服务器的两个连续成功的读或写操作的最大间隔时间，如果在间隔时间内没有数据传输，则关闭连接
proxy_download_rate	rate	0	限制每个连接每秒从被代理服务器中读取数据的字节数，默认不限制

（续）

指令名称	指令值格式	默认值	指令说明
proxy_upload_rate	rate	0	限制每个连接每秒发送到被代理服务器的数据的字节数，默认不限制
proxy_next_upstream	on 或 off	on	当被代理的服务返回错误或超时时，将未返回响应的客户端连接请求传递给 upstream 中的下一个服务器
proxy_next_upstream_timeout	time	0	设置将符合条件的客户端连接请求传递给 upstream 中下一个服务器的超时时间。"0" 为不做超时限制，即直到遍历完所有上游服务器组中的服务器为止
proxy_next_upstream_tries	number	0	设置将符合条件的客户端连接请求传递给 upstream 中下一个服务器的尝试次数，包括第一次的失败次数。"0" 为不做尝试次数限制，即直到遍历完所有上游服务器组中的服务器为止
proxy_pass	address	—	被代理服务器的地址，支持 IP 或域名加端口、UNIX 域套接字、upstream 名
proxy_protocol	on 或 off	off	设置是否对被代理服务器的连接启用代理协议（proxy_protocol）支持
proxy_socket_keepalive	on 或 off	off	设置 Nginx 与被代理服务器的 TCP keepalive 行为的心跳检测机制，默认使用操作系统的 socket 配置，若指令值为 on，则开启 SO_KEEPALIVE 选项进行心跳检测
proxy_ssl	on 或 off	off	设置是否启用 SSL/TLS 协议与被代理服务器建立连接
proxy_ssl_protocols	[SSLv2] [SSLv3] [TLSv1] [TLSv1.1] [TLSv1.2] [TLSv1.3]	TLSv1 TLSv1.1 TLSv1.2	指定可用于 Nginx 与被代理服务器建立 SSL 连接的 SSL 协议版本
proxy_ssl_session_reuse	on 或 off	on	是否启用与被代理服务器 SSL TCP 连接的 SSL 会话重用功能
proxy_ssl_ciphers	ciphers	DEFAULT	设置与被代理服务器建立 SSL 连接时，用于协商使用的加密算法组合，也称为密码套件，指令值内容为 openssl 的密码套件名称，多个套件名称由 ":" 分隔
proxy_ssl_server_name	on 或 off	off	在与被代理服务器建立 SSL 连接时，设置是否启用通过 SNI 或 RFC 6066 传递主机名
proxy_ssl_certificate	file	—	指定被代理服务器对 Nginx 服务器身份验证的 PEM 格式 SSL 证书文件
proxy_ssl_certificate_key	file	—	指定被代理服务器对 Nginx 服务器身份验证的 PEM 格式 SSL 证书私钥文件
proxy_ssl_password_file	file	—	存放被代理服务器对 Nginx 服务器身份验证的 PEM 格式 SSL 证书私钥文件的密码文件，一个密码一行。有多个密码时，Nginx 会依次尝试
proxy_ssl_verify	on 或 off	off	设置是否启用对被代理服务器的 SSL 证书的验证功能
proxy_ssl_name	name	proxy_pass 指令指定的主机名	指定对被代理服务器 SSL 证书验证的主机名

（续）

指令名称	指令值格式	默认值	指令说明
proxy_ssl_crl	file	—	证书吊销列表文件，用于验证被代理服务器 SSL 证书有效性的 PEM 格式文件
proxy_ssl_trusted_certificate	file	—	指定一个 PEM 格式的 CA 证书（根或中间证书）文件，该证书用作被代理服务器的证书链验证
proxy_ssl_verify_depth	number	1	设置被代理服务器的证书链的验证深度
proxy_requests	number	0	UDP 代理时，设置同一客户端被 Nginx 在每次 UDP 会话中，转发给被代理服务器的数据报的数量。当达到这个数量时，将启用一个新的 UDP 会话继续转发。可用于 Nginx 对 UDP 虚拟连接会话的控制
proxy_responses	number	—	UDP 代理时，设置允许被代理服务器返回 UDP 数据报的数量，超过指令值时将中止会话。默认无限制，0 为不返回响应数据

该模块的指令使用的指令域范围为 stream、server。

（2）TCP 反向代理配置样例

配置样例如下：

```
stream {
    server {
        listen 389 ;                                # 设置监听端口为389
        proxy_pass 192.168.2.100:389;               # 将连接代理到后端192.168.2.100:389
        proxy_timeout 5s;                           # 与被代理服务器的连续通信间隔大于5s,
                                                    # 则认为通信超时，将关闭连接
        proxy_connect_timeout 5s;                   # 与被代理服务器建立连接的超时时间为5s
        access_log logs/ldap_access.log tcp;        # 记录日志文件为logs/ldap_access.log,
                                                    # 日志模板为tcp
    }
}
```

（3）代理 SSL TCP

代理模块 stream 可以实现基于 SSL/TLS 协议的被代理服务器的反向代理，部署方式为客户端→Nginx 服务器（TCP）→被代理服务器（SSL TCP）。配置样例如下：

```
stream {
    server{
        listen 636;                                 # 设置监听端口为636
        access_log  logs/ldap_access.log tcp;
        proxy_pass  192.168.2.100:636;
        proxy_ssl  on;                              # 启用SSL/TLS协议，与被代理服务器建立连接
        proxy_ssl_session_reuse on;                 # 与被代理服务器SSL TCP连接的SSL会话重用功能
    }
}
```

（4）UDP 反向代理配置

UDP 协议是一种无连接的协议，发送端与接收端传输数据之前不需要建立连接，发送

端会尽最大努力把数据发送出去，不能保证安全地传输到接收端。由于传输数据不建立连接，也不需要维持复杂的链路关系（包括连接状态、收发状态等），因此发送端可同时向多个接收端传输相同的消息。虽然 UDP 的数据传输是不可靠的，但如果有一个数据报丢失，另一个新的数据报会在几秒内替换它发送到接收端。UDP 协议通常被用在单向传输无须返回响应及信息分发的场景，如日志收集或在屏幕上的航班信息、股票行情等多媒体场景。

```
stream {
    server {
        listen 1514 udp;                       # 设置监听端口为1514并启用UDP协议
        proxy_pass 192.168.2.123:1514;
        proxy_responses 0;                     # 会话接收数据报后无须等待返回响应，立即关闭会话
    }
}
```

6.2.4　基于 SSL 的 TCP 代理

　　Nginx 可以通过代理模块实现上游服务器 SSL/TLS 协议的连接，同时 Nginx 还通过模块 ngx_stream_ssl_module 提供了基于 SSL/TLS 协议的 TCP 连接监听。Nginx 还可以把 SSL 证书部署在 Nginx 服务器上，这就减轻了后端上游服务器的 CPU 运算量并实现 SSL 证书的统一管理和维护。ngx_stream_ssl_module 模块默认不会被构建，这就需要在编译的时候通过 --with-stream_ssl_module 参数进行启用。相关配置指令如表 6-22 所示。

表 6-22　TCP/UDP SSL 配置指令

指令名称	指令值格式	默认值	指令说明
ssl_protocols	[SSLv2] [SSLv3] [TLSv1] [TLSv1.1] [TLSv1.2] [TLSv1.3]	TLSv1 TLSv1.1 TLSv1.2	设置使用的 SSL 协议版本
ssl_certificate	file	—	PEM 格式的 SSL 证书文件，可自建或由 CA 机构颁发
ssl_certificate_key	file	—	PEM 格式的 SSL 证书私钥文件，可自建或由 CA 机构颁发
ssl_password_file	file	—	存放 SSL 证书私钥文件的密码文件，一个密码一行。有多个密码时，Nginx 会依次尝试
ssl_ciphers	ciphers	HIGH:!aNULL:!MD5	设置 SSL TCP 建立连接时用于协商使用的加密算法组合，也称为密码套件。指令值内容为 openssl 的密码套件名称，多个套件名称由 ":" 分隔
ssl_prefer_server_ciphers	on 或 off	off	是否启用 SSLv3 和 TLSv1 协议在 SSL TCP 连接时，优先使用服务端设置的密码套件
ssl_dhparam	file	—	DH 密钥交换的 Diffie-Hellman 参数文件
ssl_ecdh_curve	curve	auto	配置 SSL 加密时使用椭圆曲线 DH 密钥交换的曲线参数，多个参数使用 ":" 分隔。ecdh 是 Elliptic-Curve 和 Diffie-Hellman 的缩写，指令值为 auto 时，配置的曲线参数是 prime256v1

（续）

指令名称	指令值格式	默认值	指令说明
ssl_session_cache	off 或 none 或 [builtin[:size]] [shared:name:size]	none	SSL TCP 会话缓存设置
ssl_session_tickets	on 或 off	on	是否启用 SSL TCP 会话缓存 session ticket 机制，指令值为 off 时，使用 session ID 会话缓存机制
ssl_session_ticket_key	file	—	指定会话凭证密钥文件，用以多台 Nginx 间实现 session ticket 共享，否则 Nginx 会随机生成一个会话凭证密钥
ssl_session_timeout	time	5m	设置客户端可用会话缓存的超时时间
ssl_verify_client	on 或 off 或 optional 或 optional_no_ca	off	设置是否启用对客户端证书验证功能，指令值为 on 时，启用验证；指令值为 optional 时，如果接收到客户端证书则启用验证；指令值为 optional_no_ca 时，若接收到客户端证书，则启用客户端证书验证，但不进行证书链校验。验证结果将存储在 $ssl_client_verify 变量中
ssl_crl	file	—	证书吊销列表文件，用以验证客户端 SSL 证书有效性的 PEM 格式文件
ssl_client_certificate	file	—	指定一个 PEM 格式的 CA 证书（根或中间证书）文件，该证书用作客户端的证书验证。该证书列表会被发送给客户端
ssl_trusted_certificate	file	—	指定一个 PEM 格式的 CA 证书（根或中间证书）文件，该证书用作客户端的证书验证。该证书列表不会被发送给客户端
ssl_verify_depth	number	1	设置客户端证书链验证深度

- ❑ 该模块指令值使用的指令域范围为 stream、server。
- ❑ Nginx 建立 SSL TCP 监听，用户发送 SSL TCP 连接时，由 Nginx 实现 SSL 终止并把 TCP 会话代理到上游服务器，部署方式为客户端→ Nginx 服务器（SSL TCP）→ 上游服务器（TCP）。配置样例如下：

```
stream {
    server {
        listen          636 ssl;                # 设置监听端口为636
        access_log logs/ldap_access.log tcp;

        ssl_protocols       TLSv1 TLSv1.1 TLSv1.2;       # 设置使用的SSL协议版本
        ssl_ciphers         AES128-SHA:AES256-SHA:RC4-SHA:DES-CBC3-SHA:RC4-MD5;
            # 设置服务端使用的密码套件
        ssl_certificate     ssl/www_nginxbar_org.pem;   # 主机名www.nginxbar.org证书文件
        ssl_certificate_key ssl/www_nginxbar_org.key;   # 主机名www.nginxbar.org证书密钥文件
        ssl_session_cache   shared:SSL:10m;             # SSL TCP会话缓存设置共享内存区域名为
                                                        # SSL，区域大小为10MB
```

```
        ssl_session_timeout 10m;                              # SSL TCP会话缓存超时时间为10分钟
        proxy_pass                    192.168.2.100:389;
    }
}
```

❑ 也可以通过代理模块的 **proxy_ssl** 指令配置与上游服务器实现全链路的安全数据通信。部署方式为客户端→Nginx 服务器（SSL TCP）→被代理服务器（SSL TCP）。配置样例如下：

```
stream {
    server {
        listen                    636 ssl;                     # 设置监听端口为636
        access_log logs/ldap_access.log tcp;

        ssl_protocols             TLSv1 TLSv1.1 TLSv1.2;        # 设置使用的SSL协议版本
        ssl_ciphers               AES128-SHA:AES256-SHA:RC4-SHA:DES-CBC3-SHA:RC4-MD5;
                # 设置服务端使用的密码套件
        ssl_certificate           ssl/www_nginxbar_org.pem;    # 主机名www.nginxbar.org证书文件
        ssl_certificate_key ssl/www_nginxbar_org.key;          # 主机名www.nginxbar.org证书密钥文件
        ssl_session_cache         shared:SSL:10m;     # SSL TCP会话缓存设置共享内存区域名为SSL，区域大
                                                      # 小为10MB
        ssl_session_timeout 10m;                      # SSL TCP会话缓存超时时间为10分钟

        proxy_ssl    on;                              # 启用SSL/TLS协议，与被代理服务器建立连接
        proxy_ssl_session_reuse on;                   # 与被代理服务器SSL TCP连接的SSL会话重用功能
    }
}
```

6.2.5　TCP/UDP 代理的真实客户端 IP

客户端 TCP 连接的会话经过 Nginx 反向代理才会转发到被代理服务器，在 HTTP 协议中的被代理服务器可以通过 X-Forwarded-For 头部获得传递的客户端 IP，但 TCP / UDP 则不能使用该方法。对于支持 proxy protocol 协议的被代理服务器，Nginx 通过在传输层 header 之上添加一层描述客户端 IP 和端口的 proxy protocol 来解决客户端 IP 传递问题。利用 Nginx 提供的 ngx_stream_realip_module 模块的配置指令 set_real_ip_from，可以手动设置上层反向代理服务器的 IP 作为授信 IP，用于甄别基于 proxy protocol 协议连到本机的真实客户端 IP 地址。该模块配置指令如表 6-23 所示。

表 6-23　设置授信的 IP

名　称	设置授信的 IP
指令	set_real_ip_from
指令值选项	address 或 CIDR 或 unix
作用域	stream，server
指令说明	设置授信的 IP、IP 网段或 UNIX 套接字

（1）proxy_protocol 配置样例

在 proxy_protocol 配置样例场景中，两台作为反向代理的 Nginx 服务器在客户端访问 ldap 服务器的链路中，通过 proxy_protocol 传递真实客户端 IP，部署示意如图 6-4 所示。

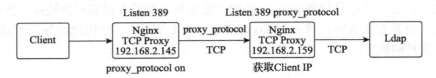

图 6-4　proxy_protocol 传递真实客户端 IP

```
stream {
    server {
        listen 3891;                              # 设置监听端口为3891
        proxy_protocol on;                        # 与被代理服务器间启用proxy protocol支持
        proxy_pass 192.168.2.159:389;             # 转发TCP会话到被代理服务器
        access_log logs/ldap_access.log tcp;
    }
}

stream {
    server {
        listen 389 proxy_protocol;                # 设置监听端口为389，并启用proxy protocol支持
        set_real_ip_from 192.168.2.145;           # 设置授信IP
        proxy_pass 192.168.2.100:389;             # 转发TCP会话到被代理服务器
        proxy_timeout 5s;
        proxy_connect_timeout 5s;
        access_log logs/ldap_access.log tcp;
    }
}
```

（2）TCP 透传配置样例

大多数 TCP 服务并不支持 proxy protocol，且 Nginx 对 UDP 协议也不支持 proxy protocol。为了让被代理服务器获得真实客户端 IP，也可以使用 proxy_bind 指令将客户端 IP 透传给被代理服务器。当被代理服务器为 Linux 操作系统时，通过 iptables 将被代理服务器向客户端发送响应数据并由 Nginx 返回给客户端。

在 TCP 透传配置样例场景中，客户端通过反向代理服务器 Nginx 访问 Redis 服务器，Nginx 通过 proxy_bind 指令的透传（transparent）参数将客户端 IP 传递给 redis 服务器。然后再返回数据，通过被代理服务器的 iptables 标记路由发送给 Nginx 服务器，在 Nginx 服务器上再通过 iptables 标记路由交由 Nginx 转发给客户端。Nginx 透传如图 6-5 所示。

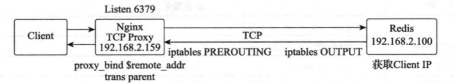

图 6-5　Nginx 透传

```
stream {
    server {
        listen 6379 ;                          # 设置监听端口为6379
        proxy_bind $remote_addr transparent;   # 启用客户端IP透传
        proxy_pass 192.168.2.100:6379;         # 转发TCP会话到被代理服务器
        proxy_connect_timeout 5s;              # 建立连接超时时间为5s
        access_log logs/redis_access.log tcp;
    }
}
```

被代理服务器的默认网关通常与 Nginx 不是同一个 IP，proxy_bind 指令透传参数模式下
的被代理服务器接收到客户端 TCP 连接时，在默认网关的路由下无法找到透传过来的客户
端 IP 地址和端口的路由，所以无法正常响应客户端的连接。为了使被代理服务器可以把连
接响应返回给客户端，首先需要将被代理服务器连接响应的路由网关指定为 Nginx 服务器，
其次在 Nginx 服务器上，通过 iptables 将目的 IP 为客户端 IP 的数据交由 Nginx 进程处理。
在不影响被代理服务器原有网络通信的前提下，只需将被代理服务器中源端口为应用端口的
数据默认网关设置为 Nginx 服务器 IP 即可。

首先在 Redis 服务器上配置 iptables 出包规则。

```
## 关闭系统的源地址校验功能
echo "net.ipv4.conf.all.rp_filter=0
net.ipv4.conf.default.rp_filter=0 " >>/etc/sysctl.conf
sysctl -p

## 定义Nginx策略路由并设定在路由表中的优先级，数值越小优先级越高
echo "200 nginx" >> /etc/iproute2/rt_tables

## 使用iptables将源端口为6379的OUTPUT链数据标记值设置为1
iptables -t mangle -A OUTPUT -p tcp -m tcp --sport 6379 -j MARK --set-mark 1

## 将标记值为1的数据与策略路由表Nginx绑定
ip rule add fwmark 1 table nginx

## 设置策略路由表Nginx的默认网关为Nginx IP 192.168.2.159
ip route add default via 192.168.2.159 dev eth0 table nginx
```

其次在 Nginx 服务器上配置 iptables 监听规则。

```
## 定义Nginx策略路由并设定在路由表中的优先级，数值越小优先级越高
echo "200 nginx" >> /etc/iproute2/rt_tables

## 使用iptables将源IP设置为被代理服务器IP且源端口为6379的PREROUTING链数据标记值设置为1
iptables -t mangle -A PREROUTING -p tcp -s 192.168.2.100 --sport 6379 -j MARK
--set-mark 1

## 将标记值为1的数据与策略路由表Nginx绑定
ip rule add fwmark 1 table nginx

## 设置策略路由表Nginx的所有流量交由本地socket应用Nginx处理
ip route add local 0.0.0.0/0 dev lo table nginx
```

配置完毕后，当客户端访问 Redis 服务器时，在 Redis 服务器上获取的客户端 IP 就是真实的客户端 IP，可以用如下命令验证查看：

```
## 在Redis服务器上执行客户端查看命令
redis-cli client list
```

6.3 gRPC 代理

Nginx 从 1.13.10 版本开始就提供了对 gRPC 代理的支持，其可以通过 gRPC 模块的反向代理功能对外发布包括基于 SSL 的 gRPC 服务，且其应用 Nginx 提供的 HTTPv2 模块可实现速率限定、基于 IP 的访问控制以及日志等功能。通过 Nginx 的 location 指令可检查方法调用，可将不同的调用方法路由到后端的多个不同 gRPC 服务器，以实现单点部署多个 gRPC 服务器的应用场景。并且通过 Nginx 实现 gRPC 服务器负载均衡，还可以使用轮询、最少连接数等算法实现流量分发。

6.3.1 gRPC 介绍

gRPC 是一个开源的基于 HTTP/2 协议的高性能、跨语言的远程过程调用（RPC）框架。它提供了双向流、流控、头部压缩、单 TCP 连接上的多复用请求等功能，这些功能使其在移动设备上可更节省空间和降低电量消耗。而且 gRPC 相对于 REST 的数据调用方式，提供了一个更加适合服务间调用数据的通信方案。基于 gRPC 的客户端应用可以像调用本地对象方法一样直接调用 gRPC 服务端提供的方法，使其更适合分布式应用和服务场景。

6.3.2 gRPC 模块指令

Nginx 默认会构建 gRPC 代理的支持，但 gRPC 是基于 HTTP/2 协议的，而 ngx_http_v2_module 模块默认不会被构建，这就需要在编译时通过 –with-http_v2_module 参数来启用对 HTTP/2 协议的支持。gRPC 代理模块配置指令表 6-24 所示。

表 6-24 gRPC 模块配置指令

指令名称	指令值格式	默 认 值	指令说明
grpc_bind	address [transparent] 或 off	—	设置从指定的本地 IP 地址及端口与被代理服务器建立连接，指令值可以是变量。指令值参数为 transparent 时，允许将客户端的真实 IP 透传给被代理服务器，并以客户端真实 IP 为访问被代理服务器的源 IP
grpc_buffer_size	size	4k 或 8k	设置用于从 gRPC 服务器读取响应数据缓冲区的大小，当 Nginx 收到响应数据后将同步传递给客户端

（续）

指令名称	指令值格式	默 认 值	指令说明
grpc_pass	address	—	设置 gRPC 服务器的地址及端口，地址可以是 IP、域名或 UNIX 套接字
grpc_hide_header	field	—	指定 gRPC 服务器响应数据中，不向客户端传递的 HTTP 头字段名称
grpc_pass_header	field	—	默认配置下 Nginx 不会将头字段属性 Status 和 X-Accel-…传递给客户端，可通过该指令开放传递
grpc_ignore_headers	field …	—	设置禁止 Nginx 处理从 gRPC 服务器获取响应的头字段
grpc_set_header	field value	Content-Length $content_length	在转发给 gRPC 服务器前，修改或添加客户端的请求头属性字段
grpc_connect_timeout	time	60s	Nginx 与 gRPC 服务器建立连接的超时时间，通常不应该超过 75s
grpc_read_timeout	time	60s	在连续两个从 gRPC 服务器接收数据的"读"操作之间的间隔时间超过设置的时间时，将关闭连接
grpc_send_timeout	time	60s	在连续两个发送到 gRPC 服务器的"写"操作之间的间隔时间超过设置的时间时，将关闭连接
grpc_socket_keepalive	on 或 off	off	设置 Nginx 与被代理服务器的 TCP keepalive 行为的心跳检测机制，默认使用操作系统的 socket 配置，若指令值为 on 时，则开启 SO_KEEPALIVE 选项进行心跳检测
grpc_intercept_errors	on 或 off	off	指令值为 on 时，将拦截 gRPC 服务器响应码大于或等于 300 的结果，error_page 指令可对该结果做后续处理；指令值为 off 时，则直接返回给客户端
grpc_next_upstream	error、timeout、invalid_ header、http_500、 http_503、http_403、 http_404、http_429、 non_idempotent、off …	error timeout	当出现指令值中指定的条件时，将未返回响应的客户请求传递给 upstream 中的下一个服务器
grpc_next_upstream_ timeout	time	0	设置将符合条件的客户端请求传递给 upstream 的过程中，下一个服务器的超时时间。指令值为 0 不做超时限制，直到遍历完所有上游服务器组中的服务器为止
grpc_next_upstream_tries	number	0	设置符合条件的客户端请求传递给 upstream 的过程中，下一个服务器的尝试次数，包括第一次的失败次数。指令值为 0 不做尝试次数限制，直到遍历完所有上游服务器组中的服务器为止

（续）

指令名称	指令值格式	默 认 值	指令说明
grpc_ssl_protocols	[SSLv2] [SSLv3] [TLSv1] [TLSv1.1] [TLSv1.2] [TLSv1.3]	TLSv1 TLSv1.1 TLSv1.2	指定可用于 Nginx 与 gRPC 服务器建立 SSL 连接的 SSL 协议的版本
grpc_ssl_session_reuse	on 或 off	on	是否启用与 gRPC 服务器 HTTPS 连接的 SSL 会话重用功能
grpc_ssl_ciphers	ciphers	DEFAULT	设置 HTTPS 建立连接时用于协商使用的加密算法组合，也称为密码套件，指令值内容为 openssl 的密码套件名称，多个套件名称由 ":" 分隔
grpc_ssl_server_name	on 或 off	off	在与 gRPC 服务器建立 SSL 连接时，设置是否启用通过 SNI 或 RFC 6066 传递主机名
grpc_ssl_certificate	file	—	指定 gRPC 服务器对 Nginx 服务器身份验证的 PEM 格式 SSL 证书文件
grpc_ssl_certificate_key	file	—	指定 gRPC 服务器对 Nginx 服务器身份验证的 PEM 格式 SSL 证书私钥文件
grpc_ssl_password_file	file	—	存放 gRPC 服务器对 Nginx 服务器身份验证的 PEM 格式 SSL 证书私钥文件的密码文件，一个密码一行。有多个密码时，Nginx 会依次尝试
grpc_ssl_verify	on 或 off	off	设置是否启用对 gRPC 服务器的 SSL 证书验证机制
grpc_ssl_name	name	proxy_pass 指令指定的主机名	指定对 gRPC 服务器 SSL 证书验证的主机名
grpc_ssl_crl	file	—	证书吊销列表文件，用以验证被代理服务器 SSL 证书有效性的 PEM 格式文件
grpc_ssl_trusted_certificate	file	—	指定一个 PEM 格式的 CA 证书（根或中间证书）文件，该证书用作 gRPC 服务器的证书链验证
grpc_ssl_verify_depth	number	1	设置 gRPC 服务器的证书链的验证深度

6.3.3　gRPC 反向代理配置

gRPC 是基于 HTTP/2 协议的，所以 Nginx 的 gRPC 代理需要启用 HTTP/2，然后 gRPC 客户端将请求发送到 Nginx。Nginx 为 gRPC 服务提供了一个稳定的网关。其部署方式如图 6-6 所示。

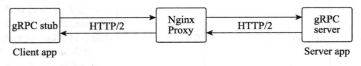

图 6-6　gRPC 代理

配置样例如下：

```
server {
    listen  8080 http2;                                    # 设置监听端口为8080并启用http/2协议支持
    access_log /var/log/nginx/grpc_access.log main;
    location / {
        grpc_pass grpc://192.168.2.145:50051;              # 设置gRPC服务器
    }
}
```

gRPC 模块同样提供对后端 SSL gRPC 服务器的反向代理，配置样例如下：

```
server {
    listen  80 http2;                                      # 设置监听端口为80并启用http/2协议支持
    access_log /var/log/nginx/grpcs_access.log main;
    grpc_ssl_verify off;                                   # 关闭对gRPC服务器的SSL证书验证
    grpc_ssl_session_reuse on;                             # 设置gRPC服务器
    location / {
        grpc_pass grpcs://192.168.2.145:50051;             # 设置SSL gRPC服务器
    }
}
```

　　Nginx 可以通过 HTTP 协议的 SSL 证书，对外提供安全的 gRPC 代理转发，部署方式为客户端→Nginx 服务器（HTTPS）→被代理服务器（SSL gRPC）。配置样例如下：

```
server {
    listen 443 ssl http2 default_server;         # 设置监听端口为443并启用SSL及HTTP/2协议支持
    access_log /var/log/nginx/grpcs_access.log main;

    ssl_certificate ssl/www_nginxbar_org.pem;       # 网站证书文件
    ssl_certificate_key ssl/www_nginxbar_org.key;   # 网站证书密钥文件

    grpc_ssl_verify off;
    grpc_ssl_session_reuse on;
    location / {
        grpc_pass grpcs://192.168.2.145:50051;
    }
}
```

Nginx 缓存服务应用实战

向用户提供内容服务是网站的核心目的，用户能够通过浏览器或客户端快速打开网站是十分重要的。而用户在通过客户端从网站上获取浏览内容的这一路径上，要经历很多复杂的过程，如路径的解析、数据的产生及返回等。提升网站性能的方法也是复杂多样的，应用架构和代码质量同样至关重要。在很多情况下，通过使用缓存技术优化应用架构中的交付技术可加快用户对网站内容的获取，以提升用户体验。网站架设者们会在可能影响数据传输速度的各个环节中使用缓存技术，如浏览器缓存、内容分发网络（Content Delivery Network，CDN）、反向代理缓存等。反向代理缓存技术是位于用户和网站应用服务器之间的一种加速技术，其按需保存了所有经其转发给客户端的内容，当用户请求的内容已经存在于缓存中时，该内容将立即被返回给用户，这时并不需要与网站应用服务器通信，极大地提高了请求响应速度。反向代理缓存技术是目前使用最为广泛的内容加速技术。由于互联网的庞大规模和基础设备的复杂性，反向代理缓存技术也被以"CDN 产品"的形式部署得更接近终端用户。在使用 CDN 技术后，终端用户可无须考虑时间、地点、运营商等因素而快速打开网站。

Nginx 缓存服务的重要应用就是反向代理缓存服务，其基于 Nginx 的代理功能不仅更高效地提升了应用服务的性能，还提高了 Web 网站的可用性。当应用服务器繁忙或出现故障时，Nginx 缓存服务可以将错误返回的内容重新定向到早已准备好的静态缓存中，它不仅可以为用户带来更好的体验，还能为其定位及排查故障提供充裕的时间。

7.1 Web 缓存

Web 缓存不仅可以节约网络带宽，有效提高用户打开网站的速度，还由于应用服务器被请求次数的降低，相对使服务器的稳定性得到了提升。Web 缓存从数据内容传输的方向分为前向位置缓存和反向位置缓存两类。如图 7-1 所示，前向位置缓存既可以是用户的客户端浏览器，也可以是位于用户 ISP 或内部局域网的服务器。反向位置缓存通常位于互联网端，如内容分发网络或网站的反向代理缓存等。

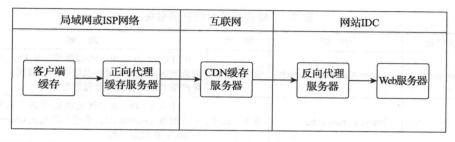

图 7-1　Web 缓存位置图

7.1.1　客户端缓存

当客户端访问某一网站时，通常会多次访问同一页面，如果每次都到网站服务器获取相同的内容，不仅会造成用户自身客户端资源的浪费，也会影响用户的使用体验。为了提高访问效率，客户端浏览器会将访问的内容在本地生成内容缓存。由于网站的内容经常变化，为了保持缓存的内容与网站服务器的内容一致，客户端会通过内容缓存的有效期及 Web 服务器提供的访问请求校验机制，快速判断请求的内容是否已经更新。客户端缓存校验流程如图 7-2 所示。

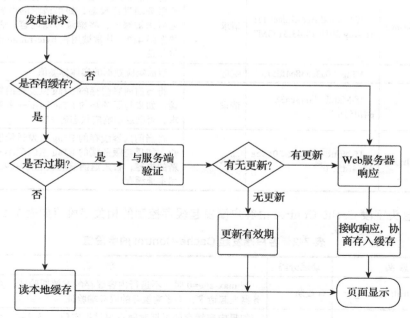

图 7-2　客户端缓存校验

客户端通过内容缓存有效期的本地校验和由 Web 服务端提供的服务端校验两种方式共同校验内容缓存是否有效，这两种方式都是通过 HTTP 消息头中的相应字段进行判断或与服务端交互的。HTTP 消息头字段功能说明如表 7-1 所示。

表 7-1　缓存相关 HTTP 消息头

消息头字段	示　例	类　型	功　能
Cache-Control	Cache-Control: no-cache	请求 / 响应	HTTP/1.1 协议加入的缓存控制字段，用于服务端告知客户端是否缓存及缓存的有效期。也可用于客户端本地缓存检验流程的控制
Pragma	Pragma: no-cache	请求 / 响应	一个在 HTTP/1.0 中规定的通用消息头字段，当字段值为 no-cache 时，功能与消息头 Cache-Control: no-cache 的设定一致
Date	Date: Tue, 15 Nov 2018 08:12:31 GMT	响应	原始服务器消息发出的时间
Expires	Expires: Fri, 16 Aug 2019 19:43:31 GMT	响应	告知客户端当前响应内容缓存的有效期，是个绝对时间，属于 HTTP/1.0 的协议约定，优先级低于 HTTP/1.1 协议的 max-age 设置
Last-Modified	Last-Modified: Fri, 16 Aug 2019 12:45:26 GMT	响应	当前响应数据的最后修改时间
If-Modified-Since	If-Modified-Since: Fri, 16 Aug 2019 19:43:31 GMT	请求	将当前请求本地内容缓存的最后修改时间发送给服务端进行校验，如果请求的内容在指定时间之后被修改了，将返回被修改的内容，否则返回响应状态码 304，客户端将使用本地缓存
If-Unmodified-Since	If-Unmodified-Since: Fri, 16 Aug 2019 19:43:31 GMT	请求	将当前请求本地内容缓存的最后修改时间发送给服务端进行校验，如果请求的内容在指定时间之后未被修改，将继续传输内容，否则返回响应状态码 412。其常被用在 byte-range 请求的断点续传场景
ETag	ETag: "0a3ea38e4fd51:0"	响应	当前响应数据的实体标签值
If-Match	If-Match: "0a3ea38e4fd51:0"	请求	将当前内容缓存的 ETag 值发送给服务端进行校验，如果与服务端的 ETag 匹配一致就继续响应请求，否则返回响应状态码 412
If-None-Match	If-None-Match: "0a3ea38e4fd51:0"	请求	将当前内容缓存的 ETag 值发送给服务端进行校验，如果与服务端的 ETag 值匹配不一致，则返回新的内容，否则返回响应状态码 304，客户端将使用本地缓存

1）消息头字段 Cache-Control 由客户端发起缓存控制的相关字段值如表 7-2 所示。

表 7-2　客户端发起 Cache-Control 的字段值

消　息　头	功能分类	功　能
Cache-Control: max-age=	有效期	当 max-age=0 时，不进行内容缓存的有效期验证，直接向 Web 服务器发起请求，不影响缓存的服务端验证
Cache-Control: max-stale[=]	有效期	如果内容缓存的过期时间不超过指定值，仍可被认为有效并被客户端使用。单位为秒

（续）

消息头	功能分类	功　能
Cache-Control: min-fresh=	有效期	内容缓存的更新时间不超过指定值，则认为有效。单位为秒
Cache-Control: no-cache	可缓存性	不进行内容缓存的有效期验证，直接向 Web 服务器发起请求。常用在 Ctrl+F5 的场景，强制从服务端获取最新内容
Cache-Control: only-if-cached	其他	只使用本地已经缓存的内容，不向 Web 服务器发送请求

- ❑ 当按下 F5 或者点击刷新时，客户端浏览器会添加请求消息头字段 Cache-Control：max-age=0，该请求不进行内容缓存的本地验证，会直接向 Web 服务端发起请求，服务端将根据消息头字段进行服务端验证。
- ❑ 当按下 Ctrl+F5 时，客户端浏览器会添加请求消息头字段 Cache-Control：no-cache 和 Pragma: no-cache，并忽略所有服务端验证的消息头字段，该请求不进行内容缓存的本地验证，它会直接向 Web 服务端发起请求，因没有服务端验证的消息头字段，所以会直接返回请求内容。

2）消息头字段 Cache-Control 由服务端发起缓存控制的相关字段值如表 7-3 所示。

表 7-3　服务端发起 Cache-Control 的字段值

消息头	类　型	功　能
Cache-Control: no-cache	可缓存性	不对响应数据的内容缓存设置有效期，不需要进行本地有效性验证
Cache-Control: no-store	可缓存性	响应数据不在本地保留内容缓存
Cache-Control: public	可缓存性	表明当前数据可以被任何对象（客户端、缓存服务器等）缓存
Cache-Control: private	可缓存性	当响应数据在经过缓存服务器（CDN 或反向代理缓存服务器）时，用于告知缓存服务器不能缓存该响应数据
Cache-Control: max-age=	有效期	设置内容缓存的最大有效期，是个相对值，表示一个时间区间，单位为 s
Cache-Control: s-maxage=	有效期	当响应数据在经过缓存服务器（CDN 或反向代理缓存服务器）时，用于对缓存服务器中缓存的控制，该值优先级高于 max-age 的设定，与客户端浏览器无关
Cache-Control: must-revalidate	服务端验证	当响应数据被设置有效期时，超过有效期的缓存请求必须进行服务端验证
Cache-Control: proxy-revalidate	服务端验证	当响应数据在经过缓存服务器（CDN 或反向代理缓存服务器）时，用于缓存服务器缓存的控制，功能与 must-revalidate 相同
Cache-Control: no-transform	其他	当响应数据在经过缓存服务器（CDN 或反向代理缓存服务器）时，用于告知缓存服务器不得对消息头进行修改，与客户端浏览器无关

3）Last-Modified 与 if-modified-since 属于 HTTP/1.0，是用于服务端对响应数据修改时间进行校验的服务端校验方法。Last-Modified 的值是由服务端生成后传递给客户端的，客户端发送请求时，它会将本地内容缓存中的 Last-Modified 的值由请求消息头的 if-modified-since 字段传递给服务端，如果服务端被请求的内容在 if-modified-since 字段值的时间之后被

修改了，将返回被修改的内容，否则返回响应状态码 304，客户端将使用本地缓存。

4）ETag 与 If-None-Match 属于 HTTP/1.1，优先级高于 Last-Modified 的验证，是用于服务端对响应数据进行实体标签校验的服务端校验方法。ETag 类似于身份指纹，是一个可以与 Web 资源关联的记号（token）。当客户端第一次发起请求时，ETag 的值在响应消息头中传递给客户端；当客户端再次发送请求时，如果验证本地内容缓存需要发起服务端验证，Etag 的值将由请求消息头的 If-None-Match 字段传递给服务端。如果验证本地内容缓存与服务端的 ETag 的匹配不一致，则认为请求的内容已经更新，服务端将返回新的内容，否则返回响应状态码 304，客户端将使用本地缓存。

5）客户端会通过 HTTP 消息头字段对本地内容缓存进行本地校验和服务端校验，内容缓存校验的流程如图 7-3 所示。

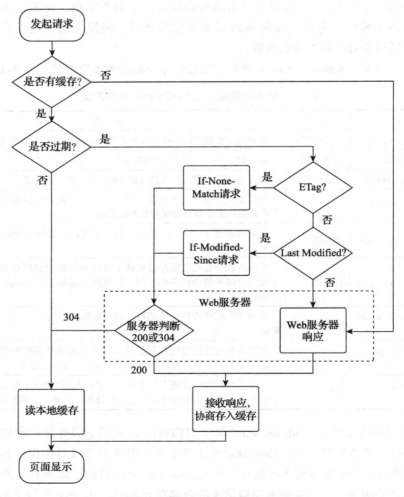

图 7-3　客户端内容缓存校验流程图

7.1.2　正向代理缓存

当客户端浏览器通过正向代理缓存服务器访问互联网 Web 服务器时，正向代理缓存服务器会先检查本地的缓存，如果本地已经有客户端访问网站的内容缓存，则会根据缓存策略将缓存内容返回客户端；如果本地没有相应的内容缓存，则会向网站 Web 服务器发起访问请求，在获得响应数据后，它会先将响应内容在本地缓存生成内容缓存，然后再转发给客户端。正向代理缓存架构如图 7-4 所示。

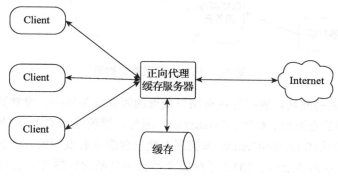

图 7-4　正向代理缓存架构图

- ❑ 通常是多个客户端共享一台正向代理缓存服务器，当一台客户端访问某个网站后，其他客户端均会共享这个网站的缓存，无须再向网站服务器发起访问请求，提升内容响应速度。
- ❑ 通过共享正向代理缓存服务器，不仅减少了外网的访问次数，也降低了网络带宽的需求。
- ❑ 通过正向代理缓存服务器的控制策略，可以有效地针对内网客户端及访问的目标进行过滤控制，提升内网安全。

正向代理缓存服务器并不严格限制其一定要在客户端的内网，因它是通过七层协议实现代理转发的，所以只要客户端通过 HTTP 或 HTTPS 协议可以连接到正向代理服务器即可。

7.1.3　内容分发网络

内容分发网络（CDN）是基于反向代理缓存技术实现的大规模网络应用，其将缓存服务器分布到用户访问相对集中的地区或网络中，当用户访问目标网站时，它会利用全局负载策略，将用户的访问分配到离用户最近的缓存服务器，并由被分配的缓存服务器处理用户的访问请求。国内跨运营商的网络访问会很慢，通过 CDN 的分配策略，可有效地优化网络路径，并结合 CDN 缓存服务器节点的缓存，有效提高用户的访问速度，从而提升用户体验。内容分发网络架构如图 7-5 所示。

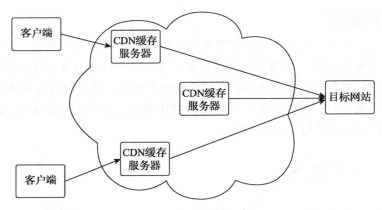

图 7-5 内容分发网络架构图

CDN 将被加速的网站内容缓存在离用户最近的缓存服务器中，通常被缓存的是更新较少的静态资源（如静态页面、CSS、JavaScript、图片、视频等），CDN 的各缓存服务器节点是通过 HTTP 响应头的 Cache-Control 来控制本地内容缓存有效期的。当客户端的请求被分配到 CDN 缓存服务器节点时，CDN 缓存服务器会先判断内容缓存是否过期，若内容缓存在有效期内，则直接返回客户端，否则将向源站点发出回源请求，并从源站点获取最新的数据，在更新本地缓存后将响应数据返回客户端。CDN 的缓存有效期设置会影响内容缓存的回源率。如果缓存有效期设置的较长，回源率较低，则会使缓存服务器的缓存数据与源网站不同步，影响访问；如果缓存有效期设置的较短，回源率较高，则会增加源网站的负载，影响 CDN 缓存服务器的使用效率。因此，CDN 服务商会根据被缓存资源的类型（如文件后缀）、路径等多个维度为使用者提供缓存有效期设置接口，并为用户提供更加细化的缓存时间管理。除了可以设置缓存时间外，也可以通过"缓存刷新"接口对 CDN 缓存服务器的缓存数据进行强制更新。

7.1.4 反向代理缓存

反向代理缓存是基于反向代理技术在用户请求转发到 Web 服务器前进行缓存加载的缓存方式。反向代理缓存服务器通常位于 Web 服务器之前，通过反向代理缓存服务器可以对被代理服务器的响应内容进行缓存，以加速用户请求响应的处理速度，降低被代理服务器的负载。反向代理缓存服务器架构如图 7-6 所示。

反向代理缓存提高了网站内容的加载速度，降低了被代理服务器的负载，并可以在被代理服务器发生故障时通过缓存的内容作为备份来提高网站的可用性。

❑ 提升网站性能。反向代理缓存以与静态内容相同的处理速度为所有类型的缓存内容提供用户响应处理，从而减少因被代理服务器动态计算产生的延迟，进一步提升网站的性能。

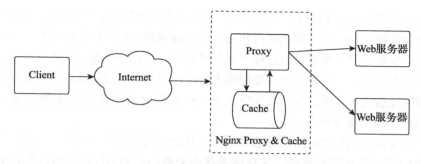

图 7-6　反向代理缓存服务器架构图

- 增加资源容量。因为减少了被代理服务器的请求，被代理服务器将有更多的计算资源处理动态响应，相对增加了应用服务器的资源容量。
- 提高可用性。通过反向代理缓存服务器的本地缓存，可以在被代理服务器出现故障或停机产生的故障等待时，让用户仍可访问网站（单向的浏览缓存中的内容），避免了用户因收到故障信息而产生的负面影响。

7.2　Nginx 缓存模块

Nginx 的缓存不仅支持 HTTP 协议代理缓存，还支持如 FastCGI、SCGI 及 uWSGI 协议代理的缓存。由于配置指令相似，本章仅以 HTTP 代理模块的缓存配置指令进行介绍。Nginx 缓存有两种配置方式：一种是将静态资源存储在本地，由用户手工维护的镜像方式；另一种是由缓存管理进程自动维护的缓存方式。这两种方式的响应逻辑基本相同，都是将缓存存储在磁盘上，并将缓存内容返回给用户，从而减少了后端被代理服务器的请求操作。

除 Nginx 自身的缓存处理方案外，Nginx 还提供了通过 Memcached 代理模块的缓存应用方案，Nginx 通过 Memcached 模块与 Memcached 服务器交互，用 Memcached 服务器实现缓存存储的方式以提升用户响应速度，同时这个应用方案需要用户自行维护 Memcached 的内容。

7.2.1　代理缓存模块

Nginx 的缓存功能是集成在代理模块中的，当启用缓存功能时，Nginx 将请求返回的响应数据持久化在服务器磁盘中，响应数据缓存的相关元数据、有效期及缓存内容等信息将被存储在定义的共享内存中。当收到客户端请求时，Nginx 会在共享内存中搜索缓存信息，并把查询到的缓存数据从磁盘中快速交换到操作系统的页面缓存（Page Cache）中，整个过程的速度非常快。Nginx 缓存会缓存加载进程（Cache Loader Process）和库存管理（Cade Manger Process）进行管理。缓存加载进程只在 Nginx 启动时执行一次，将上一次 Nginx 运行时缓存有关数据的元数据加载到共享内存区域，加载结束后它将自动退出。为了避免缓存因加载缓存降低 Nginx 的性能，缓存加载进程会采用周期性迭代式加载缓存数据，且迭代加载的时间间隔、每次最大消耗时间和每次迭代加载的数量可以由配置指令 proxy_cache_path 的指令值参数设置。缓存管理进程则周期性的检查缓存的状态，负责清除在一段时间内未被访问的缓存文件，并对超出缓存存储最大值的缓存对象进行删除，缓存管理进程的删除操作也是周期性迭代执行的，并由配置指令 proxy_cache_path 的指令值参数设置。

（1）缓存处理流程及状态

当客户端发起请求到 Nginx 缓存服务器时，Nginx 会先检查本地是否已经有该请求的内容缓存，有的话会直接返回数据，缓存请求状态会被标记为 HIT，否则该缓存请求状态就会被标记为 MISS。如果指令 proxy_cache_lock 未被启用，则会直接向源服务器发起访问请求，如果被启用，则会先确认当前请求是不是第一个发起的请求，若不是，则等待；若是，则向源服务器发起访问请求。服务器响应数据返回后会先被存储在本地缓存，然后再返回给客户端。缓存处理流程如图 7-7 所示。

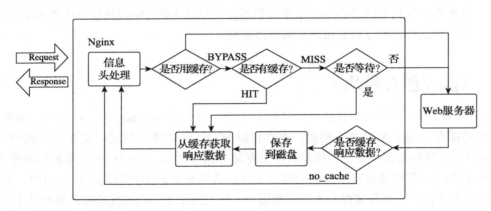

图 7-7　Nginx 缓存处理流程图

Nginx 在处理缓存过程中，客户端请求的缓存请求状态会被记录在变量 $upstream_cache_status 中，缓存请求状态如表 7-4 所示。

表 7-4　缓存请求状态及说明

缓存请求状态	状态说明
MISS	缓存未命中，从源服务器获取响应数据
HIT	缓存命中，从本地缓存获取数据
BYPASS	proxy_cache_bypass 生效，直接从源服务器获取响应数据
REVALIDATED	启用 proxy_cache_revalidate 指令后，缓存将被源服务器服务端验证为有效状态，从本地缓存获取数据
EXPIRED	缓存过期，从源服务器获取响应数据
UPDATING	正在更新缓存，当前返回为旧缓存内容，在配置指令 proxy_cache_use_stale updating 时会存在该状态

（续）

缓存请求状态	状态说明
STALE	源服务器无法正常返回更新的内容，当前返回为旧缓存内容，在配置指令 proxy_cache_use_stale error timeout 时会存在该状态
SCARCE	缓存节点被查询次数未达到配置指令 proxy_cache_min_uses 设定的值时，对此请求无法启用缓存机制，将从源服务器获取响应数据

（2）缓存配置指令

Nginx 缓存配置指令如表 7-5 所示。

表 7-5　Nginx 缓存配置指令

指令名称	指令值格式	默 认 值	指令说明
proxy_store	on、off 或 string	off	设置是否将被代理服务器的响应数据在本地按照请求的 URL 建立目录结构镜像。当指令值为 on 时，存储路径的设置为 root 或 alias。响应数据先存储到临时文件后再复制或重命名保存
proxy_store_access	users:permissions …	user:rw	设置创建本地镜像存储路径的文件夹权限
proxy_cache	zone 或 off	off	设置一个用以做缓存管理的共享内存区域
proxy_cache_path	path 参数	—	设置缓存文件存储路径及参数。缓存数据以 URL 的 MD5 值命名存储在缓存目录中。其指令值参数如表 7-6 所示
proxy_cache_key	string	$scheme$proxy_host$request_uri	设置缓存的关键字
proxy_cache_lock	on 或 off	off	是否启用缓存锁指令。当启用缓存锁机制时，每次只允许一个向被代理服务器转发的请求，按照 proxy_cache_key 指令设置的标识增添新的缓存数据，其他相同的请求则将等待缓存中出现响应数据或该缓存锁被释放，其等待时间由 proxy_cache_lock_timeout 指令设置
proxy_cache_lock_age	time	5s	缓存锁有效时间。当启用缓存锁机制时，如果一个请求在该指令的时间内没有完成响应数据缓存的添加，缓存锁将会被释放，获取缓存锁的请求将被转发给被代理服务器由代理服务器负责生成缓存
proxy_cache_lock_timeout	time	5s	缓存锁等待超时时间。当启用缓存锁机制时，等待超过该时间的请求将直接从被代理服务器中读取响应，该请求响应不会被添加到缓存中
proxy_cache_max_range_offset	number	—	用以设置范围请求（byte-range）请求时的最大偏移量。超出该偏移量的请求将直接从被代理服务器中读取响应数据
proxy_cache_methods	GET 或 HEAD 或 POST …	GET HEAD	指定可被缓存的请求方法
proxy_cache_convert_head	on 或 off	on	开启或禁用将请求方法 HEAD 转换为 GET，如果该功能被禁用，配置指令 proxy_cache_key 的指令值应该添加变量 $request_method

<cite/>

<cite/>

<cite/>
<cite/>
<cite/>
<cite/>
<cite/>
<cite/>
<cite/>
<cite/>
<cite/>
<cite/>
<cite/>
<cite/>
<cite/>
<cite/>
<cite/>

<cite/>

<cite/>

<cite/>
<cite/>
<cite/>
<cite/>
<cite/>
<cite/>
<cite/>
<cite/>
<cite/>

<cite/>

<cite/>

<cite/>
<cite/>

<cite/>
<cite/>

<cite/>

<cite/>

<cite/>

<cite/>

<cite/>

<cite/>
<cite/>
<cite/>

<cite/>
<cite/>

<cite/>
<cite/>

<cite/>

<cite/>

<cite/>

<cite/>

<cite/>

<cite/>

<cite/>

<cite/>

<cite/>

<cite/>

<cite/>

<cite/>

<cite/>

<cite/>

<cite/>

<cite/>

<cite/>

（续）

参 数 名	参数格式	默 认 值	参数说明
manager_files	number	100	缓存管理进程执行一次迭代更新时，删除文件的最大数
manager_sleep	time	50ms	缓存管理进程每次更新缓存的迭代间隔时间
manager_threshold	time	200ms	缓存管理进程执行一次迭代更新时，最大执行的时间，单位为 ms
loader_threshold	time	200ms	缓存加载进程每次迭代加载时，加载数据的最大执行时间
loader_files	number	100	缓存加载进程每次迭代加载时，加载缓存目录中缓存数据的最大文件数
loader_sleep	time	50ms	缓存加载进程每次迭代的间隔时间
purger	on 或 off	off	是否启用缓存清除功能。仅商业版有效
purger_files	number	10	每次迭代清除时，清除缓存目录中缓存数据的最大文件数。仅商业版有效
purger_sleep	time	50ms	连续两次迭代清除间的最少间隔时间。仅商业版有效
purger_threshold	time	50ms	每次迭代清除时，最大执行的时间。仅商业版有效

（3）HTTP 范围请求

范围请求允许服务器只发送请求的一部分响应数据给客户端，通常对大文件传输时，用以实现断点续传、多线程下载等功能。若服务端响应信息头中包含字段 Accept-Ranges: bytes，则表示服务端支持范围请求，且节点范围的单位为字节（bytes）。在 Nginx 缓存默认配置下，Nginx 处理完一个大文件的初始请求后，后续的用户请求必须等待整个文件下载结束并存入缓存后才可以继续被处理，整个过程非常耗时。为解决这个问题，Nginx 提供了 ngx_http_slice_module 模块，用以缓存范围请求的支持。该模块将文件分成更小的切片（slices），客户端每个范围请求覆盖特定的切片，如果该范围没有缓存，则从源服务器请求后存入缓存，否则就从缓存中返回数据。http_slice 模块配置指令如表 7-7 所示。

表 7-7 http_slice 模块配置指令

名　　称	切片指令
指令	slice
作用域	http、server、location
默认值	0
指令说明	设定范围请求切片的大小。默认为不启用该功能

配置样例如下：

```
location / {
    slice            1m;                             # 切片大小为1MB
    proxy_cache      cache;                          # 缓存共享内存名称为cache
    proxy_cache_key  $uri$is_args$args$slice_range;  # 设置缓存key
    proxy_set_header Range $slice_range;             # 添加头字段Range的字段值为
                                                     # $slice_range
```

```
    proxy_cache_valid 200 206 1h;              # 响应状态码为200及206的内容缓存有效期为1h
    proxy_pass         http://localhost:8000;
}
```

7.2.2 Memcached 缓存模块

Nginx 的 ngx_http_memcached_module 模块本身并没有提供缓存功能，它只是一个将用户请求转发到 Memcached 服务器的代理模块。在以 Memcached 服务器为缓存应用的方案中，Memcached 作为内容缓存的存储服务器，用户通过 URL 为 Memcached 的 key 将 Web 请求数据缓存到 Memcached 服务器中，在客户端发起请求时，Nginx 通过一致的 URL 为 key，快速地从 Memcached 服务器中将缓存的内容作为用户的请求响应数据返回给客户端。

Memcached 是一个开源、高性能的内存对象缓存系统，使用 Memcached 服务器作为缓存存储服务器，充分利用了 Memcached 的高效缓存功能，减少了 Nginx 服务器磁盘 I/O 的操作，也可以通过 upstream 指令对多台 Memcached 做分布式集群负载，以便整体提升 Nginx 缓存服务器的性能。Memcached 缓存模块配置指令如表 7-8 所示。

表 7-8　Memcached 缓存模块配置指令

指令名称	指令值格式	默 认 值	指令说明
memcached_bind	address [transparent] 或 off	—	设置从指定的本地 IP 地址及端口与 Memcached 服务器建立连接，指令值可以是变量。指令值参数为 transparent 时，允许将客户端的真实 IP 透传给被代理服务器，并以客户端真实 IP 为访问被代理服务器的源 IP。指令值为 off 时，则取消上一层指令域同名指令的配置
memcached_buffer_size	size	4k 或 8k	设置用于读取 Memcached 服务器，读取响应数据缓冲区的大小，当 Nginx 收到响应数据后，将同步传递给客户端
memcached_connect_timeout	time	60s	Nginx 与 Memcached 服务器建立连接的超时时间，通常不应超过 75s
memcached_force_ranges	on 或 off	off	启用来自 Memcached 服务器的缓存和未缓存响应的 byte-range 请求支持，而不考虑这些响应头中的 Accept-Ranges 字段
memcached_gzip_flag	flag	—	启用对 Memcached 服务器缓存数据 flags 的测试，flags 为客户端写入缓存时的自定义标记，此处用以判断缓存数据是否被压缩存储，如果数据被压缩存储，则将响应头字段 Content-Encoding 设置为 gzip
memcached_next_upstream	error、timeout、invalid_header、not found 或 off …	error timeout	当出现指令值中指定的条件时，将未返回响应的客户请求传递给 upstream 中的下一个服务器
memcached_next_upstream_timeout	time	0	设置将符合条件的客户端请求传递给 upstream 中下一个服务器的超时时间。0 为不做超时限制，遍历完所有上游服务器组中的服务器为止
memcached_next_upstream_tries	number	0	设置符合条件的客户端请求传递给 upstream 中下一个服务器的尝试次数，包括第一次失败的次数。0 为不做尝试次数限制，遍历完所有上游服务器组中的服务器为止

（续）

指令名称	指令值格式	默认值	指令说明
memcached_pass	address	—	设置 Memcached 服务器的地址及端口，地址可以是 IP、域名或 UNIX 套接字
memcached_read_timeout	time	60s	在连续两个从 Memcached 服务器接收数据的读操作之间的间隔时间超过设置的时间时，将关闭连接
memcached_send_timeout	time	60s	在连续两个发送到 Memcached 服务器的写操作之间的间隔时间超过设置的时间时，将关闭连接
memcached_socket_keepalive	on 或 off	off	设置 Nginx 与 Memcached 服务器的 TCP keepalive 行为的心跳检测机制，默认使用操作系统的 socket 配置，若指令值为 on，则开启 SO_KEEPALIVE 选项进行心跳检测

配置样例如下：

```
server {
    location / {
        set             $memcached_key "$uri?$args";     # 设置Memcached缓存key
        memcached_pass  127.0.0.1:11211;                 # 设置被代理Memcached地址
        error_page      404 502 504 = @fallback;         # 返回状态码404、502、504时跳入内部请求
    }

    location @fallback {
        proxy_pass      http://backend;                  # 将请求转发给后端服务器
    }
}
```

7.3　Nginx 缓存应用

7.3.1　代理缓存服务器

Nginx 代理功能根据应用方式的不同分为正向代理和反向代理，Nginx 开源版本的正向代理功能并不完整，不支持 HTTP 的 CONNECT 方法，所以 HTTPS 的正向代理功能通常是使用第三方模块来实现的。Nginx 的 HTTPS 正向代理使用最多的第三方模块是 ngx_http_proxy_connect_module，但其不支持缓存，所以开源版本 Nginx 无法在正向代理缓存的使用场景中应用。Nginx 的重点缓存应用是在反向代理缓存的应用场景，官方也一直在不断地增强该功能。Nginx 反向代理缓存是目前网站架构中最常用的缓存方式，其不仅被网站架设者用以提高访问速度，降低应用服务器的负载，同时也被广泛应用于 CDN 的缓存服务器中。Nginx 的反向代理缓存有以下几个功能特点。

- ❑ 故障降级。如果源服务器因故障停机，即便缓存过期，也可以被返回给用户使用，这就避免了页面无法打开的故障信息传递，从而实现有效容错降级。
- ❑ 缓存负载。基于 Nginx 提供的比例分配赋值指令，可以将请求分配给由多个不同的硬盘组成的缓存池，以实现缓存存储负载，降低 I/O 瓶颈，提升磁盘效率。

❑ 缓存锁。使多个相同的请求只有一个可以访问被代理服务器，其他的请求则等待缓存生成后，从缓存中获取响应数据，从而有效地提升缓存利用率，降低被代理服务器的负载。

❑ 缓存验证支持。支持在 Nginx 本地缓存有效期过期后，通过服务器远端验证的方式确认缓存是否有效。

❑ 范围请求支持。通过切片指令设置，提升了范围请求的缓存效率，使其响应速度更快。

❑ 缓存控制。可对用户的请求是否使用缓存、响应数据是否被缓存、可被缓存的最低使用频率等方式实现缓存控制。

配置样例如下：

```
upstream backend_server {
    ip_hash;                                # session会话保持
    server 192.168.2.145:8081;              # 被代理服务器IP
    server 192.168.2.159:8081;              # 被代理服务器IP
}

proxy_cache_path /usr/local/nginx/nginx-cache1
                        levels=1:2
                        keys_zone=cache_hdd1:100m
                        max_size=10g
                        use_temp_path=off
                        inactive=60m;       # 设置缓存存储路径1，缓存的共享内存名称和大小100MB，
                                            # 无效缓存的判断时间为1小时

proxy_cache_path /usr/local/nginx/nginx-cache2
                        levels=1:2
                        keys_zone=cache_hdd2:100m
                        max_size=10g
                        use_temp_path=off
                        inactive=60m;       # 设置缓存存储路径2，缓存的共享内存名称和大小100MB，
                                            # 无效缓存的判断时间为1小时

split_clients $request_uri $proxy_cache {
            50%         "cache_hdd1";       # 50%请求的缓存存储在第一个磁盘上
            50%         "cache_hdd2";       # 50%请求的缓存存储在第二个磁盘上
}


server {
    listen 8080;
    root /opt/nginx-web/phpweb;
    index index.php;
    include         proxy.conf;            # 引入默认配置文件

    location ~ \.(gif|jpg|png|htm|html|css|js|flv|ico|swf)(.*) {
                                            # 设置客户端静态资源文件缓存过期时间为12小时
        expires     12h;
    }

    proxy_ignore_headers Cache-Control Set-Cookie;
                                            # 忽略被代理服务器返回响应头中指定字段的控制响应
```

```
location ~ / {
    root /opt/nginx-web/phpweb;

    proxy_cache $proxy_cache;          # 启用proxy_cache_path设置的$proxy_cache的共享内存区域
    proxy_cache_lock on;               # 启用缓存锁
    proxy_cache_lock_age 5s;           # 缓存锁有效期为5s
    proxy_cache_lock_timeout 5s;       # 等待缓存锁超时时间为5s
    proxy_cache_methods GET HEAD;      # 默认对GET及HEAD方法的请求进行缓存
    proxy_cache_min_uses 1;            # 响应数据至少被请求1次，才将被缓存

    proxy_cache_bypass $http_pragma;     # 当客户端请求头包含字段pragma时，不适用缓存

    proxy_cache_use_stale error timeout invalid_header
                          updating http_500 http_503
                          http_403 http_404 http_429;
                                       # 当出现指定条件时，使用已经过期的缓存响应数据

    proxy_cache_background_update on;   # 允许使用过期的响应数据时，启用后台子请求用以更新过
                                        # 期缓存，并将过期的缓存响应数据返回给客户端

    proxy_cache_revalidate on;          # 当缓存过期时，向后端服务器发起服务端校验
    proxy_cache_valid 200 301 302 10h;  # 200 301 302状态码的响应缓存10小时
    proxy_cache_valid any 1m;           # 其他状态码的响应缓存1分钟

    add_header X-Cache-Status $upstream_cache_status;
                                        # 添加缓存请求状态标识

    proxy_pass   http://backend_server;
}

error_page 404 /404.html;
error_page 500 502 503 504 /50x.html;
}
```

❑ 在默认配置下，Nginx 会对被代理服务器返回响应数据信息头的缓存控制字段
Cache-Control 执行相关操作。当 Cache-Control 字段的值为 private、no-cache 或
者有字段 Set-Cookie 时，它会对响应数据缓存产生影响，可以使用 proxy_ignore_
headers 指令忽略这些字段的操作响应。

```
proxy_ignore_headers Cache-Control Set-Cookie;
```

❑ Nginx 默认只对 GET 和 HEAD 方法的请求进行缓存，如果想对 POST 请求方法的
数据进行缓存，则可以使用 proxy_cache_methods 指令进行设置。

```
proxy_cache_methods GET HEAD POST;
```

7.3.2　镜像缓存应用

Nginx 服务器在配置 proxy_store 缓存方式下，可以按照 URL 的路径将从后端获取的静
态文件保存在本地磁盘中，因为其内容缓存永远不会过期且没有自动缓存管理机制，所以

从严格意义上讲它只能称为内容镜像。该方式可以十分方便地将后端服务器的静态文件资源在 Nginx 本地生成镜像，相对静态文件资源变动较少的应用场景可以很快地实现动静分离分布式应用架构，进而提升应用负载性能。应用场景示例如图 7-8 所示。

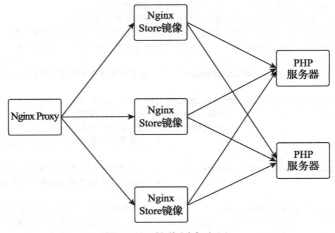

图 7-8   镜像缓存应用

- ❑ 两台 PHP 应用服务器做动态应用处理。
- ❑ 静态文件由 3 台 Nginx 配置 Store 方式实现静态镜像缓存。
- ❑ 当有静态文件更新时，由 PHP 服务器代码通过 Nginx 的 Lua 脚本接口对 Nginx 静态镜像上的旧文件进行清除。

（1）静态镜像服务器 Nginx 配置

```
upstream php_server {
    server 192.168.2.145:8190;          # PHP服务器IP
    server 192.168.2.159:8190;          # PHP服务器IP
}

server {
    listen 8180;
    index index.php;

    # 动态请求转发
    location ~ \.php(.*)$ {
        proxy_pass    http://php_server;
    }

    # 清除静态资源文件接口
    location ~ /purge_store {
        add_header Content-Type 'application/json; charset=utf-8';
        set $cache_home /opt/data/cache;
        content_by_lua_block {
            local file = string.match(ngx.var.uri,"^/purge_store/(%S+)")
```

```
                path = ngx.var.cache_home
                os.remove(path.."/"..file)
                ngx.say('{"code":200,"file":"'..path.."/"..file..'"}')
        }
    }


    # 静态资源文件
    location ~ .*\.(gif|jpg|jpeg|png|bmp|swf|zip|pdf|gz)$ {
        expires 3d;
        proxy_set_header Accept-Encoding '';
        root /opt/data/cache;
        proxy_store on;
        proxy_store_access user:rw group:rw all:rw;
        proxy_temp_path /opt/data/cache;
        if ( !-e $request_filename) {
            proxy_pass   http://php_server;
        }
    }
}
```

（2）PHP 应用服务器 Nginx 配置

```
server {
    listen 8190;
    index index.php;

    location ~ \.php(.*)$ {
        root /opt/nginx-web/phpweb;
        fastcgi_pass   127.0.0.1:9000;
        fastcgi_index  index.php;
        fastcgi_split_path_info        ^(.+\.php)(.*)$;    # 获取$fastcgi_path_info
                                                           # 变量值
        fastcgi_param PATH_INFO        $fastcgi_path_info; # 赋值给参数PATH_INFO
        include        fastcgi.conf;                       # 引入默认参数文件
    }
}
```

因为使用 Lua 脚本，所以需要对开源版本的 Nginx 增加 Lua 模块或使用 OpenRestry 版本的 Nginx。

7.3.3　Memcached 缓存应用

为了提高动态网站的响应速度，有时会采用将动态网站转换成静态化文件的方式进行优化，而相对于磁盘存储，使用 Memcached 进行静态文件的存储则可以进一步提升网站的响应速度。Memcached 是基于内存的高性能对象缓存系统，因为存储数据都是在内存中的，所以减少了系统的 I/O 操作，从而避免了因磁盘性能带来的影响。使用 Memcached 作为缓存存储服务器，可以直接利用 Memcached 缓存的过期机制实现缓存的自动化过期管理，且利用 Nginx 的负载机制和 Memcached 分布式特性，可以非常方便地横向扩展，以提升处理性能。Memcached 缓存应用场景如图 7-9 所示。

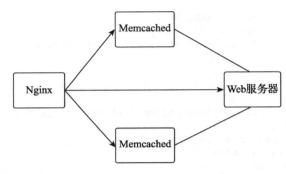

图 7-9　Memcached 缓存应用

❑ Web 服务器将动态文件以请求 URI 作为 Memcached 的 key 初始化到 Memcached 服务器中。

❑ Nginx 将用户请求转发到 Memcached 服务器中，并将请求的 URI 作为 Memcached key 的数据返回给用户。

❑ 当 Memcached 的请求失败后，则将请求转发给后端 Web 服务器的接口动态生成对应的静态文件，返回响应数据并更新 Memcached。

Memcached 的安装非常简单，在 CentOS 7 系统下使用 yum 安装即可，安装方法如下：

```
yum -y install memcached

cat /etc/sysconfig/memcached
PORT="11211"                 # 端口
USER="memcached"
MAXCONN="1024"               # 最大连接数
CACHESIZE="64"               # 使用内存大小为64M
OPTIONS=""

systemctl start memcached
```

Nginx 服务器配置样例如下：

```
upstream backend {
    server 192.168.2.145:8190;                          # 后端PHP服务器IP
}

upstream memcached {
    hash $host$request_uri consistent;                  # 一致性hash
    server 192.168.2.145:11211;                         # Memcached服务器IP
    server 192.168.2.109:11211;                         # Memcached服务器IP
}

server {
    listen      8181;
    access_log logs/mem_access.log;
    set $memcached_key $host$request_uri;               # 设置Memcached的key
    location / {
```

```
        memcached_connect_timeout 5s;           # 与Memcached建立连接超时时间为5s
        memcached_read_timeout 2s;              # 连续两次读的超时时间为2s
        memcached_send_timeout 2s;              # 连续两次写的超时时间为2s
        memcached_pass memcached;               # 代理到Memcached集群
        add_header X-Cache-Satus HIT;           # 显示缓存命中状态
        add_header Content-Type 'text/html; charset=utf-8'; # 强制响应数据格式为html
    }

    error_page     404 502 504 = @fallback;

    location @fallback {
        proxy_set_header   X-Memcached-Key $memcached_key;   # 将memecached key传递
                                                             # 给PHP服务器
        proxy_pass        http://backend;                    # PHP服务器
    }
}
```

　　为了方便演示 Memcached 的使用方法，在此处提供了一段简单的 PHP 测试代码。在测试代码中，使用了 PHP 模块 Memcached 与 Nginx 兼容的一致性哈希算法实现分布式 Memcached 集群的支持。

```php
<?php
// 测试数据
$html = file_get_contents('https://www.baidu.com');

if ($_SERVER['REQUEST_METHOD'] != 'GET' || !isset($_SERVER['HTTP_X_MEMCACHED_
    KEY']) || !$_SERVER['HTTP_X_MEMCACHED_KEY']) {
    echo $html;
    exit();
}

$memcachedKey = $_SERVER['HTTP_X_MEMCACHED_KEY'];

// 初始化Memcached
$memcached = new Memcached();

// 配置分布式hash一致性算法，兼容Nginx的Ketama算法
$memcached->setOptions(array(
    Memcached::OPT_DISTRIBUTION=>Memcached::DISTRIBUTION_CONSISTENT,
    Memcached::OPT_LIBKETAMA_COMPATIBLE=>true,
    Memcached::OPT_REMOVE_FAILED_SERVERS=>true,
    Memcached::OPT_COMPRESSION=>false
));

// 添加Memcached服务器
$memcached->addServers(array(
    array('192.168.2.145', 11211),
    array('192.168.2.109', 11211)
));

// 存储到Memcached，缓存有效期1天
$memcached->set($memcachedKey, $html, 86400);
```

```
//调试用
header('X-Cache-Status: MISS');
header('X-Cache-Key: ' . $memcachedKey);

//输出静态文件
print $html;

?>
```

7.3.4 客户端缓存控制

客户端的缓存有两种验证机制，一种是基于有效期的本地有效期验证；另一种是由服务端提供的服务端验证。Nginx 提供了 expires、etag、if_modified_since 指令可实现对客户端缓存的控制。

1. 有效期验证

expires 指令可实现在响应状态码为 200、201、204、206、301、302、303、304、307 或 308 时，对响应头中的属性字段 Expires 和 Cache-Control 进行添加或编辑操作。该指令会同时设置 Expires 和 Cache-Control 两个字段，客户端根据这两个字段的值执行内容缓存的本地有效期设置。

（1）设置相对时间

响应头字段 Expires 的值为当前时间与指令值的时间之和，响应头字段 Cache-Control 的值为指令值的时间。

```
server {
    expires    24h;           # 设置Expires为当前时间过后的24小时，Cache-Control的值为24
                              # 小时
    expires    modified +24h; # 编辑Expires增加24小时，Cache-Control的值增加24小时
    expires    $expires;      # 根据变量$expires的内容设置缓存时间
}
```

（2）设置绝对时间

可以通过前缀 @ 指定一个绝对时间，表示在当天的指定时间失效。

```
server {
    expires    @15h;          # 设置Expires为当前日的15点，Cache-Control的值为到
                              # 当前时间到15点的时间差
}
```

（3）无有效期设置

时间为负值或为 epoch 时，响应头字段 Cache-Control 的值为 no-cache，表示当前响应数据的内容缓存无有效期。

```
server {
    expires    -1;
    expires    epoch;
}
```

（4）最大值设置

指令值为 max 时，Expires 的值为 Thu, 31 Dec 2037 23:55:55 GMT，Cache-Control 为 10 年。

```
server {
    expires  max;
}
```

Nginx 除了提供指令 expires 可以实现有效期控制外，还提供了指令 add_header，可以让用户自定义响应头实现客户端缓存的控制。

```
server {
    add_header Cache-Control no-cache;   # 响应数据的内容缓存无有效期
}
```

2. 服务端验证

（1）Etag 实体标签

Nginx 作为 Web 服务器时，对静态资源会自动在响应头中添加响应头字段 Etag，字段值为静态资源文件的最后编辑时间（last_modified_time）和文件大小的十六进制组合。对于代理的响应内容则由被代理服务器进行控制，不会自动添加 Etag 字段，只有存在 Nginx 服务器由 Nginx 直接读取的文件时才会自动添加 Etag 字段，它可以通过添加 etag off 指令禁止自动生成 Etag。

（2）文件修改时间

Nginx 作为 Web 服务器时，会对静态资源自动添加响应头字段 Last-Modified，字段值为静态资源文件的最后编辑时间（last_modified_time）。

Nginx 提供了配置指令 if_modified_since，对文件修改时间的服务端校验提供了两种不同的比对方式。一种是指令值为 exact 时，Nginx 会将请求头中 if_modified_since 的时间与响应数据中的时间做精确匹配，即完全相等才认为客户端缓存有效，返回响应状态码 304；另一种是指令值为 before 时，则在请求头中 if_modified_since 的时间大于响应数据中的时间也认为客户端缓存有效，返回响应状态码 304。该指令功能控制处于数据流的出入口，对于任何形式产生的响应数据都有效，当指令值为 off 时，则关闭 Nginx 对客户端缓存文件修改时间的服务端校验功能。

任何与用户私人相关的数据都不应该被缓存，所以对于私人内容数据建议设置 HTTP 信息头 Cache-Control 字段值为 no-cache、no-store 或 private 控制客户端不进行缓存，根据数据内容的敏感性，正确设置这些头字段，可以在保持维护私人信息安全的前提下利用缓存的优势提升网站的响应速度。

7.4　缓存服务的管理与维护

Nginx 开源版本并没有提供代理缓存模式下清理缓存的功能，这对于使用代理缓存非常不便，为了解决这一问题，可以使用开源的第三方模块 ngx_cache_purge 来实现代理缓存的手动清理和维护，ngx_cache_purge 模块的源 GitHub 仓库已经很久不更新了，Nginx 模块社区的 GitHub 仓库还处在活跃状态，并提供功能更新和 bug 修复。

7.4.1 模块编译

ngx_cache_purge 模块目前版本已经支持编译为动态模块，编译过程如下。

```
# 获取ngx_cache_purge模块代码
git clone https://github.com/nginx-modules/ngx_cache_purge.git

# 在Nginx代码目录编译ngx_cache_purge为动态模块
./configure --add-dynamic-module=../third/ngx_cache_purge --with-compat
make

# 在Nginx配置中加载ngx_cache_purge模块
sed -i '/^events/i\load_module "modules/ngx_http_cache_purge_module.so";' /etc/
nginx/nginx.conf

# 测试并重启
nginx -t
systemctl restart nginx
```

7.4.2 模块指令

ngx_cache_purge 模块支持 HTTP、FastCGI、SCGI、uWSCGI 代理协议缓存的清除，配置指令如表 7-9 所示。

表 7-9　ngx_cache_purge 模块配置指令

模块指令	功能说明
proxy_cache_purge	启用 HTTP 代理缓存清除功能
fastcgi_cache_purge	启用 FastCGI 代理缓存清除功能
scgi_cache_purge	启用 SCGI 代理缓存清除功能
uwsgi_cache_purge	启用 uWSGI 代理缓存清除功能

ngx_cache_purge 模块配置指令有两种使用方式。一种是通过该模块自定义的 PURGE 请求方法，实现缓存的清除功能。在该方式下，指令可以配置在 http、server、location 指令域下，指令格式如下。

```
proxy_cache_purge on|off|<method> [purge_all] [from all|<ip> [.. <ip>]]
```

- ❑ 指令值 on 或 off，用以设置启用或关闭所在指令域的缓存清除功能。
- ❑ 指令值 method，指定请求方法，默认为 PURGE。
- ❑ 指令值 purge_all，清除所在指令域下 proxy_cache 指定共享内存区域的所有缓存文件。
- ❑ 指令值 from all 或 ip，设置允许执行清除操作的来源 IP。

配置样例如下：

```
http {
    proxy_cache_path  /tmp/cache  keys_zone=tmpcache:10m;

    server {
        location / {
            proxy_pass         http://127.0.0.1:8000;
            proxy_cache        tmpcache;
            proxy_cache_key    $uri$is_args$args;
            proxy_cache_purge  PURGE from 127.0.0.1;    # 只允许本机执行缓存清除请求
        }
    }
}
```

使用方法样例如下：

```
curl -X PURGE /page*
```

另一种配置方式是位于独立的 location 指令域中，通过指定的访问路径实现缓存的清除功能，该方式下的指令只能配置在 location 指令域下，指令格式如下。

```
proxy_cache_purge zone_name key
```

❑ 指令值 zone_name 为指定当操作的共享内存名称。

❑ 指令值 key 为缓存配置指令 proxy_cache_key 设定的内容。

配置样例如下：

```
http {
    proxy_cache_path  /tmp/cache  keys_zone=tmpcache:10m;

    server {
        location / {
            proxy_pass         http://127.0.0.1:8000;
            proxy_cache        tmpcache;
            proxy_cache_key    $uri$is_args$args;
        }

        location ~ /purge(/.*) {
            allow              127.0.0.1;
            deny               all;
            proxy_cache_purge  tmpcache $1$is_args$args; # 配置清除的缓存共享内存名称和缓存key
        }
    }
}
```

使用方法样例如下：

```
curl /purge/page*
```

ngx_cache_purge 模块配置提供了操作响应输出类型指令，可以自定义清除缓存操作后返回结果的数据类型，指令如表 7-10 所示。

表 7-10　操作响应输出类型指令

名　称	操作响应输出类型指令
指令	cache_purge_response_type
作用域	http，server，location
默认值	html
可选项	html 或 json 或 xml 或 text
指令说明	设置操作响应输出的类型，默认为 html

配置样例如下：

```
server {
    cache_purge_response_type json;
}
```

Nginx 负载均衡应用实战

随着业务量的增加，互联网应用产品对业务处理能力和计算强度的要求也相应增大，为了满足业务需求，这些产品广泛应用了提升业务处理能力的负载均衡技术。负载均衡是 Nginx 最重要的功能应用，Nginx 异步架构的特性，使其可以轻松处理高并发请求。高并发的请求发送到 Nginx 后被 Nginx 按照负载均衡策略分发给被代理服务器来做复杂的计算、处理和响应，当业务量增加的时候可以实现客户端无感知地被代理服务器集群扩容操作。

HTTP 负载均衡是基于 HTTP 协议的负载均衡应用。HTTP 协议是建立在 TCP 协议之上的一种应用，是把 TCP 作为底层的传输协议，由于工作在第七层——应用层，因此它也被称为 "七层负载均衡"。

TCP 负载均衡是基于 TCP 协议的负载均衡应用。TCP 协议是网络传输的基础协议，工作在网络层和传输层，因此也被称为 "四层负载"。

本章主要的内容如下：

❑ Nginx 负载均衡模块，Nginx 负载均衡模块的配置指令；

❑ Nginx 负载均衡策略，Nginx 支持的负载均衡策略实现及原理；

❑ Nginx 负载均衡应用配置，Nginx 负载均衡的后端长连接、容错机制的处理；

❑ Nginx TCP 负载均衡应用，Nginx TCP 负载均衡应用实现。

8.1　Nginx 负载均衡模块

Nginx 负载均衡是由代理模块和上游（upstream）模块共同实现的，Nginx 通过代理模块的反向代理功能将用户请求转发到上游服务器组，上游模块通过指定的负载均衡策略及相关的参数配置将用户请求转发到目标服务器上。上游模块可以与 Nginx 的代理指令

（proxy_pass）、FastCGI 协议指令（fastcgi_pass）、uWSGI 协议指令（uwsgi_pass）、SCGI 协议指令（scgi_pass）、memcached 指令（memcached_pass）及 gRPC 协议指令（grpc_pass）实现多种协议后端服务器的负载均衡。

8.1.1 服务器配置指令

Nginx 上游模块定义了 upstream 指令域，在该指令域内可设置服务器、负载均衡策略等负载均衡配置，配置样例如下，具体指令说明见表 8-1～表 8-6。

```
upstream backend {
    server backend1.example.com        weight=5;   # 被代理服务器端口号为80，权重为5
    server backend2.example.com:8080;              # 被代理服务器端口号为8080，默认权重为1
    server unix:/tmp/backend3;

    server backup1.example.com:8080    backup;     # 该被代理服务器为备份状态
    server backup2.example.com:8080    backup;     # 该被代理服务器为备份状态
}

server {
    location / {
        proxy_pass http://backend;                 # 将客户端请求反向代理到上游服务器组backend
    }
}
```

表 8-1 服务器指令

名　称	服务器指令	名　称	服务器指令
指令	server	配置格式	address [parameters];
作用域	upstream	指令说明	设定上游服务器组的服务器地址及连接参数

❏ 服务器地址可以是指定端口的 IP、域名或 Unix 套接字。

❏ 如不指定端口，默认端口号为 80。

表 8-2 服务器指令参数

参　数	参数名称	参数类型	默认值	参数说明
weight	权重	int	1	设置服务器的权重
max_fails	最大失败数	int	1	被代理服务器在 fail_timeout 规定时间内的最大请求失败次数，超过设定值后，被代理服务器便被认为不可用。是否失败由 proxy_next_upstream、fastcgi_next_upstream、uwsgi_next_upstream、scgi_next_upstream、memcached_next_upstream 及 grpc_next_upstream 指令定义。0 表示关闭被代理服务器的失败检测功能
fail_timeout	失败超时	time	10s	被代理服务器被置为不可用的最长时间及被代理服务器被连续失败检测的最长时间
backup	备份服务器	—	—	将被代理服务器标为备份状态，当其他非备份被代理服务器不可用时，会把请求转发给备份被代理服务器

（续）

参　数	参数名称	参数类型	默认值	参数说明
down	无效服务器	—	—	将被代理服务器标为不可用状态
max_conns	最大连接数	int	0	与被代理服务器建立活动连接的最大数量，默认值 0 表示没有限制
resolve	动态解析	—	—	在被代理服务器域名对应的 IP 变化时，自动更新被代理服务器的 IP。该参数依赖 resolver 指令设置的域名解析服务器。仅对商业版本有效
service	DNS SRV 记录	name	—	DNS SRV 记录设置。仅对商业版本有效
slow_start	慢恢复时间	time	0	不可用服务器在设置时间内检测持续有效后便被恢复正常，默认关闭。仅对商业版本有效

- ❏ slow_start 参数不能与 Hash 负载均衡方法一同使用。
- ❏ 若上游服务器组中只有一台被代理服务器，则 max_fails、fail_timeout 和 slow_start 参数都会被忽略，并且这个服务器将永远不会被置为无效。

表 8-3　共享内存区指令

名　称	共享内存区指令
指令	zone
作用域	upstream
配置格式	name [size];
指令说明	设定共享内存区域的名称及大小，用以在多个工作进程间共享配置及运行时的状态

表 8-4　长连接最大请求数指令

名　称	长连接最大请求数指令
指令	keepalive_requests
作用域	upstream
指令格式	number;
默认值	100;
指令说明	设置每个与被代理服务器建立的长连接中传输请求的最大数量，超过这个值后，该连接将被关闭

表 8-5　长连接缓存数

名　称	长连接缓存数
指令	keepalive
作用域	upstream
指令格式	connections;
指令说明	当 Nginx 与被代理服务器建立长连接时，设定每个工作进程可以缓存的与当前上游服务器组中被代理服务器保持长连接的数量。当超过设定值时，将根据最近最少使用算法（LRU）关闭连接

该指令不会对活跃的 TCP 连接数有影响。

表 8-6　长连接缓存超时时间

名　称	长连接缓存超时时间
指令	keepalive_timeout
作用域	upstream
指令格式	timeout;
默认值	60;
指令说明	设置长连接缓存中，每个连接的超时时间，被缓存的连接超过这个时间仍未被激活使用时将被关闭

8.1.2　负载均衡策略指令

Nginx 支持多种负载均衡策略，如轮询（Round Robin）、一致性哈希（Consistent Hash）、IP 哈希（IP Hash）、最少连接（least_conn）等。Nginx 的默认负载均衡策略为轮询策略，不需要配置指令，轮询策略通过 server 的权重参数可实现手动分配的加权轮询策略。负载均衡策略配置指令均应编辑在 upstream 指令域的最上方，常见的配置指令如表 8-7～表 8-10 所示。

表 8-7　哈希策略

名　称	哈希策略
指令	hash
作用域	upstream
指令格式	key [consistent];
默认值	—
指令说明	设置用于哈希策略计算哈希值的键值，并对上游服务器组启用哈希的负载均衡策略。键值可以是文本、变量及其组合，当 consistent 参数被指定时，将启用 Ketama 一致性哈希的负载均衡策略

配置样例如下：

```
upstream backend {
    hash $request_uri;          # 以客户端请求URI为计算哈希值的key
    ...
}

upstream backend {
    hash $request_uri consistent; # 以客户端请求URI为计算哈希值的key，采用一致性哈希算法
    ...
}
```

表 8-8　IP 哈希策略

名　称	IP 哈希策略
指令	ip_hash

（续）

名　称	IP 哈希策略
作用域	upstream
默认值	—
指令说明	设置启用 IP 哈希负载均衡策略，根据客户端的 IPv4 地址的前三个八位字节或整个 IPv6 地址作为哈希键计算哈希值，该方法确保同一客户端的请求总会被同一被代理服务器处理。当 IP 哈希值对应的被代理服务器不可用时，请求将被分配给其他服务器

配置样例如下：

```
upstream backend {
    ip_hash;                    # 启用IP哈希负载均衡策略
    server backend1.example.com;
    server backend2.example.com;
    server backend3.example.com down;
    server backend4.example.com;
}
```

当服务器组中一台服务器被临时删除时，可使用 down 参数标记，那么客户端 IP 哈希值将会保留。

表 8-9　最少连接策略

名　称	最少连接策略
指令	least_conn
作用域	upstream
默认值	—
指令说明	在考虑上游服务器组中各服务器权重的前提下，将客户端请求分配给拥有最少活跃连接被代理服务器的负载均衡策略

配置样例如下：

```
upstream backend {
    least_conn;                 # 启用最少连接负载均衡策略
    server backend1.example.com;
    server backend2.example.com;
    server backend4.example.com;
}
```

表 8-10　随机负载策略

名　称	随机负载策略
指令	random
作用域	upstream
默认值	—
指令说明	在考虑上游服务器组中各服务器权重的前提下，将客户端请求分配给随机选择的被代理服务器

配置样例如下：

```
upstream backend {
    random;                      # 每个请求都被随机发送到某个服务器
    server backend1.example.com;
    server backend2.example.com;
    server backend4.example.com;
}
```

❑ 指令值参数 two，该参数表示随机选择两台被代理服务器，然后使用指定的负载策略进行选择，默认方法为 least_conn。

❑ 可被指定的负载策略为 least_conn、least_time（仅对商业版有效）。

8.2 负载均衡策略

负载均衡技术是将大量的客户端请求通过特定的策略分配到集群中的节点，实现快速响应的应用技术。在应对高并发的应用请求时，单节点的应用服务计算能力有限，无法满足客户端的响应需求，通过负载均衡技术，可以将请求分配到集群中的多个节点中，让多个节点分担高并发请求的运算，快速完成客户端的请求响应。

8.2.1 轮询

轮询（Round Robin）策略是 Nginx 配置中默认的负载均衡策略，该策略将客户端的请求依次分配给后端的服务器节点，对后端集群中的服务器实现轮流分配。轮询策略绝对均衡，且实现简单，但也会因后端服务器处理能力的不同而影响整个集群的处理性能。

1. 加权轮询

在 Nginx 的轮询策略中，为了避免因集群中服务器性能的差异对整个集群性能造成影响，在轮询策略的基础上增加了权重参数，让使用者可以手动根据集群中各服务器的性能将请求数量按照权重比例分配给不同的被代理服务器。

2. 平滑轮询

在加权轮询策略中，会按照权重的高低分配客户端请求，若按照高权重分配完再进行低权重分配的话，可能会出现的情况是高权重的服务器一直处于繁忙状态，压力相对集中。Nginx 通过平滑轮询算法，使得上游服务器组中的每台服务器在总权重比例分配不变的情况下，均能参与客户端请求的处理，有效避免了在一段时间内集中将请求都分配给高权重服务器的情况发生。

配置样例如下：

```
http {
    upstream backend {
```

```
    server a weight=5;
    server b weight=1;
    server c weight=1;
}

server {
    listen 80;

    location / {
        proxy_pass http://backend;
    }
}
}
```

配置样例中 Nginx 平滑轮询策略计算过程如下。

❑ 当前配置中 a, b, c 服务器的配置权重为 {5, 1, 1}。

❑ 配置样例中 Nginx 平滑轮询计算过程如表 8-11 所示。

表 8-11　平滑轮询计算过程

轮询次数	当前权重	选择后权重	选择节点
0	{0, 0, 0}	{0, 0, 0}	—
1	{5, 1, 1}	{−2, 1, 1}	a
2	{3, 2, 2}	{−4, 2, 2}	a
3	{1, 3, 3}	{1, −4, 3}	b
4	{6, −3, 4}	{−1, −3, 4}	a
5	{4, −2, 5}	{4, −2, −2}	c
6	{9, −1, −1}	{2, −1, −1}	a
7	{7, 0, 0}	{0, 0, 0}	a

❑ 有效权重（effective_weight），初始值为配置文件中权重的值，会因节点的健康状态而变化。

❑ 当前权重（current_weight），节点被选择前的权重值，由上一个选择后权重值及各节点与自己的有效权重值相加而得。

❑ 选择后权重，所有节点中权重最高节点的当前权重值为其初始值与有效总权重相减的值，其他节点的权重值不变。

❑ 有效总权重为所有节点中非备份、非失败状态的服务器的有效权重之和。

❑ 根据上述平滑轮询算法，选择节点顺序为 {a,a,b,a,c,a,a}。

8.2.2　一致性哈希

Nginx 启用哈希的负载均衡策略，是用 hash 指令来设置的。哈希策略方法可以针对客户端访问的 URL 计算哈希值，对相同的 URL 请求，Nginx 可以因相同的哈希值而将其分配到同一后端服务器。当后端服务器为缓存服务器时，将极大提高命中率，提升访问速度。

一致性哈希的优点是，可以使不同客户端的相似请求发送给同一被代理服务器，当被代理服务器为缓存服务器场景应用时，可以极大提高缓存的命中率。

一致性哈希的缺点是，当上游服务器组中的节点数量发生变化时，将导致所有绑定被代理服务器的哈希值重新计算，影响整个集群的绑定关系，产生大量回源请求。

配置样例如下：

```
http {
    upstream backend {
        hash $request_uri;   # 以客户端请求URI为计算哈希值的key
        server a weight=5;
        server b weight=1;
        server c weight=1;
    }

    server {
        listen 80;

        location / {
            proxy_pass http://backend;
        }
    }
}
```

配置样例中 Nginx 哈希策略计算过程如下。

❑ 首先会根据 $request_uri 计算哈希值。

❑ 根据哈希值与配置文件中非备份状态服务器的总权重计算出哈希余数。

❑ 按照轮询策略选出初始被代理服务器，如果哈希余数大于初始被代理服务器的权重，则遍历轮询策略中被代理服务器列表。

❑ 当遍历轮询策略中被代理服务器列表时，要用哈希余数依次减去轮询策略中的上一个被代理服务器的权重，直到哈希余数小于某个被代理服务器的权重时，该被代理服务器被选出。

❑ 若循环 20 次仍无法选出，则使用轮询策略进行选择。

针对哈希算法的缺点，Nginx 提供了 consistent 参数启用一致性哈希（Consistent Hash）负载均衡策略。Nginx 采用的是 Ketama 一致性哈希算法，使用一致性哈希策略后，当上游服务器组中的服务器数量变化时，只会影响少部分客户端的请求，不需要重新计算再分配。

Nginx 一致性哈希计算过程如下。

1）根据配置文件中非备份状态服务器的总权重乘以 160 计算出总的虚拟节点数量，初始化虚拟节点数组。

2）遍历轮询策略中的被代理服务器列表，根据每个服务器的权重数乘以 160 得出该服务器的虚拟节点数量，并根据服务器的 HOST 和 PORT 计算出该服务器的基本哈希（base_ hash）。

3）循环每个服务器虚拟节点总数次数，由基本哈希（base_hash）值与上一个虚拟节点的哈希值（PREV_HASH）依次计算出所有属于该服务器的虚拟节点哈希值，并把虚拟节点哈希值与服务器映射关系保存在虚拟节点哈希值数组中。

4）对虚拟节点哈希值数组进行排序去重处理，得到新的有效虚拟节点哈希值数组。

配置样例如下：

```
http {
    upstream backend {
        hash $request_uri consistent;      # 以客户端请求URI为计算哈希值的key，使用一致性
                                           # 哈希算法

        server a weight=1;
        server b weight=1;
        server c weight=1;
        server c weight=1;
    }

    server {
        listen 80;

        location / {
            proxy_pass http://backend;
        }
    }
}
```

配置样例中 Nginx 一致性哈希策略计算过程如下。

❑ 首先根据 $request_uri 计算哈希值。

❑ 通过二分法，快速在虚拟节点列表中选出该哈希值所在范围的最大虚拟节点哈希值。

❑ 通过虚拟节点哈希值与虚拟节点集合总数取余，获得对应的服务器作为备选服务器。

❑ 遍历轮询策略中被代理服务器列表，判断备选服务器的有效性，选出服务器。

❑ 若循环 20 次仍无法选出，则使用轮询策略进行选择。

8.2.3　IP 哈希

IP 哈希（IP Hash）负载均衡策略根据客户端 IP 计算出哈希值，然后把请求分配给该数值对应的被代理服务器。在哈希值不变且被代理服务器可用的前提下，同一客户端的请求始终会被分配到同一台被代理服务器上。IP 哈希负载均衡策略常被应用在会话（Session）保持的场景。

HTTP 客户端在与服务端交互时，因为 HTTP 协议是无状态的，所以任何需要上下文逻辑的情景都必须使用会话保持机制，会话保持机制是通过客户端存储由唯一的 Session ID 进行标识的会话信息，每次与服务器交互时都会将会话信息提交给服务端，服务端依照会话信息实现客户端请求上下文的逻辑关联。会话信息通常存储在被代理服务器的内存中，

如果负载均衡将客户端的会话请求分配给其他被代理服务器，则该会话逻辑将因为会话信息失效而中断。所以为确保会话不中断，需要负载均衡将同一客户端的会话请求始终都发送到同一台被代理服务器，通过会话保持实现会话信息的有效传递。

配置样例如下：

```
http {
    upstream backend {
        ip_hash;                 # 启用IP哈希负载均衡策略
        server a weight=5;
        server b weight=1;
        server c weight=1;
    }

    server {
        listen 80;

        location / {
            proxy_pass http://backend;
        }
    }
}
```

配置样例中 Nginx 的 IP 哈希策略计算过程如下。

❏ 在多层代理的场景下，请确保当前 Nginx 可获得真实的客户端源 IP（客户端源 IP 可参见 6.1.5 节）。

❏ 首先会根据客户端的 IPv4 地址的前三个八位字节或整个 IPv6 地址作为哈希键计算哈希值。

❏ 根据哈希值与配置文件中非备份状态服务器的总权重计算出哈希余数。

❏ 按照轮询策略选出初始被代理服务器，如果哈希余数大于初始被代理服务器的权重，则遍历轮询策略中被代理服务器列表，否则初始被代理服务器将被选出。

❏ 当遍历轮询策略中被代理服务器列表时，要用哈希余数依次减去轮询策略中的上一个被代理服务器的权重，直到哈希余数小于某个被代理服务器的权重时该被代理服务器被选出。

❏ 若循环 20 次仍无法选出，则使用轮询策略进行选择。

8.2.4 最少连接

默认配置下轮询算法是把客户端的请求平均分配给每个被代理服务器，每个被代理服务器的负载大致相同，该场景有个前提就是每个被代理服务器的请求处理能力是相当的。如果集群中某个服务器处理请求的时间比较长，那么该服务器的负载也相对增高。在最少连接（least_conn）负载均衡策略下，会在上游服务器组中各服务器权重的前提下将客户端请求分配给活跃连接最少的被代理服务器，进而有效提高处理性能高的被代理服务器的使用率。

配置样例如下：

```
upstream backend {
    least_conn;                # 启用最少连接负载均衡策略
    server a weight=4;
    server b weight=2;
    server c weight=1;
}

server {
    listen 80;
    location / {
        proxy_pass http://backend;
    }
}
```

配置样例中 Nginx 最少连接策略计算过程如下。

❑ 遍历轮询策略中被代理服务器列表，比较各个后端的活跃连接数（conns）与其权重（weight）的比值，选取比值最小者分配客户端请求。

❑ 如果上一次选择了 a 服务器，则当前请求将在 b 和 c 服务器中选择。

❑ 设 b 的活跃连接数为 100，c 的活跃连接数为 60，则 b 的比值（conns/weight）为 50，c 的比值（conns/weight）为 60，因此当前请求将分配给 b。

8.2.5　随机负载算法

在 Nginx 集群环境下，每个 Nginx 均通过自身对上游服务器的了解情况进行负载均衡处理，这种场景下，很容易出现多台 Nginx 同时把请求都分配给同一台被代理服务器的场景，该场景被称为羊群行为（Herd Behavior）。Nginx 基于两种选择的力量（Power of Two Choices）原理，设计了随机（Random）负载算法。该算法使 Nginx 不再基于片面的情况了解使用固有的负载均衡策略进行被代理服务器的选择，而是随机选择两个，在经过比较后进行最终的选择。随机负载算法提供了一个参数 two，当这个参数被指定时，Nginx 会在考虑权重的前提下，随机选择两台服务器，然后用以下几种方法选择一个服务器。

❑ 最少连接数，配置指令为 least_conn，默认配置。

❑ 响应头最短平均时间，配置指令为 least_time=header，仅对商业版本有效。

❑ 完整请求最短平均时间，配置指令为 least_time=last_byte，仅对商业版本有效。

配置样例如下：

```
upstream backend {
    random two least_conn;
    server backend1.example.com;
    server backend2.example.com;
    server backend3.example.com;
    server backend4.example.com;
}
```

在只有单台 Nginx 服务器时，一般不建议使用随机负载算法。

8.3 负载均衡配置

8.3.1 负载均衡的长连接

当客户端通过浏览器访问 HTTP 服务器时，HTTP 请求会通过 TCP 协议与 HTTP 服务器建立一条访问通道，当本次访问数据传输完毕后，该 TCP 连接会立即被断开，由于这个连接存在的时间很短，所以 HTTP 连接也被称为短连接。在 HTTP/1.1 版本中默认开启 Connection: keep-alive，实现了 HTTP 协议的长连接，可以在一个 TCP 连接中传输多个 HTTP 请求和响应，减少了建立和关闭 TCP 连接的消耗和延迟，提高了传输效率。网络应用中，每个网络请求都会打开一个 TCP 连接，基于上层的软件会根据需要决定这个连接的保持或关闭。例如，FTP 协议的底层也是 TCP，是长连接。

默认配置下，HTTP 协议的负载均衡与上游服务器组中被代理的连接都是 HTTP/1.0 版本的短连接。Nginx 的连接管理机制如图 8-1 所示。

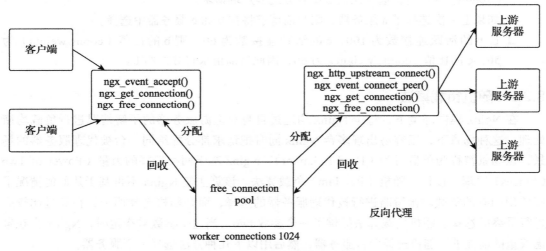

图 8-1　Nginx 连接管理机制

相关说明如下。

- ❑ Nginx 启动初始化时，每个 Nginx 工作进程（Worker Process）会生成一个由配置指令 worker_connections 指定大小的可用连接池（free_connection pool）。工作进程每建立一个连接，都会从可用连接池中分配（ngx_get_connection）到一个连接资源，而关闭连接时再通知（ngx_free_connection）可用连接池回收此连接资源。
- ❑ 客户端向 Nginx 发起 HTTP 连接时，Nginx 的工作进程获得该请求的处理权并接受请求，同时从可用连接池中获得连接资源与客户端建立客户端连接资源。
- ❑ Nginx 的工作进程从可用连接池获取连接资源，并与通过负载均衡策略选中的被代理服务器建立代理连接。

❑ 默认配置下，Nginx 的工作进程与被代理服务器建立的连接都是短连接，所以获取
请求响应后就会关闭连接并通知可用连接池回收此代理连接资源。

❑ Nginx 的工作进程将请求响应返回给客户端，若该请求为长连接，则保持连接，否
则关闭连接并通知可用连接池回收此客户端连接资源。

❑ Nginx 能建立的最大连接数是 worker_connections×worker_processes。而对于反向
代理的连接，最大连接数是 worker_connections×worker_processes/2，但是其会占
用与客户端及与被代理服务器建立的两个连接。

在高并发的场景下，Nginx 频繁与被代理服务器建立和关闭连接会消耗大量资源。
Nginx 的 upstream_keepalive 模块提供与被代理服务器间建立长连接的管理支持，该模块建
立了一个长连接缓存，用于管理和存储与被代理服务器建立的连接。Nginx 长连接管理机
制如图 8-2 所示。

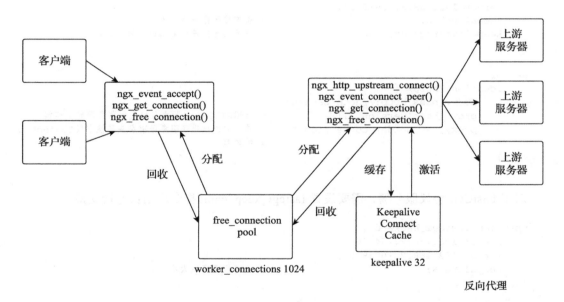

图 8-2　Nginx 长连接管理机制

相关说明如下。

❑ 当 upstream_keepalive 模块初始化时，将建立按照 upstream 指令域中的 keepalive 指
令设置大小的长连接缓存（Keepalive Connect Cache）池。

❑ 当 Nginx 的工作进程与被代理服务器新建的连接完成数据传输时，其将该连接缓存
在长连接缓存池中。

❑ 当工作进程与被代理服务器有新的连接请求时，会先在长连接缓存池中查找符合需
求的连接，如果存在则使用该连接，否则创建新连接。

❑ 对于超过长连接缓存池数量的连接，将使用最近最少使用（LRU）算法进行关闭或

缓存。

❑ 长连接缓存池中每个连接最大未被激活的超时时间由 upstream 指令域中 keepalive_
  timeout 指令设置，超过该指令值时间未被激活的连接将被关闭。

❑ 长连接缓存池中每个连接可复用传输的请求数由 upstream 指令域中 keepalive_requests
  指令设置，超过该指令值复用请求数的连接将被关闭。

❑ Nginx 与被代理服务器间建立的长连接是通过启用 HTTP/1.1 版本协议实现的。由于
  HTTP 代理模块默认会将发往被代理服务器的请求头属性字段 Connection 的值设置
  为 Close，因此需要通过配置指令清除请求头属性字段 Connection 的内容。

配置样例如下：

```
upstream http_backend {
    server 192.168.2.154:8080;
    server 192.168.2.109:8080;
    keepalive 32;                          # 长连接缓存池大小为32
    keepalive_requests 2000;               # 每条长连接最大复用请求数为2000
}

server {
    location /http/ {
        proxy_pass http://http_backend;
        proxy_http_version 1.1;            # 启用HTTP/1.1版本与被代理服务器建立连接
        proxy_set_header Connection "";    # 清空发送被代理服务器请求头属性字段Connection
                                           # 的内容
    }
}
```

对于 FastCGI 协议服务器，需要设置 fastcgi_keep_conn 指令启用长连接支持。

```
upstream fastcgi_backend {
    server 192.168.2.154:9000;
    server 192.168.2.109:9000;
    keepalive 8;                           # 长连接缓存池大小为8
}

server {
    ...

    location /fastcgi/ {
        fastcgi_pass fastcgi_backend;
        fastcgi_keep_conn on;              # 启用长连接支持
        ...
    }
}
```

❑ SCGI 和 uWSGI 协议没有长连接的概念。

❑ Memcached 协议（由 ngx_http_memcached_module 模块提供）的长连接配置，只需
  在 upstream 指令域中设置 keepalive 指令即可。

```
upstream memcached_backend {
    server 127.0.0.1:11211;
    server 10.0.0.2:11211;

    keepalive 32;                          # 长连接缓存池大小为32
}

server {
    ...

    location /memcached/ {
        set $memcached_key $uri;           # 设置$memcached_key为$uri
        memcached_pass memcached_backend;
    }
}
```

8.3.2　upstream 的容错机制

Nginx 在 upstream 模块中默认的检测机制是通过用户的真实请求去检查被代理服务器的可用性，这是一种被动的检测机制，通过 upstream 模块中 server 指令的指令值参数 max_fails 及 fail_timeout 实现对被代理服务器的检测和熔断。

配置样例如下：

```
upstream http_backend {
    # 10s内出现3次错误，该服务器将被熔断10s
    server 192.168.2.154:8080 max_fails=3 fail_timeout=10s;
    server 192.168.2.109:8080 max_fails=3 fail_timeout=10s;
    server 192.168.2.108:8080 max_fails=3 fail_timeout=10s;
    server 192.168.2.107:8080 max_fails=3 fail_timeout=10s;
}

server {
    proxy_connect_timeout 5s;              # 与被代理服务器建立连接的超时时间为5s
    proxy_read_timeout 10s;               # 获取被代理服务器的响应最大超时时间为10s

    # 当与被代理服务器通信出现指令值指定的情况时，认为被代理出错，并将请求转发给上游服务器组中
    # 的下一个可用服务器
    proxy_next_upstream http_502 http_504 http_404 error timeout invalid_header;
    proxy_next_upstream_tries 3;          # 转发请求最多3次
    proxy_next_upstream_timeout 10s;      # 总尝试超时时间为10s

    location /http/ {
        proxy_pass http://http_backend;
    }
}
```

其中的参数和指令说明如下。

❑ 指令值参数 max_fails 是指 10s 内 Nginx 分配给当前服务器的请求失败次数累加值，每 10s 会重置为 0。

❑ 指令值参数 fail_timeout 既是失败计数的最大时间，又是服务器被置为失败状态的熔断时间，超过这个时间将再次被分配请求。

❑ 指令 proxy_connect_timeout 或 proxy_read_timeout 为超时状态时，都会触发 proxy_next_upstream 的 timeout 条件。

❑ proxy_next_upstream 是 Nginx 下提高请求成功率的机制，当被代理服务器返回错误并符合 proxy_next_upstream 指令值设置的条件时，将尝试转发给下一个可用的被代理服务器。

❑ 指令 proxy_next_upstream_tries 的指令值次数包括第一次转发请求的次数。

Nginx 被动检测机制的优点是不需要增加额外进程进行健康检测，但用该方法检测是不准确的。如当响应超时时，有可能是被代理服务器故障，也可能是业务响应慢引起的。如果是被代理服务器故障，那么 Nginx 仍会在一定时间内将客户端的请求转发给该服务器，用以判断其是否恢复。

Nginx 官方的主动健康检测模块仅集成在商业版本中，对于开源版本，推荐使用 Nginx 扩展版 OpenResty 中的健康检测模块 lua-resty-upstream-healthcheck。该模块的检测参数如表 8-12 所示。

表 8-12　lua-resty-upstream-healthcheck 模块的检测参数

参　　数	默 认 值	参数说明
shm	—	指定用于健康检测的共享内存名称，共享内存名称由 lua_shared_dict 设定
upstream	—	指定要做健康检查的 upstream 组名
type	http	指定检测的协议类型，目前只支持 http
http_req	—	指定用于健康探测的 raw 格式 http 请求字符串
timeout	1000	检测请求超时时间，单位为 ms
interval	1000	健康检测的时间间隔，单位为 ms
valid_status	—	健康检测请求返回的合法响应码列表，比如 {200, 302}
concurrency	1	健康检测请求的并发数，建议大于上游服务器组中的节点数
fall	5	对 UP 状态的设备，连续 fall 次失败，认定为 DOWN
rise	2	对 DOWN 状态的设备，连续 rise 次成功，认定为 UP
version	0	每次执行健康检测时的版本号，有节点状态改变，版本号加 1

模块 lua-resty-upstream-healthcheck 的原理是每到（interval）设定的时间，就会对被代理服务器的 HTTP 端口主动发起 GET 请求（http_req），当请求的响应状态码在确定为合法的列表（valid_status）中出现时，则认为被代理服务器是健康的，如果请求的连续（fall）设定次数返回响应状态码都未在列表（valid_status）中出现，则认为是故障状态。对处于故障状态的设备，该模块会将其置为 DOWN 状态，直到请求的连续（rise）次返回的状态码

都在确定为合法的列表中出现，被代理服务器才会被置为 UP 状态，并获得 Nginx 分配的请求，Nginx 在整个运行过程中不会将请求分配给 DOWN 状态的被代理服务器。lua-resty-upstream-healthcheck 模块只会使用 Nginx 中的一个工作进程对被代理服务器进行检测，不会对被代理服务器产生大量的重复检测。

配置样例如下：

```
http {
    # 关闭socket错误日志
    lua_socket_log_errors off;

    # 上游服务器组样例
    upstream foo.com {
        server 127.0.0.1:12354;
        server 127.0.0.1:12355;
        server 127.0.0.1:12356 backup;
    }

    # 设置共享内存名称及大小
    lua_shared_dict _foo_zone 1m;

    init_worker_by_lua_block {
        # 引用resty.upstream.health-check模块
        local hc = require "resty.upstream.healthcheck"

        local ok, err = hc.spawn_checker{
            shm = "_foo_zone",              # 绑定lua_shared_dict定义的共享内存
            upstream = "foo.com",           # 绑定upstream指令域
            type = "http",

            http_req = "GET /status HTTP/1.0\r\nHost: foo.com\r\n\r\n",
                                            # 用以检测的raw格式http请求

            interval = 2000,               # 每2s检测一次
            timeout = 1000,                # 检测请求超时时间为1s
            fall = 3,                      # 连续失败3次，被检测节点被置为DOWN状态
            rise = 2,                      # 连续成功2次，被检测节点被置为UP状态
            valid_statuses = {200, 302},   # 当健康检测请求返回的响应码为200或302时，被认
                                            # 为检测通过
            concurrency = 10,              # 健康检测请求的并发数为10
        }
        if not ok then
            ngx.log(ngx.ERR, "failed to spawn health checker: ", err)
            return
        end
    }

    server {
        listen 10080;
        access_log  off;                   # 关闭access日志输出
        error_log  off;                    # 关闭error日志输出
```

```
            # 健康检测状态页
        location = /healthcheck {
            allow 127.0.0.1;
            deny all;

            default_type text/plain;
            content_by_lua_block {
                # 引用resty.upstream.healthcheck模块
                local hc = require "resty.upstream.healthcheck"
                ngx.say("Nginx Worker PID: ", ngx.worker.pid())
                ngx.print(hc.status_page())
            }
        }
    }
}
```

以下是对该配置样例的几点说明。

❏ 该配置样例参照 OpenResty 官方样例简单修改。

❏ 对不同的 upstream 需要通过参数 upstream 进行绑定。

❏ 建议为每个上游服务器组指定独享的共享内存，并用参数 shm 进行绑定。

8.3.3　动态更新 upstream

　　Nginx 的配置是启动时一次性加载到内存中的，在实际的使用中，对 Nginx 服务器上游服务器组中节点的添加或移除仍需要重启或热加载 Nginx 进程。在 Nginx 的商业版本中，提供了 ngx_http_api_module 模块，可以通过 API 动态添加或移除上游服务器组中的节点。对于 Nginx 开源版本，通过 Nginx 的扩展版 OpenResty 及 Lua 脚本也可以实现上游服务器组中节点的动态操作，这里只使用 OpenResty 的 lua-upstream-nginx-module 模块简单演示节点的上下线状态动态修改的操作。该模块提供了 set_peer_down 指令，该指令可以对 upstream 的节点实现上下线的控制。由于该指令只支持 worker 级别的操作，为使得 Nginx 的所有 worker 都生效，此处通过编写 Lua 脚本与 lua-resty-upstream-healthcheck 模块做了简单的集成，利用 lua-resty-upstream-healthcheck 模块的共享内存机制将节点状态同步给其他工作进程，实现对 upstream 的节点状态的控制。

　　首先在 OpenResty 的 lualib 目录下创建公用函数文件 api_func.lua，lualib/api_func.lua 内容如下：

```
local _M = { _VERSION = '1.0' }
local cjson = require "cjson"
local upstream = require "ngx.upstream"
local get_servers = upstream.get_servers
local get_primary_peers = upstream.get_primary_peers
local set_peer_down = upstream.set_peer_down

# 分割字符串为table
local function split( str,reps )
```

```
        local resultStrList = {}
        string.gsub(str,"[^"..reps.."]+",function ( w )
            table.insert(resultStrList,w)
        end)
        return resultStrList
    end

# 获取server列表
local function get_args_srv( args )
    if not args["server"] then
        ngx.say("failed to get post args: ", err)
        return nil
    else
        if type(args["server"]) ~= "table" then
            server_list=split(args["server"],",")
        else
            server_list=args["server"]
        end
    end
    return server_list
end

# 获取节点在upstream中的顺序
local function get_peer_id(ups,server_name)
    local srvs = get_servers(ups)
    for i, srv in ipairs(srvs) do
        -- ngx.print(srv["name"])
        if srv["name"] == server_name then
            target_srv = srv
            target_srv["id"] = i-1
            break
        end
    end
    return target_srv["id"]
end

# 获取节点共享内存key
local function gen_peer_key(prefix, u, is_backup, id)
    if is_backup then
        return prefix .. u .. ":b" .. id
    end
    return prefix .. u .. ":p" .. id
end

# 设置节点状态
local function set_peer_down_globally(ups, is_backup, id, value,zone_define)
    local u = ups
    local dict = zone_define
    local ok, err = set_peer_down(u, is_backup, id, value)
    if not ok then
        ngx.say(cjson.encode({code = "E002", msg = "failed to set peer down",
            data = err}))
    end
```

```
        local key = gen_peer_key("d:", u, is_backup, id)
        local ok, err = dict:set(key, value)
        if not ok then
            ngx.say(cjson.encode({code = "E003", msg = "failed to set peer down state",
                data = err}))
        end
    end
end

# 获取指定upstream的节点列表
function _M.list_server(ups)
    local srvs, err = get_servers(ups)
    ngx.say(cjson.encode(srvs))
end

# 设置节点状态
function _M.set_server(ups,args,status,backup,zone_define)
    local server_list = get_args_srv(args)
    if server_list == nil then
        ngx.say(cjson.encode({code = "E001", msg = "no args",data = server_list}))
        return nil
    end

    for _, s in pairs(server_list) do
        local peer_id = get_peer_id(ups,s)
        if status then
            local key = gen_peer_key("nok:", ups, backup, peer_id)
            local ok, err = zone_define:set(key, 1)
            set_peer_down_globally(ups, backup, peer_id, true,zone_define)
        else
            local key = gen_peer_key("ok:", ups, backup, peer_id)
            local ok, err = zone_define:set(key, 0)
            set_peer_down_globally(ups, backup, peer_id, nil,zone_define)
        end
    end
    ngx.say(cjson.encode({code = "D002", msg = "set peer is success",data = server_
        list}))
end

return _M
```

Nginx 配置文件 status.conf 的内容如下：

```
# 关闭socket错误日志
lua_socket_log_errors off;

# 设置共享内存名称及大小
lua_shared_dict _healthcheck_zone 10m;

init_worker_by_lua_block {
    local hc = require "resty.upstream.healthcheck"

    # 设置需要健康监测的upstream
```

```
        local ups = {"foo.com","sslback"}

        # 遍历ups, 绑定健康监测策略
        for k, v in pairs(ups) do
            local ok, err = hc.spawn_checker{
                shm = "_healthcheck_zone",    # 绑定lua_shared_dict定义的共享内存
                upstream = v,                 # 绑定upstream指令域
                type = "http",
                http_req = "GET / HTTP/1.0\r\nHost: foo.com\r\n\r\n",
                                              # 用以检测的raw格式http请求

                interval = 2000,              # 每2s检测一次
                timeout = 1000,               # 检测请求超时时间为1s
                fall = 3,                     # 连续失败3次, 被检测节点被置为DOWN状态
                rise = 2,                     # 连续成功2次, 被检测节点被置为UP状态
                                              # 当健康检测请求返回的响应码为200或302时, 被认
                                              # 为检测通过
                valid_statuses = {200, 302},
                concurrency = 10,             # 健康检测请求的并发数为10
            }
            if not ok then
                ngx.log(ngx.ERR, "failed to spawn health checker: ", err)
                return
            end
        end
}

upstream foo.com {
    server 192.168.2.145:8080;
    server 192.168.2.109:8080;
    server 127.0.0.1:12356 backup;
}

upstream sslback {
    server 192.168.2.145:443;
    server 192.168.2.159:443;
}

server {
    listen 18080;
    access_log  off;
    error_log off;

    # 健康检测状态页
    location = /healthcheck {
        access_log off;
        allow 127.0.0.1;
        allow 192.168.2.0/24;
        allow 192.168.101.0/24;
        deny all;

        default_type text/plain;
```

```
        content_by_lua_block {
            local hc = require "resty.upstream.healthcheck"
            ngx.say("Nginx Worker PID: ", ngx.worker.pid())
            ngx.print(hc.status_page())
        }
    }

    location = /ups_api {
        default_type  application/json;
        content_by_lua '
            # 获取URL参数
            local ups = ngx.req.get_uri_args()["ups"]
            local act = ngx.req.get_uri_args()["act"]
            if act == nil or ups == nil then
                ngx.say("usage: /ups_api?ups={name}&act=[down,up,list]")
                return
            end

            # 引用api_func.lua脚本
            local api_fun = require "api_func"
            # 绑定共享内存_healthcheck_zone
            local zone_define=ngx.shared["_healthcheck_zone"]

            if act == "list" then
                # 获取指定upstream的节点列表
                api_fun.list_server(ups)
            else
                ngx.req.read_body()
                local args, err = ngx.req.get_post_args()
                if act == "up" then
                    # 节点状态将设置为UP
                    api_fun.set_server(ups,args,false,false,zone_define)
                end
                if act == "down" then
                    # 节点状态将设置为DOWN
                    api_fun.set_server(ups,args,true,false,zone_define)
                end
            end
        ';
    }
}
```

操作命令如下：

```
# 查看upstream foo.com的服务器列表
curl "http://127.0.0.1:18080/ups_api?act=list&ups=foo.com"

# 将192.168.2.145:8080这个节点设置为DOWN状态
curl -X POST -d "server=192.168.2.145:8080" "http://127.0.0.1:18080/ups_api?act=
    down&ups=foo.com"

# 将192.168.2.145:8080这个节点设置为UP状态
```

```
curl -X POST -d "server=192.168.2.145:8080" "http://127.0.0.1:18080/ups_api?act=
up&ups=foo.com"
```

8.3.4　HTTP 负载均衡配置

基于 HTTP 协议的负载均衡是通过 HTTP 代理模块（ngx_http_proxy_module）及上游模块（ngx_http_upstream_module）实现的，配置样例如下：

```
upstream http_backend {
    server 192.168.2.154:8080;
    server 192.168.2.109:8080;
    keepalive 32;                          # 长连接缓存池大小为32
    keepalive_requests 2000;               # 长连接复用请求的最大数为2000
}

server {
    location /http/ {
        proxy_pass http://http_backend;
        proxy_http_version 1.1;
        proxy_set_header Connection "";
    }
}
```

8.3.5　FastCGI 负载均衡配置

基于 FastCGI 协议的负载均衡是通过 FastCGI 模块（ngx_http_fastcgi_module）及上游模块（ngx_http_upstream_module）实现的，配置样例如下：

```
upstream php_backend {
    server 192.168.2.154:8080;
    server 192.168.2.109:8080;
    keepalive 32;
    keepalive_requests 2000;
}

server {
    listen 8080;
    root /opt/nginx-web/phpweb;
    index index.php;                       # 默认首页index.php
    include fscgi.conf;                    # 引入FastCGI配置

    location ~ \.php(.*)$ {
        fastcgi_pass    php_backend;       # FastCGI服务器地址及端口
        fastcgi_keep_conn on;              # 启用长连接
        fastcgi_index   index.php;

        fastcgi_split_path_info  ^(.+\.php)(.*)$;   # 获取$fastcgi_path_info变量值
        fastcgi_param PATH_INFO  $fastcgi_path_info;  # 赋值给参数PATH_INFO
```

```
        include  fastcgi.conf;              # 引入默认参数文件
    }

    error_page 404 /404.html;
    error_page 500 502 503 504 /50x.html;
}
```

8.3.6 uWSGI 负载均衡配置

基于 uWSGI 协议的负载均衡是通过 uWSGI 模块（ngx_http_uwsgi_module）及上游模块（ngx_http_upstream_module）实现的，配置样例如下：

```
upstream uwsgi_backend {
    server 192.168.2.154:8080;
    server 192.168.2.109:8080;
}

server {
    listen          8083;
    server_name     localhost
    charset UTF-8;

    client_max_body_size 75M;

    location / {
        include uwsgi_params;              # 引入uWSGI默认参数配置
        uwsgi_pass uwsgi://uwsgi_backend;  # 代理到上游服务器组uwsgi_backend
        uwsgi_read_timeout 2;
    }
}
```

8.3.7 gRPC 负载均衡配置

基于 gRPC 协议的负载均衡是通过 gRPC 模块（ngx_http_grpc_module）及上游模块（ngx_http_upstream_module）实现的，配置样例如下：

```
upstream grpc_backend {
    server 192.168.2.154:8080;
    server 192.168.2.109:8080;
}

server {
    listen 80 http2;                       # 设置监听端口为80并启用HTTP/2协议支持
    access_log /var/log/nginx/grpcs_access.log main;
    location / {
        grpc_pass grpc://grpc_backend;     # 代理到gRPC上游服务器组grpc_backend
    }
}
```

8.3.8　Memcached 负载均衡配置

Memcached 协议的负载均衡是通过 Memcached 模块（ngx_http_memcached_module）及上游模块（ngx_http_upstream_module）实现的，配置样例如下：

```
upstream memcached_backend {
    server 127.0.0.1:11211;
    server 10.0.0.2:11211;

    keepalive 32;
}

server {
    ...

    location /memcached/ {
        set $memcached_key $uri;
        memcached_pass memcached_backend;
    }
}
```

8.4　TCP/UDP 负载均衡

Nginx 的 TCP/UDP 负载均衡是应用 Stream 代理模块（ngx_stream_proxy_module）和 Stream 上游模块（ngx_stream_upstream_module）实现的。Nginx 的 TCP 负载均衡与 LVS 都是四层负载均衡的应用，所不同的是，LVS 是被置于 Linux 内核中的，而 Nginx 是运行于用户层的，基于 Nginx 的 TCP 负载可以实现更灵活的用户访问管理和控制。

8.4.1　TCP/UDP 负载均衡

Nginx 的 Stream 上游模块支持与 Nginx HTTP 上游模块一致的轮询（Round Robin）、哈希（Hash）及最少连接数（least_conn）负载均衡策略。Nginx 默认使用轮询负载均衡策略，配置样例如下：

```
stream {
    upstream backend {
        server 192.168.2.145:389 weight=5;
        server 192.168.2.159:389 weight=1;
        server 192.168.2.109:389 weight=1;
    }

    server {
        listen 389;
        proxy_pass backend;
    }
}
```

　　哈希负载均衡策略可以通过客户端 IP（$remote_addr）实现简单的会话保持，其可将同一 IP 客户端始终转发给同一台后端服务器。

　　配置样例如下：

```
stream {
    upstream backend {
        hash $remote_addr;
        server 192.168.2.145:389 weight=5;
        server 192.168.2.159:389 weight=1;
        server 192.168.2.109:389 weight=1;
    }

    server {
        listen 389;
        proxy_pass backend;
    }
}
```

　　真实客户端 IP 可参见 6.2.5 节的内容。

　　哈希负载均衡策略通过指令参数 consistent 设定是否开启一致性哈希负载均衡策略。Nginx 的一致性哈希负载均衡策略是采用 Ketama 一致性哈希算法，当后端服务器组中的服务器数量变化时，只会影响少部分客户端的请求。

　　配置样例如下：

```
stream {
    upstream backend {
        hash $remote_addr consistent;
        server 192.168.2.145:389 weight=5;
        server 192.168.2.159:389 weight=1;
        server 192.168.2.109:389 weight=1;
    }

    server {
        listen 389;
        proxy_pass backend;
    }
}
```

　　最少连接负载均衡策略，可以在后端被代理服务器性能不均时，在考虑上游服务器组中各服务器权重的前提下，将客户端连接分配给活跃连接最少的被代理服务器，从而有效提高处理性能高的被代理服务器的使用率。

　　配置样例如下：

```
stream {
    upstream backend {
        least_conn;
        server 192.168.2.145:389 weight=5;
        server 192.168.2.159:389 weight=1;
```

```
        server 192.168.2.109:389 weight=1;
    }

    server {
        listen 389;
        proxy_pass backend;
    }
}
```

8.4.2　TCP/UDP 负载均衡的容错机制

Nginx 的 TCP/UDP 负载均衡在连接分配时也支持被动健康检测模式，如果与后端服务器建立连接失败，并在 fail_timeout 参数的时间内连续超过 max_fails 参数设置的次数，Nginx 就会将该服务器置为不可用状态，并且在 fail_timeout 参数的时间内不再给该服务器分配连接。当 fail_timeout 参数的时间结束时将尝试分配连接检测该服务器是否恢复，如果可以建立连接，则判定为恢复。

配置样例如下：

```
stream {
    upstream backend {
        # 10s内出现3次错误，该服务器将被熔断10s
        server 192.168.2.154:8080 max_fails=3 fail_timeout=10s;
        server 192.168.2.109:8080 max_fails=3 fail_timeout=10s;
        server 192.168.2.108:8080 max_fails=3 fail_timeout=10s;
        server 192.168.2.107:8080 max_fails=3 fail_timeout=10s;
    }

    server {
        proxy_connect_timeout 5s;           # 与被代理服务器建立连接的超时时间为5s
        proxy_timeout 10s;                  # 获取被代理服务器的响应最大超时时间为10s

        # 当被代理的服务器返回错误或超时时，将未返回响应的客户端连接请求传递给upstream中的下
        # 一个服务器
        proxy_next_upstream on;
        proxy_next_upstream_tries 3;        # 转发尝试请求最多3次
        proxy_next_upstream_timeout 10s;    # 总尝试超时时间为10s
        proxy_socket_keepalive on;          # 开启SO_KEEPALIVE选项进行心跳检测
        proxy_pass backend;
    }
}
```

其中的参数及指令说明如下。

❑ 指令值参数 max_fails 是指 10s 内 Nginx 分配给当前服务器的连接失败次数累加值，每 10s 会重置为 0。

❑ 指令值参数 fail_timeout 既是失败计数的最大时间，又是服务器被置为失败状态的熔断时间，超过这个时间将再次被分配连接。

- ❑ 指令 proxy_connect_timeout 或 proxy_timeout 为超时状态时，都会触发 proxy_next_upstream 机制。
- ❑ proxy_next_upstream 是 Nginx 下提高连接成功率的机制，当被代理服务器返回错误或超时时，将尝试转发给下一个可用的被代理服务器。
- ❑ 指令 proxy_next_upstream_tries 的指令值次数包括第一次转发请求的次数。

TCP 连接在接收到关闭连接通知前将一直保持连接，当 Nginx 与被代理服务器的两个连续成功的读或写操作的最大间隔时间超过 proxy_timeout 指令配置的时间时，连接将会被关闭。在 TCP 长连接的场景中，应适当调整 proxy_timeout 的设置，同时关注系统内核 SO_KEEPALIVE 选项的配置，可以防止过早地断开连接。

Nginx 日志管理

Nginx 的日志分为访问日志和错误日志两种。Nginx 的访问日志，记录了用户的来源 IP、浏览器信息、响应状态等，使用者也可通过 Nginx 的日志格式指令添加更多有用的信息并输出到访问日志中。通过对访问日志的分析，可以让网站管理者清晰地了解网站的安全性、性能、可用性及网站运行的 PV、UV 等数据。错误日志会记录 Nginx 加载配置时的配置指令检查出的异常、Nginx 运行时请求处理的异常及服务器调试信息，通过错误日志可以为排查问题或优化 Nginx 配置参数、提升高并发处理能力提供帮助。本章将介绍 Nginx 的日志管理和基于 ELK 的 Nginx 日志分析。

9.1 Nginx 日志配置

Nginx 的日志输出位置及内容格式是通过 access_log 及 error_log 指令配置实现的。Nginx 日志默认是文本格式，通过 Nginx 提供的 log_format 可以输出为 Json 格式，并支持自定义日志输出的内容。

9.1.1 访问日志

Nginx 的访问日志主要记录用户客户端的请求信息（见表 9-1）。用户的每次请求都会记录在访问日志中，access_log 指令可以设置日志的输出方式及引用的日志格式。

表 9-1 访问日志指令

名　称	访问日志指令
指令	access_log

（续）

名　称	访问日志指令
作用域	http, stream, server, location, if in location, limit_except
默认值	logs/access.log combined;
指令值格式	off 或 path [format [buffer=size] [gzip[=level]] [flush=time] [if=condition]];
指令说明	设置访问日志输出方式及引用的日志格式

- ❏ 在同一级别的指令域中，也可指定多个日志。
- ❏ 指令值中的第一个参数用于设置输出日志的方式，默认是输出到本地的文件中。该指令也支持输出到 syslog 或内存缓冲区中。
- ❏ 该指令在 stream 指令域中时，默认值为 off。

```
access_log off;
```

- ❏ 参数 path，设置日志输出的文件路径或 syslog 服务器地址。

```
access_log logs/access.log combined;
```

- ❏ 参数 format，设置关联 log_format 指令定义的日志格式名。
- ❏ 参数 buffer，设置日志文件缓冲区大小。当缓冲区日志数据超出该值时，缓冲区日志数据会被写到磁盘文件。默认缓冲区大小为 64KB。
- ❏ 参数 flush，设置日志缓冲区刷新的时间间隔，缓冲区日志的保护时间超过这个设定值时，缓冲区日志数据会被写到磁盘文件。
- ❏ 参数 gzip，设置缓冲区数据的压缩级别，缓冲区数据会被压缩后再写出到磁盘文件。压缩级别范围 1～9，级别越高压缩比越高，系统资源消耗也最大，默认级别为 1。

```
access_log logs/log.gz combined gzip flush=5m;
```

- ❏ 参数 if，设置是否记录日志，当参数值的条件成立，即不为 0 或空时，才记录日志。

```
map $status $loggable {
    ~^[23]  0;
    default 1;
}

access_log logs/access.log combined if=$loggable;
```

日志格式指令如表 9-2 所示。

表 9-2　日志格式指令

名　称	日志格式指令
指令	log_format
作用域	http, stream

（续）

名　称	日志格式指令
默认值	combined "…" ;
指令值格式	name [escape=default 或 json 或 none] string …;
指令说明	设置访问日志输出方式及输出日志格式

- 指令值参数 name 用于设置日志格式名。该名称全局唯一，可以被 access_log 引用。
- 指令值参数 escape 用于设置日志输出字符串编码格式，json 支持中文字符内容输出。
- 指令值参数 string 用于设置日志输出格式字符串。该字符串由 Nginx 公共变量和仅在日志写入时存在的变量组成。HTTP 常用变量如表 9-3 所示。

表 9-3　HTTP 日志变量

变 量 名	变量说明
$time_iso8601	ISO 8601 时间格式
$time_local	用户请求的时间和时区
$msec	毫秒级别的日志记录时间
$remote_addr	发起与 Nginx 建立连接的网络客户端的 IP，有时会是上层代理服务器的 IP
$http_x_forwarded_for	可以记录客户端 IP，通过代理服务器来记录客户端的 IP
$remote_user	用于记录远程客户端的用户名称
$http_user_agent	用户客户端浏览器标识
$connection	网络连接编号
$connection_requests	当前连接的请求数
$request	用户请求的 URI 及请求方法
$request_method	用户请求方法
$request_uri	用户请求的 URI 及请求方法
$server_protocol	请求协议
$request_time	请求时间
$request_length	请求数据大小
$status	用户请求响应状态码
$bytes_sent	发送到客户端响应数据的大小
$body_bytes_sent	用户请求返回的响应体字节数
$http_referer	HTTP 请求头中属性字段 referer

配置样例如下：

```
# 普通格式日志
```

```
log_format  main  '$remote_addr - $connection - $remote_user [$time_local] "$request"
    - $upstream_addr'
                   '$status - $body_bytes_sent - $request_time - "$http_referer" '
                   '"$http_user_agent" - "$http_x_forwarded_for" - ';

# JSON格式日志
log_format json '{"@timestamp": "$time_iso8601", '
                  '"connection": "$connection", '
                  '"remote_addr": "$remote_addr", '
                  '"remote_user": "$remote_user", '
                  '"request_method": "$request_method", '
                  '"request_uri": "$request_uri", '
                  '"server_protocol": "$server_protocol", '
                  '"status": "$status", '
                  '"body_bytes_sent": "$body_bytes_sent", '
                  '"http_referer": "$http_referer", '
                  '"http_user_agent": "$http_user_agent", '
                  '"http_x_forwarded_for": "$http_x_forwarded_for", '
                  '"request_time": "$request_time"}';
```

Nginx TCP/UDP 的访问日志的变量与 HTTP 的访问日志的变量是不同的，TCP/UDP 常见日志变量如表 9-4 所示。

表 9-4　TCP/UDP 日志输出变量

变 量 名	变量说明
$time_iso8601	ISO 8601 时间格式
$time_local	用户请求的时间和时区
$connection	网络连接编号
$remote_addr	发起与 Nginx 建立连接的网络客户端的 IP，有时会是上层代理服务器的 IP
$server_addr	Nginx 服务器地址
$server_port	Nginx 服务器端口
$status	用户请求响应状态码
$upstream_addr	被代理服务器地址
$bytes_received	接收字节数
$bytes_sent	发送字节数
$session_time	连接会话时间
$proxy_protocol_addr	代理协议地址
$proxy_protocol_port	代理协议端口

Nginx 的 TCP/UDP 的日志处理是在连接处理阶段结束时才发生，所以 TCP/UDP 代理的访问日志只在连接关闭时才被记录。访问日志格式配置样例如下：

```
# 普通格式日志
log_format  tcp  '$remote_addr - $connection - [$time_local] $server_addr: $server_port '
```

```
                   '- $status - $upstream_addr - $bytes_received - $bytes_sent -
                       $session_time '
                   '- $proxy_protocol_addr:$proxy_protocol_port ';

# JSON格式日志
log_format json '{"@timestamp": "$time_iso8601", '
                   '"connection": "$connection", '
                   '"remote_addr": "$remote_addr", '
                   '"server_addr": "$server_addr:$server_port" '
                   '"status": "$status" '
                   '"upstream_addr": "$upstream_addr" '
                   '"bytes_received": "$bytes_received" '
                   '"bytes_sent": "$bytes_sent" '
                   '"session_time": "$session_time" '
                   '"proxy_protocol_addr": "$proxy_protocol_addr:$proxy_protocol_port" '}'
```

打开日志缓存指令见表 9-5。

表 9-5　打开日志缓存指令

名　称	打开日志缓存指令
指令	open_log_file_cache
作用域	http, stream, server, location
默认值	off
指令值格式	off 或 max=N [inactive=time] [min_uses=N] [valid=time];
指令说明	设置存储日志文件描述符（文件句柄）的缓存

❑ 默认配置下，Nginx 每次将缓冲区日志数据保存到磁盘中，都需要先打开文件并获得文件描述符，然后向该文件描述符的文件中写入日志数据，最后关闭该文件描述符的文件。该指令把打开文件的文件描述符（文件句柄）存储在缓存中，进而提升写入日志的效率。

❑ 指令值 max 用于设置缓存中存储的文件描述符的最大数量，超过该值时，将按照 LRU 算法对缓存中文件描述符进行关闭。

❑ 指令值参数 inactive 用于设置缓存中每个文件描述符存活的时间，默认为 10s。

❑ 指令值参数 min_uses 用于设置可被缓存文件描述符的最小使用次数，默认为 1 次。

❑ 指令值参数 valid 用于设置缓存检查频率，默认为 60s。

❑ 指令值 off 用于关闭打开日志缓存的功能。

```
open_log_file_cache max=1000 inactive=20s valid=1m min_uses=2;
logs/access.log combined;
```

9.1.2　错误日志

Nginx 的错误日志可以帮助用户及时判断 Nginx 配置及运行时出错的原因，错误日志也可以通过 Nginx 内置指令进行配置，但不支持格式定义。配置指令如表 9-6 所示。

表 9-6　错误日志指令

说　明	错误日志指令组成	说　明	错误日志指令组成
主指令	error_log	默认值	logs/error.log error;
作用域	main, http, mail, stream, server, location	指令说明	设置错误日志输出方式及输出日志级别

- ❑ 在同一级别的指令域中，也可指定多个日志。
- ❑ 指令值中的第一个参数是输出日志的方式，默认是输出到本地的文件中。该指令也支持输出到 syslog 或内存缓冲区中。

```
error_log syslog:server=192.168.2.109 error;
error_log memory:32m debug;
error_log /dev/null;

# 访问文件不存在时，记入错误日志
log_not_found on;
```

- ❑ 指令值中第二个参数是输出日志的级别，指定的级别将包含自身及级别值比其小的所有级别日志，日志内容会保存到第一个参数设定的输出位置。

错误日志级别及相关说明如表 9-7 所示。

表 9-7　错误日志级别

级　别	级别值	级别说明
debug	8	代码中标记为 NGX_LOG_DEBUG 的输出，输出最为详细，配合调试使用
info	7	代码中标记为 NGX_LOG_INFO 的输出，因包括除 debug 级别的所有输出，故同样会消耗大量磁盘 IO 资源
notice	6	代码中标记为 NGX_LOG_NOTICE 的输出
warn	5	代码中标记为 NGX_LOG_WARN 的输出
error	4	代码中标记为 NGX_LOG_ERROR 的输出，实际生产环境中常用的输出级别
crit	3	代码中标记为 NGX_LOG_CRIT 的输出
alert	2	代码中标记为 NGX_LOG_ALERT 的输出
emerg	1	代码中标记为 NGX_LOG_EMERG 的输出

9.1.3　日志归档 Logrotate

　　Nginx 日志存储为文件时，同一 access_log 指令设置的日志文件是以单文件形式存储的，在日常使用中为方便维护，通常需要将日志文件按日期进行归档。虽然 Nginx 本身并没有这一功能，但实现日志归档的方法仍有很多，此处推荐使用 Logrotate 实现日志归档管理。Logrotate 是 CentOS 操作系统内置日志管理工具，该工具可对系统中生成的大量日志文件进行归档管理，其允许对日志文件实行压缩、删除或邮寄等操作。Logrotate 可以按照每天、周、月或达到某一大小的日志文件进行归档操作，Logrotate 基于 anacrontab 实现计划任务，只需在 /etc/logrotate.d 目录下编写相关日志管理配置文件，就可以无须人工干预使用自动化方式完成日志归档操作。

（1）Logrotate 安装

```
yum -y install logrotate
```

（2）Logrotate 文件目录

```
/etc/logrotate.conf                         # logrotate主配置文件
/usr/sbin/logrotate                         # logrotate二进制文件
/etc/logrotate.d/                           # 自定义logrotate配置文件
/var/lib/logrotate/logrotate.status         # logrotate管理日志执行记录的状态文件
```

（3）Logrotate 命令参数

```
-d, --debug            # 测试归档配置文件
-f, --force            # 立即执行归档操作
-m, --mail=command     # 指定发送邮件的命令（默认为'/bin/mail'）
-s, --state=statefile  # 设置logrotate.status文件路径，可用于区分在同
                       # 一系统下以不同用户身份运行的logrotate任务
-v, --verbose          # 显示配置详细信息
-l, --log=STRING       # 将Logrotate执行的详情输出到指定的文件

logrotate -v /etc/logrotate.conf           # 显示配置文件详细信息
logrotate -d /etc/logrotate.d/syslog -l /var/log/logrotate.log # 配置文件，执行测试
logrotate -f /etc/logrotate.d/syslog       # 立即执行当前配置文件
```

（4）Logrotate 配置指令

Logrotate 配置指令如表 9-8 所示。

表 9-8　Logrotate 配置指令

指　令	指令说明
归档执行周期	
hourly	日志归档周期为 1 小时，默认 Logrotate 的最小周期为 1 天，需额外调整该参数才可生效
daily	日志归档周期为 1 天
weekly	日志归档周期为 1 周
monthly	日志归档周期为 1 月，通常为每月的第一天
归档执行条件	
include	读取外部参数文件
missingok	如果日志文件不存在，则不显示错误信息
nomissingok	如果日志文件不存在，则显示错误信息。默认配置
size	日志文件可被归档的最小值
minsize	日志文件可被归档的最小值，没到归档周期执行时间，不会执行归档操作

（续）

指　令	指令说明
maxsize	日志文件超过设定值时，即使没到归档周期执行时间，也会执行归档操作
ifempty	即使日志文件为空，也执行归档操作
notifempty	如果日志文件为空，则不进行归档。默认设置
tabooext	不对设置扩展名的日志文件执行归档操作
归档文件命名	
start count	使用日志文件归档次数作为归档文件扩展名，count 默认值为 1。默认配置
dateext	为归档文件名添加日期，默认追加到扩展名后
dateformat	设置归档文件名中的日期格式，使用 "%Y%m%d%H" 作为说明符，默认为 -%Y%m%d
dateyesterday	使用前一天的日期而非创建归档文件时的日期作为归档文件的文件名中的日期
extension	指定日志的扩展名，并将其设置为归档文件的扩展名，启用压缩时，压缩的扩展名在最后
compressext	启用压缩时，自定义归档文件扩展名，如将 ".gz" 改为 ".ddd"
归档文件保存方式	
compress	对归档文件启用压缩，默认为 gzip 压缩
nocompress	不压缩归档文件。默认设置
compresscmd	指定压缩归档文件的命令，默认为 gzip 压缩
uncompresscmd	指定解压归档文件的命令，默认为 gunzip 解压
compressoptions	启用压缩时，设置压缩工具的命令选项
delaycompress	在下一个归档周期再对当前归档文件进行压缩
nodelaycompress	不延迟压缩。默认设置
归档执行方式	
copy	为日志文件复制一个副本后再进行归档
nocopy	不复制源日志文件。默认配置
copytruncate	复制日志文件后清空日志文件的内容
nocopytruncate	复制源日志文件后，不清空源文件。默认设置
create mode owner group, create owner group	重命名日志文件，创建与日志文件同名的文件，默认 mode = 0644 uid = 0 gid = 0，与 copy 指令不能同时使用
nocreate	不创建与日志文件同名的文件。默认设置
olddir	设置归档文件保存目录
noolddir	归档文件与源文件在同一目录。默认设置
createolddir mode owner group	如果 olddir 参数指定的目录不存在，则创建目录并指定属组，默认 mode = 0777 uid = 0 gid = 0

（续）

指　令	指令说明
nocreateolddir	当 olddir 参数设定目录不存在时，不创建目录。默认设置
prerotate … endscript	归档执行之前执行脚本，日志文件名为传入的第一个参数
postrotate … endscript	归档执行之后执行脚本，日志文件名为传入的第一个参数
firstaction … endscript	prerotate 脚本之前，仅当第一个日志文件被开始执行归档操作时才执行脚本，日志文件名为传入的第一个参数
lastaction … endscript	postrotate 脚本之后，仅当最后一个日志文件执行归档操作结束时才执行脚本，日志文件名为传入的第一个参数
preremove … endscript	删除日志文件之前执行脚本，日志文件名为传入的第一个参数
sharedscripts	当匹配的日志文件为多个时，prerotate 和 postrotate 脚本会在每个日志文件执行归档操作时都执行一次，启用共享模式会让 prerotate 和 postrotate 脚本在全局只运行一次
nosharedscripts	当匹配的日志文件为多个时，prerotate 和 postrotate 脚本会在每个日志文件执行归档操作时都执行一次。默认设置
su user group	指定操作源文件执行归档操作的用户及属组
归档文件清理	
mail	设置接收归档文件的邮件地址
nomail	不将归档文件发送到任何邮件地址
mailfirst	将刚生成的归档文件发送到设置的邮箱
maillast	将要超过 maxage 设置时间的归档文件发送到设置的邮箱
maxage	设置过期归档文件的天数
rotate	保留归档文件数，默认为 0
shred	彻底删除
shredcycles count	彻底删除时，覆盖文件的次数，默认为 3
noshred	不彻底删除

- ❑ copy 与 create 是两种互斥的归档执行方式。
- ❑ copy 方式是将日志文件复制一份后清空原日志文件的内容，并对复制的文件进行归档操作，应用程序继续向原日志文件输出日志。因日志文件复制与清空操作存在时间间隔，所以切割操作会因日志量的大小及实时产生的频率存在丢失的情况。
- ❑ create 方式是将日志文件重命名，因日志文件的 inode 编号不变，应用程序会向新命名的文件输出日志。Logrotate 新创建原日志文件名的文件后执行重启或以信号机制通知应用程序重新向新日志文件输出日志内容，完成切割操作。
- ❑ 当与同一自定义配置匹配的日志文件为多个时，会并发执行归档操作。

（5）Logrotate 管理 Nginx 日志

根据 Logrotate 的功能特点，建议选择 create 方式进行日志归档管理，配置样例如下：

```
vi /etc/logrotate.d/nginx
/usr/local/nginx/logs/*.log {
    daily                                   # 日志归档周期为1天
    size 1                                  # 日志文件最小为1字节时才执行归档
    minsize 1                               # 日志文件最小为1字节时才执行归档
    notifempty                              # 日志文件不为空时才执行归档
    dateext                                 # 归档文件名添加时间字符串
    dateformat -%Y%m%d%H                    # 归档文件名时间字符串格式为-%Y%m%d%H
    dateyesterday                           # 归档文件名时间字符串以归档操作的前一天为时间戳
    extension .log                          # 归档文件名中保留日志的扩展名
    compress                                # 归档文件执行压缩
    delaycompress                           # 在归档执行的下个周期再进行压缩
    create                                  # 以创建新文件方式实现日志归档
    olddir /data/backup/nginx_logs          # 归档文件存储目录
    createolddir                            # 归档文件存储目录不存在时自动创建
    postrotate                              # 归档执行后执行脚本
        /usr/local/nginx/sbin/nginx -s reopen -g "pid /run/nginx.pid;"
                                            # 通知Nginx重新打开日志文件
    endscript
    sharedscripts                           # 启用脚本共享模式
    maxage 7                                # 归档文件最多保留7天
    rotate 7                                # 归档文件最多保留7份
}
```

9.1.4　日志输出到 syslog

Nginx 的访问日志和错误日志都支持将日志直接输出到 syslog 服务端，对于 syslog 输出配置指令参数如表 9-9 所示。

表 9-9　指令参数

参 数 名	参数格式	参数说明
server	address	设置 syslog 服务器的地址，可以是 IP、域名或 UNIX 套接字，默认端口 514
facility	string	日志消息模块分类，默认为 local7
severity	string	日志严重性级别，默认为 info。error_log 指令时，由其第二个参数设置该值，所以此参数被忽略
tag	string	设置标签，默认为 nginx
nohostname	—	不将 hostname 字段添加到 syslog 消息头

配置样例如下：

```
error_log syslog:server=192.168.1.1 debug;
access_log syslog:server=unix:/var/log/nginx.sock,nohostname;
access_log syslog:server=[2001:db8::1]:12345,facility=local7,tag=nginx,severity=
    info combined;
```

9.2　Nginx 日志收集分析

Nginx 的访问日志中可以记录用户的 IP、访问方法、访问 URI、响应状态及响应数据大小等 HTTP 请求处理中会涉及的各种信息，通过这些信息可以实现访问用户来源分布、用户请求 URI 排行、响应数据大小及并发连接的分析和统计。

9.2.1　ELK 简介

ELK（Elasticsearch、Logstash、Kibana）是开源的实时日志收集分析解决方案。ELK 访问逻辑如图 9-1 所示，是由 Elasticsearch、Logstash、Kibana 这三款软件和数据采集客户端（如 Filebeat）等实现日志采集、储存、搜索分析等操作。

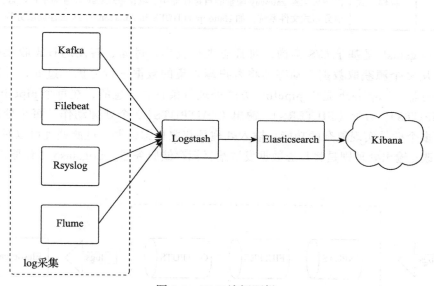

图 9-1　ELK 访问逻辑

（1）Elasticsearch 是一款用 Java 语言开发的，基于 Lucene 的开源搜索引擎，它提供了分布式多用户的全文搜索、分析、存储能力。Elasticsearch 的常见关键词如表 9-10 所示。

表 9-10　Elasticsearch 关键词

关 键 词	名　称	关键词说明
cluster	集群	集群由一个主节点和多个从节点组成，主节点是通过内部选举产生的。Elasticsearch 集群是一个去中心化的分布式架构，对于外部用户来讲，Elasticsearch 集群是个整体，与其中任何一个节点通信获取内容都是一致的
index	索引	Elasticsearch 是面向文档的数据库，一条数据就是一个文档，文档内容为包含多个 key、value 格式字段数据。Elasticsearch 集群可以包括多个索引，每个索引下包含多个类型，每个类型下包含多个文档。索引相当于关系型数据库中的库，类型相当于关系型数据库中的表

（续）

关键词	名　称	关键词说明
shards	索引分片	Elasticsearch 可以把一个完整的索引分成多个分片，该方式可以把一个大的索引拆分成多个，并分布到不同的节点，实现分布式搜索
replicas	索引副本	Elasticsearch 可以为索引设置多个副本，当集群中某个节点或某个索引的分片损坏或丢失时，可以通过副本进行恢复，同时可以为搜索请求提供负载均衡，以提高查询效率
recovery	数据分配与恢复	Elasticsearch 集群在有节点加入或退出时，会根据节点的数量变化对索引分片进行重新分配，当挂掉的节点重启后也会进行数据分配与恢复
gateway	存储方式	Elasticsearch 存储方式，Elasticsearch 会先把索引存放到内存中，当内存满了时再持久化到 gateway 配置的目标存储中。默认 gateway 配置为本地硬盘，也支持其他分布式文件系统，如 Hadoop 的 HDFS 和 Amazon 的 s3 云存储服务等

（2）Logstash 是基于 C/S 架构，对日志进行收集、过滤、转发的日志收集引擎，它可以同时从多个源获取数据，动态地将客户端采集的数据进行分拣、过滤，并转发到不同存储服务器。Logstash 是以 pipeline 方式处理每条日志信息的，在每个 pipeline 中都有输入（INPUTS）、过滤（FILTERS）、输出（OUTPUTS）3 个处理动作。每个处理动作可由一个或多个插件实现复杂的功能。输入处理是获取日志数据；过滤处理可以对日志进行分拣、修改；输出处理则是将日志数据发送给目标存储服务器。Logstash 工作原理如图 9-2 所示。

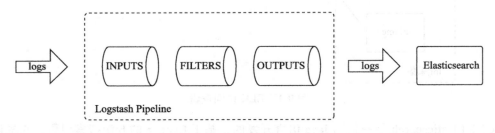

图 9-2　Logstash 原理

（3）Kibana 是 Elasticsearch 的 Web 管理工具，它提供了友好的界面化操作方式和统计分析的 Dashboard 工具，让使用者只需简单点击就可完成基本的数据搜索、分析等工作。

（4）Filebeat 隶属于 Beats 工具包，是负责文件数据采集的客户端工具。Filebeat 由 prospector 和 harvester 两个主要组件组成。prospector 目前只支持 log 文件和 stdin 两个输入类型，是 harvester 的管理进程，负责按照配置参数 paths 的内容查找日志文件，并为每个日志文件分配一个 harvester。harvester 负责实时读取单个日志文件，harvester 将日志内容发送给底层的 libbeat，libbeat 将日志数据发送给配置文件中指定的输出目标。Filebeat 工作原理如图 9-3 所示。

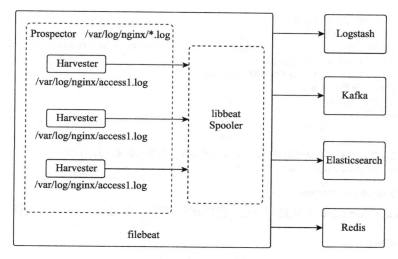

图 9-3　Filebeat 原理

9.2.2　ELK 安装

ELK 支持多种安装方式，鉴于 Docker 化部署的便捷性，本小节以基于 docker-compose 脚本的 Docker 化来部署 ELK 环境，部署示意如图 9-4 所示。

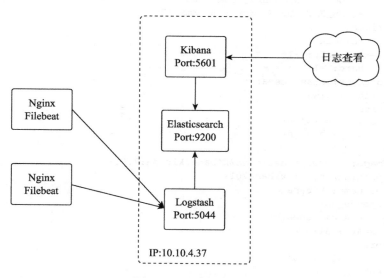

图 9-4　ELK 部署示意

（1）初始化系统环境

首先要初始化系统环境并安装 Docker 应用。

```
# 安装yum工具
```

```
yum install -y yum-utils
# 安装Docker官方yum源
yum-config-manager --add-repo https://download.docker.com/linux/centos/docker-ce.repo
# 安装docker及docker-compose应用
yum install -y docker-ce docker-compose
# 设置docker服务开机自启动
systemctl enable docker
# 启动docker服务
systemctl start docker

# 优化内核参数，设置一个进程拥有VMA（虚拟内存区域）的最大数量为262144
sysctl -w vm.max_map_count=262144
```

（2）编写 docker-compose 文件

使用 docker-compose 工具进行 ELK 容器运行编排。docker-compose 文件如下：

```
cat elk.yaml

version: '2'
services:
    elasticsearch:
        image: docker.elastic.co/elasticsearch/elasticsearch:7.0.1
        container_name: elasticsearch701
        environment:
            - discovery.type=single-node
            - bootstrap.memory_lock=true
            - "ES_JAVA_OPTS=-Xms512m -Xmx512m"
        ulimits:
          memlock:
              soft: -1
              hard: -1
        hostname: elasticsearch
        restart: always
        ports:
            - "9200:9200"
            - "9300:9300"
    kibana:
        image: docker.elastic.co/kibana/kibana:7.0.1
        container_name: kibana701
        hostname: kibana
        depends_on:
            - elasticsearch
        restart: always
        ports:
            - "5601:5601"
    logstash:
        image: docker.elastic.co/logstash/logstash:7.0.1
        container_name: logstash701
        hostname: logstash
        restart: always
        depends_on:
            - elasticsearch
        ports:
```

```
        - "5044:5044"

# 运行ELK容器
docker-compose -felk.yaml up -d
```

docker-compose 是功能非常强的容器运行编排工具，内部含有很多配置指令可以完成容器的资源配置、运行、服务依赖、网络配置等运行时的编排配置，具体指令说明可参照docker-compose 的官方文档。

（3）数据持久化

Docker 的镜像（Image）文件存放在一个只读层，而容器（Container）的文件则是存放在可写层，当容器删除或重建时，该容器运行时变更的文件将会丢失，所以需要通过外挂卷的方式将变更的配置和文件保存到主机系统中。ELK 容器有 Elasticsearch、Logstash 和 Kibana 3 个容器，这 3 个容器都需要实现数据持久化。

```
cd /opt/data/apps
# 创建容器外挂卷目录及数据存储目录
mkdir -p {elasticsearch/data,elasticsearch/config,elasticsearch/modules,elastic-
    search/plugins,kibana/config,logstash/pipeline,logstash/config}

# 复制容器数据到数据存储目录
docker cp elasticsearch701:/usr/share/elasticsearch/data elasticsearch
docker cp elasticsearch701:/usr/share/elasticsearch/config elasticsearch
docker cp elasticsearch701:/usr/share/elasticsearch/modules elasticsearch
docker cp elasticsearch701:/usr/share/elasticsearch/plugins elasticsearch
docker cp logstash701:/usr/share/logstash/config logstash
docker cp logstash701:/usr/share/logstash/pipeline logstash
docker cp kibana701:/usr/share/kibana/config kibana

# Logstash配置

cat>logstash/pipeline/logstash.conf<<EOF
input {
    beats {
        port => 5044
        codec =>"json"
    }
}
output {
    elasticsearch {
        hosts => ["http://10.10.4.37:9200"]
        index => "logstash-nginx-%{[@metadata][version]}-%{+YYYY.MM.dd}"
    }
}
EOF

# 配置目录权限
chown -R 1000:1000 elasticsearch/*
chown -R 1000:1000 logstash/*

# 配置docker-compose脚本，挂载数据存储目录
```

```
cat elk.yaml

version: '2'
services:
    elasticsearch:
        image: docker.elastic.co/elasticsearch/elasticsearch:7.0.1
        container_name: elasticsearch701
        environment:
            - discovery.type=single-node
            - bootstrap.memory_lock=true
            - "ES_JAVA_OPTS=-Xms512m -Xmx512m"
        ulimits:
            memlock:
                soft: -1
                hard: -1
        volumes:
            - /etc/localtime:/etc/localtime:ro
            - /etc/timezone:/etc/timezone:ro
            - /opt/data/apps/elasticsearch/modules:/usr/share/elasticsearch/modules
            - /opt/data/apps/elasticsearch/plugins:/usr/share/elasticsearch/plugins
            - /opt/data/apps/elasticsearch/data:/usr/share/elasticsearch/data
            - /opt/data/apps/elasticsearch/config:/usr/share/elasticsearch/config
        hostname: elasticsearch
        restart: always
        ports:
            - "9200:9200"
            - "9300:9300"
    kibana:
        image: docker.elastic.co/kibana/kibana:7.0.1
        container_name: kibana701
        hostname: kibana
        volumes:
            - /etc/localtime:/etc/localtime:ro
            - /etc/timezone:/etc/timezone:ro
            - /opt/data/apps/kibana/config:/usr/share/kibana/config
        depends_on:
            - elasticsearch
        restart: always
        ports:
            - "5601:5601"
    logstash:
        image: docker.elastic.co/logstash/logstash:7.0.1
        container_name: logstash701
        hostname: logstash
        volumes:
            - /etc/localtime:/etc/localtime:ro
            - /etc/timezone:/etc/timezone:ro
            - /opt/data/apps/logstash/pipeline:/usr/share/logstash/pipeline
            - /opt/data/apps/logstash/config:/usr/share/logstash/config
        restart: always
        depends_on:
            - elasticsearch
        ports:
```

```
            - "5044:5044"
```

```
# 运行ELK容器
```

```
docker-compose -f elk.yaml up -d
```

（4）Nginx 配置

在运行 Nginx 的主机上把 Nginx 日志定义为 json 格式，编辑 nginx.conf 文件并在 http
指令域添加如下指令：

```
log_format json '{"@timestamp": "$time_iso8601", '
                '"connection": "$connection", '
                '"remote_addr": "$remote_addr", '
                '"remote_user": "$remote_user", '
                '"request_method": "$request_method", '
                '"request_uri": "$request_uri", '
                '"server_protocol": "$server_protocol", '
                '"status": "$status", '
                '"body_bytes_sent": "$body_bytes_sent", '
                '"http_referer": "$http_referer", '
                '"http_user_agent": "$http_user_agent", '
                '"http_x_forwarded_for": "$http_x_forwarded_for", '
                '"request_time": "$request_time"}';
```

（5）Filebeat 安装

在 Nginx 服务器安装 Filebeat 进行 Nginx 日志采集。

```
# 安装Filebeat
rpm -ivh https://artifacts.elastic.co/downloads/beats/filebeat/filebeat-7.0.1
    -x86_64.rpm
```

```
# 设置输出数据到Logstash及Logstash地址
sed -i "s/#output.logstash:/output.logstash:/g" /etc/filebeat/filebeat.yml
sed -i "s/#hosts: \[\"localhost:5044\"\]/  hosts: \[\"10\.10\.4\.37:5044\"\]/g"
    /etc/filebeat/filebeat.yml
```

```
# 关闭直接输出数据到Elasticsearch
sed -i "s/output.elasticsearch/#output.elasticsearch/g" /etc/filebeat/filebeat.yml
sed -i "s/hosts: \[\"localhost:9200\"\]/#hosts: \[\"localhost:9200\"\]/g" /etc/
    filebeat/filebeat.yml
```

```
# 安装Filebeat Nginx模块
filebeat modules enable nginx
```

```
# 配置Filebeat Nginx模块
cat >/etc/filebeat/modules.d/nginx.yml<<EOF
- module: nginx
    access:
        enabled: true
        var.paths: ["/usr/local/nginx/logs/*access.log"]
    error:
        enabled: true
```

```
        var.paths: ["/usr/local/nginx/logs/*error.log"]
EOF

# 检查配置
filebeat test config
filebeat test output

# 启动Filebeat
systemctl restart filebeat

# 设置为自启动
systemctl enable filebeat
```

（6）Kibana 展示

在浏览器中打开 http://10.10.4.37:5601，在右侧菜单栏中选择 management→index_patterns→Create index pattern，然后输入 logstash-nginx-*，接着点击 Next Step 添加 Nginx 日志索引。在左侧菜单栏中点击 Discover 选择 logstash-nginx- 就可以实时查看 Nginx 输出的访问或错误日志了。

9.2.3　Nginx 日志分析

Nginx 通常被置于服务器访问的入口，其访问日志可以全局记录用户访问的来源、响应时间，以及用户行为热点等数据，通过对访问日志的分析，可以清晰地了解用户来源、用户行为习惯及自身服务器性能等情况。借助 ELK 的高性能处理能力，可以实时地将数据分析结果展现给服务器的维护人员及应用的开发人员，进而不断提高业务的可用性及产品的用户体验。Nginx 的日志分析可以分为安全分析、性能分析、可用性分析及访问统计分析 4 个方面。

（1）安全分析

通常黑客对互联网应用的入侵都是先从 Web 服务器漏洞扫描开始的，最常用的扫描方式就是在 URL 中加入特定的脚本、命令或字符串不断尝试访问，并根据返回结果判断被扫描网站是否存在漏洞或后门。如 SQL 注入攻击会在访问的 URL 中带有 select、and、or、order by 等常见的 SQL 语句，XSS 攻击会在访问的 URL 中带有 javascript、vbscript、onmouseover、eval 等 Javascript 或 VBscript 脚本命令。对管理后台入口的扫描也是常用的手段之一，多数情况下管理后台的安全加固是最容易被忽视的，往往认为不提供访问链接就高枕无忧了，而 admin、manage 等关键词通常会轻而易举地被穷举出来。

这些不安全的访问痕迹都会被 Nginx 服务器记录到访问日志中，并通过 ELK 对 Nginx 访问日志中的 request_uri 字段进行关键字过滤和展示，以求在第一时间了解这些不安全事件并提前做好防范工作。

（2）性能分析

一个网站性能的最直接体现就是请求的响应时间。通常用户的请求响应时间都是以毫秒为单位计算的，若用户的请求响应时间以秒为单位时，将极大地加大用户的等待时间，

进而影响用户体验。为方便对请求响应的分析，可以将表 9-11 所示的 Nginx 服务器提供的
变量添加到访问日志中，以记录请求链中消耗的时间。

表 9-11　请求响应变量

变　量	变量名	变量说明
$request_time	完全请求时间	从 Nginx 在客户端获取请求的第一个字节到 Nginx 发送给客户端响应数据的最后一个字节间的时间
$upstream_connect_time	代理建立连接时间	与后端代理服务器建立连接消耗的时间
$upstream_header_time	代理请求时间	从与后端代理服务器建立连接到接收到响应数据第一个字节间的时间
$upstream_response_time	代理响应时间	从与后端代理服务器建立连接到接收到响应数据最后一个字节间的时间

对请求响应时间的分析，可以通过 ELK 对访问日志 $request_time 字段的时间做排名，
对时间值比较大的 URL 从 SQL、代码、架构等多方面分析原因。

（3）可用性分析

HTTP 请求的每条访问都会有相应的访问状态码，访问状态码标识了请求成功或失败的
状态。常见状态码标识参见 3.3.2 节。通过 ELK 对访问日志按照状态码维度统计总访问量，
可以很直观地展示当前网站的可用性比率。

（4）访问统计分析

访问统计分析，可以让网站管理者最直观地了解网站被访问及用户的访问情况，常见
的是 PV 及 UV 统计。PV（Page View）即页面浏览量或点击量，可以让网站管理者清晰
地了解当前网站的访问量；UV（Unique Visitor）即独立访客量，以每个同一 IP（remote_
addr）、同一客户端类型（http_user_agent）可被识别为独立访客作为统计单位。PV 体现了
用户的访问量，UV 体现了访问当前网站的人数。URL 的访问数量统计，可以清晰地展示
网站的哪些功能被大量使用，可以让网站管理者知道用户对网站功能的喜好，以便进行相
关的产品优化。

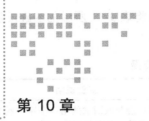

Nginx 监控配置及管理

在 Nginx 的日常运维管理工作中，Nginx 的监控管理是一项重要工作。Nginx 监控的内容主要包括 Nginx 的进程数、创建的 TCP 连接数、等待的连接数等。通过监控软件的实时数据采集功能，工作人员可以及时发现及排查 Nginx 服务器在运行时发生的问题，同时也能通过连接状态中各环节的监控数据了解客户端请求响应的性能情况。

本章包括如下几部分内容。

❑ Nginx 连接状态。连接状态是 Nginx 服务器对客户端连接及请求的统计，是 Nginx 服务器整体性能的数据体现。

❑ Nginx 主机状态。主机状态将 Nginx 连接状态细化到 Nginx 服务器中的每个虚拟主机的维度，以展示客户端请求的连接及请求状态的数据统计，可以按虚拟主机的维度清晰了解客户请求到返回响应数据的全链路状态数据。

❑ 监控工具 Prometheus 是目前非常流行的监控工具，本章介绍了 Prometheus 的架构、部署，同时详解了自定义 Exporter 及告警在 Nginx 监控中的应用。

❑ 监控工具 Zabbix 作为老牌的监控工具仍在不断更新，本章也将介绍 Zabbix 与 Prometheus 结合实现 Nginx 监控的方法。

10.1 Nginx 连接状态监控

10.1.1 Nginx 连接状态

当客户端发送请求给 Nginx 服务器时，每个连接会被 Nginx 按照执行情况标记为接受、处理和活跃 3 个状态。通过对这 3 个状态数据的监控，可以清晰地了解当前 Nginx 服务器请求连接的处理状态。Nginx 连接状态如图 10-1 所示。

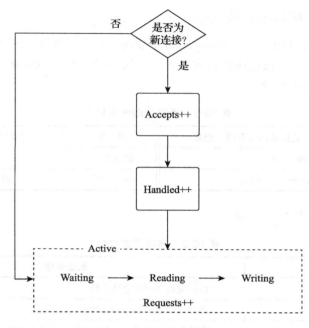

图 10-1　Nginx 连接状态

❏ 接受（Accepts）状态，建立并接受客户端的 HTTP 连接状态。

❏ 处理（Handled）状态，开始处理客户端的 HTTP 连接状态。

❏ 活跃（Active）状态，对客户端 HTTP 请求读取请求数据、处理请求数据，以及当启用保持连接（keep-alive）机制时，使当前 HTTP 连接处于保持连接机制的连接状态。

❏ 请求（Requests），客户端发送的数据请求，当启用保持连接（keep-alive）机制时，客户端请求会在同一 HTTP 连接内多次使用。

❏ 等待中（Waiting）状态，当启用保持连接机制时，等待下一次客户端请求的状态。

❏ 读取中（Reading）状态，正在被读取请求头的客户端连接状态。

❏ 回写中（Writing）状态，正在向客户端返回响应数据的连接状态。

当有客户端与 Nginx 新建立连接时，接受状态计数器会加 1，处理状态计数器通常与接受状态的计数器统计数值是相等的，在 HTTP 并发连接数超过 worker_connection 的限制时，处理状态计数器数值将因受 worker_connection 指令值的限制而小于接受状态计数器的数值。

客户端连接被处理后将进入活跃状态，Nginx 会读取数据请求的请求头数据，当前活动连接标记为读取中状态，请求计数器会加 1。当请求处理完毕向客户端返回响应数据时，当前活动连接标记为回写中状态，对启用保持连接的活动连接将标记为等待中状态，直到超过 Nginx 保持连接相关指令限定值时，关闭连接。

10.1.2 Nginx 连接状态模块指令

Nginx 提供了 ngx_http_stub_status_module 模块，可用于获取 Nginx 运行时客户端连接各种状态的计数器数据。该模块需要在编译时添加 --with-http_stub_status_module 来启用。模块配置指令如表 10-1 所示。

表 10-1 连接状态信息指令

说　明	连接状态信息指令组成	说　明	连接状态信息指令组成
主指令	stub_status	默认值	—
作用域	server、location	指令说明	启用连接状态数据输出功能

连接状态数据如表 10-2 所示。

表 10-2 连接状态数据

名　称	状态描述
Accepts	已接受的客户端连接总数
Handled	已处理的客户端连接总数
Active connections	当前客户端连接数，包括 Waiting 状态的客户端连接
Requests	客户端连接请求总数
Reading	正在被读取请求头的客户端连接总数
Writing	正在被返回响应数据的客户端连接总数
Waiting	当处于 keep-alive 机制时，等待下一次请求的保持连接总数

10.1.3 基于 Zabbix 的连接状态监控

Nginx 连接状态模块仅提供了各种连接状态的数据统计和输出，各状态数据可以通过 Zabbix Agent 脚本采集，并通过 Zabbix 服务端配置为监控项实现 Nginx 连接状态的监控。首先在 Nginx 服务器上启用连接状态统计并配置统计数据输出接口。Nginx 配置如下：

```
server {
    listen 8080;
    access_log  off;
    error_log off;

    location /status {
        stub_status;                # 启用连接状态数据输出功能
        allow 127.0.0.0/8;
        allow 10.0.0.0/8;
        allow 192.168.0.0/16;
        deny all;
    }
}
```

Zabbix Agent 脚本可以通过 Nginx 本机 8080 端口的 status 路径获取 Nginx 连接状态的数据。因连接状态在不同状态下的数据都在一个页面中展示，所以采集脚本需要通过不同的外部参数获取对应的数据。Zabbix Agent 数据采集脚本如下：

```
mkdir -p /etc/zabbix/scripts
cat >/etc/zabbix/scripts/nginx_status.sh<<EOF
#!/bin/bash
HOST=127.0.0.1:8080/status
function accepts {
    result='/usr/bin/curl "http://$HOST" 2>/dev/null| awk NR==3 | awk '{print int($1)}''
    echo $result
}
function handled {
    result='/usr/bin/curl "http://$HOST" 2>/dev/null| awk NR==3 | awk '{print int($2)}''
    echo $result
}
function drops {
    server='/usr/bin/curl "http://$HOST" 2>/dev/null| awk NR==3 | awk '{print $1" "$2}''
    accepts='echo $server|awk '{print int($1)}''
    handled='echo $server|awk '{print int($2)}''
    echo $[ $accepts-$handled ]
}
function requests {
    result='/usr/bin/curl "http://$HOST" 2>/dev/null| awk NR==3 | awk '{print int($3)}''
    echo $result
}
function active {
    result='/usr/bin/curl "http://$HOST" 2>/dev/null| grep 'Active' | awk '{print $NF}''
    echo $result
}
function reading {
    result='/usr/bin/curl "http://$HOST" 2>/dev/null| grep 'Reading' | awk '{print
        int($2)}''
    echo $result
}
function writing {
    result='/usr/bin/curl "http://$HOST" 2>/dev/null| grep 'Writing' | awk '{print
        int($4)}''
    echo $result
}
function waiting {
    result='/usr/bin/curl "http://$HOST" 2>/dev/null| grep 'Waiting' | awk
        '{print int($6)}''
    echo $result
}

$1
EOF
```

在 Zabbix Agent 端添加监控项的脚本如下：

```
cat >/etc/zabbix/zabbix_agentd.d/nginx_status.conf<<EOF
```

```
UserParameter=nginx.accepts,/etc/zabbix/scripts/nginx_status.sh accepts
UserParameter=nginx.handled,/etc/zabbix/scripts/nginx_status.sh handled
UserParameter=nginx.drops,/etc/zabbix/scripts/nginx_status.sh drops
UserParameter=nginx.requests,/etc/zabbix/scripts/nginx_status.sh requests
UserParameter=nginx.connections.active,/etc/zabbix/scripts/nginx_status.sh active
UserParameter=nginx.connections.reading,/etc/zabbix/scripts/nginx_status.sh reading
UserParameter=nginx.connections.writing,/etc/zabbix/scripts/nginx_status.sh writing
UserParameter=nginx.connections.waiting,/etc/zabbix/scripts/nginx_status.sh waiting
EOF
```

10.2　HTTP 主机状态监控

Nginx 连接状态是 Nginx 服务器整体连接数据的统计，在实际使用中，Nginx 会配置很多虚拟主机，每个虚拟主机的客户端连接的处理状况也各不相同。当 Nginx 作为缓存服务或代理服务时，所需的统计项也有不同的需求，在 Nginx 的商业版本中由 ngx_http_status_module 提供基于主机状态的细粒度监控。对于 Nginx 开源版本，推荐用第三方开源模块 nginx-module-vts 来实现 Nginx HTTP 主机状态监控。该模块覆盖了对主机连接数、HTTP 请求、缓存及 upstream 等状态数据的监控。

10.2.1　模块编译

nginx-module-vts 模块可以通过 GitHub 获取并在 Nginx 编译时添加。

```
git clone https://github.com/vozlt/nginx-module-vts.git
```

在 Nginx 代码目录中使用 --add-module 参数添加 nginx-module-vts 模块即可。

```
./configure --add-module=../nginx-module-vts
```

10.2.2　模块配置指令

nginx-module-vts 模块为主机监控提供了多个配置指令，可实现监控数据 html、json 等格式的输出，并可以自定义关键字的方式进行连接数据统计，甚至通过统计数据进行限制请求连接数或流量的配置。模块配置指令如表 10-3 所示。

- ❑ 指令 vhost_traffic_status_zone、vhost_traffic_status_dump、vhost_traffic_status_filter_max_node 仅可在 http 指令域中编写。其他指令均可在 http 及其所包含的 server、location 指令域中编写。
- ❑ vhost_traffic_status_display 指令启用时，将提供主机状态监控数据输出功能，监控数据包括 Nginx 服务器连接状态（Server Main）、Nginx 主机连接状态（Server Zones）、过滤关键字连接状态（Filters）和上游服务器组连接状态（Upstreams）4 个部分的内容。

表 10-3　模块配置指令

指令名称	指令格式	默认值	描　述
vhost_traffic_status	on 或 off	off	设置是否启用主机状态统计，如果设置了 vhost_traffic_status_zone 指令，则该指令会自动启用
vhost_traffic_status_zone	[shared:name:size]	shared:vhost_traffic_status:1m	设置用以存储各种状态数据的共享内存区，用以在多个工作进程中共享数据
vhost_traffic_status_dump	path [period]	—	设置状态数据的备份路径，备份周期（默认 60s），Nginx 通过信号（SIGKILL）退出时会立即备份，启动时会根据备份路径数据进行还原，Nginx 需要对指定目录有读写权限
vhost_traffic_status_display	—	—	设置是否启用主机状态监控数据输出功能
vhost_traffic_status_display_format	json 或 html 或 jsonp 或 prometheus	json	设置输出数据的格式
vhost_traffic_status_display_jsonp	callback	—	设置显示格式为 jsonp 时的回调名称
vhost_traffic_status_display_sum_key	[string]	*	设置 serverZones 显示区域下总计条目的显示名称
vhost_traffic_status_filter	on 或 off	on	设置启用或关闭过滤功能
vhost_traffic_status_filter_by_host	on 或 off	off	设置启用或关闭以 server_name 的主机名为关键字进行过滤统计的功能
vhost_traffic_status_filter_by_set_key	key [name::serverZones]	—	设置指定关键字进行过滤统计，serverZones 默认为主机名
vhost_traffic_status_filter_check_duplicate	on 或 off	on	设置启用或关闭消除 vhost_traffic_status_filter_by_set_key 指令所产生的重复数据

（续）

指令名称	指令格式	默 认 值	描 述
vhost_traffic_status_filter_max_node	number [string …]	0	设置按照 vhost_traffic_status_filter_by_set_key 指令过滤统计的节点数量，可用于数据采样
vhost_traffic_status_limit	on 或 off	on	设置启用或关闭统计限制功能
vhost_traffic_status_limit_traffic	member:size [code]	—	对指定 member 参数的统计值超过限制的 size 时，返回指定的响应码 code，code 默认值为 503
vhost_traffic_status_limit_traffic_by_set_key	limitkey member:size [code]	—	根据 limitkey 对指定 member 参数的统计值进行限制
vhost_traffic_status_limit_check_duplicate	on 或 off	on	设置启用或关闭消除 vhost_traffic_status_limit_traffic_by_set_key 指令所产生的重复数据
vhost_traffic_status_set_by_filter	$variable group/zone/name	—	获取存储在共享内存中指定 group、zone 及 name 的状态统计值并赋值给变量 $variable
vhost_traffic_status_average_method	[period]	AMM 60s	设置响应处理时间平均值的计算方法，AMM（Arithmetic Mean）或 WMA（Weighted Moving Average）为两种平均值的计算方法
vhost_traffic_status_histogram_buckets	second	—	设置按照时间段分片统计数据，最小值为 0.001，最大值为 32。若设置了 vhost_traffic_status_dump 指令，则每次改变需要删除存储文件才会生效
vhost_traffic_status_bypass_limit	on 或 off	off	忽略限制功能
vhost_traffic_status_bypass_stats	on 或 off	off	忽略状态统计功能

○ Nginx 服务器连接状态包括了 Nginx 连接状态模块自带的连接状态统计数据。

○ Nginx 主机连接状态由配置指令 vhost_traffic_status_filter_by_host 设置是否启用。启用该功能后，会对当前 Nginx 服务器配置的每个主机名的请求数（Requests Total）、请求时间（Requests Time）、请求频率（Requests Req/s）、响应（Responses）状态码、响应总数（Responses Total）、流量（Traffic）进行统计。如果所在主机配置了缓存（Cache），还会对缓存的各种状态进行数据统计。

○ 过滤关键字连接状态模块会按照配置指令 vhost_traffic_status_filter_by_set_key 设置的关键字进行状态统计，通常会把 $uri 配置为关键字，这样就会将每条 URL 的请求数（Requests Total）、请求时间（Requests Time）、请求频率（Requests Req/s）、响应（Responses）状态码、响应总数（Responses Total）、流量（Traffic）的数据统计出来。如果被配置了缓存，则该 URL 在缓存中的当前状态也会被输出。

○ 当 Nginx 服务器是代理服务器时，会按照每个上游服务器组的名称对上游服务器组连接状态包含的每个被代理服务器的 IP、端口、状态（State）、响应时间（Response Time，仅被代理服务器返回响应的时间）、权重（Weight）、最大失败次数（Max Fails）、失败超过的时间（Fail Timeout）、请求数（Requests Total）、请求时间（Requests Time）、请求频率（Requests Req/s）、响应（Responses）状态码、响应总数（Responses Total）、流量（Traffic）进行统计。

❑ vhost_traffic_status_limit_traffic 指令的 member 参数如表 10-4 所示。

表 10-4　member 参数

名　称	说　明	名　称	说　明
request	所有客户端的请求总数	cache_hit	已命中缓存的数量
in	所有客户端进入 Nginx 的字节总数	cache_miss	没命中缓存的数量
out	Nginx 返回给所有客户端的字节总数	cache_bypass	忽略缓存的数量
1××	响应码为 1×× 的请求数	cache_expired	已过期缓存的数量
2××	响应码为 2×× 的请求数	cache_stale	响应过期缓存的数量
3××	响应码为 3×× 的请求数	cache_updating	更新缓存的数量
4××	响应码为 4×× 的请求数	cache_revalidated	重新验证的缓存的数量
5××	响应码为 5×× 的请求数	cache_scarce	SCARCE 状态缓冲的数量

缓存请求状态及说明参见 7.2.1 节。

❑ vhost_traffic_status_limit_traffic_by_set_key 的指令参数 limitkey 的语法格式如下：

```
group@[subgroup@]name
```

❑ limitkey 的 group 特定关键字分别为主机（NO）、独立上游服务器（UA）、上游服务器组（UG）、缓存（CC）、过滤器（FG），配置样例如下：

```
# 设置按照关键字$geoip_country_code进行访问统计
vhost_traffic_status_filter_by_set_key $geoip_country_code country::$server_name;

# 将过滤器（FG）中标识名称为US的访问请求的最大下载量设置为1024GB
vhost_traffic_status_limit_traffic_by_set_key FG@country::$server_name@US out:1024G;

# 将上游服务器组（UG）中上游服务器组（upstream）名称为backend的被代理服务器10.10.10.17:80
  最大请求数设置为1000
vhost_traffic_status_limit_traffic_by_set_key UG@backend@10.10.10.17:80 request:1000;
```

❑ **vhost_traffic_status_set_by_filter** 指令可以获取当前 Nginx 服务器在共享内存中的统计数据并赋值给指定的变量，配置样例如下：

```
# 将主机名为example.org的请求统计数据赋值给变量$requestCounter
vhost_traffic_status_set_by_filter $requestCounter server/example.org/requestCounter

# 将过滤区域country中，访问主机example.org且被标识为KR的请求统计数据赋值给变量$requestCounter
vhost_traffic_status_set_by_filter $requestCounter filter/country::example.
    org@KR/requestCounter

# 将上游服务器组名为backend的被代理服务器10.10.10.11:80的请求统计数据赋值给变量$requestCounter
vhost_traffic_status_set_by_filter $requestCounter upstream@group/backend
    @10.10.10.11:80/requestCounter

# 将独立上游服务器10.10.10.11:80的请求统计数据赋值给变量$requestCounter
vhost_traffic_status_set_by_filter $requestCounter upstream@alone/10.10.10.
    11:80/requestCounter

# 将缓存名称为my_cache_name的命中统计数据赋值给变量$cacheHit
vhost_traffic_status_set_by_filter $cacheHit cache/my_cache_name/cacheHit
```

10.2.3 主机状态监控配置

模块 nginx-module-vts 为 Nginx 提供了很多监控统计功能。根据 nginx-module-vts 模块的配置指令，可以设计一个全局的配置。对于不同的主机站点可以按照具体的功能设置不同的状态统计配置。全局 vts 配置如下：

```
vhost_traffic_status_zone;                          # 主机状态监控共享内存
vhost_traffic_status_filter_by_host on;             # 启用以server_name的主机名为关键字
                                                    # 进行过滤统计
vhost_traffic_status_display_sum_key all_zone;      # 将serverZones显示区域下总计条目的
                                                    # 显示名称设置为all_zone
vhost_traffic_status_dump /tmp/vts.db;              # 主机状态监控数据存储在/tmp/vts.db中

server {
    listen 8080;                                    # 用于查看监控页的监听端口
    access_log  off;
    vhost_traffic_status off;                       # 关闭当前站点的监控统计

    location /vts {
        vhost_traffic_status_display;               # 启用主机状态监控数据输出功能
```

```
        vhost_traffic_status_display_format html;# 主机状态监控数据输出格式为html
        allow 127.0.0.0/8;
        allow 10.0.0.0/8;
        allow 192.168.0.0/16;
        deny all;
    }
}
```

❏ 按照 uri 关键字进行过滤统计，可以显示对应主机每条 URL 的请求统计数据。

```
server {
    listen 8002;
    server_name locahost www.nginxbar.org;
    root /opt/nginx-web;
    default_type text/xml;

    # 按照URI进行过滤统计
    vhost_traffic_status_filter_by_set_key $uri uri;
}
```

10.3　TCP/UDP 主机状态监控

Nginx 服务器支持 TCP/UDP 的代理，但 Nginx 只在商业版中提供了 TCP/UDP 服务的状态监控功能，对于开源版本，可以使用第三方模块 nginx-module-stream-sts 实现 TCP/UDP 服务的状态监控。由于 Nginx stream 模块的特性，TCP/UDP 服务的状态数据仅在日志处理阶段才会被统计计算。

10.3.1　模块编译

模块 nginx-module-stream-sts 可以通过 GitHub 获取，该模块依赖 nginx-module-sts 模块，也需要被下载。

```
git clone https://github.com/vozlt/nginx-module-sts.git
git clone https://github.com/vozlt/nginx-module-stream-sts.git
```

在 Nginx 代码目录使用 --add-module 参数添加 nginx-module-sts 模块和 nginx-module-stream-sts 模块。

```
./configure --add-module=../nginx-module-sts --add-module=../nginx-module-stream-sts
```

10.3.2　模块配置指令

模块 nginx-module-sts 与 nginx-module-stream-sts 共同组成了 TCP/UDP 监控的配置指令集。配置命令如表 10-5 和表 10-6 所示。

1）指令 stream_server_traffic_status_zone 仅可编写在 http 指令域中。

2）其他指令均可编写在 http 及其所包含的 server、location 指令域中。

表 10-5 http 配置指令

指令名称	指令格式	默认值	描述
stream_server_traffic_status	on 或 off	off	设置是否启用 stream 主机状态统计功能，设置 stream_server_traffic_status_zone 指令后，该功能会自动启用
stream_server_traffic_status_zone	[shared:name]	shared:stream_server_traffic_status	设置用于存储各种状态数据的共享内存区，参数 name 必须与指令 server_traffic_status_zone 的设置相同
stream_server_traffic_status_display	—	—	设置是否启用 stream 主机状态监控数据输出功能
stream_server_traffic_status_display_format	json、html、jsonp 或 prometheus	json	设置输出数据的格式
stream_server_traffic_status_display_jsonp	callback	—	设置显示格式为 jsonp 时的回调名称
stream_server_traffic_status_average_method	[period]	AMM 60s	设置响应处理时间平均值的计算方法，AMM（Arithmetic Mean）或 WMA（Weighted Moving Average）为平均值的两种计算方法。参数 period 是指计算平均值的有效时间

表 10-6　stream 配置指令

指令名称	指令格式	默认值	描　述
server_traffic_status	on 或 off	off	设置是否启用 stream 主机状态统计功能，设置 server_traffic_status_zone 指令后，该功能会自动启用
server_traffic_status_zone	[shared:name:size]	shared:server_traffic_status:1m	设置用于存储各种状态数据的共享内存区及其大小，用于在多个工作进程中共享数据
server_traffic_status_filter	on 或 off	on	设置启用或关闭过滤功能
server_traffic_status_filter_by_set_key	key [name]	—	设置用指定关键字进行过滤统计，关键字可以是 $host, $server_addr, $server_port 等
server_traffic_status_filter_check_duplicate	on 或 off	on	设置启用或关闭消除 server_traffic_status_filter_by_set_key 所产生的重复数据的功能
server_traffic_status_limit	on 或 off	on	设置启用或关闭限制功能
server_traffic_status_limit_traffic	member:size [code]	—	对指定 member 参数的统计值超过限制 size 的请求进行拦截并直接返回指定的响应码 code, code 默认值为 503
server_traffic_status_limit_traffic_by_set_key	key member:size [code]	—	根据 key 对指定 member 参数的统计值超过限制 size 的请求进行拦截并直接返回指定的响应码 code, code 默认认值为 503
server_traffic_status_limit_check_duplicate	on 或 off	on	设置启用或关闭消除 server_traffic_status_limit_traffic_by_set_key 指令所产生的重复数据的功能
server_traffic_status_average_method	[period]	AMM 60s	设置响应处理时间平均值的计算方法，AMM（Arithmetic Mean）或 WMA（Weighted Moving Average）为平均值的两种计算方法。参数 period 是指计算平均值的有效时间
server_traffic_status_histogram_buckets	second	—	设置按照时间段分片统计数据，最小值为 0.001，最大值为 32。若设置了 vhost_traffic_status_dump 指令，则每次变更需要删除存储文件才会生效

3）指令 server_traffic_status_zone 及 server_traffic_status_histogram_buckets 仅可编写在 stream 指令域中。

4）其他指令均可编写在 stream 及其所包含的 server 指令域中。

5）stream_server_traffic_status_display 指令启用后，才会启用监控数据输出功能，监控数据包括 Nginx 服务器连接状态（Server Main）、Nginx stream 主机连接状态（Server Zones）、过滤关键字连接状态（Filters）和 stream 上游服务器组连接状态（Upstreams）4 个部分的内容。

❏ Nginx 服务器连接状态：包括 Nginx 连接状态模块自带的连接状态统计数据。

❏ Nginx stream 主机连接状态：会对当前 Nginx 服务器配置的每个 stream 主机端口的请求数（Requests Total）、请求时间（Requests Time）、请求频率（Requests Req/s）、响应（Responses）状态码、响应总数（Responses Total）、流量（Traffic）进行统计。

❏ 过滤关键字连接状态：模块会按照配置指令 vhost_traffic_status_filter_by_set_key 设置的关键字进行统计，会对包含关键字连接的请求数（Requests Total）、请求时间（Requests Time）、请求频率（Requests Req/s）、响应（Responses）状态码、响应总数（Responses Total）、流量（Traffic）的数据进行统计并显示输出。

❏ stream 上游服务器组连接状态：包括每个上游服务器组的名称及其包含的每个被代理服务器的 IP、端口、状态（State）、建立连接时间（Response Time Connect）、首字节时间（Response Time FirstByte）、响应时间（Response Time Response，仅被代理服务器返回响应的时间）、权重（Weight）、最大失败次数（Max Fails）、失败超时时间（Fail Timeout）、请求数（Requests Total）、请求时间（Requests Time）、请求频率（Requests Req/s）、响应（Responses）状态码、响应总数（Responses Total）、流量（Traffic）数据的统计。

6）server_traffic_status_limit_traffic 指令的 member 参数值如表 10-7 所示。

表 10-7　member 参数值

参 数 值	说　　明	参 数 值	说　　明
connect	所有客户端的连接总数	2××	响应码为 2×× 的数量
in	所有客户端进入 Nginx 的字节总数	3××	响应码为 3×× 的数量
out	Nginx 返回给所有客户端的字节总数	4××	响应码为 4×× 的数量
1××	响应码为 1×× 的数量	5××	响应码为 5×× 的数量

10.3.3　TCP/UDP 主机状态监控配置

TCP/UDP 主机监控状态页需要配置在 http 指令域中。

```
http {
    stream_server_traffic_status_zone;    # 启用stream主机状态监控，并使用默认共享内存配置
```

```
    server {
        listen 8080;                                # 用于查看监控页的监听端口
        access_log  off;

        location /sts {
            stream_server_traffic_status_display;   # 启用stream主机状态监控数据输出
            #stream主机状态监控数据输出格式为html
            stream_server_traffic_status_display_format html;
            allow 127.0.0.0/8;
            allow 10.0.0.0/8;
            allow 192.168.0.0/16;
            deny all;
        }
    }
}
```

在 stream 指令域配置全局启用 stream 主机状态监控功能。

```
stream {
    server_traffic_status_zone;                     # 启用stream主机状态监控，并使用默认
                                                    # 共享内存配置
    upstream redis {
        server 192.168.2.100:6379;
    }

    server {
        listen 6379 ;
        proxy_bind $remote_addr transparent;
        proxy_pass redis;
        proxy_connect_timeout 5s;
        access_log logs/redis_access.log tcp;
    }
}
```

10.4　监控工具 Prometheus

Nginx 的 ngx_http_stub_status_module 模块及第三方的主机状态监控模块都提供了自身状态数据的统计和输出功能，但作为监控管理，仍需要进一步实现对各种状态数据的收集、存储、统计展示、阈值报警等工作。为实现监控管理的完整性，需要使用更专业的监控工具来实现后续的工作。

10.4.1　Prometheus 简介

Prometheus 是由 SoundCloud 开源的监控告警解决方案，其在 GitHub 上的 Star 数已经超过 3.1 万，已成为很多大公司首选的监控解决方案。Prometheus 由 Prometheus Server、PushGateway、Alertmanager、Exporter 等 4 个组件共同组成。其中，Exporter 可以由用户自行开发，只需输出符合 Prometheus 的规范数据即可；Prometheus Server 提供了 api 接口并

支持自定义的 PromQL 查询语言对外实现监控数据查询输出，结合 Grafana 强大的图形模板功能，可以非常直观地以监控数据统计图表的形式进行展示。Prometheus 结构如图 10-2 所示。

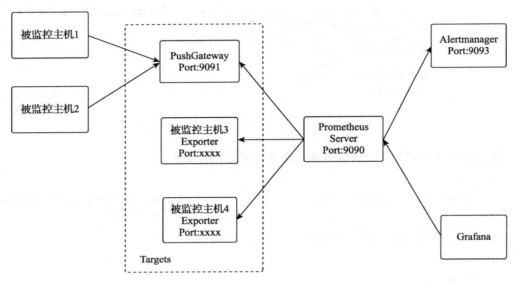

图 10-2　Prometheus 结构

❑ Prometheus Server：Prometheus 的基础服务，其从配置文件中 job 配置的 tagrets 目标服务器拉取监控数据，拉取数据周期由配置参数 scrape_interval 设置，同时开放 api 接口提供监控数据的对外查询和聚合分析功能。

❑ PushGateway：Prometheus 的推送网关服务。Prometheus 默认都是从被监控服务器上拉取监控数据的，但由于网络原因无法直接访问目标服务器时，可在被监控服务器上通过脚本或工具采集监控数据，然后推送给推送网关服务（PushGateway），Prometheus 的基础服务则实时地从推送网关服务提供的端口 9091 拉取监控数据，完成监控操作。

❑ Alertmanager：Prometheus 的告警服务，其对外开放端口 9093 接收 Prometheus Server 发送的告警信息，并按照告警规则将告警信息发送给接收目标。

❑ Exporter：监控数据采集接口服务，该服务可由用户按照 Prometheus 的数据规范自行开发，只需提供对外访问接口，并能输出 Prometheus 数据格式的监控数据即可。

10.4.2　Prometheus 部署

Prometheus 支持多种方式部署，鉴于 Docker 化部署的便捷性，此处选择基于 docker-compose 脚本部署 Docker 化的 Prometheus 环境，部署示意如图 10-3 所示。

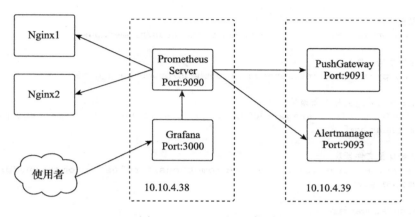

图 10-3　Prometheus 部署

❑ 在服务器 10.10.4.38 上部署 Prometheus 的基础服务和 Grafana 服务。

❑ 在服务器 10.10.4.39 上部署 Prometheus 的推送网关服务和 Prometheus 的告警服务。

（1）安装 Prometheus 和 Grafana

在服务器 10.10.4.38 上初始化 Prometheus 和 Grafana 的 docker-compose 脚本。

```
cat>prometheus.yaml<<EOF
version: '3.5'
services:
    prometheus:
        hostname: prometheus
        container_name: prometheus
        restart: always
        image: prom/prometheus
        ports:
            - "9090:9090"
        stop_grace_period: 1m
    grafana:
        hostname: grafana
        container_name: grafana
        restart: always
        image: grafana/grafana
        ports:
            - "3000:3000"
        stop_grace_period: 1m
EOF

# 启动镜像
docker-compose -f prometheus.yaml up -d
```

（2）配置 Prometheus

配置 Prometheus 并持久化 Prometheus 及 Grafana 数据。

```
cd /opt/data/apps
mkdir -p {prometheus,grafana}
```

```
# 复制配置文件
docker cp prometheus:/etc/prometheus prometheus/prometheus

# 复制监控数据文件
docker cp prometheus:/prometheus prometheus/prometheus_data

# 配置Alertmanager服务器地址
sed -i "s/# - alertmanager:9093/ - 10.10.4.39:9093/g" prometheus/prometheus/
    prometheus.yml

# 配置告警规则文件目录
sed -i "/rule_files:/a\   - /etc/prometheus/*.rules" prometheus/prometheus/
    prometheus.yml

# 配置PushGateway地址
cat>>prometheus/prometheus/prometheus.yml<<EOF

    - job_name: pushgateway                # 监控job名称，全局唯一
      static_configs:
      - targets: ['10.10.4.39:9091']       # 被监控主机的IP及Exporter的端口
        labels:
          instance: pushgateway            # 被监控主机的标识，多为主机名或docker实例名称
EOF

# 设置目录权限
chown -R 65534:65534 prometheus/*

# 复制Grafana配置文件
docker cp grafana:/etc/grafana grafana/config
# 复制Grafana数据文件
docker cp grafana:/var/lib/grafana grafana/data

# 设置目录权限
chown -R 472:472 grafana/*

# 修改docker-compose脚本
cat>prometheus.yaml<<EOF
version: '3.5'
services:
    prometheus:
        hostname: prometheus
        container_name: prometheus
        restart: always
        image: prom/prometheus
        ports:
            - "9090:9090"
        volumes:
            - /etc/localtime:/etc/localtime:ro
            - /opt/data/apps/prometheus/prometheus:/etc/prometheus
            - /opt/data/apps/prometheus/prometheus_data:/prometheus
        stop_grace_period: 1m
    grafana:
        hostname: grafana
```

```
        container_name: grafana
        restart: always
        image: grafana/grafana
        ports:
            - "3000:3000"
        volumes:
            - /etc/localtime:/etc/localtime:ro
            - /opt/data/apps/grafana/config:/etc/grafana
            - /opt/data/apps/grafana/data:/var/lib/grafana
        stop_grace_period: 1m
EOF

# 重建并运行镜像
docker-compose -f prometheus.yaml up -d
```

❑ 通过浏览器访问 http://10.10.4.38:9090/targets，就可以看到 Prometheus 和 PushGateway 这两个 Endpoint。

❑ 通过浏览器访问 Grafana Web 管理页面 http://10.10.4.38:3000，初始用户名和密码都是 admin。

（3）安装 Alertmanager 和 PushGateway

在服务器 10.10.4.39 上初始化 Alertmanager 和 PushGateway 的 docker-compose 脚本。

```
cat>prometheus.yaml<<EOF
version: '3.5'
services:
    alertmanager:
        hostname: alertmanager
        container_name: alertmanager
        restart: always
        image: prom/alertmanager
        ports:
            - "9093:9093"
        stop_grace_period: 1m
    pushgateway:
        hostname: pushgateway
        container_name: pushgateway
        restart: always
        image: prom/pushgateway
        ports:
            - "9091:9091"
        stop_grace_period: 1m
EOF

# 运行镜像
docker-compose -f prometheus.yaml up -d
```

（4）配置 Alertmanager

配置 Alertmanager 并持久化 Alertmanager 及 PushGateway 数据。

```
cd /opt/data/apps
```

```
mkdir -p prometheus

# 复制Alertmanager配置文件
docker cp alertmanager:/etc/alertmanager prometheus/alertmanager
# 复制Alertmanager数据文件
docker cp alertmanager:/alertmanager prometheus/alertmanager_data

# 配置目录权限
chown -R 65534:65534 prometheus/alertmanager
chown -R 65534:65534 prometheus/alertmanager_data

# 配置prometheus.yaml
cat>prometheus.yaml<<EOF
version: '3.5'
services:
    alertmanager:
        hostname: alertmanager
        container_name: alertmanager
        restart: always
        image: prom/alertmanager
        ports:
            - "9093:9093"
        volumes:
            - /etc/localtime:/etc/localtime:ro
            - /opt/data/apps/prometheus/alertmanager:/etc/alertmanager
            - /opt/data/apps/prometheus/alertmanager_data:/alertmanager
        stop_grace_period: 1m
    pushgateway:
        hostname: pushgateway
        container_name: pushgateway
        restart: always
        image: prom/pushgateway
        ports:
            - "9091:9091"
        volumes:
            - /etc/localtime:/etc/localtime:ro
EOF

# 重建并运行镜像
docker-compose -f prometheus.yaml up -d
```

❑ 通过浏览器访问 http://10.10.4.39:9093，可以查看 Alertmanager 的告警信息及配置。
❑ 通过浏览器访问 http://10.10.4.39:9091，可以查看 PushGateway 的相关信息。

10.4.3 监控 HTTP 主机状态

Prometheus 针对被监控主机，是通过轮询 Exporter 接口的形式获取监控数据的，nginx-module-vts 模块虽然也提供 Prometheus 数据格式输出，但数据并不详细，推荐使用 nginx-vts-exporter 实现 Prometheus 数据输出。nginx-vts-exporter 是由 Go 语言开发的，不仅提供了针对信息的监控数据，还提供了配套的 Grafana 模板。

（1）在 Nginx 服务器上安装 nginx-vts-exporter

```
# 获取nginx-vts-exporter二进制文件
wget https://github.com/hnlq715/nginx-vts-exporter/releases/download/v0.10.3/
nginx-vts-exporter-0.10.3.linux-amd64.tar.gz
tar zxmf nginx-vts-exporter-0.10.3.linux-amd64.tar.gz
cp nginx-vts-exporter-0.10.3.linux-amd64/nginx-vts-exporter /usr/local/nginx/sbin/
```

```
# 运行测试
nginx-vts-exporter -nginx.scrape_timeout 10 -nginx.scrape_uri http://127.0.0.1:
    8080/vts/format/json
```

```
curl http://127.0.0.1:9913/metrics
```

（2）将 nginx-vts-exporter 配置为进程服务

```
# 安装supervisor
yum install supervisor
```

```
# 配置nginx-vts-exporter服务管理配置
cat>/etc/supervisord.d/nginx-vts-exporter.ini<<EOF
[program:nginx-vts-exporter]
;配置进程运行命令
command=/usr/local/nginx/sbin/nginx-vts-exporter -nginx.scrape_timeout 10
-nginx.scrape_uri http://127.0.0.1:8080/vts/format/json
directory=/usr/local/nginx/sbin        ;进程运行目录
startsecs=5                            ;启动5秒后没有异常退出表示进程正常启动，默认为1秒
autostart=true                        ;在supervisord启动的时候也自动启动
autorestart=true                      ;程序退出后自动重启
EOF
```

```
# 启动supervisord并配置为开机运行
systemctl start supervisord
systemctl enable supervisord
```

```
# nginx-vts-exporter进程服务管理
# 查看nginx-vts-exporter进程服务状态
supervisorctl status nginx-vts-exporter
```

```
# 重启nginx-vts-exporter进程服务
supervisorctl restart nginx-vts-exporter
```

```
# 启动nginx-vts-exporter进程服务
supervisorctl start nginx-vts-exporter
```

```
# 停止nginx-vts-exporter进程服务
supervisorctl stop nginx-vts-exporter
```

```
# 访问测试
curl http://10.10.4.8:9913/metrics
```

（3）在 Prometheus 上配置监控 job

```
cd /opt/data/apps
```

```
cat>>prometheus/prometheus/prometheus.yml<<EOF
    # nginx-vts-exporter job
    - job_name: nginx_exporter
      static_configs:
      - targets: ['10.10.4.8:9913']
          labels:
              instance: nginx-1
EOF

docker restart prometheus
```

（4）导入 Grafana 模板实现图表化展示

登录 Grafana 后，在左侧菜单点击 Configuration→Add data source，选择 Prometheus 图标后进入数据源配置页面，配置如图 10-4 所示。

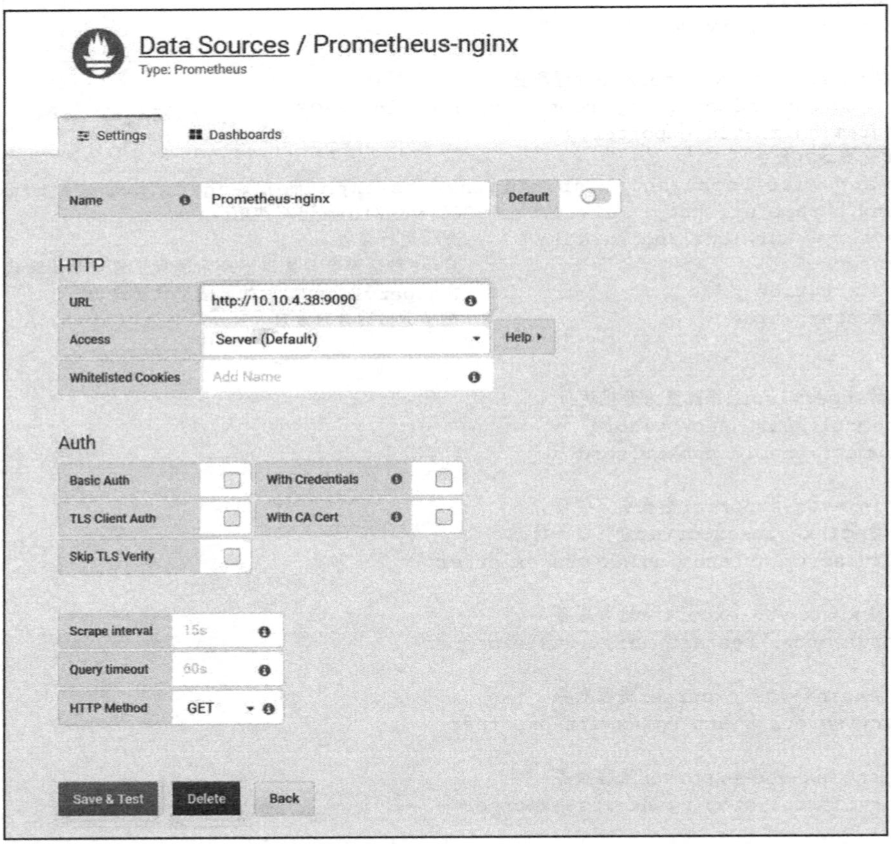

图 10-4　Grafana 数据源配置

在左侧菜单点击 Create→Import，在标题为 Grafana.com Dashboard 的输入框输入模板 ID 2949 后，点击任意位置进入模板导入页，如图 10-5 所示。

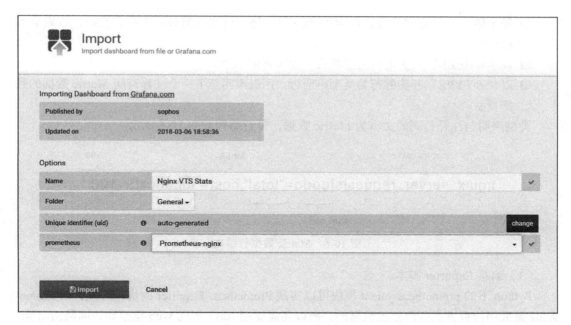

图 10-5　Grafana 模板导入

10.4.4　监控 TCP/UDP 主机状态

TCP/UDP 主机状态模块 nginx-module-sts 虽然也提供了 Prometheus 格式数据输出，但仍然不够详细，同时也没有可用的开源 Exporter。为实现 Nginx TCP/UDP 主机状态数据的采集，可以按照 Prometheus 的数据规范编写一个 Exporter。

（1）Prometheus 的数据类型

❑ 计数类型（Counter）：计数类型用于累加值，一直增加或一直减少，重启进程后，会被重置。如记录请求次数、错误发生次数等。

❑ 计量类型（Gauge）：计量类型用于常规数值，用以表示瞬间状态的数值，可大可小，重启进程后，会被重置，如硬盘空间、内存使用等。

❑ 直方图（Histogram）：直方图可以理解为柱状图，常用于表示一段时间内数据的采样，能够对其指定区间及总数进行统计。

❑ 合计统计（Summary）：合计统计和直方图相似，常用于表示一段时间内数据采样的结果。Histogram 需要通过 _bucket 计算 quantile（按百分比划分跟踪的结果），而 Summary 直接存储了 quantile 的值。

（2）Exporter 数据输出格式

Exporter 输出的数据是以 Metric 行为单位的文本数据，数据输出格式规范如下。

❑ Exporter 输出数据的 Content-Type 必须是 text 类型（text/plain）。

❑ Exporter 输出内容以行为单位，空行将被忽略，文本内容最后一行为空行。

❑ 每个输出监控数据的行被称为 Metric 行，每一行文本的最后不能有空格，否则会不被识别。

❑ 以"＃HELP"开头的行为注释行，表示帮助信息。

❑ 以"＃TYPE"开头的行为类型声明行，用以声明至下一个注释行间 Metric 数据的数据类型。

类型声明与注释行间的文本为 Metric 数据，每行结构如图 10-6 所示。

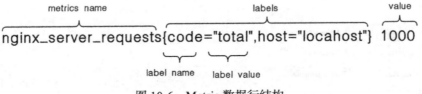

图 10-6　Metric 数据行结构

（3）编写 Exporter 脚本

Python 下的 prometheus_client 模块可以实现 Prometheus Exporter 的快速开发，因 Prometheus 是采用拉取方式获取监控数据的，所以还需要用 flask 实现 Web 框架和访问路由功能。脚本代码如下：

```python
import prometheus_client
from prometheus_client import Counter,Gauge
import requests
import sys
import json
import time
from flask import Response, Flask

# 初始化监控项
nginx_info = Gauge("nginx_info", "nginx_info nginx info",['hostName','nginxVersi
    on'])
nginx_server_info = Gauge("nginx_server_info", "nginx_server_info nginx server in
    fo",['host','port','protocol'])
nginx_server_connections = Gauge("nginx_server_connections", "nginx connections",
    ['status'])
nginx_server_bytes = Counter("nginx_server_bytes","request/response bytes",
    ['direction','host'])
nginx_upstream_responses = Counter("nginx_upstream_requests","requests counter",
    ['backend','code','upstream'])

app = Flask(__name__)

@app.route("/metrics")
def requests_metrics():
    metrics=""
    url = "http://127.0.0.1:8080/sts/format/json"
    res = requests.get(url)
    all_data = json.loads(json.dumps(res.json()))
```

```
    # server_info
    nginx_info.labels(hostName=all_data["hostName"],nginxVersion=all_data["nginx-
        Version"]).set(time.time())
    metrics+=prometheus_client.generate_latest(nginx_info)

    # connections
    connections=["accepted","active","handled","reading","requests","waiting",
        "writing"]
    for con in connections:
        nginx_server_connections.labels(status=con).set(all_data["connections"][con])
    metrics+=prometheus_client.generate_latest(nginx_server_connections)

    # streamServerZones
    for k,streamServer in all_data["streamServerZones"].items():
        nginx_server_bytes.labels(direction="in",host=k).inc(streamServer["inBytes"])
        nginx_server_bytes.labels(direction="out",host=k).inc(streamServer["outBytes"])
        nginx_server_info.labels(host=k,port=streamServer["port"],protocol=stream-
            Server["protocol"]).set(1)

    metrics+=prometheus_client.generate_latest(nginx_server_bytes)
    metrics+=prometheus_client.generate_latest(nginx_server_info)

    # streamUpstreamZones
    status_code=["1xx","2xx","3xx","4xx","5xx"]
    for ups,stream in all_data["streamUpstreamZones"].items():
        for v in stream:
            for code in status_code:
                nginx_upstream_responses.labels(backend=v["server"],code=code,up-
                    stream=ups).inc(v["responses"][code])

    metrics+=prometheus_client.generate_latest(nginx_upstream_responses)

    return Response(metrics,mimetype="text/plain")

@app.route('/')
def index():
    html='''<html>
            <head><title>Nginx sts Exporter</title></head>
            <body>
            <h1>Nginx sts Exporter</h1>
            <p><a href="/metrics">Metrics</a></p>
            </body>
            </html>'''
    return html

if __name__ == "__main__":
    app.run(
        host="0.0.0.0",
        port= 9912,
        debug=True
        )
```

在此处只选了几个监控项做样例，感兴趣的读者可继续补充完整。

（4）Exporter 脚本部署

将 Exporter 脚本保存为 /usr/local/nginx/sbin/nginx-sts-exporter.py。

```
# 配置运行环境
yum install python2-pip
pip install prometheus_client requests flask

# 运行Exporter
python /usr/local/nginx/sbin/nginx-sts-exporter.py

# 测试
curl http://127.0.0.1:9912/metrics
```

（5）在 Prometheus 上配置监控 job

具体配置样例如下：

```
cd /opt/data/apps
cat>>prometheus/prometheus/prometheus.yml<<EOF
    # nginx-vts-exporter && nginx-sts-exporter job
    - job_name: nginx_exporter_8
        static_configs:
        - targets: ['10.10.4.8:9913','10.10.4.8:9912']
          labels:
              instance: nginx-8
EOF

# 重启Prometheus，使配置生效
docker restart prometheus
```

10.4.5 Prometheus 监控告警

Prometheus 监控告警是通过 Alertmanager 组件实现的。Alertmanager 提供标准的 RESTful api 接口接收警报信息，其将告警信息按照规则重定向给接收者，接收者可以是邮箱、webhook 和微信等。Alertmanager 会对已发送的告警进行智能记录并做延时、去重等处理，从而有效避免告警风暴的产生。

（1）Prometheus 监控告警处理流程如下：

❑ Prometheus Server 根据配置参数 evaluation_interval 的时间间隔按照告警规则进行计算。

❑ 当不满足 expr 设定计算规则的阈值时，该告警规则被置为 inactive 状态。

❑ 当满足 expr 设定计算规则的阈值并小于 for 设定的持续时间时，该告警规则被置为 pending 状态。

❑ 当满足 expr 设定计算规则的阈值并大于 for 设定的持续时间时，该告警规则被置为 firing 状态，并发送告警信息给 Alertmanager 处理。

❑ Alertmanager 接收到告警信息后，根据 labels 进行路由分拣，告警信息会根据 group_

by 配置进行分组，如果分组不存在，则新建分组。

❑ 新创建的分组将等待 group_wait 指定的时间（等待时如收到同一分组的告警信息，将其进行合并），然后发送通知。

❑ 已有分组时将等待 group_interval 指定的时间，当上次发送通知到现在的间隔大于 repeat_interval 或者分组有更新时会发送通知。

（2）告警规则格式

```
ALERT <alert name>              # 告警标识符，可以不唯一
  IF <expression>               # 触发告警阈值规则
  [ FOR <duration> ]            # 触发告警通知的持续时间
  [ LABELS <label set> ]        # 分组标签，用以Alertmanager进行分拣路由
  [ ANNOTATIONS <label set> ]   # 告警描述信息
```

（3）Prometheus Server 配置告警规则格式

```
cat>prometheus/prometheus/nginx.rules<<EOF
groups:
- name: NginxAlert # 规则组名称
  rules:
    - alert: ResponseTimeAlert     # 规则的名称
      # 告警阈值计算规则为响应时间大于1000ms并持续10s的发送告警
      expr: (nginx_upstream_responseMsec > 1000)
      for: 10s                     # 持续时间为10s
      labels:                      # 定义告警路由标签
            severity: critical
            service: nginx
      annotations:                 # 告警信息
            summary: "Nginx响应大于1000ms"
            description: "Nginx {{ $labels.instance }}后端集群{{ $labels.upstream }}
                中{{ $labels.backend }}的响应时间大于1000ms。当前值为: {{ $value }} ms"
EOF

# 重启Prometheus
docker restart prometheus
```

❑ $labels 是 Metric 行数据的 labels 内容。labels 的内容可用对象数据类型方法引用。

❑ $value 是 Metric 行的 value。

❑ $labels 是多条时，会自动遍历内容，每条记录生成一个 annotations 信息。

（4）Alertmanager 配置

```
cd /opt/data/apps

# 配置Alertmanager
cat>prometheus/alertmanager/alertmanager.yml<<EOF
# 全局配置，配置smtp信息
global:
    resolve_timeout: 5m                           # 处理超时时间，默认为5min
    smtp_smarthost: 'smtp.exmail.qq.com:465'      # 邮箱smtp服务器代理，请替换自己的smtp
```

```
                                               # 服务器地址
        smtp_from: 'monitor@nginxbar.org'      # 发送告警信息的邮箱地址，请替换自己的
                                               # 邮箱地址
        smtp_auth_username: 'monitor@nginxbar.org'  # 邮箱账号，请替换自己的邮箱账号
        smtp_auth_password: '12345678'         # 邮箱密码，请替换自己的邮箱密码
        smtp_require_tls: false

# 定义发送邮件的模板信息
templates:
    - 'template/*.tmpl'

# 定义发送告警邮件的路由信息，这个路由不仅可以接收所有的告警，还可以配置多个路由
route:
    group_by: ['alertname']                    # 告警信息分组依据，按照同类alertname
                                               # 进行分组
    group_wait: 10s                            # 最初等待10s发送告警通知
    group_interval: 60s                        # 在发送新告警前的等待时间
    repeat_interval: 1h                        # 发送重复告警的等待周期为1小时，避免产
                                               # 生邮件风暴

    receiver: 'email'                          # 全局默认告警接收者的名称，与receivers
                                               # 的name对应

    routes:
    - match:                                   # 匹配labels存在如下标签的告警信息
            severity: critical
            service: nginx
        receiver: nginx_email                  #Nginx服务器警报接收者的名称

# 定义默认警报接收者信息
receivers:
    - name: 'email'                            # 路由中对应的receiver名称
      email_configs:                           # 告警接收者邮箱配置
        - to: 'xiaodong.wang@nginxbar.com'     # 告警接收者的邮箱配置

    - name: 'nginx_email'                      # 路由中对应的receiver名称
      email_configs:                           # 告警接收者邮箱配置
        - to: 'xiaodong.wang@nginxbar.com'     # 告警接收者的邮箱配置

EOF

# 重启alertmanager
docker restart alertmanager
```

Nginx 监控项的阈值触发设置的告警规则时，Prometheus 就会自动发送告警到目标邮箱。

10.5 监控工具 Zabbix

Zabbix 是一款开源的企业级、分布式网络监控解决方案，Zabbix 系统最初于 2001 年发

布，目前由 Zabbix 公司维护。Zabbix 系统可以通过 Web 界面完成对各监控项的设置，实时对被监控设备的状态、性能等监控数据进行获取和存储。Zabbix 通过 Web 端可对存储的监控数据进行报表化和可视化展示。在监控响应方面其提供了灵活的通知机制，让用户可以快速响应和处理问题。Zabbix 一直处于活跃开发状态，当前版本为 4.2。新版本支持 Prometheus 数据源，并可以使用 PromQL 语言进行 Prometheus 数据处理。因 Zabbix 应用比较早，覆盖的监控设备的类型比较多，且使用上也比较成熟，所以为实现监控管理的统一性，本节将介绍 Zabbix 与 Prometheus 结合实现 Nginx 监控。

10.5.1　Zabbix 简介

　　Zabbix 系统由服务端和 Agent 端构成，支持以主动轮询（Polling）和被动捕获（Trapping）两种方式实现监控数据的获取。Zabbix 服务端由 Server、Web、java-gateway、Proxy、Snmp/strap 这 5 个组件组成，架构图如图 10-7 所示。

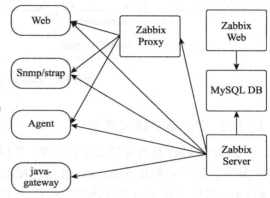

图 10-7　Zabbix 组件架构

　　在 Zabbix 系统配置中有一系列的关键术语，如表 10-8 所示。

表 10-8　Zabbix 系统配置关键术语

关键术语	中文名称	术语说明
host	主机	被 Zabbix 监控的主体，可以填写 IP 或域名
host group	主机组	包含主机和模板逻辑的集合，通常用于为不同用户组创建访问授权
template	模板	一组包含监控项、触发器、图形、面板（screen）、自动发现规则等配置的集合，模板可以被主机关联，快速完成监控配置
application	应用	包含多个监控项的集合
item	监控项	期望在被监控主机中收集的监控数据
trigger	触发器	用于评估被监控主机监控项是否达到预设故障阈值的逻辑表达式。当监控项的值低于阈值时，触发器默认状态为 OK；当监控项的值达到或超过阈值时，触发器状态为 Problem
event	事件	触发器状态、自动发现及 Agent 自动注册等状态变化即为一个事件，用于与后续动作衔接
action	动作	对某一事件的响应判断和操作
poller	主动轮询进程	用于主动向所有被监控主机主动轮询监控数据的进程

　　关键术语的逻辑关系如图 10-8 所示。poller 进程在默认配置下会向所有被监控主机轮询监控项数据。

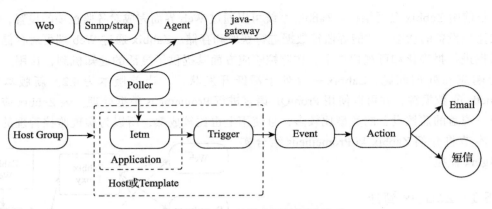

图 10-8　Zabbix 关键术语的逻辑关系

10.5.2　Zabbix 环境搭建

因为 Docker 具有灵活部署的特性，所以 Zabbix 环境可采用 Docker 化部署，Zabbix 官方为每个组件都提供了 Docker 镜像。在配置样例场景中，Zabbix 的 Server、Web、java-gateway 组件以 Docker 化方式部署在 IP 为 10.10.10.1 的主机系统中，MySQL 独立部署在 IP 为 10.10.10.2 的主机系统中，部署架构如图 10-9 所示。

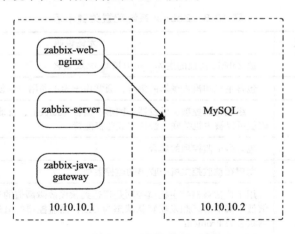

图 10-9　Zabbix 部署图

（1）MySQL 部署

主机 10.10.10.2 的操作系统为 CentOS 7.2，安装步骤如下：

```
rpm -ivh http://repo.mysql.com/mysql57-community-release-el7-8.noarch.rpm
# 安装MySQL的安装源
yum -y install --nogpgcheck mysql-server          # 安装MySQL服务
systemctl start mysqld                            # 启动MySQL服务
```

```
cat /var/log/mysqld.log |grep pass |awk -F "host: " '{print $2}'
# 获取初始化的MySQL root密码
# 将root的初始化密码修改为fHFUOVj7Iz309r1Z
mysql -uroot -p -e "GRANT ALL PRIVILEGES ON *.* TO 'root'@'10.10.10.1' IDENTIFIED
    BY 'fHFUOVj7Iz309r1Z' WITH GRANT OPTION;FLUSH PRIVILEGES;"
```

MySQL 优化非本书主要内容，优化方法请参考其他相关资料。

（2）Zabbix Docker 化部署

主机 10.10.10.1 的操作系统为 CentOS 7.2，初始化 Docker 环境如下：

```
yum install -y yum-utils                              # 安装yum工具
yum-config-manager --add-repo https://download.docker.com/linux/centos/docker-ce.
    repo                                             # 安装Docker安装源
yum install -y docker-ce docker-compose              # 安装Docker和docker-compose
systemctl enable docker                              # 将Docker注册为自启动服务
systemctl start docker                               # 启动Docker服务
```

Zabbix 的 Docker 化安装使用 docker-compose 命令及相应的 docker-compose 脚本即可快速完成，docker-compose 脚本如下：

```
cat zabbix-server.yaml
version: '3.5'
services:
    zabbix-server:
        hostname: zabbix-server                      # 设置容器系统主机名
        container_name: zabbix-server                # 设置容器名称
        restart: always                              # 设置系统重启后自动启动
        image: zabbix/zabbix-server-mysql            # 使用的镜像名称
        ports:
            - "10051:10051"                          # 配置容器对外及内部端口
        links:
            - zabbix-java-gateway:zabbix-java-gateway
                                                     # 关联容器名称
        ulimits:                                     # 容器系统文件打开数设置
            nproc: 65535
            nofile:
                soft: 20000
                hard: 40000
        env_file:
            - .env_db_mysql                          # MySQL相关环境变量文件
            - .env_srv                               # Zabbix Server运行环境变量文件
        user: root                                   # 以root用户运行容器
        depends_on:
            - zabbix-java-gateway                    # 容器运行时依赖的其他容器
        stop_grace_period: 30s                       # 关闭容器时等待30s
        sysctls:                                     # 容器系统内核参数
            # 容器系统UDP和TCP连接的本地端口取值范围为1024～65000
            - net.ipv4.ip_local_port_range=1024 65000
            - net.ipv4.conf.all.accept_redirects=0 # 禁止接收路由重定向报文
            - net.ipv4.conf.all.secure_redirects=0 # 禁止转发安全ICMP重定向报文
            - net.ipv4.conf.all.send_redirects=0 # 禁止转发重定向报文
```

```
zabbix-web-nginx-mysql:
    hostname: zabbix-nginx
    container_name: zabbix-nginx
    restart: always
    image: zabbix/zabbix-web-nginx-mysql
    ports:
        - "80:80"
        - "443:443"
    links:
        - zabbix-server:zabbix-server
    env_file:
        - .env_db_mysql
        - .env_web                        # 系统环境变量文件
    user: root
    depends_on:
        - zabbix-server
    healthcheck:                          # 容器健康检查
        # 健康检查命令
        test: ["CMD", "curl", "-f", "http://localhost"]
        interval: 10s                     # 健康检查周期为10s
        timeout: 5s                       # 健康检查超时时间为5s
        retries: 3                        # 健康检查重试3次
        start_period: 30s                 # 容器启动间隔时间为30s
    stop_grace_period: 10s                # 关闭容器时等待10s
    sysctls:
        - net.core.somaxconn=65535        # 允许建立并发连接的最大数为65535
zabbix-java-gateway:
    hostname: zabbix-java-gateway
    container_name: zabbix-java-gateway
    restart: always
    image: zabbix/zabbix-java-gateway
    ports:
        - "10052:10052"
    user: root
    stop_grace_period: 5s
```

```
# MySQL环境变量文件
cat >.env_db_mysql<<EOF
DB_SERVER_HOST=10.10.10.2                 # 设置MySQL服务器地址
# DB_SERVER_PORT=3306
MYSQL_USER=zabbix                         # 设置访问MySQL的用户名
MYSQL_PASSWORD=zabbix                     # 设置访问MySQL的密码
MYSQL_ROOT_PASSWORD=fHFUOVj7Iz309r1Z      # 设置访问MySQL的root密码
EOF
```

```
# zabbix server运行环境变量文件
cat >.env_srv<<EOF
ZBX_JAVAGATEWAY_ENABLE=true               # 配置zabbix server启用jmx支持
ZBX_STARTJAVAPOLLERS=5                     # 设置zabbix server初始pooler进程为5
EOF
```

```
# zabbix-nginx系统环境变量文件
cat >.env_web<<EOF
ZBX_SERVER_NAME=Composed installation
```

```
PHP_TZ=Asia/Shanghai                    # 设置Zabbix Web的php时区为Asia/Shanghai
EOF

docker-compose -f zabbix-server.yaml up -d
```

配置好 **DB_SERVER_HOST** 及 **MYSQL_ROOT_PASSWORD**，zabbix-server 容器启动时会自动在 MySQL 中创建数据库。

（3）数据持久化

Docker 镜像（Image）文件存放在只读层，而容器（Container）的文件则存放在可写层，当运行的容器被删除或重建时，该容器变更的文件将会丢失，所以需要通过外挂卷的方式将变更的配置和文件保存到主机系统中。Zabbix 中有 Server 和 Nginx 两个容器需要实现数据持久化。

持久化 zabbix-server 容器文件的方法如下：

```
# 创建Zabbix Server持久化存储目录
mkdir -p /opt/data/apps/zabbix/server

# 从容器中复制Zabbix运行的文件到/opt/data/apps/zabbix/server中
docker cp zabbix-server:/var/lib/zabbix /opt/data/apps/zabbix/server

# 创建配置，监控报警脚本和自定义脚本目录
mkdir -p /opt/data/apps/zabbix/server/{alertscripts,externalscripts}

# 从容器中复制zabbix_server.conf
docker cp zabbix-server:/etc/zabbix /opt/data/apps/zabbix/server/config

chown -R 100:1000 /opt/data/apps/zabbix/server

# 创建zabbix-server容器的docker-compose卷挂载命令
cat >/tmp/tmpfile<<EOF
    volumes:
        - /etc/localtime:/etc/localtime:ro        # 本地时间文件
        - /etc/timezone:/etc/timezone:ro          # 本地时区文件
        # 挂载告警脚本目录
        - /opt/data/apps/zabbix/server/alertscripts:/usr/lib/zabbix/alertscripts
        - /opt/data/apps/zabbix/server/externalscripts:/usr/lib/zabbix/external-
          scripts                                 # 挂载自定义脚本目录
        # 挂载Zabbix Server配置文件
        - /opt/data/apps/zabbix/server/config:/etc/zabbix
        # 挂载Zabbix目录
        - /opt/data/apps/zabbix/server/zabbix:/var/lib/zabbix
EOF
# 将挂载卷命令添加到zabbix-server.yaml文件中
sed -i '/"10051:10051"/r /tmp/tmpfile' zabbix-server.yaml
```

持久化 zabbix-nginx 容器文件的方法如下：

```
# 创建Zabbix Nginx持久化存储目录
mkdir -p /opt/data/apps/zabbix/nginx

# 复制Zabbix Web文件目录
```

```
docker cp zabbix-nginx:/usr/share/zabbix /opt/data/apps/zabbix/nginx/web

# 复制Nginx配置文件
docker cp zabbix-nginx:/etc/nginx /opt/data/apps/zabbix/nginx

# 复制Nginx的Zabbix配置文件
docker cp zabbix-nginx:/etc/zabbix /opt/data/apps/zabbix/nginx

chown -R 101:101 /opt/data/apps/zabbix/nginx/web

# 创建zabbix-nginx容器的docker-compose卷挂载命令
cat >/tmp/tmpfile<<EOF
    volumes:
        - /etc/localtime:/etc/localtime:ro                    # 本地时间文件
        - /etc/timezone:/etc/timezone:ro                      # 本地时区文件
        - /opt/data/apps/zabbix/nginx/zabbix:/etc/zabbix # 挂载Nginx Zabbix配置文件目录
        - /opt/data/apps/zabbix/nginx/nginx:/etc/nginx  # 挂载Nginx配置文件目录
        - /opt/data/apps/zabbix/nginx/web:/usr/share/zabbix# 挂载Zabbix Web文件目录
EOF

# 将挂载卷命令添加到zabbix-server.yaml文件中
sed -i '/"443:443"/r /tmp/tmpfile' zabbix-server.yaml

docker-compose -f zabbix-server.yaml up -d
```

❑ zabbix-server 默认以主动轮询（Polling）的方式运行。

❑ Zabbix 默认 Web 的登录账号是 admin，密码是 zabbix。

Zabbix 运行是需要一定量的内存和磁盘空间的，内存和磁盘空间的大小取决于被监控主机的数量和配置参数。每个 Zabbix 守护进程都会与数据库建立多个连接，连接占用内存的大小取决于数据库引擎的配置。Zabbix 的整体性能取决于为 Zabbix Server 及数据库分配的 CPU 性能及内存的大小。

10.5.3　Zabbix Agent 安装

Zabbix 的 Agent 端是部署在被监控对象上的进程，能够监控本地资源和应用。Zabbix 的 Agent 端可以通过官方提供的 rpm 源进行快速安装。Zabbix 的 Agent 端默认监听 10050 端口。

```
rpm -ivh https://repo.zabbix.com/zabbix/4.2/rhel/7/x86_64/zabbix-release-4.2-1.
    el7.noarch.rpm
yum install zabbix-agent
systemctl enable zabbix-agent

# 配置允许获取监控数据的Zabbix服务器IP地址
sed -i 's/^Server=.*/Server=10.10.10.1/g' /etc/zabbix/zabbix_agentd.conf

# 配置主动发送监控数据的目标Zabbix服务器IP地址，不指定端口时，默认端口为10051
sed -i 's/^ServerActive=.*/ServerActive=10.10.10.1/g' /etc/zabbix/zabbix_agentd.conf
```

```
# 配置使用当前系统的主机名，不进行自定义
sed -i "s/^Hostname=/^# Hostname=/g" /etc/zabbix/zabbix_agentd.conf

systemctl start zabbix-agent
```

当启用 Agent 主动监控模式时，Hostname 参数的值必须与服务端配置主机的字段 Host name 输入的内容一致且全局唯一，Agent 将以该值为关键字从服务端查询待检测的监控项。当不设置 Hostname 参数时，则默认使用被监控主机的主机名。

10.5.4　Zabbix 获取 Prometheus 数据

Prometheus 是通过定时从部署在被监控主机上的 Exporter 获取监控数据来实现监控的，Zabbix 4.2 版本可利用自身监控组件定时拉取 Exporter 的监控数据，并对 Prometheus 数据进行解析从而实现对 Prometheus 数据的监控处理，实现逻辑如图 10-10 所示。

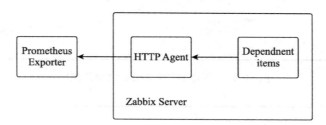

图 10-10　Zabbix 获取 Prometheus 数据

（1）添加监控模板

1）创建分组（Host groups）：Configure→Host groups，创建分组 Nginx-Prometheus。

2）创建模板（Templates）：Configure→Templates，创建模板 Nginx-Prometheus。

3）配置模板宏（Macros）：Configure→Templates，点击模板 Nginx-Prometheus，点击 Macros 创建宏变量 {$ADDRESS}、{$PORT}，值为空即可。

4）创建应用（Applications）：Configure→Templates，点击模板 Nginx-Prometheus 中的 Applications，创建应用 nginx_server_requests。

5）创建 HTTP Agent 类型监控项（Items）：Configure→Templates，点击模板 Nginx-Prometheus 中的 Items，创建 HTTP Agent 类型的监控项 nginx_server_requests，如图 10-11 所示。需注意 Type of information 的选择为 Text 格式。

6）创建 Dependent items 类型监控项（Items）：Configure→Templates，点击模板 Nginx-Prometheus 中的 Items，创建 Dependent items 类型的监控项 nginx_server_requests_total，如图 10-12 所示。

7）创建监控项处理过程（Preprocessing）：Configure→Templates，点击模板 Nginx-Prometheus 中的 Items，点击监控项 nginx_server_requests_total，点击 Preprocessing，创建的监控项处理过程如图 10-13 所示。

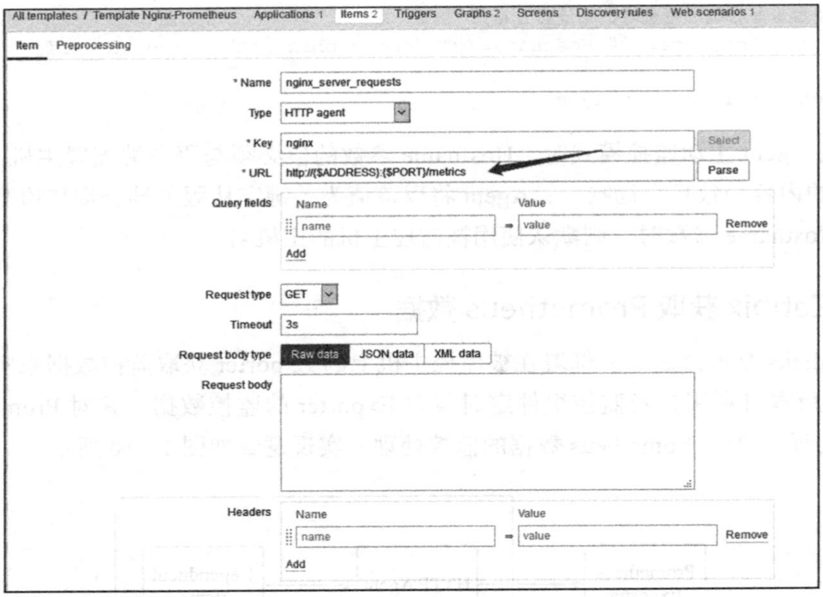

图 10-11　创建 HTTP Agent 类型监控项

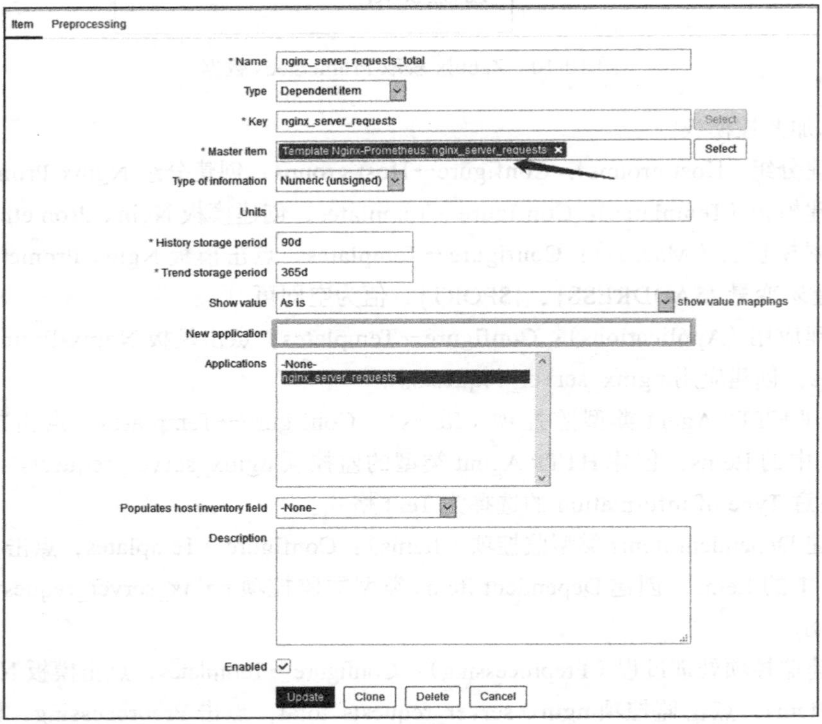

图 10-12　创建 Dependent items 类型监控项

图 10-13　创建监控项处理过程

监控项处理过程支持 Prometheus pattern 和 Prometheus to JSON 的两种方式处理 Prometheus 数据，以及以 Prometheus pattern 为标准的 PromQL 语法对 Metric 文本数据进行解析。

8）创建图形（Graphs）：Configure→Templates，点击模板 Nginx-Prometheus 中的 Graphs，选择监控项 nginx_server_requests_total，创建图形。

（2）添加监控主机

通过 Configure→Hosts，创建主机，Templates 关联为 Nginx-Prometheus，Macros 创建宏变量 {$ADDRESS}，对应值为 Nginx 主机 IP；创建 {$PORT}，对应值为 Exporter 的端口。

至此，Zabbix 就可以对 Prometheus 的 Exporter 进行监控并生成图形了。

Nginx 集群负载与配置管理

高业务量的互联网应用服务器通常需要应对每秒几万个到几十万个请求的处理。为实现高并发的处理能力,网站架构师们会使用负载均衡设备对同一个应用的服务器集群进行负载。负载均衡设备由硬件或软件设备构成,负责把客户端的请求按照不同的策略转发给后端的应用服务器,每组应用服务器集群均可根据实际的处理性能进行横向扩展,以提高请求的处理能力。在同一企业内部,许多应用集群会共享一个或一组负载均衡设备,由于负载均衡设备会负责所有应用的负载,所以它会被实施更加严格的管理策略。互联网业务产品的复杂性及解耦需求,使得应用开发团队希望可以更加灵活地进行负载均衡负载及路由策略变更,因此会在负载均衡设备及应用服务器之间再部署一组负载均衡实现应用层的二次负载转发。这种方式既可以有效解决多个团队共用负载均衡设备的使用冲突,又可以通过二次负载均衡的横向扩展,不断提高应用服务器整体的负载能力。在实际使用中,入口的负载均衡设备仅负责在传输层(网络分层模型的第四层)实现数据包的快速转发,被转发的数据包继续由多组 Nginx 负载集群进行应用层(OSI 七层模型的第七层)负载、路由及管控,以此实现对客户请求多层负载均衡设备转发的负载架构。

业务应用请求经 Nginx 集群的二次负载,可以避免多个应用团队因共享负载均衡设备产生的使用冲突,从而有效降低因部分应用负载策略频繁变更带来的影响,但同样给 Nginx 的配置管理带来了挑战。为了给应用团队提供更灵活的策略变更能力,需要有一套可 Web 化、规范化的操作平台对多组 Nginx 集群进行配置管理。本章将推荐一个无须编写代码,通过对现有的开源软件 Jenkins、GitLab 和 Ansible 进行组合,快速搭建一套 Web 化的 Nginx 集群配置管理框架的方法。该管理框架通过 Jenkins 的 Web 化管理界面实现了权限管理、前端配置、发布记录等功能。它结合 GitLab 的版本控制功能对每次的变更进行归档,并可随时实现配置回滚。通过对 Ansible 剧本的调用,自动化地实现了 Nginx 集群的配置修改、加载、灰度发布等操作。

本章内容如下。

❑ 多层负载均衡架构。

❑ 基于 LVS 与 Keepalived 的高可用 Nginx 集群负载的搭建。

❑ 基于 Jenkins 的 Web 化 Nginx 集群配置管理框架的搭建。

11.1　Nginx 集群负载

多层负载均衡架构使 Nginx 集群得到了广泛的应用，Nginx 集群主要被应用于对应用层数据的负载转发，网络数据在传输层则由专用的传输层负载均衡硬件或软件进行负载处理。在常见的传输层负载均衡软件中，LVS 集成在 Linux 内核中，工作在系统内核空间，在 DR 转发模式下，数据包在网络传输层仅被快速分发，返回的数据包路径并不经过 LVS，所以其在网络传输层负载均衡软件里负载性能最强。本节将介绍使用 LVS 作为 Nginx 集群的传输层负载均衡设备，并使用 Keepalived 实现 LVS 的文件化配置和 LVS 服务器的高可用管理。

11.1.1　多层负载均衡架构

多层负载均衡架构是将网络数据在传输层与应用层分开进行负载的网络架构，在传输层使用专用的负载均衡设备或软件仅做网络分发，在应用层由 Nginx 进行流量路由、过滤、转发等操作。这种网络架构极大地发挥了 Nginx 对 HTTP、HTTPS 等七层协议请求的处理优势，同时提高了传输层负载均衡的效率，增加了负载集群的横向扩展能力。常见的多层负载均衡网络架构如图 11-1 所示。

❑ 通常互联网接入都会考虑高可用的网络结构，按照网络进入的层级可以划分为接入层和负载层。

❑ 接入层由高可用的主备双路由设备组成。

❑ 多层负载均衡网络架构的负载层分为传输层负载和应用层负载。

❑ 传输层负载由处理逻辑较少的传输层负载均衡设备或软件组成，通常传输层负载均衡会使用高性能的硬件 F5、Radware 等，也可以使用 LVS 自建服务器实现。在云环境中，传输层负载均衡通常由云服务商自建的负载均衡集群实现。

❑ 应用层负载由多组 Nginx 集群组成。

❑ 外网数据访问传输层负载均衡器的虚拟 IP，访问请求被转发到后端的 Nginx 服务器，以实现网络数据的多层负载转发。

11.1.2　LVS 简介

LVS（Linux Virtual Server）是一个开源的负载均衡项目，是国内最早出现的开源项目之一，目前已被集成到 Linux 内核模块中。该项目在 Linux 内核中实现了基于 TCP 层的 IP 数据负载均衡分发，其工作在内核空间且仅做负载均衡分发处理，所以稳定性相对较好，性能相对较强，对内存及 CPU 资源的消耗也最低。

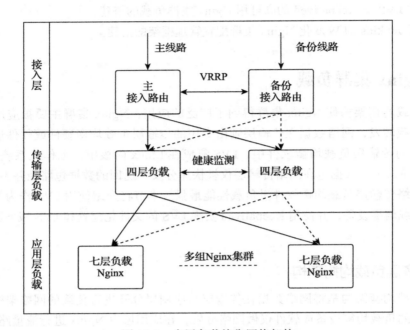

图 11-1　多层负载均衡网络架构

1. LVS 术语

LVS 相关术语说明如下。

□ DS（Director Server）：控制器服务器，部署 LVS 软件的服务器。

□ RS（Real Server）：真实服务器，被负载的后端服务器。

□ VIP（Virtual IP）：虚拟 IP，对外提供用户访问的 IP 地址。

□ DIP（Director Server IP）：控制器服务器 IP，控制器服务器的 IP 地址。

□ RIP（Real Server IP）：真实服务器 IP，真实服务器的 IP 地址。

□ CIP（Client IP）：客户端 IP，客户端的 IP 地址。

□ IPVS（IP Virtual Server）：LVS 的核心代码，工作于内核空间，主要有 IP 包处理、负载均衡算法、系统配置管理及网络链表处理等功能。

□ ipvsadm：IPVS 的管理器，工作于用户空间，负责 IPVS 运行规则的配置。

2. LVS 工作原理

IPVS 是基于 Linux 的 Netfilter 框架实现的，其以数据包的网络检测链为挂载点完成数据的负载均衡及转发处理。其工作原理如图 11-2 所示。

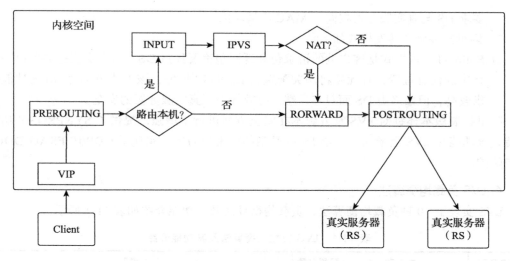

图 11-2　LVS 工作原理

- 客户访问虚拟 IP（VIP）时，数据包先在主机内核空间被 PREROUTING 链检测，根据数据包的目标地址进行路由判断，若目标地址是本地，则交由 INPUT 链进行处理。
- IPVS 工作于 INPUT 链，当数据包到达 INPUT 链时，会先由 IPVS 进行检查，并根据负载均衡算法选出真实服务器 IP。
- IPVS 转发模式为 NAT 模式时，将数据包由 FORWARD 链进行处理后由 POST-ROUTING 链发送给真实服务器。
- IPVS 转发模式为非 NAT 模式时，则将数据包由 POSTROUTING 链发送给真实服务器。

3. LVS 转发模式

LVS 支持多种网络部署结构，官方版本提供了 NAT、TUN 及 DR 这 3 种标准转发模式，另阿里巴巴工程师根据自身需求进行扩展，实现了 FullNAT 转发模式。

1）LVS 标准转发模式如下：

- NAT，该模式需要真实服务器的网关指向 DS，客户端的请求包和返回包都要经过 DS，该模式对 DS 的硬件性能的要求相对较高。
- TUN，该模式是将客户端的请求包通过 IPIP 方式封装后分发给真实服务器，客户端的返回包则由真实服务器的本地路由自行处理，源 IP 地址还是 VIP 地址（真实服务器需要在本地回环接口配置 VIP）。因 DS 只负责请求包转发，其处理性能比 NAT 模式要高，但需要真实服务器支持 IPIP 协议。
- DR，该模式是将客户端的请求包通过修改 MAC 地址为真实服务器的 MAC 地址后将数据包分发给真实服务器，客户端的返回包则由真实服务器的本地路由自行处理，源 IP 地址还是 VIP 地址（真实服务器需要在本地回环接口配置 VIP）。因 DS 只负责请求包转发，且与真实服务器间进行基于二层的数据分发，所以处理性能最高，但要求 DS 与真实服务器在同一 MAC 广播域内。

2）阿里扩展版本转发模式如下：

❏ FullNAT，该模式是客户端的请求包和返回包都要经过 DS，但真实服务器可以在网络中的任意位置，且无须将网关配置为 DS 的 IP 地址，该方式虽然对 DS 的性能要求较高，但始终由 DS 面对客户端，有效保护了真实服务器的安全。

阿里扩展版本还针对 LVS 官方版本在安全方面进行了增强，提供了 SYNPROXY 功能支持，该功能在 LVS 上增加了一层 foold 类型的攻击包防护，实现了 UDP/IP FRAG DDOS 攻击防护。

4. LVS 负载均衡算法

LVS 实现了 10 种负载均衡算法，负载均衡算法及其功能介绍如表 11-1 所示。

表 11-1　LVS 负载均衡算法及其功能介绍

算法名称	英文名称	配置简称	功能说明
轮询调度	Round Robin	rr	将请求依次循环分发给负载的真实服务器
加权轮询调度	Weight Round Robin	wrr	按照配置的权重比例将请求分发给真实服务器，权重越高，分配的请求越多
目标地址散列调度	Destination Hashing	dh	该算法将目标地址作为散列键（Hash Key），从散列表中找出对应的真实服务器进行请求分发
源地址散列调度	Source Hashing	sh	该算法根据源地址作为散列键（Hash Key）从散列表中找出对应的真实服务器进行请求分发
最小连接调度	Least Connections	lc	将新的请求分发给当前连接数最小的服务器，其通过每个真实服务器当前连接数进行统计判断
加权最小连接调度	Weight Least Connections	wlc	按照配置的权重，将新请求分发给当前连接数最小的服务器
最短延迟调度	Shortest Expected Delay	sed	该算法在 WLC 算法的基础上增加了基于活动连接的筛选算法，并把请求分发给算法值最小的真实服务器，该算法避免了 WLC 算法中权重小的空闲服务器无法被分发到连接的情况
最少队列调度	Never Queue	nq	若有真实服务器的连接数为空，直接分发请求给该真实服务器，如果所有服务器都处于有连接状态，则使用 SED 算法进行调度
基于局部的最少连接	Locality-Based Least Connections	lblc	该算法将目标地址相同的请求尽可能地分发到上次被分发的真实服务器，真实服务器若超载或不可用则使用最少连接算法进行分发。该方法常用在真实服务器为缓存服务器时，以提高缓存的命中率
带复制的基于局部性的最少连接	Locality-Based Least Connections with Replication	lblcr	该算法维护一组被分发相同目标地址请求的真实服务器列表，按照最小连接算法创建和添加组成员，并在一定条件下将组内最繁忙的成员移除。目标地址相同的请求将被分发到该组列表中最少连接的成员。该方法常用在真实服务器为缓存服务器时，以提高缓存的命中率

5. IPVS 的管理器 ipvsadm

ipvsadm 1.2.1 版本命令的常用场景分为虚拟服务管理和真实服务器管理两类。

（1）虚拟服务管理

在 LVS 配置管理中，每个 VIP 与端口组成一个虚拟服务。虚拟服务管理命令参数格式如下：

```
ipvsadm -A [-t|u|f]  [vip_addr:port]  [-s:负载算法]
```

虚拟服务管理命令参数如表 11-2 所示。

表 11-2　虚拟服务管理命令参数

参　　数	参数选项	参数说明
-A		添加虚拟服务，为虚拟服务绑定 VIP 地址及端口
	-t	虚拟服务协议为 TCP 协议
	-u	虚拟服务协议为 UDP 协议
	-s	虚拟服务负载均衡算法
	-p	虚拟服务负载均衡保持连接的超时时间，默认超时时间为 360s。LVS 会把同一个客户端的请求信息记录到 LVS 的 hash 表里，该参数设置了记录的保存时间，设定时间内的客户端连接会被转发到同一真实服务器
-D		删除虚拟服务记录
-E		修改虚拟服务记录
-C		清空所有虚拟服务记录

命令样例如下：

```
# 添加虚拟服务，VIP地址为192.168.2.100:80，协议为TCP，负载均衡算法为轮询算法（rr），启用保持
# 连接支持，默认超时时间为300s
ipvsadm -A -t 192.168.2.100:80 -s rr -p
```

（2）真实服务器管理

真实服务器管理命令参数格式如下：

```
ipvsadm -a [-t|u|f] [vip_addr:port] [-r ip_addr] [-g|i|m] [-w指定权重]
```

真实服务器管理命令参数如表 11-3 所示。

表 11-3　真实服务器管理命令参数

参　　数	参数选项	参数说明
-a		添加真实服务器
	-t	与真实服务器用 TCP 协议建立连接
	-u	与真实服务器用 UDP 协议建立连接
	-r	真实服务器 IP

（续）

参　数	参数选项	参数说明
	-g	与真实服务器的转发模式为 DR 模式
	-i	与真实服务器的转发模式为 TUN 模式
	-m	与真实服务器的转发模式为 NAT 模式
	-w	指定真实服务器的权重
-d		删除真实服务器记录
-e		修改真实服务器记录

命令样例如下：

```
# 在虚拟服务192.168.2.100:80中添加真实服务器192.168.10.3:80，转发模式为NAT模式
ipvsadm -a -t 192.168.2.100:80 -r 192.168.10.3:80 -m
```

（3）其他常用命令参数

其他常用命令参数格式如下：

```
# 查看IPVS配置
ipvsadm -ln
```

更多命令参数可以通过 man 命令查看。

```
man ipvsadm
```

11.1.3 Keepalived 简介

Keepalived 是一款用 C 语言编写的开源路由软件，目前仍处于活跃开发的状态，其主要目标是基于 Linux 系统提供一款配置简单且功能强大的负载均衡和高可用的软件应用。负载均衡是基于 LVS（IPVS）实现的，Keepalived 在 LVS 的基础上增加了多种主动健康检测机制，可以根据后端真实服务器的运行状态，自动对虚拟服务器负载的真实服务器进行维护和管理。高可用性是通过虚拟冗余路由协议（Virtual Reduntant Routing Protocol，VRRP）实现的。VRRP 是工作在网络层的一种路由容错协议，通过组播的通告机制进行网络路由快速转移，以实现网络设备的高可用。

1. Keepalived 相关术语

Keepalived 相关术语如下：

❑ 虚拟 IP（VIP）：对外提供用户访问的 IP 地址，与 LVS 的 VIP 概念相同。

❑ 真实服务器（Real Server）：被负载的后端服务器。

❑ 服务器池（Server Pool）：同一虚拟 IP 及端口的一组真实服务器。

❑ 虚拟服务器（Virtual Server）：服务器池的外部访问点，每个虚拟 IP 和端口组成一个虚拟服务器。

- ❑ 虚拟服务（Virtual Service）：与 VIP 关联的 TCP/UDP 服务。
- ❑ VRRP：Keepalived 实现高可用的虚拟路由器冗余协议。
- ❑ VRRP 路由器（VRRP Router）：运行 VRRP 协议的路由器设备。
- ❑ 虚拟路由器（Virtual Router）：一个抽象对象，一组具有相同 VRID（虚拟路由器标识符）的多个 VRRP 路由器集合。
- ❑ MASTER 状态：主路由状态，是 VIP 地址的拥有者，负责转发到达虚拟路由的三层数据包，负责对虚拟 IP 地址的 ARP 请求进行响应。
- ❑ BACKUP 状态：备份路由状态，当主路由状态设备故障时，负责接管数据包转发及 ARP 请求响应。

2. Keepalived 的工作模式

Keepalived 为 LVS 提供了文件形式的配置方式，并为真实服务器提供了多种主动健康检测机制，通过 VRRP 协议为 LVS 提供了高可用的负载集群解决方案。Keepalived 的工作模式如图 11-3 所示。

- ❑ 处于 MASTER 状态的 Keepalived 主机是 VIP 的拥有者，负责上层路由 VIP 的 ARP 查询响应和数据包转发。
- ❑ 处于 MASTER 状态的 Keepalived 主机通过 VRRP 协议在局域网内组播 VRRP 通告信息。
- ❑ 处于 MASTER 状态的 Keepalived 主机通过配置的健康检测机制主动检查服务器池中真实服务器的状态。
- ❑ 处于 BACKUP 状态的 Keepalived 主机接收 VRRP 通告信息，并根据通告信息判断本机状态是否变更。
- ❑ 当处于 MASTER 状态的路由发生故障时，处于 BACKUP 状态的路由确认主路由状态的 VRRP 通告超时时，则改变自身状态为 MASTER 状态，负责上层路由 IP 地址的 ARP 请求响应，并对外组播 VRRP 通告。

3. 健康检测

Keepalived 设计了多种主动健康检测机制，每个健康检测机制都注册在全局调度框架中，通过检测真实服务器的运行状态，自动对服务池中的真实服务器进行维护和管理。常用的健康检测机制有以下 4 种。

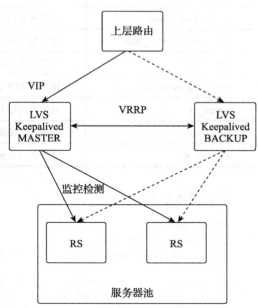

图 11-3　Keepalived 的工作模式示意图

- ❏ TCP 检测。通过非阻塞式 TCP 连接超时检查机制检查真实服务器的状态，当真实服务器不响应请求或响应超时时，则确认为检测失败，并将该真实服务器从服务池中移除。
- ❏ HTTP 检测。通过 HTTP GET 方法访问指定的 URL 并对返回结果进行 MD5 算法求值，如果与配置文件中的预设值不匹配，则确认为检测失败，并将该真实服务器从服务池中移除。该机制支持同一服务器的多 URL 获取检测。
- ❏ SSL 检测。对 HTTP 检测增加了 SSL 支持。
- ❏ 自定义脚本。允许用户自定义检测脚本进行检测判断，支持脚本外部传递参数，执行的结果必须是 0 或 1。0 表示检测成功，1 表示检测失败。

4. 配置关键字

Keepalived 配置文件可以分为 3 个部分，分别为全局配置、VRRP 配置和虚拟服务配置。各部分的常用配置关键字及其功能如下。

（1）全局配置

Keepalived 全局配置关键字实现邮件告警的 SMTP 配置及自身 VRRP 路由相关的全局配置，配置关键字如表 11-4 所示。

表 11-4　全局配置关键字

配置关键字	功能描述
global_defs	全局配置区域标识
notification_email	设置接收告警邮件的地址列表
notification_email_from	设置发送邮件的地址列表
smtp_server	设置用于发送邮件的 SMTP 服务器地址
smtp_connection_timeout	设置 SMTP 服务器连接超时时间
router_id	设置当前设备的路由 ID，每个设备均不相同
vrrp_version	VRRP 协议版本
nopreempt	是否启用非抢占模式，即不参与 MASTER 的选举，默认为抢占模式

配置样例如下：

```
global_defs{
    notification_email {
        monitor@nginxbar.org        # 接收邮件的邮箱为monitor@nginxbar.org
    }
    smtp_server smtp.nginxbar.org # SMTP服务器地址为smtp.nginxbar.org
    smtp_connect_timeout 30       # SMTP服务器连接超时时间为30秒
    router_id LVS_Nginx1          # 当前设备路由ID为LVS_Nginx1
}
```

（2）VRRP 配置

Keepalived 的 VRRP 配置关键字用于创建 VRRP 路由器，并为其配置运行参数。配置文件中可以创建多个不同名称的 VRRP 路由器实例，每个 VRRP 路由器实例都需要通过设定虚拟路由 ID 加入虚拟路由器中。VRRP 路由器接收组播的 VRRP 通告，并根据 VRRP 通告切换自身状态。当切换状态时会触发配置中对应状态的 shell 脚本，并根据配置参数判断是否发送告警邮件。VRRP 配置关键字如表 11-5 所示。

表 11-5　VRRP 配置关键字

配置关键字	功能描述
vrrp_instance	VRRP 实例配置区域标识
state	设置当前 VRRP 路由的初始状态
interface	设置 VRRP 绑定的设备网络接口
virtual_router_id	设置当前设备所属的虚拟路由 ID
priority	设置当前 VRRP 路由的初始优先级，优先级最高的会被选举为 MASTER，优先级取值范围为 1～254
advert_int	发送组播包的间隔时间，默认为 1 秒
nopreempt	是否启用非抢占模式，即不参与 MASTER 的选举，默认为抢占模式
preempt_delay	设置抢占延时，取值范围为 0～1000，默认为 0，单位为秒。即等待多少秒才参与 MASTER 选举
authentication	VRRP 通信认证配置区域标识
auth_type	指定 VRRP 通信的认证类型，有 PASS 简单密码认证和 AH:IPSEC 认证两种类型
auth_pass	指定 VRRP 通信密码字符串，最大为 8 位
virtual_ipaddress	VIP 地址配置区域标识
notify_master	指定一个转换为 MASTER 状态后执行的 shell 脚本
notify_backup	指定一个转换为 BACKUP 状态后执行的 shell 脚本
notify_fault	指定一个转换为 FAULT 状态后执行的 shell 脚本
smtp_alert	使用 SMTP 的配置发送邮件告警通知

配置样例如下：

```
vrrp_instance VI_1 {
    state MASTER              # 初始路由状态为MASTER
    interface eth0            # VRRP绑定接口为eth0
    virtual_router_id 51      # 虚拟路由器的VRID为51
    priority 100              # 当前设备的优先级是100
    nopreempt                 # 不参与MASTER的选举
    advert_int 5              # VRRP组播的间隔时间是5秒
    authentication {
```

```
        auth_type PASS      # 认证类型为PASS
        auth_pass 2222      # 认证密码为2222
    }
    virtual_ipaddress {
        192.168.2.155       # 虚拟服务器的VIP是192.168.2.155
    }
}
```

VRRP 本身是通过 VRRP 通告机制实现路由器状态切换判断的，但在实际的应用场景中会存在因网络抖动等原因影响 VRRP 的通告传递的情况，为提高状态切换的准确性，Keepalived 还提供了一种脚本检测机制，可以让用户通过自定义脚本更精准地进行路由状态切换。相关配置关键字如表 11-6 所示。

表 11-6　VRRP 检测配置关键字

配置关键字	功能描述
vrrp_script	VRRP 脚本配置区域标识
scrip	指定要执行的脚本路径
weight	用于调整 VRRP 路由器优先级的权重值，如果脚本执行成功且 weight 为正时，则优先级增加相应值；如果脚本执行失败且 weight 为负，则优先级减少相应值。优先级的取值范围为 1～254
interval	设置检测脚本的执行间隔。单位是 s。默认为 1s
timeout	脚本执行返回结果超时时间，超过指定时间则认为检测失败
rise	连续检测成功次数为设定值时才确认为成功状态
fall	连续检测失败次数为设定值时才确认为失败状态
init_fail	设置脚本初始检测状态为失败状态

Keepalived 通过 VRRP 通告判断虚拟路由器中其他 VRRP 路由状态并确保路由的转移，对于业务层的高可用，则需要用户单独对应用进程进行同步检测。例如，Nginx 与 Keepalived 部署在同一台设备上，可以通过脚本检测 Nginx 进程的状态，如果 Nginx 检测失败并无法自动恢复，则降低 VRRP 的优先级。要尽量避免在切换为 MASTER 状态时，因自身业务层故障导致业务高可用切换失败。也可用多个脚本组合实现 VRRP 路由优先级的动态调整。配置样例如下：

```
vrrp_script checknginx {
    script "/opt/data/scripts/checknginx.sh"
    interval 3      # 检测脚本执行时间间隔
    weight -20      # 当检测失败时，VRRP路由优先级降低20
    rise 3          # 连续监测3次成功才确认为成功
    fall 3          # 连续监测3次失败才确认为失败
}
```

检测脚本内容如下：

```
#!/bin/bash
```

```
# 检测脚本查询Nginx进程是否存在，若存在则返回0，若检测失败则返回1
check = `ps aux | grep -v grep | grep nginx | wc -l`
if [ $check > 0 ]; then
    exit 0
else
    systemctl start nginx
    exit 1
fi
```

（3）虚拟服务器配置

Keepalived 的虚拟服务器是负载均衡的外部访问点，通过配置关键字实现对 LVS 运行参数的配置，配置文件中可以为 VIP 绑定不同的端口创建多个虚拟服务器。虚拟服务器配置关键字如表 11-7 所示。

表 11-7　虚拟服务器配置关键字

配置关键字	功能描述
virtual_server	虚拟服务器配置区域标识
delay_loop	设置健康检测的间隔时间
lb_algo	LVS 调度算法，算法参见 11.1.2 节
lb_kind	LVS 转发模式（NAT、DR、TUN）
persistence_timeout	设置保持连接的超时时间，在设定时间内会把同一个客户端的连接全部转发给同一真实服务器
persistence_granularity	对启用保持连接的客户端 IP 进行掩码调整，当 IP 为 255.255.255.255 时，则仅限这个 IP 的客户端；当 IP 为 255.255.255.0 时，则为这个客户端所在子网网段内 IP 的所有客户端
virtualhost	为 HTTP_GET 或 SSL_GET 设置执行要检测的虚拟主机
protocol	转发协议类型（TCP、UDP、SCTP）
sorry_server	设置一个服务池中所有真实服务器都无法访问时的备用服务器

真实服务器相关关键字如表 11-8 所示。

表 11-8　真实服务器配置关键字

配置关键字	功能描述
real_server	配置真实服务器 IP 及端口
weight	设置真实服务器的权重，默认为 1
inhibit_on_failure	当健康检测失败时，将当前服务器权重设置为 0，而不将其从服务器池中移除
notify_up	当前服务器健康检查成功时执行的脚本
notify_down	当前服务器健康检查失败时执行的脚本
uthreshold	当前服务器的最大连接数

（续）

配置关键字	功能描述
lthreshold	当前服务器的最小连接数
TCP_CHECK	TCP 检测设置区域标识
MISC_CHECK	自定义检测脚本设置区域标识
HTTP_GET	HTTP 检测设置区域标识
SSL_GET	SSL HTTP 检测设置区域标识

通过 Keepalived 为真实服务器配置关键字不仅可以实现 LVS 真实服务器的运行参数配置，还可以对自身增加的真实服务器的主动健康检测进行配置。真实服务器健康检测配置关键字如表 11-9 所示。

表 11-9　真实服务器健康检测配置关键字

配置关键字	功能描述
url	HTTP_GET 和 SSL_GET 的 URL 检测标识
path	HTTP_GET 和 SSL_GET 的 URL 检测路径
digest	HTTP_GET 和 SSL_GET 的返回结果的 MD5 计算值
status_code	HTTP_GET 和 SSL_GET 的健康检测返回状态码
connect_ip	检测的 IP 地址，默认为真实服务器的 IP 地址
connect_port	检测的端口，默认为真实服务器的端口
bindto	发起检测连接的接口地址，默认为本地 IP 地址
bind_port	发起检测连接的源端口，默认为随机端口
connect_timeout	检测连接的超时时间，默认为 5s
fwmark	使用 fwmark 对所有发出去的检查数据包进行标记
warmup	指定一个随机延迟时间用于防止网络阻塞，如果为 0，则表示关闭该功能
nb_get_retry	GET 尝试次数，仅 HTTP_GET 和 SSL_GET 有效
retry	重试次数，默认是 1 次，仅 TCP_CHECK 有效
delay_before_retry	设置在重试之前延迟的秒数

配置样例如下：

```
virtual_server 192.168.2.155 80 {        # 虚拟服务器IP及端口
    delay_loop 6                         # 健康检测间隔时间为6s
    lb_algo wrr                          # 负载均衡调度算法为加权轮询
    lb_kind DR                           # 转发模式为DR
    persistence_timeout 60               # 保持连接的超时时间为60s
    protocol TCP                         # 负载均衡转发协议为TCP
```

```
        real_server 192.168.2.109 80 {                          # 真实服务器IP及端口
            weight 100                                          # 真实服务器权重为100
            notify_down /etc/keepalived/scripts/stop.sh         # 当真实服务器健康检测失败时执
                                                                # 行stop.sh脚本

            HTTP_GET {
                url {
                    path "/healthcheck"                         # 指定要检查的URL的路径
                    digest bfaa324fdd71444e43eca3b7a1679a1a      # 检测URL返回值的MD5计算值
                    status_code 200                             # 健康检测返回状态码
                }
                connect_timeout 10                              # 连接超时时间为10s
                nb_get_retry 3                                  # 重试3次确认失败
                delay_before_retry 3                            # 失败重试的时间间隔为3s
            }
        }
}

# digest值的计算方法
genhash -s 192.168.2.109 -p 80 -u /healthcheck
```

Keepalived 的其他配置关键字此处并未列出，更多配置关键字可以通过 man 命令获取。

```
man keepalived.conf
```

11.1.4　Nginx 集群负载搭建

　　基于 LVS 和 Keepalived 的 Nginx 集群负载是使用 LVS 做传输层的负载均衡设备，将客户端请求从传输层负载到后端的多组 Nginx 集群，并由 Nginx 集群实现应用层负载均衡处理的多层负载均衡网络架构。Keepalived 通过文件配置的方式实现 LVS 的运行管理，并通过 VRRP 机制实现传输层负载的高可用，为 Nginx 集群提供高性能、高可用的负载应用。Nginx 集群负载部署图如图 11-4 所示。

- ❑ LVS 作为传输层负载均衡与接入路由对接，负责把数据包转发给后端的 Nginx 服务器。
- ❑ LVS 选用 DR 转发模式，网络数据包在传输层被分发到 Nginx 服务器，并由 Nginx 经过本地路由返回给客户端。
- ❑ LVS 对后端 Nginx 服务器集群选用加权轮询（wrr）的负载均衡调度策略。
- ❑ Keepalived 通过 VRRP 协议组播通告状态信息，确保两台 LVS 服务器的高可用。
- ❑ 当处于 MASTER 状态的 Keepalived 发生故障时，处于 BACKUP 状态的 Keepalived 切换为 MASTER 状态，负责与接入路由对接，把数据包转发给后端的 Nginx 服务器。
- ❑ Keepalived 通过健康检测机制检测 Nginx 集群内每台 Nginx 服务器的健康状态。
- ❑ Nginx 负责应用层负载均衡，完成客户端请求的负载、路由分流、过滤等操作。

图 11-4　Nginx 集群负载部署图

（1）Keepalived 安装

Keepalived 在 CentOS 7 系统下使用 yum 安装即可。在 CentOS 7 系统下，LVS 已被集成到内核中，无须单独安装。

```
yum  -y install keepalived

systemctl enable keepalived
```

（2）Keepalived 配置

Keepalived 需要分别在两台 LVS 服务器上进行配置，主服务器上的 Keepalived 配置如下：

```
! Configuration File for keepalived

global_defs {
    notification_email {
        monitor@nginxbar.org               # 发生故障时发送邮件告警通知的邮箱
    }
    notification_email_from admin@nginxbar.org  # 使用哪个邮箱发送
    smtp_server mail.nginxbar.org          # 发件服务器
    smtp_connect_timeout 30
    router_id LVS_01                       # 当前设备路由ID为LVS_01
}

vrrp_instance VI_1 {
    state MASTER                          # 初始路由状态为MASTER
    interface eth0                        # VRRP绑定的本地网卡接口为eth0
    virtual_router_id 51                  # 虚拟路由器的VRID为51
    priority 100                          # 当前设备的优先级是100
    advert_int 5                          # VRRP组播的间隔时间是5s
```

```
    authentication {
        auth_type PASS                                      # 认证类型为PASS
        auth_pass 2222                                      # 认证密码为2222
    }
    virtual_ipaddress {
        192.168.21.155                                      # 虚拟服务器的VIP是192.168.21.155
    }
}

virtual_server 192.168.21.155 80 {                          # 虚拟服务器IP及端口
    delay_loop 6                                            # 健康检测间隔时间为6s
    lb_algo wrr                                             # 负载均衡调度算法为加权轮询
    lb_kind DR                                              # 转发模式为DR
    persistence_timeout 60                                  # 保持连接的超时时间为60s
    protocol TCP                                            # 负载均衡转发协议为TCP
    real_server 192.168.2.108 80 {                          # 真实服务器IP及端口
        weight 100                                          # 真实服务器权重为100
        notify_down /etc/keepalived/scripts/stop.sh         # 当真实服务器健康检测失败时执
                                                            # 行stop.sh脚本

        HTTP_GET {
            url {
                path "/healthcheck"                         # 指定要检查的URL的路径
                digest bfaa324fdd71444e43eca3b7a1679a1a     # 检测URL返回值的MD5计算值
                status_code 200                             # 健康检测返回状态码
            }
            connect_timeout 10                              # 连接超时时间为10s
            nb_get_retry 3                                  # 重试3次确认失败
            delay_before_retry 3                            # 失败重试的时间间隔为3s
        }
    }
    real_server 192.168.2.109 80 {                          # 真实服务器IP及端口
        weight 100                                          # 真实服务器权重为100
        notify_down /etc/keepalived/scripts/stop.sh         # 当真实服务器健康检测失败时执
                                                            # 行stop.sh脚本

        HTTP_GET {
            url {
                path "/healthcheck"                         # 指定要检查的URL的路径
                digest bfaa324fdd71444e43eca3b7a1679a1a     # 检测URL返回值的MD5计算值
                status_code 200                             # 健康检测返回状态码
            }
            connect_timeout 10                              # 连接超时时间为10s
            nb_get_retry 3                                  # 重试3次确认失败
            delay_before_retry 3                            # 失败重试的时间间隔为3s
        }
    }
}
```

备份服务器上的 Keepalived 配置样例如下：

```
! Configuration File for keepalived

global_defs {
    notification_email {
        monitor@nginxbar.org                                # 发生故障时发送邮件告警通知
```

```
                                                        #  的邮箱
    }
    notification_email_from admin@nginxbar.org          #  使用哪个邮箱发送
    smtp_server mail.nginxbar.org                       #  发件服务器
    smtp_connect_timeout 30
    router_id LVS_02                                    #  当前设备路由ID为LVS_02, 此
                                                        #  处与主服务器配置不同

}

vrrp_instance VI_1 {
    state BACKUP                                        #  初始路由状态为BACKUP, 此处
                                                        #  与主服务器配置不同

    interface eth0                                      #  VRRP绑定的本地网卡接口为eth0
    virtual_router_id 51                                #  虚拟路由器的VRID为51
    priority 99                                         #  当前设备的优先级是99, 此处
                                                        #  与主服务器配置不同
    advert_int 5                                        #  VRRP组播的间隔时间是5s
    authentication {
        auth_type PASS                                 #  认证类型为PASS
        auth_pass 2222                                 #  认证密码为2222
    }
    virtual_ipaddress {
        192.168.21.155                                 #  虚拟服务器的VIP是192.168.21.155
    }
}

virtual_server 192.168.21.155 80 {                     #  虚拟服务器IP及端口
    delay_loop 6                                        #  健康检测间隔时间为6s
    lb_algo wrr                                         #  负载均衡调度算法为加权轮询
    lb_kind DR                                          #  转发模式为DR
    persistence_timeout 60                              #  保持连接的超时时间为60s
    protocol TCP                                        #  负载均衡转发协议为TCP
    real_server 192.168.2.108 80 {                     #  真实服务器IP及端口
        weight 100                                     #  真实服务器权重为100
        notify_down /etc/keepalived/scripts/stop.sh    #  当真实服务器健康检测失败时执
                                                        #  行stop.sh脚本

        HTTP_GET {
            url {
                path "/healthcheck"                    #  指定要检查的URL的路径
                digest bfaa324fdd71444e43eca3b7a1679a1a #  检测URL返回值的MD5计算值
                status_code 200                        #  健康检测返回状态码
            }
            connect_timeout 10                         #  连接超时时间为10s
            nb_get_retry 3                             #  重试3次确认失败
            delay_before_retry 3                       #  失败重试的时间间隔为3s
        }
    }
    real_server 192.168.2.109 80 {                     #  真实服务器IP及端口
        weight 100                                     #  真实服务器权重为100
        notify_down /etc/keepalived/scripts/stop.sh    #  当真实服务器健康检测失败时执
                                                        #  行stop.sh脚本

        HTTP_GET {
            url {
                path "/healthcheck"                    #  指定要检查的URL的路径
```

```
        digest bfaa324fdd71444e43eca3b7a1679a1a  # 检测URL返回值的MD5计算值
        status_code 200                          # 健康检测返回状态码
    }
    connect_timeout 10                           # 连接超时时间为10s
    nb_get_retry 3                               # 重试3次确认失败
    delay_before_retry 3                         # 失败重试的时间间隔为3s
        }
    }
}
```

至此，高可用的 LVS 负载均衡就配置完成了。当主 LVS 服务器出现故障时，备份 LVS 服务器可以快速接管传输层网络数据的负载均衡工作，将数据包分发给后端的 Nginx 服务器集群。

11.2　Nginx 集群配置管理

当用 Nginx 服务器作为负载均衡应用时，经常会因业务调整或被代理服务器的变化需要对 Nginx 的配置进行修改，对于 Nginx 集群，若修改其中一台 Nginx 的配置，还需要对集群内 Nginx 的配置进行同步修改。在实际的网络架构中，为降低因部分应用负载策略频繁变更带来的影响建立了多组 Nginx 集群，此时，这些 Nginx 集群就面临 Nginx 配置的修改、同步、回滚等配置管理问题。为更灵活地应对 Nginx 的配置变更，需要有一套可便捷操作的、规范化的管理工具进行 Nginx 集群的配置管理。本节将通过对现有的开源软件 Jenkins、GitLab 和 Ansible 进行组合，快速搭建一套 Web 化的 Nginx 集群配置管理框架。该管理框架通过 Jenkins 的 Web 化管理界面实现权限管理、前端配置、发布记录等功能，并结合 GitLab 的版本控制功能对每次变更进行归档，可随时实现配置回滚。通过对 Ansible 剧本的调用，自动化地实现 Nginx 集群的配置修改、加载、灰度发布等操作。

11.2.1　Nginx 集群配置管理规划

Nginx 的配置是以文件形式存在的，配置指令会在启动时一次性加载并生效，采用这种方式除 upstream 的配置可动态变更（商业版本支持 API 变更，开源版本依赖第三方模块动态修改）外，其他配置的修改均需要重启或热加载 Nginx 进程才可生效。为实现便捷的 Nginx 配置变更管理，需要从以下几个方面进行规划。

1. 配置目录结构

Nginx 默认所有配置文件均存放在其安装目录的 conf 目录下，为防止配置文件不方便阅读和管理，可以按照虚拟主机（具有独立主机名或网络端口）进行拆分，每个虚拟主机一个配置文件，并存放在统一的目录下。对功能固定、全局的配置指令以固定文件的形式存放在配置文件目录的根目录下。所有的配置文件都以 nginx.conf 为统一入口，并使用配置指令 include 按需引入。Nginx 的目录结构规划样例如下。

```
conf/
    ├──── conf.d
    │     ├──── mysql_apps.ream
    │     ├──── www.nginxbar.com.conf
    │     └──── www.nginxbar.org.conf
    ├──── fastcgi.conf
    ├──── fastcgi_params
    ├──── fscgi.conf
    ├──── gzip.conf
    ├──── mime.types
    ├──── nginx.conf
    ├──── proxy.conf
    ├──── scgi_params
    ├──── ssl
    │     ├──── www_nginxbar_org.csr
    │     ├──── www_nginxbar_org.key
    │     └──── www_nginxbar_org.pem
    └──── uwsgi_params
```

❏ Nginx 默认配置文件目录结构说明可参见 3.1.1 节的相关内容。

❏ conf.d 为自建目录，是存放虚拟主机配置文件的目录。

❏ mysql_apps.ream 是自定义应用 apps 的 MySQL 集群代理配置文件。

❏ www.nginxbar.com.conf 是域名 www.nginxbar.com 对应的虚拟主机配置文件。

❏ www.nginxbar.org.conf 是域名 www.nginxbar.org 对应的虚拟主机配置文件。

❏ fscgi.conf 是自定义 FastCGI 代理配置文件，配置文件样例可参见 5.3.3 节。

❏ gzip.conf 是自定义响应数据 gzip 压缩配置指令文件，配置文件样例可参见 4.3.5 节。

❏ proxy.conf 是自定义 HTTP 代理配置指令文件，配置文件样例可参见 6.1.3 节。

❏ ssl 是自建目录，用于存放虚拟主机的 SSL 证书文件。

nginx.conf 配置样例如下：

```
# 选择加载动态模块
load_module "modules/ngx_http_geoip_module.so";
load_module "modules/ngx_http_image_filter_module.so";
load_module "modules/ngx_http_xslt_filter_module.so";

# 工作进程及事件配置
worker_processes auto;                    # 启动与CPU核数一致的工作进程
worker_priority -5;                       # 工作进程在linux系统中的优先级为-5

events {
    worker_connections  65535;            # 每个工作进程的最大连接数
    multi_accept on;                      # 每个工作进程每次都可以接收多个连接
}

# TCP/UDP代理配置
stream {
    # 配置TCP/UDP代理的日志格式模板，模板名为tcp
    log_format   tcp   '$remote_addr - $connection - [$time_local] $server_
        addr:$server_port - $protocol'
```

```
                        '- $status - $upstream_addr - $bytes_received - $bytes_
                            sent - $session_time '
                        '- $proxy_protocol_addr:$proxy_protocol_port ';

    # 配置TCP/UDP代理的错误日志输出位置，错误级别为error
    error_log logs/tcp_error.log error;

    # 引入conf.d目录下所有后缀名为ream的配置文件
    include conf.d/*.ream;
}

# HTTP配置
http {
    include         mime.types;                # 引入MIME类型映射表文件

    # 配置HTTP的错误日志输出位置，错误级别为error
    error_log logs/error.log error;

    # 配置HTTP的日志格式，模板名为main
    log_format  main  '$remote_addr - $connection - $remote_user [$time_local]
        "$request" - $upstream_addr '
                        '$status  - $body_bytes_sent - $request_time - "$http_
                            referer" '
                        '"$http_user_agent" - "$http_x_forwarded_for" - ';

    # 配置全局访问日志输出位置，并以模板main的日志格式输出
    access_log  logs/access.log  main;

    charset  utf-8;                            # 字符编码为utf-8
    variables_hash_max_size 2048;              # 变量哈希表最大值为2048B
    variables_hash_bucket_size 128;            # 变量哈希桶最大值为128B
    server_names_hash_bucket_size 256;         # 服务主机名哈希桶大小为256B
    client_header_buffer_size 32k;             # 请求头缓冲区大小为32KB
    large_client_header_buffers 4 128k;        # 最大缓存为4个128KB
    client_max_body_size 20m;                  # 允许客户端请求的最大单个文件字节数为20MB
    sendfile on;                               # 开启零复制机制
    tcp_nopush on;                             # 启用在零复制时数据包最小传输的限制机制
    tcp_nodelay on;                            # 当处于保持连接状态时以最快的方式发送数据包
    keepalive_timeout  60;                     # 保持连接超时时间为60s
    client_header_timeout 10;                  # 读取客户请求头的超时时间是10s
    client_body_timeout 10;                    # 请求体接收超时时间为10s
    server_tokens on;                          # 不显示Nginx版本信息
    include gzip.conf;                         # HTTP gzip的配置文件
    include proxy.conf;                        # HTTP代理配置
    include conf.d/*.conf;                     # 引入HTTP虚拟主机配置
}
```

nginx.conf 中编辑在全局区域的配置指令均可按照 Nginx 配置指令规范在 server、location 指令域中被同名的配置指令覆盖。

2. 配置归档

Nginx 作为负载均衡应用时，是业务应用的入口，Nginx 服务器的可用性决定了其所

负责的所有被代理业务的可用性。所以 Nginx 进行配置变更时要及时做好归档和版本控制，因为 Nginx 配置是以文件方式存在的，所以可以将每次修改的文件以 Git 标签的方式在 Git 仓库中进行存档和版本控制。

3. 配置变更

可以使用对应的配置模板进行 Nginx 配置内容的修改、配置部分的标准化及通用性约定，以便进行自动化操作。开源软件 Ansible 提供了自定义模板的功能，使用户可以按照预期设计更加严谨、规范地配置变更。Ansible 支持批量操作，可以快速完成多台 Nginx 服务器配置文件的同步和加载。

4. 配置发布

Ansible 虽然提供了命令行的操作能力，但是用户权限、操作日志及快速回滚等操作仍不够便捷。Jenkins 是一款 Web 化的持续集成发布工具，被广泛应用于业务应用的发布，拥有超过 1000 个插件，用户无须额外开发就可快速完成代码从代码仓库到运行部署的整个流程，同时还支持用户权限、操作日志及快速回滚等操作。

根据上述 4 个方面的规划，通过 Jenkins 与 GitLab 及 Ansible 的配合使用，无须复杂编程就可以快速搭建一套 Web 化的 Nginx 配置管理系统。应用架构如图 11-5 所示。

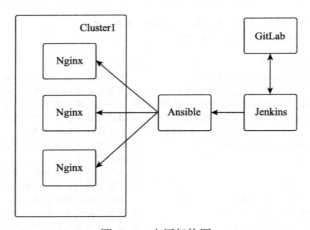

图 11-5　应用架构图

- ❑ Jenkins 通过 GitLab 获取 Git 仓库中的 Nginx 文件。
- ❑ Ansible 根据 Jenkins Web 界面输入的参数与对应配置模板生成配置文件，更新本地的 Nginx 配置文件。
- ❑ Ansible 将更新后的配置文件同步到 Nginx 集群的所有 Nginx 服务器，并对 Nginx 进程执行 reload 操作，以加载更新后的配置。
- ❑ Jenkins 将更新后的 Nginx 配置文件以 Git 标签的方式进行归档。
- ❑ 用户可以通过 Jenkins 获取对应 Git 仓库的所有 Git 标签，并根据需求选择对应的

Git 标签代码执行回滚操作。

11.2.2　配置归档工具 GitLab

GitLab 是使用 Ruby 语言编写的 Git 仓库管理工具，以 Git 作为代码管理工具，并提供了 Web 管理、WIKI 及 Issue 等功能。GitLab 是按照 MIT 许可证分发的开源软件，已被很多知名公司使用，目前由 GitLabInc. 开发维护。GitLab 可以搭建在私有服务器上，被授权的用户可以创建自己的代码仓库，并可授权给多人协作进行维护。GitLab 拥有与 GitHub 类似的功能，可以通过 Web 浏览器浏览代码、管理缺陷和注释。通过 GitLab 管理 Nginx 配置文件可以从 Web 浏览器中非常方便地浏览到提交过的历史变更，也可以利用 Git 相关命令实现 Nginx 配置的快速回滚操作。GitLab 同样支持以 Docker 方式部署，官方在 Docker Hub 中也提供了可直接使用的镜像，通过编写相应的 docker-compose 脚本，可以快速搭建 GitLab 服务器，部署过程如下。

（1）初始化系统环境

主机的操作系统为 CentOS 7.6，初始化 Docker 环境如下：

```
yum install -y yum-utils                    # 安装yum工具
yum-config-manager --add-repo https://download.docker.com/linux/centos/docker-ce.
    repo                                    # 安装Docker安装源
yum install -y docker-ce docker-compose     # 安装Docker和docker-compose
systemctl enable docker                     # 将Docker注册为自启动服务
systemctl start docker
```

（2）编写 docker-compose 脚本

创建 docker-compose 脚本，保存为 gitlab.yaml。

```
gitlab:
    image: 'gitlab/gitlab-ce:latest'
    restart: always
    hostname: 'gitlab'
    container_name: gitlab
#    environment:
#      GITLAB_OMNIBUS_CONFIG: |
        #external_url 'https://gitlab.example.com'
        #Add any other gitlab.rb configuration here, each on its own line
    ports:
        - '8080:80'
        - '8443:443'
```

（3）持久化 GitLab 数据

GitLab 需要持久化的有 3 个部分的内容，分别是 GitLab 的配置、GitLab 的代码仓库和 GitLab 日志。

```
# 运行GitLab容器
docker -f gitlab.yaml up -d
```

```
# 创建挂载目录并复制原容器内的文件
mkdir -p /opt/data/apps/gitlab
docker cp gitlab:/etc/gitlab /opt/data/apps/gitlab/config
docker cp gitlab:/var/opt/gitlab /opt/data/apps/gitlab/data
docker cp gitlab:/var/log/gitlab /opt/data/apps/gitlab/logs
chown -R 998:998 /opt/data/apps/gitlab/logs
# 添加挂载卷配置
echo "
    volumes:
        - '/opt/data/apps/gitlab/config:/etc/gitlab'
        - '/opt/data/apps/gitlab/logs:/var/log/gitlab'
        - '/opt/data/apps/gitlab/data:/var/opt/gitlab'
" >>gitlab.yaml
docker stop gitlab
docker rm gitlab
docker-compose -f gitlab.yaml up -d
```

GitLab 运行后可通过 http://IP:8080 访问登录。如果 GitLab 仅作为代码仓库应用，只需默认配置即可使用。

11.2.3 配置修改工具 Ansible

Ansible 是一款自动化的运维工具，是基于 Python 开发的。Ansible 提供了一种自动化执行框架，其可以按照用户设计的剧本自动化执行相关操作。Ansible 是基于模块工作的，其可以实现使用各种模块，并按照设计的剧本，批量对多个目标执行相同的操作。Ansible 集合了众多运维工具的优点，配置更加简单方便。

1. Ansible 剧本（playbook）

Ansible 剧本是 Ansible 可以自动化执行一系列动作的执行方式。其通过 YAML 格式文件描述任务步骤，Ansible 按照指定的步骤有序执行，并支持同步和异步，非常适合完成各种复杂的部署工作。Ansible 剧本的相关术语如下。

❑ 任务（Tasks），由 YAML 描述的一系列操作步骤。
❑ 变量（Variables），被剧本引用，可以使剧本的设计更加灵活，并根据变量的值执行不同的步骤。
❑ 模板（Templates），可根据变量的值，动态生成目标文件的预置文件，Ansible 使用 Jinja2 模板语法。
❑ 处理器（Handlers），当剧本任务条件满足时，触发执行的任务步骤。
❑ 角色（Roles），描述某一特定任务的集合，其由以上术语的 YAML 描述文件组成。
❑ 主机（Hosts），被剧本操作的目标主机 IP 或组名称，主机组名称由外部的 hosts 文件定义。

Ansible 中每个剧本只有一个主入口文件，并且只有一个主线任务，主线任务可根据不同条件选用不同的角色，每个角色由任务、变量、模板、处理器的 YAML 描述文件组成。Ansible 及剧本目录结构如下：

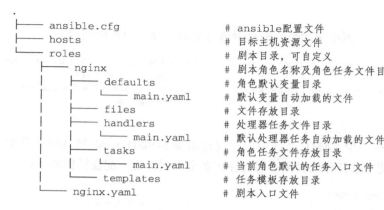

```
.
├── ansible.cfg              # ansible配置文件
├── hosts                    # 目标主机资源文件
└── roles                    # 剧本目录，可自定义
    ├── nginx                # 剧本角色名称及角色任务文件目录
    │   ├── defaults         # 角色默认变量目录
    │   │   └── main.yaml     # 默认变量自动加载的文件
    │   ├── files            # 文件存放目录
    │   ├── handlers         # 处理器任务文件目录
    │   │   └── main.yaml     # 默认处理器任务自动加载的文件
    │   ├── tasks            # 角色任务存放目录
    │   │   └── main.yaml     # 当前角色默认的任务入口文件
    │   └── templates        # 任务模板存放目录
    └── nginx.yaml           # 剧本入口文件
```

2. 基础语法

（1）步骤描述

任务由多个步骤组成，每个步骤由步骤命名、任务模块、动作组成，配置样例如下：

```
- name: reload Nginx Service                           # 步骤名
  systemd: "name=nginx state=reloaded enabled=yes"     # 任务模块为systemd，动作是对系统服务
                                                        # Nginx执行reload操作
```

（2）执行顺序

Ansible 剧本中的步骤是自上而下执行的，在默认情况下，每个步骤的执行结果返回值如果不为 0，就会报错，剧本任务也终止，也可以通过忽略错误指令继续运行，配置样例如下：

```
- name: Create conf.d
  shell: mkdir -p /etc/nginx/conf.d     # 任务模块是shell，动作是执行mkdir命令
  ignore_errors: True                   # 如果当前动作执行出错，忽略错误继续执行
```

（3）变量赋值

Ansible 剧本中变量赋值有静态和动态两种方式，一种是在 defaults 目录的 main.yaml 文件中静态地直接赋值，这通常被用作默认变量的赋值，配置样例如下：

```
confdir: "/etc/nginx"                   # 定义变量confdir的值为/etc/nginx
```

另一种是在当前执行的过程中动态地进行变量赋值，被赋值的变量可以在当前剧本执行过程中被引用，配置样例如下所示：

```
# 方法一：将执行结果动态赋值给变量
- name: Test Nginx Config
  shell: nginx -c {{ confdir }}/nginx.conf -t   # 任务模块是shell，动作是Nginx
                                                 # 执行-t参数命令
  register: test_result                          # 将执行结果赋值给变量test_result
# 方法二：根据其他变量的值进行动态的变量赋值
- name: check set_fact output
  set_fact: output="{{ work }}/output"           # 为变量output赋值
  when: test_result                              # 当变量test_result为真时
```

（4）条件判断

在 Ansible 剧本中可以根据变量的值判断是否执行当前步骤，配置样例如下：

```
- debug: msg="{{ test_result.stderr_lines }}"      # 任务模块debug, 输出变量test_result.
                                                   # stderr_lines的内容
  when: not test_result.stderr_lines == ""         # 当test_result变量的输出结果不为空,
                                                   # 执行当前步骤
```

（5）外部引入

多个步骤可以编写在一个 YAML 文件中，并通过指令 include_tasks 被其他任务引入，结合条件判断，它可以使主线任务因变量不同而存在多个不同分支，配置样例如下：

```
- name: "check system type"
  include_tasks: linux.yaml                          # 引入外部任务步骤
  when: ansible_os_family != "Windows"              # 当目标操作系统非windows时, 执行当前
                                                    # 任务
```

3. 剧本执行

Ansible 剧本编写结束后，使用 ansible-playbook 命令调用剧本入口文件执行相应的剧本，即可自动完成预设的任务。

```
ansible-playbook -i /etc/ansible/hosts /etc/ansible/roles/nginx.yaml --extra-vars
    'hosts=192.168.2.145'
```

11.2.4　配置发布工具 Jenkins

Jenkins 是基于 Java 开发的一个开源的持续集成项目，其提供了一个可扩展的可对代码持续集成、发布（代码编译、打包、部署）及交付的 Web 化操作平台。Jenkins 拥有超过 1000 个插件，使其支持包括 SVN、Git 等多种版本的管理工具（SCM）的代码管理，也可以快速实现 Java、Node.js、.Net 等语言项目的编译构建，并支持包括 Docker 在内的多种形式的部署交付。通过 Jenkins 的 Web 化管理界面，依赖各种强大的插件功能，可以使 Nginx 的配置变更管理变得更加便捷和安全。

使用 Jenkins 官方提供的 Docker 镜像，可以很方便地搭建 Jenkins 工作环境，搭建过程如下：

（1）初始化系统环境

主机的操作系统为 CentOS 7.6，初始化 Docker 环境如下：

```
yum install -y yum-utils                    # 安装yum工具
yum-config-manager --add-repo https://download.docker.com/linux/centos/docker-ce.
    repo                                    # 安装Docker安装源
yum install -y docker-ce docker-compose     # 安装Docker和docker-compose
systemctl enable docker                     # 将Docker注册为自启动服务
systemctl start docker
```

（2）编写 docker-compose 脚本

将脚本保存为 jenkinsci.yaml

```
jenkinsci:
    image: 'jenkinsci/blueocean'
    restart: always
    hostname: 'jenkinsci'
    container_name: jenkinsci
    environment:
        - PATH=/opt/apps/apache-maven-3.5.3/bin:/usr/local/sbin:/usr/local/bin:/
            usr/sbin:/usr/bin:/sbin:/bin
        - JAVA_OPTS="-Duser.timezone=Asia/Shanghai"
        - JENKINS_SLAVE_AGENT_PORT=50000
    ports:
        - '8086:8080'
        - '50000:50000'
```

（3）数据持久化

Jenkins 需要持久化的是 Jenkins 的运行目录，该目录包含其运行的所有配置文件，具体如下：

```
docker cp jenkinsci:/var/jenkins_home /opt/data/apps/jenkinsci/
chown -R 1000:1000 /opt/data/apps/jenkinsci/jenkins_home
echo "
    volumes:
        - '/opt/data/apps/jenkinsci/jenkins_home:/var/jenkins_home'
        - '/opt/data/apps/jenkinsci/apps:/opt/apps'
" >>jenkinsci.yaml

docker stop jenkinsci
docker rm jenkinsci
docker-compose -f jenkinsci.yaml up -d
```

（4）初始化配置及插件

Jenkins 启动后，在浏览器中访问 http://IP:8086 即可进入初始化安装界面，使用初始化密码登录，选择安装推荐插件即可。

通过以下指令获取初始化密码：

```
docker exec -it jenkinsci2 cat /var/jenkins_home/secrets/initialAdminPassword
```

Jenkins 是以任务（Job）为管理单元的，常用的任务类型有自由风格、Maven 项目、文件夹和流水线（pipeline）四种，本样例中仅使用自由风格任务类型。自由风格及流水线任务按照工作流程被划分为多个阶段，Jenkins 负责维护和管理任务在每个阶段的执行，并通过工作流的状态，按照任务的设定推动任务工作流的完成。自由风格任务的 6 个阶段配置如表 11-10 所示。

表 11-10　自由风格任务阶段配置

阶段配置名称	英文名称	阶段配置作用
全局配置	General	用以任务维护相关的配置，如时间戳格式、构建历史管理、构建参数等配置
代码仓库配置	SCM	用以配置代码仓库类型及代码仓库地址和账号

（续）

阶段配置名称	英文名称	阶段配置作用
自动触发构建的条件配置	Build Triggers	用以设置自动触发当前任务的外部条件
构建环境配置	Build Environment	设置构建前的环境变量等配置
构建操作配置	Build	设置用以构建的工具或构建的脚本
构建后动作配置	Post-build Actions	设置构建后的相关动作，如生成构建报告、构建归档或触发其他构建等

11.2.5　Nginx 配置管理实例

根据部署规划，如果对 Nginx 集群配置实现管理，需要在 GitLab、Jenkins 上完成相关的配置及编写 Ansible 剧本。本节将通过对配置文件 nginx.conf 举例 GitLab、Jenkins 及 Ansible 的配置，以实现 Nginx 配置管理的操作。

1. GitLab 配置

首先为 Nginx 配置创建用户及 Nginx 项目，操作步骤如下。

1）创建发布用户 gitlab_nginx：Admin Area→Users→New User 用户名 gitlab_nginx。

2）创建项目组 nginx：GitLab 登录后创建项目组（Group）nginx，可视级别（Visibility Level）为 Private。

3）添加组用户：将用户 gitlab_nginx 添加到项目组 nginx 中，权限为 Developer。

4）创建 Nginx 配置项目 homebox：按照 Nginx 集群名称创建 Gitlab 项目，nginx 组项目→New project，命名为 home-box。

5）初始化：进入 Nginx 配置文件目录，将配置文件初始化到 GitLab 仓库中。初始化命令如下：

```
git init
git remote add origin http://IP:8080/nginx/homebox.git
git add .
git commit -m "Initial commit"
git push -u origin master
```

2. Ansible 剧本

根据 Nginx 配置目录的规划，定义 Ansible 剧本目录结构如下：

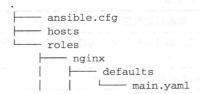

```
.
├── ansible.cfg
├── hosts
└── roles
    └── nginx
        ├── defaults
        │   └── main.yaml
```

```
│   ├── files
│   │   ├── gzip.conf
│   │   ├── fscgi.conf
│   │   └── proxy.conf
│   ├── handlers
│   │   └── main.yaml
│   ├── tasks
│   │   ├── config_nginx.yaml
│   │   ├── config_server.yaml
│   │   ├── config_status.yaml
│   │   ├── deploy.yaml
│   │   ├── install.yaml
│   │   ├── rollback.yaml
│   │   └── main.yaml
│   └── templates
│       ├── nginx.conf
│       ├── server.conf
│       └── status.conf
└── nginx.yaml
```

❑ defaults 目录中的 main.yaml 是自定义默认变量值的描述文件，文件内容如下：

```
self_services: nginx
exclude: ".git"
rsync_opts:
    - "--exclude={{ exclude }}"
process_events: >
    worker_processes auto;
    worker_rlimit_nofile 65535;
    worker_priority -5;
modules: ""
server: ""
confdir: "/etc/nginx"
env_packages:
    - pcre-devel
    - zlib-devel
    - openssl-devel
    - libxml2-devel
    - libxslt-devel
    - gd-devel
    - GeoIP-devel
    - jemalloc-devel
    - libatomic_ops-devel
    - luajit
    - luajit-devel
    - perl-devel
    - perl-ExtUtils-Embed
```

❑ gzip.conf、fscgi.conf、proxy.conf 这 3 个文件是全局的配置文件，放在 files 目录中
仅作 Nginx 初始化安装时使用。

❑ handlers 的 main.yaml 是处理器任务描述文件，文件内容如下：

```
# 重启Nginx服务任务
- name: Restart Nginx services
  service:
    name: "{{ self_services }}"
    state: restarted

# 启动Nginx服务任务
- name: Start Nginx services
  service:
    name: "{{ self_services }}"
    state: started
```

❑ tasks 目录中的 main.yaml 是当前角色的默认入口文件，文件内容如下：

```
---
    # 当变量deploy的值为deploy时执行deploy.yaml的任务步骤
  - name: "Starting deploy for nginx"
    include_tasks: deploy.yaml
    when: deploy == "deploy"

    # 当变量deploy的值为rollback时执行rollback.yaml的任务步骤
  - name: "Starting rollback for nginx"
    include_tasks: rollback.yaml
    when: deploy == "rollback"
```

❑ tasks 目录中的 deploy.yaml 是修改配置的任务分支描述文件，文件内容如下：

```
---
      # 检查目标服务器是否存在配置文件，并将检查结果赋值给变量has_nginx
  - name: "check nginx service"
    stat: path={{ confdir }}/nginx.conf
    register: has_nginx

      # 如果目标服务器不存在Nginx服务器则调用分支任务install进行安装
  - name: "Starting install nginx "
    include_tasks: install.yaml
    when: not has_nginx.stat.exists

      # 如果当前任务为配置nginx.conf，则调用config_nginx任务配置nginx.conf文件
  - name: "Starting config nginx.conf "
    include_tasks: config_nginx.yaml
    when: not jobname == "" and jobname == "nginx.conf"

      # 如果当前任务为配置status.conf，则调用config_status任务配置status.conf文件
  - name: "Starting config website status for nginx"
    include_tasks: config_status.yaml
    when: not jobname == "" and jobname == "status.conf"

      # 如果当前任务为配置server.conf，则调用config_server任务配置server.conf文件
  - name: "Starting config website server for nginx"
    include_tasks: config_server.yaml
    when: not jobname == "" and jobname == "server.conf"
```

```
        # 初始化rsync模块的ssh免登录key
- name: add authorized_keys
  authorized_key:
      user: "{{ ansible_user_id }}"
      key: "{{ lookup('file', '/home/jenkins/.ssh/id_rsa.pub') }}"
      state: present
      exclusive: no

        # 使用rsync模块将Nginx配置文件同步到目标机器
- name: check rsync_opts rsync dir
  synchronize:
      src: "{{ work }}/"
      dest: "{{ confdir }}"
      delete: yes
      copy_links: yes
      private_key: "/home/jenkins/.ssh/id_rsa"
      rsync_opts: "{{ rsync_opts }}"
    register: rsync_result

        # 输出rsync的执行详情
- debug: msg="{{ rsync_result.stdout_lines }}"

        # 使用Nginx的测试参数测试配置文件是否存在语法错误
- name: Test Nginx Config
  shell: nginx -c {{ confdir }}/nginx.conf -t -q
  ignore_errors: True
  register: test_result

        # 如果执行检测失败，则停止当前任务，并输出检测结果
- fail: msg="{{ test_result.stderr_lines }}"
  when: test_result.failed

        # 热加载Nginx进程
- name: reload Nginx Service
  systemd: "name=nginx state=reloaded enabled=yes"
```

❑ tasks 目录中的 rollback.yaml 是回滚配置的任务分支描述文件，文件内容如下：

```
---
- name: check rsync_opts rsync dir
  synchronize:
      src: "{{ work }}/"
      dest: "{{ confdir }}"
      delete: yes
      copy_links: yes
      private_key: "/home/jenkins/.ssh/id_rsa"
      rsync_opts: "{{ rsync_opts }}"
    register: rsync_result

- debug: msg=" {{ rsync_result.stdout_lines }} "

- name: "Test Nginx Config"
```

```
    shell: nginx -c {{ confdir }}/nginx.conf -t -q
    ignore_errors: True
    register: test_result

  - fail: msg="{{ test_result.stderr_lines }}"
    when: test_result.failed

  - name: reload Nginx Service
    systemd: "name=nginx state=reloaded enabled=yes"
    register: test_result
```

❑ tasks 目录中的 config_nginx.yaml 是 Nginx 配置文件 nginx.conf 的任务分支描述文件，文件内容如下：

```
---
    # 通过模板文件与外部输入变量生成新的nginx.conf文件，替换Jenkins的工作目录中的
    # nginx.conf
  - name: "Starting init nginx.conf "
    template: src=nginx.conf dest={{ work }}/nginx.conf
    delegate_to: localhost

    # 因外部参数中的单、双引号及变量符号被转义，此处则重新替换回原符号
  - name: "Starting format nginx.conf "
    shell: sed -i 's/%24/$/g' {{ work }}/nginx.conf && sed -i 's/%9c/\"/g' {{
        work }}/nginx.conf && sed -i "s/%98/\'/g" {{ work }}/nginx.conf &&
        python /etc/ansible/bin/nginxfmt.py {{ work }}/nginx.conf
    delegate_to: localhost
```

❑ tasks 目录中的 config_server.yaml 是 Nginx 配置文件中配置各虚拟主机的任务分支描述文件，文件内容如下：

```
---
    # 通过模板文件与外部输入变量生成新的虚拟主机文件，替换Jenkins的工作目录中虚拟主机
    # 文件并在conf.d目录下保存
  - name: "Starting init {{ jobname }} "
    template: src=server.conf dest={{ workdir }}/conf.d/{{ jobname }}.conf
    delegate_to: localhost

    # 因外部参数中的单、双引号及变量符号被转义，此处则重新替换回原符号
  - name: "Starting format nginx.conf "
    shell: sed -i 's/%24/$/g' {{ work }}/nginx.conf && sed -i 's/%9c/\"/g' {{
        work }}/nginx.conf && sed -i "s/%98/\'/g" {{ work }}/nginx.conf &&
        python /etc/ansible/bin/nginxfmt.py {{ work }}/nginx.conf
    delegate_to: localhost
```

❑ tasks 目录中的 config_staus.yaml 是 Nginx 配置文件中统一状态监控的虚拟主机任务描述文件，文件内容如下：

```
---
    # 通过模板文件与外部输入变量生成新的状态监控虚拟主机文件，替换Jenkins的工作目录中
    # 的conf.d目录下保存
```

```
- name: "Starting init status.conf "
  template: src=status.conf dest={{ workdir }}/conf.d/status.conf
  delegate_to: localhost

  # 因外部参数中的单、双引号及变量符号被转义，此处则重新替换回原符号
- name: "Starting format nginx.conf "
  shell: sed -i 's/%24/$/g' {{ work }}/nginx.conf && sed -i 's/%9c/\"/g' {{
      work }}/nginx.conf && sed -i "s/%98/\'/g" {{ work }}/nginx.conf &&
      python /etc/ansible/bin/nginxfmt.py {{ work }}/nginx.conf
  delegate_to: localhost
```

❑ tasks 目录中的 install.yaml 是 Nginx 的部署任务描述文件，文件内容如下：

```
# 添加Nginx yum安装源
- name: add repo
  yum_repository:
      name: nginx
      description: nginx repo
      baseurl: http://nginx.org/packages/centos/7/$basearch/
      gpgcheck: no
      enabled: 1
# 安装环境依赖包
- name: install centos packages
  yum:
      name: "{{ env_packages }}"
      disable_gpg_check: yes
      state: present
# yum方式安装Nginx, 并触发处理器Start Nginx services任务
- name: install nginx
  yum:
      name: nginx
      state: latest
  notify: Start Nginx services
```

❑ templates 目录中的 nginx.conf 为配置文件 nginx.conf 的模板文件，文件内容如下：

```
{{ modules }}
{{ process_events }}
stream {
    {{ stream }}
    include conf.d/*.ream;
}
http {
    {{ http }}

    {% if gzip != "false" %}
    include gzip.conf;                        # HTTP gzip的配置文件
    {% endif %}


    {% if fscgi != "false" %}
    include fscgi.conf;                       # FastCGI代理的配置文件
    {% endif %}
```

```
{% if proxy != "false" %}
include proxy.conf;          # HTTP代理配置
{% endif %}

include conf.d/*.conf;
}
```

❑ templates 目录中的 server.conf 为配置文件中虚拟服务器的模板文件，文件内容如下：

```
{{ global }}
upstream {
{{ upstream }}
}
server{
{{ server }}
}
```

❑ templates 目录中的 status.conf 为配置文件中用于状态监控的虚拟主机模板文件，文件内容如下：

```
{{ global }}
server{
{{ server }}
}
```

❑ roles 目录中的 nginx.yaml 为主剧本文件，该剧本文件调用了角色 Nginx，使用外部变量、应用角色 Nginx 中的任务描述文件完成 Nginx 的配置修改、同步及加载动作，文件内容如下：

```
---
# 变量hosts由外部输入，设定操作的目标主机
- hosts:
    - "{{ hosts }}"
  max_fail_percentage: 30      # 当有30%的操作目标任务执行出错时，则终止整个剧本的执行
  serial: "{{ serial }}"       # 该模块可以设定操作目标数量实现灰度发布的效果，当设定为
                               # 30%且操作目标为3台时，则表示一次仅操作一个目标

  roles:
    - nginx                    # 调用Nginx角色
```

3. Jenkins 配置

根据 GitLab 及 Ansible 剧本的设置，Jenkins 需要创建具有如下操作内容的任务：

❑ 通过 Web 页面设定 Nginx 的配置内容。

❑ 使用账号 gitlab_nginx 从 GitLab 中获取 Nginx 的配置文件。

❑ 调用 Ansible 剧本实现 Nginx 配置文件中的修改、同步及加载。

❑ 实现修改文件的归档。

❑ 实现修改内容的快速回滚。

❑ 对操作者设定访问的权限。

❑ 对发布的历史可以查看。

❑ 可以满足多个 Nginx 集群的配置管理。

按照上述需求的设定，可以将不同的 Nginx 集群以文件夹类型任务进行创建，每个 Nginx 集群文件夹中包括 nginx.conf、status.conf 全局配置的自由风格任务，每个虚拟主机则按照虚拟主机名称创建自由风格任务分列在该集群文件夹下。任务层级结构如下：

```
homebox                      # Nginx集群名称，任务类型为文件夹
    nginx.conf               # nginx.conf任务，任务类型为自由风格
    status.conf              # status.conf任务，任务类型为自由风格
    www.nginxbar.org         # 虚拟主机任务，任务类型为自由风格
```

该任务层级设计，可以使操作者清晰地知道所操作的 Nginx 集群，同时还可以结合 Jenkins 的权限功能进行细粒度的权限控制。任务配置 nginx.conf 的创建步骤首先是在全局配置阶段通过参数化构建插件实现 Web 化变量的输入，通过参数化配置，设计部署与回滚操作选项。当选择回滚时，通过 Git 参数插件提供 Git 标签（tag）筛选功能列出可用的 Git 标签，选择后执行回滚操作。同时还要按照之前的规划在此阶段将 nginx.conf 文件内容分割成多个不同的变量，并定义为构建参数，让发布者在点击参数化构建后，可以通过 Web 界面进行选择和修改。在构建操作配置阶段，编写 shell 脚本对所有输入的变量进行判断、修整后通过 ansible-playbook 命令传递给 Nginx 剧本，完成 Nginx 配置的修改、同步及加载操作。若在构建后动作配置阶段，则通过 Git Publisher 插件将当前的修改标记 Git 标签进行归档。详细配置过程如下。

（1）全局配置

❑ 定义时间戳变量格式 [Change date pattern for the BUILD_TIMESTAMP（build timestamp）variable] 为 yyyyMMdd。

❑ 选项参数 deploy，选项（Choices）为 deploy 和 rollback，用以定义构建脚本中的变量，进行控制是更新配置文件还是回滚以前的配置操作。

❑ Git 参数（Git Parameter) tag，参数类型为 tag，过滤（Tag Filter）配置为 nginx.conf-deploy-*，排序（Sort Mode）选择 DESCENDING，默认值为 Default Value。该参数可以获取当前任务 Git 仓库的分支及 tag 列表，这里获取过滤被标记为部署成功的 Git 标签，用以实现代码回滚。

❑ 文本参数 modules，加载动态模块，参数值如下：

```
# 选择加载动态模块
load_module "modules/ngx_http_geoip_module.so";
load_module "modules/ngx_http_image_filter_module.so";
load_module "modules/ngx_http_xslt_filter_module.so";
```

❑ 文本参数 process_events，工作进程及事件配置，参数值如下：

```
# 工作进程及事件配置，定义文本参数process_events
worker_processes auto;            # 启动与CPU核数一致的工作进程
```

```
worker_priority -5;                      # 工作进程在Linux系统中的优先级为-5

events {
    worker_connections  65535;           # 每个工作进程的最大连接数
    multi_accept on;                     # 每个工作进程每次都可以接受多个连接
}
```

❏ 文本参数 stream，加载 TCP/UDP 代理配置，参数值如下：

```
# 配置TCP/UDP代理的日志格式模板，模板名为tcp
log_format  tcp '$remote_addr - $connection - [$time_local] $server_
    addr:$server_port - $protocol'
                    '- $status - $upstream_addr - $bytes_received - $bytes_
                        sent - $session_time '
                    '- $proxy_protocol_addr:$proxy_protocol_port ';

# 配置TCP/UDP代理的错误日志输出位置，错误级别为error
error_log /var/log/nginx/tcp_error.log error;
```

❏ 文本参数 http，加载 HTTP 配置，参数值如下：

```
include       mime.types;                # 引入MIME类型映射表文件

# 配置HTTP的错误日志输出位置，错误级别为error
error_log /var/log/nginx/error.log error;

# 配置HTTP的日志格式，模板名为main
log_format  main '$remote_addr - $connection - $remote_user [$time_local] "$request"
    - $upstream_addr '
                '$status - $body_bytes_sent - $request_time - "$http_referer" '
                '"$http_user_agent" - "$http_x_forwarded_for" - ';

# 配置全局访问日志输出位置，并使用模板main的日志格式输出
access_log  /var/log/nginx/access.log  main;

charset  utf-8;                          # 字符编码为utf-8
variables_hash_max_size 2048;            # 变量哈希表最大值为2048字节
variables_hash_bucket_size 128;          # 变量哈希桶最大值为128字节
server_names_hash_bucket_size 256;       # 服务主机名哈希桶大小为256字节
client_header_buffer_size 32k;           # 请求头缓冲区的大小为32KB
large_client_header_buffers 4 128k;      # 最大缓存为4个128KB
client_max_body_size 20m;                # 允许客户端请求的最大单个文件字节数为20MB
sendfile on;                             # 开启零复制机制
tcp_nopush on;                           # 启用在零复制时数据包最小传输的限制机制
tcp_nodelay on;                          # 当处于保持连接状态时，以最快方式发送数据包
keepalive_timeout  60;                   # 保持连接超时时间为60s
client_header_timeout 10;                # 读取客户请求头的超时时间是10s
client_body_timeout 10;                  # 请求体接收超时时间为10s
server_tokens on;                        # 不显示Nginx版本信息
```

❏ 布尔值参数 proxy，该设置默认为选中，用以选择是否加载代理相关指令配置。

❏ 布尔值参数 gzip，该设置默认为不选中，用以选择是否加载 gzip 相关指令配置。

❑ 布尔值参数 fscgi，该设置默认为不选中，用以选择是否加载 FastCGI 相关指令配置。
（2）代码仓库配置
❑ 添加 GitLab 的地址、账户及密码。
❑ 构建分支（Branches to build），填写 ${tag}，Git 参数定义的变量。
（3）构建环境配置
❑ 选择构建前先删除之前的构建目录（Delete workspace before build starts）。
❑ 选择设置 Jenkins 用户变量（Set jenkins user build variables）。
（4）构建操作配置
❑ 编写构建脚本。

```bash
#!/bin/bash
set -x

# 初始化变量
jobname=${JOB_NAME}
jobnum=${BUILD_TIMESTAMP}-${BUILD_NUMBER}
OLD_IFS="$IFS" ;IFS="/" ;arr=($jobname) ;IFS="$OLD_IFS"
cluster=${arr[1]}
name=${arr[2]}

# 部署时执行的操作
if [ "$deploy" == "deploy" ];then

    rm -rf *.default

    # 对变量中的单引号、双引号及变量符号进行转义
    stream=${stream//$/%24}
    stream=${stream//\'/%98}
    stream=${stream//\"/%9c}

    http=${http//$/%24}
    http=${http//\'/%98}
    http=${http//\"/%9c}

    # 生成当前配置变量
    jobvars="process_events='$process_events' modules='$modules' stream=
        '$stream' http='$http' proxy='$proxy' gzip='$gzip' fscgi='$fscgi'"

fi

# 回滚时执行的操作
if [ "$deploy" == "rollback" ];then
    OLD_IFS="$IFS" ;IFS="-" ;arr=($tag) ;IFS="$OLD_IFS"
    jobnum=${arr[${#arr[@]}-2]}-${arr[${#arr[@]}-1]}
    jobvars=""
fi

# 生成版本信息
echo "#$cluster-$name-$jobnum $deploy by ${BUILD_USER}" >version.txt
```

```
# 生成任务变量
vars="hosts=$cluster jobname=$name   work=${WORKSPACE} serial=30% deploy=
    '$deploy' $jobvars "

# 执行Ansible剧本
ansible-playbook -i /etc/ansible/hosts /etc/ansible/roles/nginx.yaml --extra-
    vars "$vars "
if [ $? -ne 0 ];then exit 1; fi

# 执行部署操作成功时，对变更的配置文件进行归档
if [ "$deploy" == "deploy" ];then
    git add .
    git commit -m "#$cluster-$name-$jobnum deploy by ${BUILD_USER}"
fi
```

❑ 添加修改构建名（Update build name），选择从文件名中读取（Read from file），文件名填写为 version.txt。

（5）构建后动作配置

❑ 使用 Git Publisher 插件，将修改成功的代码提交到 Gitlab 中，并打标签（tag）为当前构建的时间戳和编号。

❑ 选择构建成功后，再打标签（Push Only If Build Succeeds）。

❑ 选择合并结果（Merge Results）。

❑ 标签名（Tag to push），填写 ${JOB_NAME}-${deploy}-${BUILD_TIMESTAMP}-${BUILD_NUMBER}。

❑ 选择创建新标签（Create new tag）。

配置文件 staus.conf 及 server.conf 的 Jenkins 任务创建过程仅与 nginx.conf 在构建的参数配置和 shell 脚本上略有变化，此处就不一一详细举例了。Jenkins 拥有诸多功能强大的插件，使其可以完成各种部署及发布的操作需求。例如，可以通过 jQuery 插件对 Jenkins 的操作界面进行自定义修改，增加根据选择项动态实现参数选项的显示和隐藏，或者增加自定义按钮实现配置预览等功能，此处就不再进行深入探讨了。结合 GitLab、Ansible 及 Jenkins 等开源软件，用户可以根据实际需求，不断优化并打造符合自身需求的 Nginx 配置管理工具。

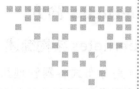

Nginx 在 Kubernetes 中的应用

　　Kubernetes 简称 k8s，是 Google 开源的分布式容器管理系统，它的核心功能是如何自动化部署、扩展和管理运行于容器中的应用软件，实现对容器的部署、网络管理、负载调度、节点集群和资源的扩缩容等自动化管理功能。Kubernetes v1.0 版本发布于 2015 年 7 月，虽然发布时间不长，但在 IT 技术领域产生了很大影响，被誉为"云时代的 Linux"。Kubernetes 支持 Docker、Rocket 和 Hyper-v 容器引擎，其中 Docker 容器引擎是基于 Go 语言开发的，它基于宿主机中操作系统上的进程级别虚拟化技术，直接利用宿主机的系统资源，比虚拟系统级别的虚拟化技术少了虚拟系统的中间层调用，具有资源占用低、镜像体积小、加载速度快等优点。

　　在 Kubernetes 系统中的服务对外发布方案中，使用了基于 Nginx 的应用层代理、负载方案，基于 Nginx 的高稳定路由代理、模块化、可编程等特性，使 Kubernetes 对集群中运行于容器中的应用程序具有了更加灵活的应用层，可提供对外访问的管理能力。Kubernetes 目前仍处于活跃开发状态，功能迭代频繁，不同版本间会存在一些差异。本章将以运行于 CentOS 7 操作系统，基于 Docker 容器引擎的 Kubernetes 最新版本 v1.15 介绍 Nginx 在 Kubernetes 集群中的集成应用。

　　本章有如下内容：

❑ Kubernetes 相关术语；

❑ Kubernetes 的网络通信方式；

❑ Kubernetes 中 Nginx Ingress 的部署与管理；

❑ Nginx Ingress 的配置及应用。

12.1　Kubernetes 简介

12.1.1　Kubernetes 架构简述

Kubernetes 是分布式容器管理系统，它提供了对容器快速部署、网络规划、负载调度及宿主机节点自动化更新和维护的管理机制，使容器自动化按照用户期望的方式运行。与大多数分布式系统一样，Kubernetes 集群由主节点（Master）和多个从节点（Node）组成，集群中运行多个应用组件，是计算、存储、网络资源的集合，为运行的各种应用提供资源管理、调度和维护等功能。Kubernetes 架构如图 12-1 所示。

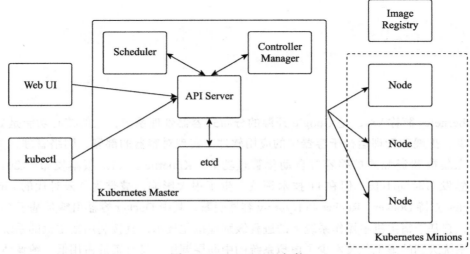

图 12-1　Kubernetes 架构

具体说明如下。

- ❑ Kubernetes 集群中被操作控制的资源称为资源对象，如 Pod、Node、Service 都被看作资源对象。

- ❑ kubectl 是 Kubernetes 的命令行管理工具，该工具与 Web UI 一样，可以通过 Kubernetes 主节点的接口服务（API Server）查看及进行创建、删除或更新资源对象等操作。

- ❑ Kubernetes 主节点的核心组件包括接口服务（API Server）、调度服务（Scheduler）、控制管理服务（Controller Manager）和存储服务（etcd）。

  - ○ 接口服务提供了资源对象操作的统一入口，提供认证、授权、访问控制等功能，以 REST API 方式对外提供服务，允许各类组件创建、删除、更新或监视资源。

  - ○ 调度服务按照编排的调度策略将运行容器（Pod）根据集群资源和状态选择合适的 Node 进行创建。

  - ○ 控制管理服务负责维护整个集群的状态，包括滚动更新、自动扩缩容、故障检测等。
- ○ 存储服务用于存储整个集群各种配置及资源实例的状态，实现配置共享和服务发现等功能。

一个 Kubernetes 集群可包括多个 Node 节点，每个 Node 节点上运行了网络、代理及管理组件。Kubernetes 节点架构如图 12-2 所示。

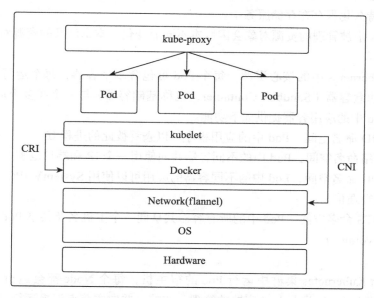

图 12-2　Kubernetes 节点架构

具体说明如下。

- ❑ kube-proxy 负责为 Pod 提供网络代理和负载均衡等功能。
- ❑ Kubernetes 并未提供专门的网络组件实现网络功能，目前常用的是 flannel，它通过 CNI（Container Network Interface，容器网络接口）方式与 Kubernetes 集成，提供网络功能。
- ❑ kubelet 是运行在每个节点上的节点代理服务，可以实现每个节点上的 Pod 管理及监控，并接收主节点组件下发的各种管理任务。
- ❑ Pod 是 Kubernetes 中最基本的管理单位，是在 Docker 容器上的一层封装，一个 Pod 可包含多个容器，可以实现内部运行容器的资源共享。
- ❑ CRI（Container Runtime Interface，容器运行时接口）是 Kubernetes 中用来与底层容器（如 Docker）进行通信的接口，可对容器执行启停等操作。

12.1.2　Kubernetes 相关术语

Kubernetes 提供了容器运行时各种资源自动化调度与管理的强大功能，为应对各种复杂环境的自动化管理操作，Kubernetes 系统中定义了很多术语。本章涉及的术语可分为资源对象、资源控制器、资源配置和管理工具 4 类。

1. 资源对象

资源对象指 Kubernetes 中所有被管理的资源，如 Pod、节点、服务都属于资源对象。可以通过接口服务对 Kubernetes 集群中的所有资源对象进行增、删、改、查操作，资源对象相关数据被持久化保存在存储服务中。

Kubernetes 中被管理的资源对象会因版本不同而变化，本章涉及的资源对象如下。

（1）Pod

Pod 是 Kubernetes 中的核心资源，每个 Pod 可包含多个容器，每个运行的 Pod 由一个名为 pause 的沙盒容器（Sandbox Container，也称基础容器）与一个或多个应用容器组成。基础容器为 Pod 中的应用容器提供如下功能。

❑ 共享 PID 命名空间，Pod 中的应用程序可以查看彼此的进程 ID。

❑ 共享网络命名空间，Pod 中的不同容器共同使用一个 IP 和端口范围。

❑ 共享 IPC 命名空间，Pod 中的不同容器的应用可以使用 SystemV IPC 或 POSIX 消息队列进行通信。

❑ 共享 UTS 命名空间，Pod 中的所有容器共享同一个主机名及共享 Pod 级别定义的存储卷（Volume）。

（2）Node

Node 是指 Kubernetes 集群中运行 Pod 的宿主机，每个 Node 都会运行节点代理服务（kubelet），负责各 Node 运行 Pod 容器的管理、监控，并向主节点汇报运行容器的状态，同时接收并执行主节点下发的任务。通过管理工具可对 Node 资源进行添加、删除及隔离等操作。

（3）标签

标签（Label）是与资源对象关联的键值对，用以标识资源实例的特征，方便用户对资源实例通过自定义标识进行归类。标签键（key）的长度最多 63 个字符，必须以字母或数字为开始和结束的字符，中间可以有 "_""-""." 做连接符。标签键值（value）的长度最多 63 个字符，必须以字母或数字为首字符，也可以为空。每个资源实例与标签是多对多的关系，可以在资源实例初始时定义标签，也可以动态添加或删除。

（4）注解

注解（Annotation）也是与资源对象关联的键值对，用以对资源实例的内置属性进行描述。注解键值对不能用于资源实例的标识及选择，但资源实例被描述的属性数据可以被管理工具或系统扩展使用。注解键值对可以使用标签不允许的字符，可用于资源实例运行时的外部设置，使资源实例在注解值不同时实现不同的运行状态。

（5）服务

服务（Service）定义了由多个具有相同服务名称标签的 Pod 组成的虚拟网络集群，其负责虚拟集群内 Pod 的负载均衡和自动发现，每个服务会被分配一个全局唯一固定的虚拟 IP（Cluster IP），Kubernetes 集群内的所有应用都可以通过 Cluster IP 与这个服务实现 TCP 通信。

（6）端点

资源对象端点（Endpoint）表示一个由 Pod IP 和端口组成的可被访问的网络访问点，是构成 Service 的基础单位，每个 Service 负责实现端点列表中端点的负载均衡和网络请求转发。

（7）配置映射

配置映射（ConfigMap）提供了一种类似于配置中心的配置使用方法。应用容器的内容是在制作镜像时打包好的，如果要修改容器的内容，通常都需要重新制作镜像。日常使用中，会遇到很多只简单修改应用配置文件的需求，通过配置映射将配置变量或文件存储在存储服务 etcd 中，应用容器可以在运行的系统中以环境变量或挂载文件的方式使用这些配置变量。

（8）命名空间

命名空间（Namespace）是 Kubernetes 集群用于对资源进行管理的逻辑集合，不同命名空间的资源实例逻辑间是彼此隔离的。不同命名空间可通过设定资源配额、网络策略、RBAC 策略进行资源实例的管控。网络策略需要网络插件的支持，如 Flannel 并没有提供网络策略的支持，所以无法实现网络隔离。

2. 资源控制器

资源控制器用以实现每个资源对象的具体操作，每个资源对象都由对应的控制器进行管理和控制。Kubernetes 通过各种控制器跟踪和对比存储服务中已保存资源实例的期望状态与当前集群中运行的资源实例的实际状态的差异来实现自动控制和纠错。

Kubernetes 通过管理控制服务来管理资源对象，管理控制服务由一系列资源控制器（Controller）组成，本章涉及的控制器有如下几种。

（1）副本控制器

副本控制器（Replication Controller，RC）与进程管理器类似，用以监控集群中所有节点上的 Pod，并确保每个 Pod 都有设定数量的副本在运行。如果运行的 Pod 数量大于设定的数量，则关闭多余的 Pod；反之，则启用足够数量的新 Pod。

（2）副本集

副本集（Replica Set，RS）在 RC 原有功能的基础上提供了更多的增强工具，它主要被部署控制器（Deployment Controller）作为协调 Pod 创建、删除和更新使用。RS 也被称为下一代副本控制器，官方已经推荐使用部署控制器管理 RS（而不是 RC）。

（3）部署控制器

部署控制器用来管理无状态应用，它通过资源对象 Deployment 的配置与 RS 组合来管理 Pod 的多个副本，确保 Pod 按照资源配置描述的状态运行。部署控制器完成资源对象

Deployment 实例的创建过程，由 RS 协助实现 Pod 副本的创建，并随时监控 Deployment 资源实例的部署状态，当部署状态不稳定时，可将 Pod 回滚到之前的 Deployment 资源实例版本。

（4）DaemonSet 控制器

DaemonSet 控制器可确保以该模式部署的 Pod 应用，在集群中的每个 Node 上都有一个 Pod 副本在运行，如果集群中增加了新的 Node，也会自动在该 Node 创建该应用的 Pod 副本，常用来部署全局使用的日志采集、监控、系统管理等容器应用。

（5）StatefulSet 控制器

StatefulSet 控制器是用来管理有状态应用的，能够保证其管理的 Pod 的每个副本在整个生命周期中名称不变。通常每个 Pod 在被删除重建或重启后名称（PodName 和 HostName）都会变化，而 StatefulSet 控制器可以使 Pod 副本相关信息不变，也可以按照固定的顺序启动、更新或删除。StatefulSet 控制器通常用来解决有状态服务的管理和维护。

（6）端点控制器

端点控制器（Endpoint Controller）负责与服务对应端点列表的生成和维护，监听服务及其对应 Pod 的变化。服务被创建或修改时，端点控制器根据服务信息获得其所有 Pod 的 IP 和端口信息，并创建或更新同名的端点对象列表。当服务被删除时，同名的端点列表也会被删除。kube-proxy 服务通过获取每个服务对应的端点列表，实现服务的负载均衡和数据转发配置。

（7）服务控制器

服务控制器（Service Controller）是属于 Pod 应用对外发布服务的一个接口控制器，可通过 ClusterIP、NodePort、LoadBalancer、ExternalName 和 externalIPs 方式实现 Pod 应用的对外服务访问。服务控制器监听资源对象服务的变化，当服务是 LoadBalancer 类型时，确保外部的云平台上对该服务对应的 LoadBalancer 实例被相应地创建、删除及路由转发表的更新。

3. 资源配置

资源配置是由用户编写来描述资源实例期望状态的 Yaml 格式数据或文本，每个资源对象被通过对应的资源接口创建或修改资源实例，并通过资源控制器使资源实例按照资源配置文件中描述的期望状态运行。

本章涉及资源配置的资源接口版本（apiVersion）、资源类型（kind）、元数据（metadata）、规范（spec）四个部分。

（1）资源接口版本

因 Kubernetes 本身也在快速迭代，所以 Kubernetes 每次更新一个版本时，就会为被改变内容的资源接口创建一个新的版本，所以在编写资源配置时，需要先声明被操作资源接口的版本，以确保所描述的操作内容可被正常解析和执行。可使用如下命令查看当前 Kubernetes 集群接口服务支持的接口版本。

```
kubectl api-versions
```

（2）资源类型

资源类型用以声明需要操作的资源类型名称，资源类型包括一个或多个可被操作的资源对象，常见的资源类型有 Service、Deployment、Pod、Ingress。可使用如下命令查看当前 Kubernetes 集群接口服务可操作的资源对象名称和所属资源类型。

```
kubectl api-resources
```

（3）元数据

元数据用以对当前操作的资源实例进行标识，元数据可以包括实例名称（name）、实例所在命名空间（namespace）、实例标签（label）、实例注解（Annotation）等信息。

（4）规范

规范用以描述被操作的资源实例在 Kubernetes 集群中的执行规范和被期望达成的状态。资源配置样例如下。

创建名为 nginx-svc 的服务资源实例，将资源实例 nginx-svc 以 NodePort 类型对外开放端口 30080，对应的 Service 端口为 8080，Pod 端口为 80。

```
apiVersion: v1            # 调用资源接口版本为v1
kind: Service             # 资源类型为Service
metadata:
    name: nginx-svc       # 资源实例名称为nginx-svc
    namespace: webapps    # 资源实例所属命名空间为webapps
    labels:
        app: nginx-svc    # 资源实例的标签为nginx-svc
spec:
    type: NodePort        # 服务类型为NodePort
    ports:
    - port: 8080          # 服务的端口为8080
      nodePort: 30080     # NodePort对外开放的端口为30080
      targetPort: 80      # Pod应用的端口为80
    selector:
        app: nginx-web    # 服务用于筛选对应Pod的标签名为nginx-web
```

4. 管理工具

管理工具是用于与 Kubernetes 交互来实现资源对象操作的执行程序，资源配置文件就是通过管理工具提交给 Kubernetes 接口服务完成相关资源对象操作的。

（1）集群部署工具 kubeadm

kubeadm 是 Kubernetes 官方推荐的部署工具之一，可以实现 Kubernetes 集群容器化的快速部署。Master 节点只需执行 kubeadm init 即可完成 Master 组件的自动化部署，Node 节点只需执行 kubeadm join 即可完成加入指定 Kubernetes 集群的操作。执行 kubeadm init 命令时自动执行如下动作。

1）系统环境检查。

2）生成 Master token。

3）生成自签名的 CA 和 Client 证书。

4）生成 kubeconfig 用于 kubelet 服务连接 API server。

5）初始化并启动 kubelet 服务。

6）为 Master 各组件生成静态 Pod 配置（Static Pod manifests）并创建 Pod 应用，Master 组件运行命名空间为 kube-system。

7）配置 RBAC。

8）添加 kube-proxy 和 CoreDNS 附加服务。

该命令的其他参数如下。

```
# 初始化主节点
kubeadm init

# 查看token
kubeadm token list

# 重新生成token
kubeadm token generate

# 清空kubeadm设置
kubeadm reset
```

（2）资源管理工具 kubectl

kubectl 是 Kubernetes 的资源管理客户端程序，可以通过 Kubernetes Master 的接口服务（API Server）查看及进行创建、删除或更新资源对象等操作。通常建议在非 Master 节点主机运行或在 Master 节点上以非 root 权限用户运行。当 Master 节点被 kubeadm 初始化成功后，会提示将 /etc/kubernetes/admin.conf 复制到 kubectl 控制机或非 root 用户的 Home 目录中。该命令的其他参数如下。

```
# 查看节点状态
kubectl get nodes

# 查看集群状态
kubectl get cs

# 查看所有事件
kubectl get events --all-namespaces

# 查看所有Pod
kubectl get pods --all-namespaces -o wide

# 查看所有服务
kubectl get services --all-namespaces -o wide

# 扩缩容，将以deployment部署方式部署的Pod资源实例nginx的副本数设定为3
kubectl scale --replicas=3 deployment/nginx

# 编辑配置，编辑资源对象Service实例名为nginx的资源配置
kubectl edit service/nginx
```

为了更方便地扩展资源管理工具的功能，kubectl 通过插件机制允许开发者以独立文件的形式发布自定义的 kubectl 子命令。kubectl 插件可以使用任意语言开发，可以是一个 Bash 或 Python 的脚本，也可以是其他语言开发编译的二进制可执行文件，只要最终将脚本或二进制可执行文件以 kubectl- 为前缀命名，并存放到 /root/.krew/bin/ 目录中即可。使用 kubectl plugin list 命令可以查看有哪些插件。krew 是 kubectl 插件的管理器，使用 krew 可以轻松查找、安装和管理 kubectl 插件。krew 本身也是一个 kubectl 插件。krew 相关的命令如下。

```
# 安装kubectl插件krew
curl -fsSLO "https://storage.googleapis.com/krew/v0.2.1/krew.{tar.gz,yaml}"

tar zxvf krew.tar.gz
./krew-linux_amd64 install --manifest=krew.yaml --archive=krew.tar.gz
echo "export PATH=\"\${KREW_ROOT:-\$HOME/.krew}/bin:\$PATH\"" >>/etc/profile
source /etc/profile

# 更新插件列表
kubectl krew update

# 查看插件列表
kubectl krew list
```

（3）应用部署工具 Helm

Helm 并非官方提供的工具，而是 Deis 公司（已被微软收购）开发的用于 Kubernetes 下应用部署、更新、卸载的管理工具。Helm 类似于 Linux 操作系统中的包管理工具，如 CentOS 下使用的 yum。Helm 让 Kubernetes 的用户可以像安装软件包一样，轻松查找、部署、升级或卸载各种应用。Helm 的工作逻辑如图 12-3 所示。

关于 Helm 的几点说明如下。

❑ Helm 管理的安装包被称为 Chart。

❑ Chart 存储在远端的 Charts 仓库（Repository）。

❑ Tiller 是 Helm 的服务端，以 Pod 方式部署在 Kubernetes 中，负责接收 Helm 客户端的控制命令，解析 Chart 并调用接口服务完成应用的部署和配置。

常用的 Helm 命令如下。

```
# 初始化Helm
helm init

# 查看当前安装的应用
helm list

# 安装应用
```

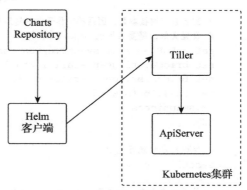

图 12-3　Helm 工作逻辑

```
helm install --namespace kubeapps --name kubeapps bitnami/kubeapps

# 删除应用
helm delete --purge kubeapps
```

12.1.3 Kubernetes 集群部署

Kubernetes 集群支持多种方式部署，kubeadm 是 Kubernetes 官方提供的用于快速部署 Kubernetes 集群的工具，本节将使用 kubeadm 实现 Kubernetes 集群样例的快速部署。部署规划如表 12-1 所示。

表 12-1　Kubernetes 部署规划

名　称	IP	主机名
Master 节点	10.10.4.17	vm417centos-master.kube
从节点	10.10.4.26	vm426centos-node01.kube
Pod 网络	172.172.0.0/16	—

1. 系统初始化

分别在 Master 和 Node 主机进行系统初始化，此处使用的操作系统版本为 CentOS 7.2。

```
# 关闭setenforce
setenforce 0
sed -i "s/SELINUX=enforcing/SELINUX=disabled/g" /etc/selinux/config

# 关闭默认防火墙
systemctl stop firewalld
systemctl disable firewalld

# 配置hosts, 实现本地主机名解析
echo "10.10.4.17 vm417centos-master.kube
10.10.4.26 vm426centos-node01.kube" >> /etc/hosts

# 配置系统内核参数，因网桥工作于数据链路层，数据默认会直接经过网桥转发，为避免iptables的FORWARD
# 设置失效，需要启用bridge-nf机制
cat <<EOF > /etc/sysctl.d/k8s.conf
net.bridge.bridge-nf-call-ip6tables = 1
net.bridge.bridge-nf-call-iptables = 1
net.ipv4.ip_forward = 1
vm.swappiness=0
EOF

# 使内核参数配置生效
sysctl --system

# 关闭交换内存，如果不关闭，kubelet服务将无法启动
swapoff -a
```

```
# 安装docker-ce，Kubernetes与Docker存在版本兼容问题，Kubernetes最新版本v1.15，最高支持
# Docker 18.09版本，所以需要安装指定的Docker版本
yum install -y yum-utils
yum-config-manager --add-repo https://download.docker.com/linux/centos/docker-ce.repo
yum install -y docker-ce-18.09.0-3.el7 docker-ce-cli-18.09.0-3.el7 containerd.io-
    1.2.0-3.el7 ebtables ethtool
systemctl enable docker
systemctl start docker

# 优化Docker cgroup驱动，Kubernetes文档指出，使用systemd作为init system的Linux系统中，
# cgroup driver为systemd模式可以确保服务器节点在资源紧张时的稳定性
yum install -y systemd
cat >/etc/docker/daemon.json<<EOF
{
    "exec-opts": ["native.cgroupdriver=systemd"]
}
EOF
systemctl restart docker

# 查看确认
docker info | grep Cgroup

# 配置kubernetes yum源，用以安装Kubernetes基础服务及工具，此处使用阿里云镜像仓库源
cat > /etc/yum.repos.d/kubernetes.repo <<EOF
[kubernetes]
name=Kubernetes
baseurl=https://mirrors.aliyun.com/kubernetes/yum/repos/kubernetes-el7-x86_64/
enabled=1
gpgcheck=0
EOF

# 安装Kubernetes基础服务及工具
yum install -y kubeadm kubelet kubectl kompose kubernetes-cni
systemctl enable kubelet.service
```

2. 部署 Master 节点

Master 节点理论上只需要接口服务、调度服务、控制管理服务、状态存储服务，但 kubeadm 以 Pod 形式部署 Master 组件，所以在 Master 节点主机上仍需要部署 kubelet 服务，kubeadm 在初始化时会自动对 kubelet 服务进行配置和管理。

```
# 设置主机名，kubeadm识别主机名时有严格的规范，主机名中需要有 "-" 或 "."
hostnamectl --static set-hostname vm417centos-master.kube

# 使用kubeadm初始化Master节点，建议使用阿里云镜像仓库
kubeadm init  --pod-network-cidr=172.172.0.0/16 \  # 设置Pod网段IP为172.172.0.0/16
              --image-repository registry.cn-hangzhou.aliyuncs.com/google_containers \
                                          # 设置从阿里云镜像仓库下载
              --kubernetes-version v1.15.1        # 下载Kubernetes的v1.15.1版本
```

Master 节点初始化成功后，会提示成功并输出 token 和 discovery-token-ca-cert-hash，用于将 Node 加入所指定 Master 的 Kubernetes 集群。Kubernetes 本身并没有集成网络功

能，需要单独安装网络插件实现 Kubernetes 集群中 Pod 的网络功能，此处安装网络组件 Flannel。

```
# 初始化kubectl配置，建议在非root或单独的管理机上配置kubectl管理环境
echo "export KUBECONFIG=/etc/kubernetes/admin.conf" >> ~/.bash_profile
source ~/.bash_profile

# 获取网络组件Flannel的资源配置文件
wget https://raw.githubusercontent.com/coreos/flannel/master/Documentation/kube-
flannel.yml

# 修改Pod网段IP为自定义的172.172.0.0/16
sed -i "s#10.244.0.0/16#172.172.0.0/16#g" kube-flannel.yml

# 创建应用
kubectl apply -f kube-flannel.yml
```

网络组件安装后，可以在网络接口上看到 cni0 和 flannel.1，如图 12-4 所示。

```
[root@vm417centos-master scripts]# ifconfig
cni0: flags=4163<UP,BROADCAST,RUNNING,MULTICAST>  mtu 1450
        inet 172.172.0.1  netmask 255.255.255.0  broadcast 0.0.0.0
        ether 52:eb:0f:c2:c9:fc  txqueuelen 1000  (Ethernet)
        RX packets 117  bytes 11176 (10.9 KiB)
        RX errors 0  dropped 0  overruns 0  frame 0
        TX packets 101  bytes 35993 (35.1 KiB)
        TX errors 0  dropped 0 overruns 0  carrier 0  collisions 0

docker0: flags=4099<UP,BROADCAST,MULTICAST>  mtu 1500
        inet 172.17.0.1  netmask 255.255.0.0  broadcast 172.17.255.255
        ether 02:42:b2:df:d1:30  txqueuelen 0  (Ethernet)
        RX packets 0  bytes 0 (0.0 B)
        RX errors 0  dropped 0  overruns 0  frame 0
        TX packets 0  bytes 0 (0.0 B)
        TX errors 0  dropped 0 overruns 0  carrier 0  collisions 0

eth0: flags=4163<UP,BROADCAST,RUNNING,MULTICAST>  mtu 1500
        inet 10.10.4.17  netmask 255.255.255.0  broadcast 10.10.4.255
        ether 52:54:00:2d:2c:4a  txqueuelen 1000  (Ethernet)
        RX packets 1457  bytes 126043 (123.0 KiB)
        RX errors 0  dropped 0  overruns 0  frame 0
        TX packets 1501  bytes 272760 (266.3 KiB)
        TX errors 0  dropped 0 overruns 0  carrier 0  collisions 0

flannel.1: flags=4163<UP,BROADCAST,RUNNING,MULTICAST>  mtu 1450
        inet 172.172.0.0  netmask 255.255.255.255  broadcast 0.0.0.0
        ether de:3d:a6:03:53:20  txqueuelen 0  (Ethernet)
        RX packets 0  bytes 0 (0.0 B)
        RX errors 0  dropped 0  overruns 0  frame 0
        TX packets 0  bytes 0 (0.0 B)
        TX errors 0  dropped 0 overruns 0  carrier 0  collisions 0
```

图 12-4　Flannel 接口信息

用如下命令可以查看主节点运行 Pod 的状态。

```
kubectl get pods --all-namespaces -o wide
```

3. 部署 Node

```
# 设置主机名，kubeadm识别主机名时有严格的规范，主机名中需要有 "-" 或 "."
hostnamectl --static set-hostname vm426centos-node01.kube

# 加入Kubernetes集群
kubeadm join 10.10.4.17:6443 --token rk1zux.esj6fnjz3xlms3rv \
    --discovery-token-ca-cert-hash sha256:f8371d489b9f67f630199a03754ceffa83d850
```

```
f06db039a60fc9b170c20e5826
```

```
# 在Master节点通过命令查看节点状态
kubectl get nodes
```

4. 部署 kubernetes-dashboard

kubernetes-dashboard 是 Kubernetes 社区中一个很受欢迎的项目，它为 Kubernetes 用户提供了一个可视化的 Web 前端，通过 Web 前端可以查看当前集群的各种信息，为用户管理维护 Kubernetes 集群提供帮助。

```
# 获取资源配置文件
wget https://raw.githubusercontent.com/kubernetes/dashboard/v1.10.1/src/deploy/
    recommended/kubernetes-dashboard.yaml

# 修改镜像仓库为阿里云仓库
sed -i "s/k8s.gcr.io/registry.cn-hangzhou.aliyuncs.com\/google_containers/g"
    kubernetes-dashboard.yaml

# 设置端口映射方式为NodePort，映射端口为31443
sed -i '/spec:/{N;s/  ports:/  type: NodePort\n&/g}' kubernetes-dashboard.yaml
sed -i "/targetPort: 8443/a\        nodePort: 31443" kubernetes-dashboard.yaml

# 部署Pod应用
kubectl apply -f kubernetes-dashboard.yaml
```

kubernetes-dashboard 有 Kubeconfig 和 Token 两种认证登录方式，此处选择 Token 方式认证登录。此处 Kubernetes 的资源类型——服务账户（Service Account）创建 admin-user 账户并授权为 Cluster-Role 的管理角色。

```
# 创建admin-user账户及授权的资源配置文件
cat>dashboard-adminuser.yml<<EOF
apiVersion: v1
kind: ServiceAccount
metadata:
    name: admin-user
    namespace: kube-system
---
apiVersion: rbac.authorization.k8s.io/v1
kind: ClusterRoleBinding
metadata:
    name: admin-user
roleRef:
    apiGroup: rbac.authorization.k8s.io
    kind: ClusterRole
    name: cluster-admin
subjects:
- kind: ServiceAccount
  name: admin-user
  namespace: kube-system
EOF
```

```
# 创建资源实例
kubectl create -f dashboard-adminuser.yml

# 获取账户admin-user的Token用于登录
kubectl -n kube-system describe secret $(kubectl -n kube-system get secret | grep
    admin-user | awk '{print $1}')
```

kubernetes-dashboard 的 Pod 运行成功后，可以在浏览器上通过集群中的任意 Node IP 和 31443 端口访问 kubernetes-dashboard，通过 Token 登录后就可以通过 Web 界面进行 Kubernetes 集群的管理和维护。

5. 部署管理工具 Helm

Helm 客户端程序需要使用 Kubernetes 管理工具 kubectl，所以要先确认安装 Helm 主机的 kubectl 可用，如果不可用则需要先安装。

（1）安装 kubectl

配置样例如下：

```
# 配置Kubernetes安装源
cat > /etc/yum.repos.d/kubernetes.repo <<EOF
[kubernetes]
name=Kubernetes
baseurl=https://mirrors.aliyun.com/kubernetes/yum/repos/kubernetes-el7-x86_64/
enabled=1
gpgcheck=0
EOF

# 安装kubectl
yum install -y kubectl

# 初始化配置目录
mkdir -p $HOME/.kube

# 将Master节点主机的文件/etc/kubernetes/admin.conf复制到kubectl控制机
scp Master:/etc/kubernetes/admin.conf $HOME/.kube/config
```

（2）安装 Helm

配置样例如下：

```
# 下载Helm客户端
wget https://get.helm.sh/helm-v2.14.2-linux-amd64.tar.gz
tar -zxvf helm-v2.14.2-linux-amd64.tar.gz
mv linux-amd64/helm /usr/sbin/
mv linux-amd64/tiller /usr/sbin/
helm help

# 添加阿里云仓库
helm repo add aliyun-stable https://acs-k8s-ingress.oss-cn-hangzhou.aliyuncs.com/charts
helm repo update
```

```
# 将Tiller应用安装到Kubernetes集群并使用阿里云的charts仓库
helm init --upgrade -i registry.cn-hangzhou.aliyuncs.com/google_containers/
    tiller:v2.14.2 --stable-repo-url https://kubernetes.oss-cn-hangzhou.aliyuncs.
    com/charts
```

```
# 添加Tiller授权
kubectl create serviceaccount --namespace kube-system tiller
kubectl create clusterrolebinding tiller-cluster-rule --clusterrole=cluster-admin
    --serviceaccount=kube-system:tiller
kubectl patch deploy --namespace kube-system tiller-deploy -p '{"spec":{"template":
    {"spec":{"serviceAccount":"tiller"}}}}'
```

（3）安装 Helm 的 Web 管理工具 Kubeapps

Kubeapps 是 Helm 的 Web 化管理工具，提供了比命令行更丰富的应用安装说明和更便捷的安装方式。

```
# 添加bitnami的charts仓库
helm repo add bitnami https://charts.bitnami.com/bitnami
```

```
# 安装Kubeapps，命名为kubeapps，所属命名空间为kubeapps
helm install --namespace kubeapps --name kubeapps bitnami/kubeapps
```

```
# 创建Kubeapps账号
kubectl create serviceaccount kubeapps-operator
kubectl create clusterrolebinding kubeapps-operator --clusterrole=cluster-admin
    --serviceaccount=default:kubeapps-operator
```

```
# 创建服务，提供NodePort类型的访问端口30080
cat>kubeapps-service.yml<<EOF
apiVersion: v1
kind: Service
metadata:
    name: kubeapps-svc
    namespace: kubeapps
    labels:
        app: kubeapps
spec:
    type: NodePort
    ports:
    - port: 8080
      nodePort: 30080
    selector:
        app: kubeapps
EOF
```

```
# 在集群中创建资源实例
kubectl create -f kubeapps-service.yml
```

```
# 获取登录token
kubectl get secret $(kubectl get serviceaccount kubeapps-operator -o jsonpath=
    '{.secrets[].name}') -o jsonpath='{.data.token}' | base64 --decode
```

在浏览器上通过端口 30080 就可以访问应用 Kubeapps。

12.1.4 Kubernetes 网络通信

计算机间的信息和数据在网络中必须按照数据传输的顺序、数据的格式内容等方面的约定或规则进行传输，这种约定或规则称作协议。各种网络协议分布于不同的网络分层中，网络分层分为 OSI 七层模型和 TCP/IP 五层模型两种。TCP/IP 五层模型分别是应用层、传输层、网络层、链路层和物理层，其中应用层对应于 OSI 七层模型中的会话层、表示层、应用层，这也是二者的区别。计算机网络数据是按照协议规范，采用分层的结构由发送端自上而下流动到物理层，再从物理层在网络分层中自下而上流动到接收端的应用层完成数据通信。网络分层中，高层级的应用模块仅利用低层级应用模块提供的接口和功能，低层级应用模块也仅使用高层级应用模块传来的参数响应相关操作，层次间每个应用模块都可能被提供相同功能的应用模块替代。Kubernetes 网络通信也遵守 TCP/IP 五层模型的定义，通过不同的资源对象在相应的层级提供相应的模块功能。Kubernetes 资源对象在相应的网络层级与传统网络设备模块的对照表如表 12-2 所示。

表 12-2　设备模块对照表

网络分层	设备模块	Kubernetes 资源对象
应用层	F5、HAProxy、Nginx	Ingress
传输层	F5、LVS	Service
网络层	路由器、三层交换机	Flannel、Calico、Pod（容器间通信）
链路层	网桥、二层交换机、网卡	vnet、bridge
物理层	中继器、集线器、网线	—

1. Docker 网络模式

Kubernetes 是基于容器的管理系统，其使用的 Docker 容器版本的 Pod 由多个 Docker 容器组成，因此为便于理解 Pod 的网络通信方式，应首先了解 Docker 自有的网络模式。Docker 容器有如下 4 种常见的网络模式。

❑ 主机模式（host）。该模式下，因为容器与宿主机共享网络命名空间（network name-space，netns），所以该容器中可以共享使用宿主机的所有网卡设备。使用者可以通过访问宿主机 IP，访问容器中运行应用的所有网络端口。主机模式下网络传输效率最高，但宿主机上已经存在的网络端口无法被容器使用。

❑ 无网卡模式（none）。该模式下，容器中只有环回（Lookback，lo）接口，运行在容器内的应用仅能使用环回接口实现网络层的数据传输。

❑ 桥接模式（bridge）。该模式下，容器内会被创建 Veth（Virtual ETHernet）设备并接入宿主机的桥接网络，通过宿主机的桥接网络，容器内部应用可与宿主机及宿主机中接入同一桥接设备的其他容器应用进行通信。

❑ Macvlan 网络模式（macvlan），当宿主机的网络存在多个不同的 VLAN 时，可以通过该模式为容器配置 VLAN ID，使该容器与宿主机网络中同一 VLAN ID 的设备实现网络通信。

Docker 容器间可以通过 IP 网络、容器名解析、joined 容器 3 种方式实现通信。IP 网络是在网络联通的基础上通过 IP 地址实现互访通信。容器名解析是在网络联通的基础上，由 Docker 内嵌的 DNS 进行容器名解析实现的互访通信方式，同一主机桥接模式的容器间需要启动时，可使用 --link 参数启用这一功能。joined 容器方式可以使多个容器共享一个网络命名空间，多个容器间通过环回接口直接通信，这种方式容器间传输效率最高。

2. Pod 内容器间的数据通信

Pod 是由多个 Docker 容器以 joined 容器方式构成的，多个容器共享由名为 pause 的容器创建的网络命名空间，容器内的进程彼此间通过环回接口实现数据通信。环回接口不依赖链路层和物理层协议，一旦传输层检测到目的端地址是环回接口地址，数据报文离开网络层时会被返回给本机的端口应用。这种模式传输效率较高，非常适用于容器间进程的频繁通信。

3. 同节点的 Pod 间数据通信

每个 Pod 拥有唯一的 IP 和彼此隔离的网络命名空间，在 Linux 系统中，Pod 间跨网络命名空间的数据通信是通过 Veth 设备实现的。Veth 设备工作在链路层，总是成对出现，也被称为 Veth-pair 设备。在网络插件是 Flannel 的虚拟网络结构中，Flannel 在被 Kubernetes 触发、接收到相关 Pod 参数时，会为 Pod 创建 Veth 设备并分配 IP，Veth 设备一端是 Pod 的 eth0 接口，一端是 Node 节点中网络空间名为 default 的 Veth 虚拟接口。Flannel 在初始安装时，创建了网桥设备 cni0，网络空间 default 中创建的 Veth 虚拟接口都被加入网桥设备 cni0 中，相当于所有的 Pod 都被接入这个虚拟交换机中，在同一虚拟交换机中的 Pod 实现了链路层的互联并进行网络通信。工作原理如图 12-5 所示。

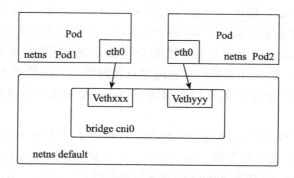

图 12-5　同节点的 Pod 间数据通信

可用如下命令查看当前节点服务器的网络命名空间和网桥信息。

```
# 查看系统中的网络命名空间
ls /var/run/docker/netns
```

```
# 查看每个命名空间的网络接口信息
nsenter --net=/var/run/docker/netns/default ifconfig -a

# 查看网桥信息
brctl show
```

4. 跨主机的 Pod 间数据通信

由 CoreOS 使用 Go 语言开发的 Flannel 实现了一种基于 Vxlan（Virtual eXtensible Local Area Network）封装的覆盖网络（Overlay Network），将 TCP 数据封装在另一种网络包中进行路由转发和通信。

Vxlan 协议是一种隧道协议，基于 UDP 协议传输数据。Flannel 的 Vxlan 虚拟网络比较简单，在每个 Kubernetes 的 Node 上只有 1 个 VTEP（Vxlan Tunnel Endpoint）设备（默认为 flannel.1）。Kubernetes 集群中整个 Flannel 网络默认配置网段为 10.244.0.0/16，每个节点都分配了唯一的 24 位子网，Flannel 在 Kubernetes 集群中类似于传统网络中的一个三层交换设备，每个 Node 节点的桥接设备通过 VTEP 设备接口互联，使运行在不同 Node 节点中不同子网 IP 的容器实现跨 Node 互通。

可用如下命令查看当前节点服务器的 arp 信息。

```
# 本地桥arp表
bridge fdb

bridge fdb show dev flannel.1
```

5. Pod 应用在 Kubernetes 集群内发布服务

Kubernetes 通过副本集控制器能够动态地在集群中任意创建和销毁 Node，因为每个 Node 被分配的子网范围不同，所以 Pod IP 也会随之变化。Flannel 构建的虚拟网络使得集群中的每个 Pod 在网络上已经实现互联互通，由于 Pod IP 变化的不确定性，运行在 Pod 中的应用服务无法被其他应用固定访问。为使动态变化 IP 的 Pod 应用可以被其他应用访问，Kubernetes 通过标签筛选的形式将具有相同指定标签的一组 Pod 定义为 Service，每个 Service 的 Pod 成员信息通过端点控制器在 etcd 中保存及更新。Service 为 Pod 应用提供了固定的虚拟 IP 和端口实现固定访问，使得集群内其他 Pod 应用可以访问这个服务。

Service 是四层（TCP/UDP over IP）概念，其构建了一个有固定 ClusterIP（集群虚拟 IP，Virtual IP）和 Port 的虚拟集群，每个节点上运行的 kube-proxy 进程通过主节点的接口服务监听资源对象 Service 和 Endpoint 内 Pod 列表的变化。kube-proxy 默认使用 iptables 代理模式，其通过对每个 Service 配置对应的 iptables 规则，在集群中的 Node 主机上捕获到达该 Service 的 ClusterIP 和 Port 的请求，当捕获到请求时，会将访问请求按比例随机分配给 Service 中的一个 Pod，如果被选择的 Pod 没有响应（取决于 readiness probes 的配置），则自动重试另一个 Pod。Service 访问逻辑如图 12-6 所示。

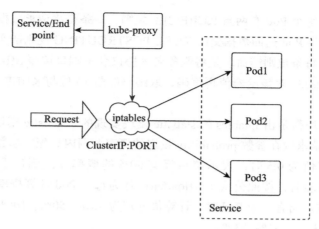

图 12-6　Service 访问逻辑

具体说明如下。

❑ kube-proxy 根据集群中 Service 和 Endpoint 资源对象的状态初始化所在节点的 iptables 规则。

❑ kube-proxy 通过接口服务监听集群中 Service 和 Endpoint 资源对象的变化并更新本地的 iptables 规则。

❑ iptables 规则监听所有请求，将对应 ClusterIP 和 Port 的请求使用随机负载均衡算法负载到后端 Pod。

kube-proxy 在集群中的每个节点都会配置集群中所有 Service 的 iptables 规则，iptables 规则设置如下。

❑ kube-proxy 首先是建立 filter 表的 INPUT 规则链和 nat 表的 PREROUTING 规则链，将访问节点的流量全部跳转到 KUBE-SERVICES 规则链进行处理。

❑ kube-proxy 遍历集群中的 Service 资源实例，为每个 Service 资源实例创建两条 KUBE-SERVICES 规则。

❑ KUBE-SERVICES 中一条规则是将访问 Service 的非集群 Pod IP 交由 KUBE-MARK-MASQ 规则标记为 0x4000/0x4000，在执行到 POSTROUTING 规则链时由 KUBE-POSTROUTING 规则链对数据流量实现 SNAT。

❑ KUBE-SERVICES 中另一条规则将访问目标是 Service 的请求跳转到对应的 KUBE-SVC 规则链。

❑ KUBE-SVC 规则链由目标 Service 端点列表中每个 Pod 的处理规则组成，这些规则包括随机负载均衡策略及会话保持（Session Affinity）的实现。

❑ KUBE-SVC 每条规则链命名是将服务名＋协议名按照 SHA256 算法生成哈希值后通过 base32 对该哈希值再编码，取编码的前 16 位与 KUBE-SVC 作为前缀组成的字符串。

❑ KUBE-SEP 每个 Pod 有两条 KUBE-SEP 规则，一条是将请求数据 DNAT 到 Pod IP，另一条用来将 Pod 返回数据交由 KUBE-POSTROUTING 规则链实现 SNAT。

❑ KUBE-SEP 每条规则链命名是将服务名 + 协议名 + 端口按照 SHA256 算法生成哈希值后通过 base32 对该哈希值再编码，取编码的前 16 位与 KUBE-SEP 为前缀组成的字符串。

Service 的负载均衡是由 iptables 的 statistic 模块实现的。statistic 模块的 random 模式可以将被设定目标的请求数在参数 probability 设定的概率范围内分配，参数设定值在 0.0～1.0 之间，当参数设定值为 0.5 时，表示该目标有 50% 的概率分配到请求。kube-proxy 遍历 Service 中的 Pod 列表时，按照公式 1.0/float64(n–i) 为每个 Pod 计算概率值，n 是 Pod 的总数量，i 是当前计数。当有 3 个 Pod 时，计算值分别为 33%、50%、100%，3 个 Pod 的总流量负载分配分别为 33%、35%、32%。

Service 也支持会话保持功能，是应用 iptables 的 recent 模块实现的。recent 允许动态创建源地址列表，并对源地址列表中匹配的来源 IP 执行相应的 iptables 动作。recent 模块参数如表 12-3 所示。

表 12-3　recent 模块参数

参　数	参数说明
set	把匹配动作的源 IP 添加到地址列表
name	源地址列表名称
mask	源地址列表中 IP 的掩码
rsource	设置源地址列表中保存数据包的源 IP 地址
rcheck	检查当前数据包源 IP 是否在源地址列表中
seconds	与 rcheck 配合使用，设置对指定时间内更新的 IP 地址与数据包源 IP 进行匹配检查，单位为秒
reap	与 seconds 配合使用，将清除源地址列表中指定时间内未被更新的 IP 地址

配置 Service 会话保持，只需在 Service 中进行如下配置即可。

```
spec:
    sessionAffinity: ClientIP
    sessionAffinityConfig:
        clientIP:
            timeoutSeconds: 10800
```

kube-proxy 实现 Service 的方法有 4 种，分别是 userspace、iptables、IPVS 和 winuserspace。iptables 只是默认配置，因 kube-proxy 的其他实现方式非本书重点，此处不深入探讨。

6. Pod 应用在 Kubernetes 集群外发布服务

Service 实现了 Pod 访问的固定 IP 和端口，但 ClusterIP 并不是绑定在网络设备上的，它只是 kube-proxy 进程设定的 iptables 本地监听转发规则，只能在 Kubernetes 集群内的节点上进行访问。Kubernetes 系统默认提供两种方式实现 Pod 应用向集群外发布服务，一种是基于资源对象 Pod 的 hostPort 和 hostNetwork 方式，另一种是基于资源对象 Service 的 NodePort、Load-Balancer 和 ExternalIPs 方式。

（1）hostPort 方式

hostPort 方式相当于创建 Docker 容器时使用 -p 参数提供容器的端口映射，只能通过运行容器的 Node 主机 IP 进行访问，属于资源对象 Pod 的运行方式，不支持多个 Pod 的 Service 负载均衡等功能。资源配置如下：

```
apiVersion: v1
kind: Pod
metadata:
    name: apps
    labels:
        app: web
spec:
    containers:
    - name: apps
      image: apache
      ports:
        - containerPort: 80
          hostPort: 8080
```

（2）hostNetwork 方式

hostNetwork 方式相当于创建 Docker 容器时以主机模式为网络模式的 Pod 运行方式，该方式运行的容器与所在 Node 主机共享网络命名空间，属于资源对象 Pod 的运行方式，不支持多个 Pod 的 Service 负载均衡等功能。资源配置如下：

```
apiVersion: v1
kind: Pod
metadata:
    name: nginx-web
    namespace: default
    labels:
        run: nginx-web
spec:
    hostNetwork: true
    containers:
    - name: nginx-web
      image: nginx
      ports:
        - containerPort: 80
```

（3）NodePort 方式

NodePort 方式是在集群中每个节点监听固定端口（NodePort）的访问，外部用户对任意 Node 主机 IP 和 NodePort 的访问，都会被 Service 负载到后端的 Pod，全局 NodePort 的默认可用范围为 30000～32767。NodePort 方式访问逻辑如图 12-7 所示。

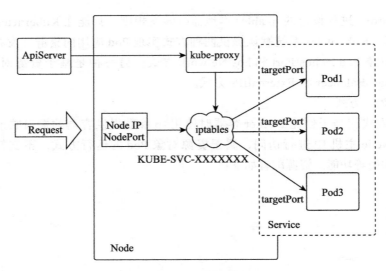

图 12-7　NodePort 方式访问逻辑

具体说明如下。

❑ kube-proxy 初始化时，会对 NodePort 方式的 Service 在 iptables nat 表中创建规则链 KUBE-NODEPORTS，用于监听本机 NodePort 的请求。

❑ 外部请求访问节点 IP 和端口（NodePort）后，被 iptables 规则 KUBE-NODEPORTS 匹配后跳转给对应的 KUBE-SVC 规则链执行负载均衡等操作。

❑ 选定 Pod 后，请求被转发到选定的 Pod IP 和目标端口（targetPod）。

NodePort 方式的资源配置如下：

```
apiVersion: v1
kind: Service
metadata:
    name: nginx-web
    namespace: default
    labels:
        run: nginx-web
spec:
    type: NodePort
    ports:
    - nodePort: 31804
      port: 8080
        protocol: TCP
        targetPort: 8080
```

（4）LoadBalancer 方式

LoadBalancer 方式是一种 Kubernetes 自动对外发布的解决方案，该方案是将外部负载均衡器作为上层负载，在创建 Service 时自动与外部负载均衡器互动，完成对 Kubernetes Service 负载均衡创建的操作，将 Service 按照外部负载均衡器的负载策略对外提供服务。

该方案依赖外部负载均衡器的支持，阿里云、腾讯云等的容器云都提供了对这个方案的支持。资源配置如下：

```
apiVersion: v1
kind: Service
metadata:
    name: nginx-web
    namespace: default
    labels:
        run: nginx-web
spec:
    type: LoadBalancer
    ports:
    - port: 8080
      protocol: TCP
      targetPort: 8080
```

具体说明如下。
❑ 不同的外部负载均衡器需要有对应的负载均衡控制器（Loadbalancer Controller）。
❑ 负载均衡控制器通过接口服务实时监听资源对象 Service 的变化。
❑ LoadBalancer 类型的 Service 被创建时，Kubernetes 会为该 Service 自动分配 Node-Port。
❑ 当监听到 LoadBalancer 类型的 Service 创建时，负载均衡控制器将触发外部负载均衡器（LoadBalancer）创建外部 VIP、分配外部 IP 或将现有节点 IP 绑定 NodePort 端口添加到外部负载均衡器的负载均衡池，完成负载均衡的配置。
❑ 当外部用户访问负载均衡器的外部 VIP 时，外部负载均衡器会将流量负载到 Kubernetes 节点或 Kubernetes 集群中的 Pod（视外部负载均衡器的功能而定）。
❑ 不能与 NodePort 方式同时使用。
（5）ExternalIPs 方式

ExternalIPs 方式提供了一种指定外部 IP 绑定 Service 端口的方法，该方法可以指定节点内某几个节点 IP 地址或绑定外部路由到节点网络的非节点 IP 对外提供访问。Kubernetes 通过 ExternalIPs 参数将被指定的 IP 与 Service 端口通过 iptables 监听，其使用与 Service 一致的端口，相较于 NodePort 方式配置更加简单灵活。由于是直接将 Service 端口绑定被路由的 IP 对外暴露服务，用户需要将整个集群对外服务的端口做好相应的规划，避免端口冲突。资源配置如下：

```
spec:
    externalIPs:
    - 192.168.1.101
    - 192.168.1.102
    ports:
    - name: http
      port: 80
      targetPort: 80
```

```
            protocol: TCP
      - name: https
        port: 443
        targetPort: 443
        protocol: TCP
```

具体说明如下。

❑ ExternalIPs 设置的 IP 可以是集群中现有的节点 IP，也可以是上层网络设备路由过来的 IP。kube-proxy 初始化时，会对 ExternalIPs 方式的 Service 在 iptables nat 表中创建规则链 KUBE-SERVICES，用于访问 ExternalIPs 列表中 IP 及 Service port 请求的监听。

❑ 外部或本地访问 ExternalIPs 列表中 IP 及 port 的请求被匹配后，跳转给对应的 KUBE-SVC 规则链执行负载均衡等操作。

7. Service 中 Pod 的调度策略

Kubernetes 系统中，Pod 默认是按照资源策略随机部署的，虽然用户可对调度策略进行一定的调整，但 Pod 的调度策略同样对 Pod 通信存在一定的影响，相关调度策略有如下两种。

（1）部署调度策略（Affinity）

Kubernetes 集群中的 Pod 被随机调度并创建在集群中的 Node 上。在实际使用中，有时需要考虑 Node 资源的有效利用及不同应用间的访问效率等因素，也需要对这种调度设置相关期望的策略。主要体现在 Node 与 Pod 间的关系、同 Service 下 Pod 间的关系、不同 Service 下 Pod 间的关系这 3 个方面。Node 与 Pod 间的关系可以使用 nodeAffinity 在资源配置文件中设置，在设置 Pod 资源对象时，可以将 Pod 部署到具有指定标签的集群 Node 上。Pod 间的关系可通过 podAntiAffinity 的配置尽量把同一 Service 下的 Pod 分配到不同的 Node 上，提高自身的高可用性，也可以把互相影响的不同 Service 的 Pod 分散到不同的集群 Node 上。对于 Pod 间访问比较频繁的应用，可以使用 podAffinity 配置，尽量把被配置的 Pod 部署到同一 Node 服务器上。

（2）流量调度策略（externalTrafficPolicy）

Service 的流量调度策略有两种，分别是 Cluster 和 Local。Cluster 是默认调度策略，依据 iptables 的随机负载算法，将用户请求负载均衡分配给 Pod，但该方式会隐藏客户端的源 IP。Local 策略则会将请求只分配给请求 IP 主机中该 Service 的 Pod，而不会转发给 Service 中部署在其他 Node 中的 Pod，这样就保留了最初的源 IP 地址。但该方式不会对 Service 的 Pod 进行负载均衡，同时被访问 IP 的 Node 主机上如果没有该 Service 的 Pod，则会报错。Local 策略仅适用于 NodePort 和 LoadBalancer 类型的 Service。

Kubernetes 中通过 Service 实现 Pod 应用访问，在流量调度策略的 Cluster 调度策略下，对一个 Service 的访问请求会被随机分配到 Service 中的任意 Pod，即便该 Service 与发出请求的 Pod 在同一 Node 有可提供服务的 Pod，也不一定会被选中。在 Kubernetes 计划的 1.16 版本中增加了服务拓扑感知的流量管理功能，设计了新的 Pod 定位器（PodLocator），实现了服务的拓扑感知服务路由机制，使得 Pod 总能优先使用本地访问的策略找到最近的服务后端，这种拓扑感知服务使本地访问具有更广泛的意义，包括节点主机、机架、网络、机房等，这样可以有效地减少网络延迟，提高访问效率及安全性，更加节约成本。

12.2　Nginx Ingress

Kubernetes 通过 kube-proxy 服务实现了 Service 的对外发布及负载均衡，它的各种方式都是基于传输层实现的。在实际的互联网应用场景中，不仅要实现单纯的转发，还有更加细致的策略需求，如果使用真正的负载均衡器更会增加操作的灵活性和转发性能。基于以上需求，Kubernetes 引入了资源对象 Ingress，Ingress 为 Service 提供了可直接被集群外部访问的虚拟主机、负载均衡、SSL 代理、HTTP 路由等应用层转发功能。Kubernetes 官方发布了基于 GCE 和 Nginx 的 Ingress 控制器，Nginx Ingress 控制器能根据 Service 中 Pod 的变化动态地调整配置，结合 Nginx 的高稳定性、高性能、高并发处理能力等特点，使 Kubernetes 对集群中运行于容器的应用程序具有了更加灵活的应用层管理能力。

Nginx Ingress 因使用 Nginx 的不同版本，分为 Nginx 官方版本和 Kubernetes 社区版。Nginx 官方版本提供其基于 Go 语言开发的 Ingress 控制器，并与 Nginx 集成分为 Nginx 开源版和 Nginx Plus 版；开源版仅基于 Nginx 的原始功能，提供了 Nginx 原生配置指令的支持，相较于 Nginx Plus 版功能简单且不支持 Pod 变化的动态变更。Nginx Plus 版则提供了诸多完善的商业功能，其支持 Nginx 原生配置指令、JWT 验证、Pod 变化的动态配置及主动健康检查等功能。Kubernetes 社区版是基于 Nginx 的扩展版 OpenResty 及诸多第三方模块构建的，其基于 OpenResty 的 Lua 嵌入式编程能力，扩展了 Nginx 的功能，并基于 balancer_by_lua 模块实现了 Pod 变化的动态变更功能。本章将基于 Kubernetes 社区版的 Nginx Ingress 进行介绍。

12.2.1　Nginx Ingress 原理

Nginx Ingress 由资源对象 Ingress、Ingress 控制器、Nginx 三部分组成，Ingress 控制器用以将 Ingress 资源实例组装成 Nginx 配置文件（nginx.conf），并重新加载 Nginx 使变更的配置生效。当它监听到 Service 中 Pod 变化时通过动态变更的方式实现 Nginx 上游服务器组配置的变更，无须重新加载 Nginx 进程。工作原理如图 12-8 所示。

- ❑ Ingress，一组基于域名或 URL 把请求转发到指定 Service 实例的访问规则，是 Kubernetes 的一种资源对象，Ingress 实例被存储在对象存储服务 etcd 中，通过接口服务被实现增、删、改、查的操作。
- ❑ Ingress 控制器（Ingress controller），用以实时监控资源对象 Ingress、Service、Endpoint、Secret（主要是 TLS 证书和 Key）、Node、ConfigMap 的变化，自动对 Nginx 进行相应的操作。

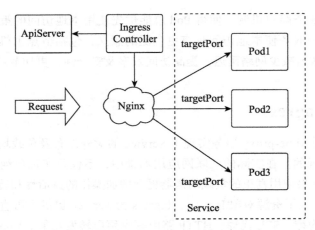

图 12-8　Nginx Ingress 工作原理

❑ Nginx，实现具体的应用层负载均衡及访问控制。

Ingress 控制器通过同步循环机制实时监控接口服务 Ingress 等资源对象的变化，当相关 Service 对应的端点列表有变化时，会通过 HTTP POST 请求将变化信息发送到 Nginx 内部运行的 Lua 程序进行处理，实现对 Nginx Upstream 中后端 Pod IP 变化的动态修改。每个后端 Pod 的 IP 及 targetPort 信息都存储在 Nginx 的共享内存区域，Nginx 对每个获取的请求将使用配置的负载均衡算法进行转发，Nginx 的配置中应用 Lua 模块的 balancer_by_lua 功能实现 upstream 指令域的动态操作，Pod IP 变化及资源对象 Ingress 对 upstream 指令域相关注解（annotation）的变化无须执行 Nginx 的 reload 操作。

当 Ingress 控制器监控的其他资源对象变化时，会对当前变化的内容创建 Nginx 配置模型，如果新的配置模型与当前运行的 Nginx 配置模型不一致，则将新的配置模型按照模板生成新的 Nginx 配置，并对 Nginx 执行 reload 操作。Nginx 配置模型避免了 Nginx 的无效 reload 操作。为避免因 Nginx 配置语法错误导致意外中断，Ingress 控制器为 Nginx 的配置内容提供了冲突检测及合并机制，Ingress 控制器使用了准入控制插件（Validating Admission Webhook）做验证 Ingress 配置语法的准入控制，验证通过的 Ingress 资源对象才会被保存在存储服务 etcd 中，并被 Ingress 控制器生成确保没有语法错误的 Nginx 配置文件。

12.2.2　集成的第三方模块

Kubernetes 的 Nginx Ingress 当前版本是 0.25.1，其集成了 Nginx 的扩展版本 Open-Resty 的 1.15.8.1 版本，OpenResty 的最大特点是集成了 Lua 脚本的嵌入式编程功能，基于 Nginx 的优化，使 Nginx 具有更强的扩展能力。Nginx Ingress 通过 Lua 脚本编程，利用 OpenResty 的 balancer_by_lua 模块，可通过 nginx-ingress 控制器动态地修改 Nginx 上游服务器组的配置，无须 Nginx 进程的热加载，有效地解决了因 Pod 调度带来的 Pod IP 变化的问题。Kubernetes 的 Nginx Ingress 在 OpenResty 基础上还集成了诸多的第三方模块，模块功能介绍如下。

（1）Ajp 协议模块（nginx_ajp_module）

Ajp 协议模块是一个使 Nginx 实现 Ajp 协议代理的模块，该模块可以使 Nginx 通过 Ajp 协议连接到被代理的 Tomcat 服务。

模块网址：https://github.com/nginx-modules/nginx_ajp_module

（2）InfluxDB 输出模块（nginx-influxdb-module）

InfluxDB 输出模块可以使 Nginx 的每次请求记录以 InfluxDB 作为后端进行存储，其以非阻塞的方式对每个请求进行过滤，并使用 UDP 协议将处理后的数据发送到 InfluxDB 服务器。可以通过该模块实时监控 Nginx 的所有请求，获得每个请求的连接类型、请求状态，并通过 InfluxDB 实现相关故障状态的报警。

模块网址：https://github.com/influxdata/nginx-influxdb-module

（3）GeoIP2 数据库模块（ngx_http_geoip2）

MaxMind 的 GeoIP 数据库已经升级到第二代，GeoIP2 数据库提供了准确的 IP 信息，包括 IP 地址的位置（国家、城市、经纬度）等数据。该模块增加了 GeoIP2 数据的支持。

模块网址：https://github.com/nginx-modules/ngx_http_geoip2_module

（4）摘要认证模块（nginx-http-auth-digest）

摘要认证模块使 Nginx 的基本认证功能增加了摘要认证（Digest Authentication）的支持，这是一种简单的身份验证机制，是对基本认证的一种安全改进，仅通过服务端及客户端根据用户名和密码计算的摘要信息进行验证，避免了密码的明文传递，增加了认证过程的安全性。

模块网址：https://github.com/nginx-modules/nginx-http-auth-digest

（5）内容过滤模块（ngx_http_substitutions_filter_module）

内容过滤模块是一个内容过滤功能的模块，其相对于 Nginx 自带的内容过滤模块（ngx_http_sub_module，参见 4.3.4 节）增加了正则匹配的替换方式。

模块网址：https://github.com/nginx-modules/ngx_http_substitutions_filter_module

（6）分布式跟踪模块（nginx-opentracing）

OpenTracing 由 API 规范、实现该规范的框架和库以及项目文档组成，是一个轻量级的标准化规范，其位于应用程序和跟踪分析程序之间，解决了不同分布式追踪系统 API 不兼容的问题。OpenTracing 允许开发人员使用 API 向应用程序代码中添加工具，实现业务应用中的分布式请求跟踪。分布式请求跟踪，也称分布式跟踪，是一种用于分析和监视应用程序的方法，特别是那些使用微服务体系结构构建的应用程序。分布式跟踪有助于查明故障发生的位置以及导致性能低下的原因。该模块是将 Nginx 的请求提供给 OpenTracing 项目的分布式跟踪系统用于应用的请求分析和监控。Nginx Ingress 中集成了 jaeger 和 zipkin 两种分布式跟踪系统的 OpenTracing 项目插件，用户可根据实际情况进行选择使用。

模块网址：https://github.com/opentracing-contrib/nginx-opentracing

（7）Brotli 压缩模块（ngx_brotli）

Brotli 是 Google 推出的侧重于 HTTP 压缩的一种开源压缩算法，它使用 lz77 算法的现代变体、Huffman 编码和基于上下文的二阶建模的组合来压缩数据。在与 Deflate 相似的压缩与解压缩速度下，增加了 20% 的压缩密度。在与 gzip 的测试下，因压缩密度高其消耗的压缩时间要比 gzip 多，但在客户端解压的时间则相当。

模块网址：https://github.com/google/ngx_brotli

（8）ModSecurity 连接器模块（ModSecurity-nginx）

ModSecurity 是一个开源的 Web 应用防火墙，其主要作用是增强 Web 应用的安全性并保护 Web 应用免受攻击。模块 ModSecurity-nginx 是一个 Nginx 的 ModSecurity 连接器，其提供了 Nginx 和 libmodsecurity（ModSecurity v3）之间的通信通道。Nignx Ingress 中已经集成了 ModSecurity 和 OWASP 规则集，在 Nginx 配置文件目录可以查看相关配置。

模块网址：https://github.com/nginx-modules/ModSecurity-nginx

（9）lua-resty-waf 模块

lua-resty-waf 是一个基于 OpenResty 的高性能 Web 应用防火墙，它使用 Nginx Lua API 及灵活的规则架构分析和处理 HTTP 请求信息，并不断开发和测试一些自定义的规则补丁来应对不断出现的新的安全威胁。lua-resty-waf 提供了 ModSecurity 兼容的规则语法，支持 ModSecurity 现有规则的自动转换，用户无须学习新的语法规则就可以扩展 lua-resty-waf 的规则。

模块网址：https://github.com/p0pr0ck5/lua-resty-waf。

12.2.3 安装部署

Helm 是一个非常方便的 Kubernetes 应用部署工具，支持 Nginx Ingress 的快速部署和卸载。通过 Helm 可快速将 Nginx Ingress 部署在 Kubernetes 集群中，Helm 中 Nginx Ingress 的 1.19.1 版本 Chart 部分参数如表 12-4 所示。

表 12-4　部署参数

参　　数	参数值选项	默认值	功能说明
controller.service.type	ClusterIP 或 NodePort，或 LoadBalancer	LoadBalancer	设置资源对象 Service 的服务类型
controller.hostNetwork	true 或 false	false	设置资源对象 Pod 是否以 hostNetwork 方式运行
controller.service.externalIPs	—	—	设置资源对象 Service externalIPs 的 IP 地址
controller.kind	Deployment 或 DaemonSet	Deployment	设置部署方式

（续）

参　数	参数值选项	默认值	功能说明
controller.service.external-TrafficPolicy	Local 或 Cluster	Cluster	设置 Pod 流量调度方式
rbac.create	true 或 false	false	是否为 nginx-ingress 创建 RBAC 资源
controller.autoscaling.enabled	true 或 false	false	是否启用多副本支持，启用后最小副本数为 1，最大值为 11
controller.autoscaling.min-Replicas	—	1	设置创建的最小副本数
controller.metrics.enabled	true 或 false	false	是否启用 Prometheus Exporter
controller.containerPort.http	—	80	Nginx Ingress 的默认 HTTP 端口
controller.containerPort.https	—	443	Nginx Ingress 的默认 HTTP 端口

Nginx Ingress 的默认部署方式是 Deployment，只会部署一个副本，Service 对外发布类型是 LoadBalancer，安装参数如下：

```
helm install --name nginx-ingress stable/nginx-ingress --set rbac.create=true
```

❑ Helm 安装的应用名称为 nginx-ingress。

❑ rbac.create 参数用以为 nginx-ingress 创建 RBAC 资源，获取与接口服务的访问授权。

1. Nginx Ingress 部署

Nginx Ingress 以 Pod 形式运行在 Kubernetes 集群中，用户可根据 Kubernetes 的网络通信特点以及实际场景选择灵活的部署方式进行 Nginx Ingress 的部署，此处分别以基于资源对象 Service 的 NodePort 方式和 Pod 的 hostNetwork 方式举例介绍。

（1）Service 的 NodePort 方式

以 NodePort 类型部署 Nginx Ingress，需要使用参数进行指定 controller.service.type 为 NodePort。为便于管理，可以为 Nginx Ingress 创建单独使用的命名空间 nginx-ingress，部署拓扑如图 12-9 所示。

部署命令如下：

```
# 安装nginx-ingress
helm install --name nginx-ingress \
          --namespace nginx-ingress \
          stable/nginx-ingress \
          --set "rbac.create=true,controller.autoscaling.enabled=true,controller.
             autoscaling.minReplicas=2,controller.service.type=NodePort,con-
             troller.service.externalTrafficPolicy=Local"

# 也可以在创建后调整副本数
kubectl scale --replicas=3 deployment/nginx-ingress
```

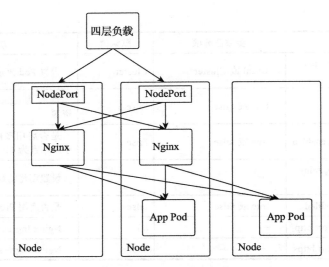

图 12-9　NodePort 方式

- ❏ Helm 安装的应用名称为 nginx-ingress，命名空间为 nginx-ingress。
- ❏ 以默认的 Deployment 方式部署，设置 Pod 副本数为 2，并以 Service 的 NodePort 方式对外发布服务，设置流量调度策略为 Local。
- ❏ Kubernetes 将为 nginx-ingress Service 随机创建范围在 30000～32767 之间的 Node-Port 端口。
- ❏ 用户将 Kubernetes 中节点 IP 和 NodePort 手动添加到传输层负载均衡中的虚拟服务器集群中。
- ❏ 外部请求发送到传输层负载均衡虚拟服务器，传输层负载将请求数据转发到 Kubernetes 集群节点的 NodePort。
- ❏ NodePort 类型的 Service 将请求负载到对应的 Nginx Pod。
- ❏ Nginx 将用户请求进行应用层负载转发到配置的应用 Pod。
- ❏ 在该部署方式下，Nginx Pod 需要使用 Local 的流量调度策略，获取客户端的真实 IP。

（2）Pod 的 hostNetwork 方式

主机网络（hostNetwork）方式可以使 Pod 与宿主机共享网络命名空间，外网传输效率最高。因 Pod 直接暴露外网，虽然存在一定的安全问题，但不存在客户端源 IP 隐藏的问题，部署拓扑如图 12-10 所示。

部署命令如下：

```
# 以Deployment方式部署
helm install --name nginx-ingress \
          --namespace nginx-ingress \
          stable/nginx-ingress \
          --set "rbac.create=true,controller.service.type=ClusterIP,controller.
              hostNetwork=true"
```

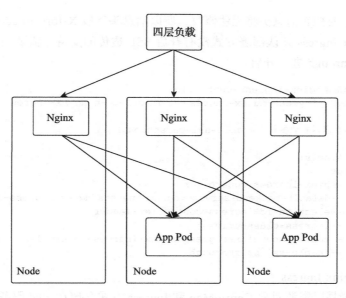

图 12-10　hostNetwork 方式

❑ Deployment 方式部署时，Nginx Ingress 的 Service 设置类型为 ClusterIP，仅提供内部服务端口。

❑ 用户将 Kubernetes 中节点 IP 及 80、443 端口手动添加到传输层负载均衡中的虚拟服务器集群中。

❑ 用户请求经传输层负载均衡设备转发到 Nginx，Nginx 将用户请求负载到 Kubernetes 集群内的 Pod 应用。

也可以使用 DaemonSet 部署方式，在集群中的每个节点自动创建并运行一个 Nginx Ingress Pod，实现 Nginx Ingress 的自动扩展。

```
# 以DaemonSet方式部署nginx-ingress并成为集群唯一入口
helm install --name nginx-ingress \
             --namespace nginx-ingress \
             stable/nginx-ingress \
             --set "rbac.create=true,controller.kind=DaemonSet,controller.service.
                type=ClusterIP,controller.hostNetwork=true"
```

（3）SSL 终止（SSL Termination）和 SSL 透传（SSL Passthrough）

SSL 终止模式下，客户端的 TLS 数据会在代理服务器 Nginx 中解密，解密的数据由代理服务器直接或再次 TLS 加密后传递给被代理服务器，这种模式下，相对增加代理服务器的计算负担，但方便了 SSL 证书的统一管理。

SSL 透传模式下，Nginx 不会对客户端的 HTTPS 请求进行解密，加密的请求会被直接转发到后端的被代理服务器，这种方式常被应用到后端的 HTTPS 服务器需要对客户端进行客户端证书验证的场景，相对也会降低 Nginx 对 TLS 证书加解密的负担。由于请求数据是保持加密传输的，HTTP 消息头将无法修改，所以消息头字段 X-forwarded-* 的客户端 IP 无法被添加。Nginx Ingress 默认部署方式没有开启 SSL 透传的支持，需要在部署时使用参数 --enable-ssl-passthrough 进行开启。

```
# 修改部署资源对象nginx-ingress-controller
kubectl edit Deployment/nginx-ingress-controller -n nginx-ingress

# 在规范部分添加容器启动参数--enable-ssl-passthrough
   spec:
       containers:
       - args:
          - /nginx-ingress-controller
          - --default-backend-service=nginx-ingress/nginx-ingress-default-backend
          - --election-id=ingress-controller-leader
          - --ingress-class=nginx
          - --configmap=nginx-ingress/nginx-ingress-controller
          - --enable-ssl-passthrough
```

（4）卸载 Nginx Ingress

Nginx 的配置是以资源对象 ConfigMap 和 Ingress 方式存储在 etcd 服务中的，所以即便删除或重新部署 Nginx Ingress 也不会影响之前的配置。

```
helm delete --purge nginx-ingress
```

2. 管理工具

Nginx Ingress 提供了基于 kubectl 工具的管理插件 ingress-nginx，用于 Nginx Ingress 的日常维护。插件 ingress-nginx 安装方法如下：

```
# 安装插件ingress-nginx
kubectl krew install ingress-nginx
```

常见命令参数如下：

```
# 显示所有的Ingress实例摘要
kubectl ingress-nginx ingresses

# 查看所有的后端Service配置
kubectl ingress-nginx backends -n nginx-ingress

# 查看Nginx的所有配置
kubectl ingress-nginx conf -n nginx-ingress

# 查看指定主机名的Nginx配置
kubectl ingress-nginx conf -n nginx-ingress --host auth.nginxbar.org

# 查看Nginx服务器的配置目录
kubectl ingress-nginx exec -i -n nginx-ingress -- ls /etc/nginx

# 查看Nginx服务器的日志
kubectl ingress-nginx logs -n nginx-ingress
```

12.2.4　日志管理

Nginx Ingress 是以 Pod 方式运行的，在默认配置下，Nginx 的日志输出到 stdout 及 stderr。Kubernetes 下有很多日志收集解决方案，此处推荐使用 Filebeat 进行容器日志收集，并将容器日志实时发送到 ELK 集群，ELK 环境部署可参见 9.2 节，日志收集方案逻辑如图 12-11 所示。

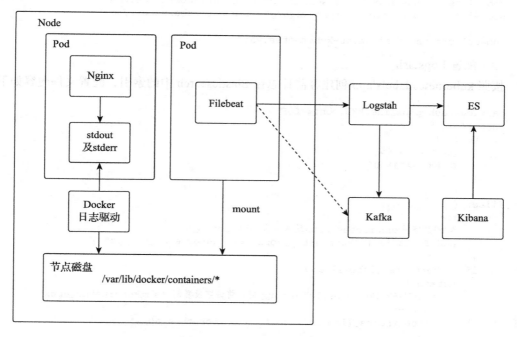

图 12-11　日志收集方案逻辑

- Docker 的默认日志驱动是 json-driver，每个容器的日志输出到 stdout 及 stderr 中时，Docker 的日志驱动会将容器日志以 *-json.log 的命名方式保存在 /var/lib/docker/containers/ 目录下。
- 在 Kubernetes 集群中以 DaemonSet 方式部署 Filebeat 应用，会在每个 Node 节点运行一个 Filebeat 应用 Pod，进行每个 Node 节点的容器日志采集。
- Filebeat 采集的日志可以直接发送给 Logstash 服务器，也可以发送给 Kafka 后由 Logstash 服务器进行异步获取。
- 所有日志被 Logstash 转到 Elasticsearch 集群进行存储。
- 使用者通过 Kibana 进行日志查看和分析。

（1）部署 Filebeat

```
# 获取官方的Filebeat资源配置文件
curl -L -O https://raw.githubusercontent.com/elastic/beats/7.3/deploy/kubernetes/
```

```
filebeat-kubernetes.yaml

# 修改filebeat输出目标为Logstash
sed -i "s/    cloud.id/    #cloud.id/g" filebeat-kubernetes.yaml
sed -i "s/    cloud.auth/    #cloud.auth/g" filebeat-kubernetes.yaml

sed -i "s/    output.elasticsearch:/    output.logstash:/g" filebeat-kubernetes.yaml
sed -i 's/    hosts:.*/    hosts: ["10\.10\.4\.37:5045"]/g' filebeat-kubernetes.yaml
sed -i "s/    username/    #username/g" filebeat-kubernetes.yaml
sed -i "s/    password/    #password/g" filebeat-kubernetes.yaml

kubectl create -f filebeat-kubernetes.yaml
```

（2）配置 Logstash

按照 kubernetes.labels.app 创建容器日志在 Elasticsearch 中的索引，配置文件内容如下：

```
cat>logstash/pipeline/k8s.conf<<EOF
input {
    beats {
        port => 5045
        codec =>"json"
    }
}
filter {
    mutate {
        # 添加字段kubernetes_apps默认值为kubernetes_noapps
        add_field => { "kubernetes_apps" => "kubernetes_noapps" }
    }
    if [kubernetes][labels][app] {
        mutate {
            # 当存在kubernetes.labels.app时，将该字段复制为字段kubernetes_apps
            copy => {
            "[kubernetes][labels][app]" => "kubernetes_apps"
            }
        }
    }
}
output {
    elasticsearch {
        # 将log输出到ES服务器
        hosts => ["http://10.10.4.37:9200"]
        # 根据字段kubernetes_apps的值创建ES索引
        index => "k8slog-%{kubernetes_apps}-%{[@metadata][version]}-%{+YYYY.MM.dd}"
    }
}
EOF
```

Helm 默认会为安装的应用添加 app 标签，通过 Helm 安装 Nginx Ingress 的 app 标签值为 nginx-ingress，因此 Elasticsearch 中自动创建的索引名前缀为 k8slog-nginx-ingress-*。

12.2.5 监控管理

Nginx Ingress 中已经集成了 Nginx 的 Prometheus Exporter，可以直接使用 Prometheus

或 Zabbix 获取监控数据。Nginx 监控支持可以在部署的时候使用部署参数 controller.metrics. enabled=true 启用。Prometheus 及 Zabbix 的部署和使用可参见 10.4 节。

```
# 启用监控
helm install --name nginx-ingress \
             --namespace nginx-ingress \
             stable/nginx-ingress \
             --set "rbac.create=true,controller.kind=DaemonSet,controller.service.
                type=ClusterIP,controller.hostNetwork=true,controller.metrics.
                enabled=true"

curl http://节点IP:9913/metrics
```

12.3　Nginx Ingress 配置

Nginx 的各种功能设置都是在配置文件中修改相关配置指令实现的，Nginx Ingress 为实现对 Nginx 自动化的管理和操作，它对 Nginx 原始配置文件使用了模板化的方式进行管理，并为用户提供了通过资源配置进行 Nignx 配置修改的方法。通过资源配置修改 Nginx 配置文件的方法，规范了 Nginx 配置指令的编写，简化了诸多功能的配置。Nginx Ingress 提供了 3 种方法实现 Nginx Ingress 配置的修改，分别是配置映射（ConfigMap）、注解（Annotations）和自定义模板。Nginx Ingress 配置映射是由 Nginx Ingress 控制器提供相关的预置键值对，这些键值对与 Nginx 的配置指令或实现某一特定功能的指令集相对应，提供给用户对 Nginx 进行相关配置。配置映射是与 Pod 关联的资源对象，这部分配置的修改，对 Nginx 来讲都是全局的配置变更。Nginx Ingress 注解使用在 Ingress 资源实例中，用以配置当前 Ingress 资源实例中 Nginx 虚拟主机的相关配置。自定义模板则提供了一种底层修改 Nginx Ingress 默认模板的方法，Nginx Ingress 默认模板遵循 Go 模板语法。由于自定义模板是一种相对比较高级的 Nginx Ingress 配置方法，而在日常使用中很少用到，此处仅举例配置映射和注解的使用方法。

12.3.1　配置映射 ConfigMap

通过 Helm 安装 Nginx Ingress 的默认关联配置映射实例名称为 nginx-ingress-controller，用户可以通过修改资源对象 Deployment/DaemonSet 实例 nginx-ingress-controller 中的参数 --configmap 自定义关联配置映射实例的名称。Nginx Ingress 控制器约定 Nginx Ingress 配置映射实例中的键值只能是字符串，即便是数字或布尔值时也要以字符串的形式书写，比如 "true"、"false"、"100"，"[]string" 或 "[]int" 的 Slice 类型则表示内部数据是以 "," 分隔的字符串。根据配置涉及的功能可以有如下分类。

（1）Nginx 原生配置指令

用以提供向 Nginx 配置中添加 Nginx 原生配置指令，功能说明如表 12-5 所示。

表 12-5　原生指令配置

名　称	类　型	默认值	功能描述
main-snippet	string	""	在 main 指令域添加 Nginx 配置指令
http-snippet	string	""	在 http 指令域添加 Nginx 配置指令
server-snippet	string	""	在 server 指令域添加 Nginx 配置指令
location-snippet	string	""	在 location 指令域添加 Nginx 配置指令

配置样例如下：

```
echo '
apiVersion: v1
kind: ConfigMap
data:
    http-snippet: |
        ancient_browser "UCWEB";
        ancient_browser_value oldweb;
        server {
            listen 8080;
            if ($ancient_browser) {
                rewrite ^ /${ancient_browser}.html; # 重定向到oldweb.html
            }
        }
metadata:
    name: nginx-ingress-controller
    namespace: nginx-ingress
' | kubectl create -f -
```

（2）通用配置

提供 Nginx 核心配置相关配置指令的配置，功能说明如表 12-6 所示。

表 12-6　通用配置

名　称	类　型	默认值	Nginx 指令	功能描述
worker-processes	string	auto	worker_processes	参见 3.2.2 节
worker-cpu-affinity	string	""	worker_cpu_affinity	参见 3.2.2 节
worker-shutdown-timeout	string	10s	worker_shutdown_timeout	参见 3.2.2 节
max-worker-connections	string	—	worker_connections	参见 3.2.4 节
max-worker-open-files	string	—	worker_rlimit_nofile	参见 3.2.2 节
enable-multi-accept	bool	true	multi_accept	参见 3.2.4 节
keep-alive	int	75	keepalive_timeout	参见 3.3.1 节
keep-alive-requests	int	100	keepalive_requests	参见 3.3.1 节
variables-hash-bucket-size	int	128	variables_hash_bucket_size	参见 3.3.1 节
variables-hash-max-size	int	2048	variables_hash_max_size	参见 3.3.1 节

（续）

名　称	类　型	默认值	Nginx 指令	功能描述
server-name-hash-max-size	int	1024	server_names_hash_max_size	参见 3.3.1 节
server-name-hash-bucket-size	int	CPU 缓存行的大小	server_names_hash_bucket_size	参见 3.3.1 节
map-hash-bucket-size	int	64	map_hash_bucket_size	参见 4.1.5 节
bind-address	[]string	""	listen	设置虚拟主机绑定的 IP 地址，参见 3.3.1 节
reuse-port	bool	true	listen	参见 3.3.1 节，设置监听端口启用 reuseport 参数，由 Linux 内核以套接字分片方式实现进程调度
disable-ipv6	bool	false	listen	参见 3.3.1 节
disable-ipv6-dns	bool	false	resolver	设置是否关闭域名解析的 IPv6 地址查找，参见 3.3.1 节
enable-underscores-in-headers	bool	false	underscores_in_headers	参见 3.3.2 节
ignore-invalid-headers	bool	true	ignore_invalid_headers	参见 3.3.2 节
client-header-buffer-size	string	1k	client_header_buffer_size	参见 3.3.2 节
client-header-timeout	int	60	client_header_timeout	参见 3.3.2 节
client-body-buffer-size	string	8k	client_body_buffer_size	参见 3.3.2 节
client-body-timeout	int	60	client_body_timeout	参见 3.3.2 节
large-client-header-buffers	string	4 8k	large_client_header_buffers	参见 3.3.2 节
http-redirect-code	int	308	return	设置 URL 跳转时的响应码，可选项为 301、302、307 和 308，参见 3.3.4 节的 return code URL 部分
use-geoip	bool	true	—	启用 geoip 功能，参见 4.1.3 节
use-geoip2	bool	false	—	启用 geoip2 功能，由第三方模块实现
nginx-status-ipv4-whitelist	[]string	127.0.0.1	—	设置允许访问路径 /nginx_status 的 IPv4 地址，参见 10.1.3 节样例
nginx-status-ipv6-whitelist	[]string	::1	—	设置允许访问路径 /nginx_status 的 IPv6 地址
server-tokens	bool	true	server_tokens	参见 3.3.2 节
lua-shared-dicts	string	""	—	设置 Lua 共享内存字典，OpenResty 扩展指令

配置样例如下：

```
cat>test.yaml<<EOF
apiVersion: v1
kind: ConfigMap
data:
    keep-alive:   "60"
    disable-ipv6: "true"
metadata:
    name: nginx-ingress-controller
    namespace: nginx-ingress
EOF

kubectl create -f test.yaml
```

（3）响应数据配置

提供响应信息头修改及响应数据压缩相关功能的配置，功能说明如表 12-7 所示。

表 12-7　响应数据配置

名　称	类型	默　认　值	Nginx 指令	功能描述
add-headers	string	""	add_header	参见 4.3.3 节
use-gzip	bool	true	gzip	启用 gzip，参见 4.3.5 节
gzip-level	int	5	gzip_comp_level	参见 4.3.5 节
gzip-types	string	application/atom+xml application/javascript application/x-javascript application/json application/rss+xml application/vnd.ms-fontobject application/x-font-ttf application/x-web-app-manifest+json application/xhtml+xml application/xml font/opentype image/svg+xml image/x-icon text/css text/javascript text/plain text/x-component	gzip_types	参见 4.3.5 节
enable-brotli	bool	false	—	设置是否加载 brotli 模块
brotli-level	int	4	—	设置 brotli 的压缩级别
brotli-types	string	application/xml+rss application/atom+xml application/javascript application/x-javascript application/json application/rss+xml application/vnd.ms-fontobject application/x-font-ttf application/x-web-app-manifest+json application/xhtml+xml application/xml font/opentype image/svg+xml image/x-icon text/css text/javascript text/plain text/x-component	—	设置 brotli 的压缩类型

（4）访问控制

提供限制连接数、访问速度、访问连接及防火墙的配置，功能说明如表 12-8 所示。

表 12-8　访问控制

名　　称	类　　型	默 认 值	Nginx 指令	功能描述
limit-conn-zone-variable	string	$binary_remote_addr	limit_conn_zone	参见 4.2.8 节
limit-conn-status-code	int	503	limit_conn_status	参见 4.2.8 节
limit-rate	int	0	limit_rate	参见 3.3.5 节
limit-rate-after	int	0	limit_rate_after	参见 3.3.5 节
limit-req-status-code	int	503	limit_req_status	参见 4.2.9 节
whitelist-source-range	[]string []string{}	—	allow	设置允许访问的源 IP 地址，参见 4.2.4 节
block-cidrs	[]string	""	deny	禁止设置 IP 地址的访问，参见 4.2.4 节
block-user-agents	[]string	""	map	禁止设置信息头字段 User-Agent 匹配值的访问，参见 4.1.5 节
block-referers	[]string	""	map	禁止设置信息头字段 Referer 匹配值的访问，参见 4.1.5 节
enable-modsecurity	bool	false	—	设置是否加载 Mod-Security 连接模块
enable-owasp-modsecurity-crs	bool	false	—	设置是否加载 OWASP ModSecurity 核心规则库

（5）HTTPS 配置

提供与 HTTPS 相关的配置，功能说明如表 12-9 所示。

表 12-9　HTTPS 配置

名　　称	类型	默 认 值	Nginx 指令	功能描述
ssl-ciphers	string	ECDHE-ECDSA-AES256-GCM-SHA384: ECDHE-RSA-AES256-GCM-SHA384:ECDHE-ECDSA-CHACHA20-POLY-1305:ECDHE-RSA-CHACHA20-POLY1305: ECDHE-ECDSA AES128-GCM-SHA256:ECDHE-RSA-AES128-GCM-SHA256: ECDHE-ECDSA-AES256-SHA-384:ECDHE-RSA-AES256-SHA384:ECDHE-ECDSA-AES-128-SHA256:ECDHE-RSA-AES-128-SHA256	ssl-ciphers	参见 5.2.1 节
ssl-ecdh-curve	string	auto	ssl_ecdh_curve	参见 5.2.1 节
ssl-dhparam	string	""	ssl_dhparam	参见 5.2.1 节
ssl-protocols	string	TLSv1.2	ssl_protocols	参见 5.2.1 节

（续）

名　称	类型	默 认 值	Nginx 指令	功能描述
ssl-early-data	bool	true	ssl_early_data	参见 5.2.1 节
ssl-session-cache	bool	true	ssl_session_cache	参见 5.2.1 节
ssl-session-cache-size	string	10m	ssl_session_cache	参见 5.2.1 节
ssl-session-tickets	bool	true	ssl_session_tickets	参见 5.2.1 节
ssl-session-ticket-key	string		ssl_session_tickets	参见 5.2.1 节
ssl-session-timeout	string	10m	ssl_session_timeout	参见 5.2.1 节
ssl-buffer-size	string	4k	ssl_buffer_size	参见 5.2.1 节
ssl-redirect	bool	true	—	当被配置的虚拟主机启用了 TLS 支持，则将虚拟主机的 HTTP 请求跳转到 HTTPS 请求
no-tls-redirect-locations	string	/.well-known/acme-challenge	—	一个以 "," 分隔的 location 列表，对列表中 location 的 HTTP 请求永远不会跳转到 HTTPS 请求

（6）HSTS 配置

HSTS（HTTP Strict Transport Security）是一种新的 Web 安全协议，HSTS 配置启用后，将强制客户端使用 HTTPS 协议与服务器建立连接，配置映射提供的 HSTS 功能配置功能说明如表 12-10 所示。

表 12-10　HSTS 配置

名　称	类型	默认值	Nginx 指令	功能描述
hsts	bool	true	add_header	是否运行 SSL 时在消息头中添加 HSTS 属性字段
hsts-include-subdomains	bool	true	add_header	是否在当前域名的所有子域中启用 HSTS
hsts-max-age	string	15724800	add_header	设置 HSTS Header 的过期时间
hsts-preload	bool	false	add_header	设置是否启用 HSTS 的预加载支持

（7）认证转发配置

提供认证转发功能的全局配置，功能说明如表 12-11 所示。

（8）代理配置

设置 Nginx 的代理功能配置，相关配置说明如表 12-12 所示。

表 12-11　认证转发配置

名　称	类　型	默 认 值	Nginx 指令	功能描述
global-auth-url	string	""	auth_request	设置外部身份验证的 URL，参见 4.2.6 节
global-auth-method	string	""	proxy_method	外部认证 URL 的 HTTP 方法，参见 6.1.1 节
global-auth-signin	string	""	—	当外部认证返回 401 时跳转的 URL，通常为提示输入用户名和密码的 URL
global-auth-response-headers	string	""	—	设置认证请求完成后传递到后端的头信息
global-auth-request-redirect	string	""	—	设置发送给认证服务器请求头中 X-Auth-Request-Redirect 的值
global-auth-snippet	string	""	—	可以自定义在外部认证指令区域添加 Nginx 配置指令
global-auth-cache-key	string	""	—	启用认证缓存，并设置认证缓存的关键字
global-auth-cache-duration	string	200 202 401 5m	—	基于响应码设置认证缓存的有效时间
no-auth-locations	string	/.well-known/acme-challenge	—	一个以 "," 分隔的 location 列表，列表中被记录的请求将不进行身份认证

表 12-12 代理配置

名　称	类　型	默认值	Nginx 指令	功能描述
retry-non-idempotent	bool	false	proxy_next_upstream	参见 6.1.1 节
proxy-set-header	string	""	proxy_set_header	参见 6.1.1 节
proxy-headers-hash-max-size	int	512	proxy_headers_hash_max_size	参见 6.1.1 节
proxy-headers-hash-bucket-size	int	64	proxy_headers_hash_bucket_size	参见 6.1.1 节
hide-headers	string array	empty	proxy_hide_header	参见 6.1.1 节
proxy-body-size	string	1m	client_max_body_size	参见 3.3.2 节
allow-backend-server-header	bool	false	proxy_pass_header	设置是否允许将被代理服务器的消息头字段 Server 的值代替 Nginx 的默认值返回给客户端
proxy-connect-timeout	int	5	proxy_connect_timeout	参见 6.1.1 节
proxy-read-timeout	int	60	proxy_read_timeout	参见 6.1.1 节
proxy-send-timeout	int	60	proxy_send_timeout	参见 6.1.1 节
proxy-buffers-number	int	4	proxy_buffers	参见 6.1.1 节
proxy-buffer-size	string	4k	proxy_buffer_size	参见 6.1.1 节
proxy-cookie-path	string	off	proxy_cookie_path	参见 6.1.1 节
proxy-cookie-domain	string	off	proxy_cookie_domain	参见 6.1.1 节
proxy-next-upstream	string	error timeout	proxy_next_upstream	参见 6.1.1 节
proxy-next-upstream-timeout	int	0	proxy_next_upstream_timeout	参见 6.1.1 节
proxy-next-upstream-tries	int	3	proxy_next_upstream_tries	参见 6.1.1 节
proxy-redirect-from	string	off	proxy_redirect	此处为添加要替换的源文本，参见 6.1.1 节
proxy-redirect-to	string	off	proxy_redirect	此处为添加要替换替换的目标文本，参见 6.1.1 节

配置项	Nginx 指令	类型	默认值	说明
proxy-request-buffering	proxy_request_buffering	string	on	参见 6.1.1 节
proxy-buffering	proxy_buffering	string	off	参见 6.1.1 节
proxy-add-original-uri-header	proxy_set_header	bool	true	为发送到后端的请求头添加一个头属性字段 X-Original-Uri，记录原始请求
use-forwarded-headers	proxy_set_header	bool	false	设置是否使用传入的头属性字段 X-Forwarded
forwarded-for-header	proxy_set_header	string	X-Forwarded-For	设置用于标识客户端源 IP 的头属性字段名称 X-Forwarded
compute-full-forwarded-for	proxy_set_header	bool	false	设置是否将远程地址附加到头属性字段 X-Forwarded-For 中，而不是替换它
custom-http-errors	error_page	[]int	off	参见 3.3.2 节，默认是关闭的，该配置会自动启用 Nginx 配置指令 proxy_intercept_errors
proxy-stream-timeout	proxy_timeout	string	600s	参见 6.2.3 节
proxy-stream-responses	proxy_responses	int	1	参见 6.2.3 节
use-proxy-protocol	listen	bool	false	启用 proxy_protocol 支持，参见 3.3.1 节，应用实例可参见 6.2.6 节
proxy-protocol-header-timeout	proxy_protocol_timeout	string	5s	设置接收 proxy_protocol 头的超时时间，可防止 TLS 传递处理程序无限期地等待已断开的连接，参见 6.2.2 节
proxy-real-ip-cidr	set_real_ip_from	[]string	0.0.0.0/0	当启用 proxy_protocol 时设置授信 IP，用于后端获取真实客户端 IP，参见 6.2.5 节
use-http2	listen	bool	true	启用 HTTP2 监听，参见 3.3.1 节，应用实例可参见 5.7.1 节
http2-max-field-size	http2_max_field_size	string	4k	参见 5.7.1 节
http2-max-header-size	http2_max_header_size	string	16k	参见 5.7.1 节
http2-max-requests	http2_max_requests	int	1000	参见 5.7.1 节

（9）负载均衡配置

Nginx Ingress 为方便上游服务器组的动态管理，其基于 Lua 实现了轮询调度及峰值指数加权移动平均（Peak Exponentially Weighted Moving-Average，Peak EWMA）负载均衡算法。配置映射的配置为全局负载均衡的配置，详见本章的注解负载均衡说明。配置映射还提供了被代理服务器长连接的配置支持，配置说明如表 12-13 所示。

表 12-13　负载均衡配置

名　　称	类型	默 认 值	Nginx 指令	功能描述
load-balance	string	round_robin	—	设置负载均衡算法，支持轮询 round_robin 和 Peak EWMA 两种模式，基于 OpenResty 的 balancer_by_lua 模块实现
upstream-keepalive-connections	int	32	keepalive	参见 8.1.1 节，应用实例可参见 8.3.1 节
upstream-keepalive-timeout	int	60	keepalive_timeout	参见 8.1.1 节，应用实例可参见 8.3.2 节
upstream-keepalive-requests	int	100	keepalive_requests	参见 8.1.1 节，应用实例可参见 8.3.1 节

（10）日志配置

设置 Nginx 的日志功能配置，相关配置说明如表 12-14 所示。

表 12-14　日志配置

名　　称	类型	默 认 值	Nginx 指令	功能描述
disable-access-log	bool	false	access-log	设置 HTTP 指令域 access-log 的指令值为 off，参见 9.1.1 节
access-log-params	string	""	access-log	设置访问日志的参数，参见 9.1.1 节
access-log-path	string	/var/log/nginx/access.log	access-log	设置访问日志路径，参见 9.1.1 节
log-format-escape-json	bool	false	log_format	设置日志格式为 JSON，参见 9.1.1 节
log-format-upstream	string	%v - [$the_real_ip] - $remote_user [$time_local] "$request" $status $body_bytes_sent " $http_referer " " $http_user_agent " $request_length $request_time [$proxy_upstream_name] $upstream_addr $upstream_response_length $upstream_response_time $upstream_status $req_id	log_format	HTTP 日志模板，参见 9.1.1 节

(续)

名　称	类型	默 认 值	Nginx 指令	功能描述
skip-access-log-urls	[]string	[]string{}	access-log	设置不进行访问日志记录的 URL，access-log 的 if 参数，参见 9.1.1 节
enable-access-log-for-default-backend	bool	false	access-log	是否开启默认后端的访问日志记录，参见 9.1.1 节
log-format-stream	string	[$time_local] $protocol $status $bytes_sent $bytes_received $session_time	log_format	TCP/UDP 日志模板，参见 9.1.1 节
error-log-path	string	/var/log/nginx/error.log	error_log	错误日志路径，参见 9.1.2 节
error-log-level	string	notice	error_log	错误日志级别，参见 9.1.2 节

（11）分布式跟踪配置

设置分布式跟踪功能的配置，配置键及功能描述如表 12-15 所示。

表 12-15　分布式跟踪配置

名　称	类型	默 认 值	功能描述
generate-request-id	bool	true	如果请求头中没有属性字段 X-Request-ID，则为该请求随机创建一个，用于分布式链路跟踪
enable-opentracing	bool	false	设置是否加载 opentracing 模块，启用分布式跟踪支持
zipkin-collector-host	string	""	设置用于上传跟踪信息的 zipkin 主机地址
zipkin-collector-port	int	9411	设置用于上传跟踪信息的 zipkin 主机端口
zipkin-service-name	string	nginx	设置用于在 zipkin 中创建跟踪的服务名称
zipkin-sample-rate	float	1.0	设置 zipkin 跟踪的采样率
jaeger-collector-host	string	""	设置用于上传跟踪信息的 jaeger 主机地址
jaeger-collector-port	int	6831	设置用于上传跟踪信息的 jaeger 主机端口
jaeger-service-name	string	nginx	设置用于在 jaeger 中创建跟踪的服务名称
jaeger-sampler-type	string	const	设置 jaeger 的采样器名称，可选项为 const、probabilistic、ratelimiting、remote
jaeger-sampler-param	string	1	设置 jaeger 采样器的参数
jaeger-sampler-host	string	http://127.0.0.1	设置 jaeger 采样器为 remote 时的主机地址
jaeger-sampler-port	int	5778	设置 jaeger 采样器为 remote 时的主机端口

12.3.2 注解 Annotations

Nginx Ingress 注解使用在 Ingress 资源实例中，用以设置当前 Ingress 资源实例中 Nginx 虚拟主机的相关配置，对应配置的是 Nginx 当前虚拟主机的 server 指令域内容。在与 Nginx Ingress 配置映射具有相同功能配置时，将按照所在指令域层级遵循 Nginx 配置规则覆盖。Nginx Ingress 注解按照配置功能有如下分类。

（1）Nginx 原生配置指令

支持在注解中添加 Nginx 原生配置指令。配置说明如表 12-16 所示。

表 12-16　原生配置指令

注　解	类　型	功能描述
nginx.ingress.kubernetes.io/server-snippet	string	在 server 指令域添加 Nginx 配置指令
nginx.ingress.kubernetes.io/configuration-snippet	string	在 location 指令域添加 Nginx 配置指令

配置样例如下：

```
apiVersion: extensions/v1beta1
kind: Ingress
metadata:
    name: web-nginxbar-org
    annotations:
        nginx.ingress.kubernetes.io/server-snippet: |
            location / {
                return 302 /coffee;
            }
spec:
    rules:
    - host: web.nginxbar.org
      http:
            paths:
            - path: /tea
              backend:
                    serviceName: tea-svc
                    servicePort: 80
            - path: /coffee
              backend:
                    serviceName: coffee-svc
                    servicePort: 80
```

（2）通用配置

Nginx 虚拟主机中的通用配置。通用配置说明如表 12-17 所示。

表 12-17　通用配置

注　解	类　型	功能描述
nginx.ingress.kubernetes.io/enable-access-log	true 或 false	对当前虚拟主机设置是否启用访问日志，默认为真

（续）

注　解	类　型	功能描述
nginx.ingress.kubernetes.io/server-alias	string	为 Nginx 添加更多的主机名，同 Nginx 配置指令 server_name，参见 3.3.1 节
nginx.ingress.kubernetes.io/app-root	string	将当前虚拟主机根目录的访问 302 跳转到当前指定的路径
nginx.ingress.kubernetes.io/client-body-buffer-size	string	同 Nginx 配置指令 client_body_buffer_size，参见 3.3.2 节
nginx.ingress.kubernetes.io/use-regex	true 或 false	是否对当前虚拟主机的 Nginx 指令 location 使用正则方式进行路径匹配，默认值为 false，参见 3.3.3 节
nginx.ingress.kubernetes.io/custom-http-errors	[]int	根据响应码状态定义为错误状态并跳转到设置的默认后端
nginx.ingress.kubernetes.io/default-backend	string	自定义默认后端的资源对象 Service 名称，当客户端的请求没有匹配的 Nginx 规则或响应错误时，将被转发到默认后端
nginx.ingress.kubernetes.io/whitelist-source-range	CIDR	功能同 ConfigMap 配置键 whitelist-source-range
nginx.ingress.kubernetes.io/permanent-redirect	string	设置永久重定向的目标地址，参见 3.3.4 节
nginx.ingress.kubernetes.io/permanent-redirect-code	number	自定义永久重定向的响应码，默认为 301
nginx.ingress.kubernetes.io/temporal-redirect	string	设置临时重定向的目标地址，参见 3.3.4 节
nginx.ingress.kubernetes.io/from-to-www-redirect	true 或 false	设置是否将当前虚拟主机子域名为 www 的请求跳转到当前主机域名
nginx.ingress.kubernetes.io/rewrite-target	URI	同 Nginx 配置指令 rewrite，参见 3.3.4 节
nginx.ingress.kubernetes.io/enable-rewrite-log	true 或 false	同 Nginx 配置指令 rewrite_log，默认为 false，参见 3.3.4 节
nginx.ingress.kubernetes.io/mirror-uri	string	同 Nginx 配置指令 mirror，参见 4.2.1 节
nginx.ingress.kubernetes.io/mirror-request-body	true 或 false	同 Nginx 配置指令 mirror_request_body，默认为 true，参见 4.2.1 节

配置样例如下：

```
apiVersion: extensions/v1beta1
kind: Ingress
metadata:
    name: web-nginxbar-org
    namespace: default
    annotations:
        nginx.ingress.kubernetes.io/rewrite-target: /tea/$1
        nginx.ingress.kubernetes.io/enable-rewrite-log: "true"
spec:
    rules:
    - host: web.nginxbar.org    # 此service的访问域名
      http:
```

```
        paths:
        - backend:
            serviceName: nginx-web
            servicePort: 8080
          path: /coffee/(.+)
```

（3）访问控制

用以设置基于流量、请求连接数、请求频率的访问控制。访问控制配置说明如表 12-18 所示。

表 12-18　访问控制配置

注　解	类型 / 选项	功能描述
nginx.ingress.kubernetes.io/limit-rate	number	访问流量速度限制，同 Nginx 配置指令 limit_rate，参见 3.3.5 节
nginx.ingress.kubernetes.io/limit-rate-after	number	启用访问流量速度限制的最大值，同 Nginx 配置指令 limit_rate_after，参见 3.3.5 节
nginx.ingress.kubernetes.io/limit-connections	number	并发连接数限制，同 Nginx 配置指令 limit_conn，参见 4.2.8 节
nginx.ingress.kubernetes.io/limit-rps	number	每秒请求频率限制，burst 参数为给定值的 5 倍，响应状态码由 ConfigMap 的 limit-req-status-code 设定，参见 4.2.9 节
nginx.ingress.kubernetes.io/limit-rpm	number	每分钟请求频率限制，burst 参数为给定值的 5 倍，响应状态码由 ConfigMap 的 limit-req-status-code 设定，参见 4.2.9 节
nginx.ingress.kubernetes.io/limit-whitelist	CIDR	对以上限制设置基于 IP 的白名单

（4）认证管理

Nginx Ingress 提供了基本认证、摘要认证和外部认证 3 种方式，为被代理服务器提供认证支持。认证管理配置说明如表 12-19 所示。

表 12-19　认证管理配置

注　解	类　型	功能描述
nginx.ingress.kubernetes.io/enable-global-auth	true 或 false	如果 ConfigMap 的 global-auth-url 被设置，Nginx 会将所有的请求重定向到提供身份验证的 URL，默认为 true
nginx.ingress.kubernetes.io/satisfy	string	同 Nginx 配置指令 satisfy，参见 3.3.5 节
nginx.ingress.kubernetes.io/auth-type	basic 或 digest	设置 HTTP 认证类型，支持基本和摘要两种类型
nginx.ingress.kubernetes.io/auth-secret	string	指定关联资源对象 secret 的名称
nginx.ingress.kubernetes.io/auth-realm	string	设置基本认证的提示信息 auth_basic
nginx.ingress.kubernetes.io/auth-url	string	设置提供外部身份认证的 URL，由 Nginx 配置指令 auth_request 提供该功能，可参见 4.2.6 节

（续）

注　解	类　型	功能描述
nginx.ingress.kubernetes.io/auth-signin	string	设置当外部认证返回 401 时跳转的 URL，通常为提示输入用户名和密码的 URL
nginx.ingress.kubernetes.io/auth-method	string	指定访问外部认证 URL 的 HTTP 方法，由 Nginx 配置指令 proxy_method 提供该功能，可参见 6.1.1 节
nginx.ingress.kubernetes.io/auth-request-redirect	string	设置发送给认证服务器请求头中 X-Auth-Request-Redirect 的值
nginx.ingress.kubernetes.io/auth-cache-key	string	启用认证缓存，并设置认证缓存的关键字
nginx.ingress.kubernetes.io/auth-cache-duration	string	基于响应码设置认证缓存的有效时间
nginx.ingress.kubernetes.io/auth-response-headers	string	设置认证请求完成后传递到真实后端的头信息
nginx.ingress.kubernetes.io/auth-snippet	string	可以自定义在外部认证指令区域添加 Nginx 配置指令

基本认证配置如下：

```
# 创建基本认证用户名nginxbar、密码123456，输出文件名必须是auth
htpasswd -bc auth nginxbar 123456

# 创建资源对象secret保存账号和密码
kubectl create secret generic basic-auth --from-file=auth

# 查看创建的basic-auth
kubectl get secret basic-auth -o yaml

# 创建基本认证的Ingress实例
cat>auth-nginxbar-org.yaml<<EOF
apiVersion: extensions/v1beta1
kind: Ingress
metadata:
    name: auth-nginxbar-org
    namespace: default
    annotations:
        # 设置认证类型
        nginx.ingress.kubernetes.io/auth-type: basic
        # 关联账号和密码
        nginx.ingress.kubernetes.io/auth-secret: basic-auth
        # 显示认证提示信息
        nginx.ingress.kubernetes.io/auth-realm: 'Authentication Required for web.
            nginxbar.org'
spec:
    rules:
    - host: auth.nginxbar.org    # 此service的访问域名
        http:
            paths:
            - backend:
```

```
                serviceName: nginx-web
                servicePort: 8080
    EOF

    kubectl create -f auth-nginxbar-org.yaml
```

认证转发配置样例如下：

```
apiVersion: extensions/v1beta1
kind: Ingress
metadata:
    name: auth-nginxbar-org
    namespace: default
    annotations:
        nginx.ingress.kubernetes.io/auth-url: "http://$host/auth2"
        nginx.ingress.kubernetes.io/auth-signin: "http://$host/auth/start"
        nginx.ingress.kubernetes.io/auth-method: "POST"
        nginx.ingress.kubernetes.io/auth-cache-key: "foo",
        nginx.ingress.kubernetes.io/auth-cache-duration": "200 202 401 30m"
        nginx.ingress.kubernetes.io/auth-snippet: |
            proxy_set_header Foo-Header 42;
spec:
    rules:
    - host: auth.nginxbar.org      # 此service的访问域名
      http:
        paths:
        - backend:
            serviceName: nginx-web
            servicePort: 8080
```

（5）跨域访问

跨域访问功能配置说明如表 12-20 所示。

表 12-20　跨域访问

注　解	类　型	功能描述
nginx.ingress.kubernetes.io/ enable-cors	true 或 false	是否启用跨域访问支持，默认为 false
nginx.ingress.kubernetes.io/ cors-allow-origin	string	允许跨域访问的域名，默认为 *，表示接受任意域名的访问
nginx.ingress.kubernetes.io/ cors-allow-methods	string	允许跨域访问的方法，默认为 GET、PUT、POST、DELETE、PATCH、OPTIONS
nginx.ingress.kubernetes.io/ cors-allow-headers	string	允许跨域访问的请求头，默认为 DNT、X-CustomHeader、Keep-Alive、User-Agent、X-Requested-With、If-Modified-Since、Cache-Control、Content-Type、Authorization
nginx.ingress.kubernetes.io/ cors-allow-credentials	true 或 false	设置在响应头中 Access-Control-Allow-Credentials 的值，设置是否允许客户端携带验证信息，如 cookie 等，默认为 "true"
nginx.ingress.kubernetes.io/ cors-max-age	number	设置响应头中 Access-Control-Max-Age 的值，设置返回结果可以用于缓存的最长时间，默认为 1 728 000 秒

配置样例如下：

```
apiVersion: extensions/v1beta1
kind: Ingress
metadata:
    name: web-nginxbar-org
    namespace: default
    annotations:
        nginx.ingress.kubernetes.io/cors-allow-headers: >-
            DNT,X-CustomHeader,Keep-Alive,User-Agent,X-Requested-With,
            If-Modified-Since,Cache-Control,Content-Type,Authorization
        nginx.ingress.kubernetes.io/cors-allow-methods: 'PUT, GET, POST, OPTIONS'
        nginx.ingress.kubernetes.io/cors-allow-origin: '*'
        nginx.ingress.kubernetes.io/enable-cors: "true"
        nginx.ingress.kubernetes.io/cors-max-age: 600
spec:
    rules:
    - host: web.nginxbar.org
      http:
        paths:
        - backend:
            serviceName: nginx-web
            servicePort: 8080
          path: /
```

（6）代理配置

Nginx 代理相关功能配置说明如表 12-21 所示。

表 12-21　代理配置

注　解	类型 / 选项	功能描述
nginx.ingress.kubernetes.io/service-upstream	true 或 false	默认 Nginx 以 Service 中 Pod 的 IP 和端口为 Upstream 中的成员列表，该参数为 true 时，将以 Service 的 ClusterIP 和端口为被代理入口，该功能避免了因 Pod 漂移带来的 Upstream 的配置变化
nginx.ingress.kubernetes.io/backend-protocol	HTTP 或 HTTPS 或 GRPC 或 GRPCS 或 AJP 或 FCGI	设置代理后端服务器的代理协议类型，默认为 HTTP
nginx.ingress.kubernetes.io/proxy-body-size	string	同 Nginx 配置指令 client_max_body_size，默认为 1m，参见 8.3.6 节
nginx.ingress.kubernetes.io/proxy-cookie-domain	string	同 Nginx 配置指令 proxy_cookie_domain，参见 6.1.1 节
nginx.ingress.kubernetes.io/proxy-cookie-path	string	同 Nginx 配置指令 proxy_cookie_path，参见 6.1.1 节
nginx.ingress.kubernetes.io/proxy-connect-timeout	number	同 Nginx 配置指令 proxy_connect_timeout，参见 6.1.2 节
nginx.ingress.kubernetes.io/proxy-send-time-out	number	同 Nginx 配置指令 proxy_send_timeout，参见 6.1.2 节

（续）

注　解	类型 / 选项	功能描述
nginx.ingress.kubernetes.io/proxy-read-time-out	number	同 Nginx 配置指令 proxy_read_timeout，参见 6.1.2 节
nginx.ingress.kubernetes.io/proxy-next-up-stream	string	同 Nginx 配置指令 proxy_next_upstream，参见 6.1.1 节
nginx.ingress.kubernetes.io/proxy-next-up-stream-timeout	number	同 Nginx 配置指令 proxy_next_upstream_timeout，参见 6.1.1 节
nginx.ingress.kubernetes.io/proxy-next-up-stream-tries	number	同 Nginx 配置指令 proxy_next_upstream_tries，参见 6.1.1 节
nginx.ingress.kubernetes.io/proxy-buffering	string	同 Nginx 配置指令 proxy_buffering，参见 6.1.1 节
nginx.ingress.kubernetes.io/proxy-buffers-number	number	同 Nginx 配置指令 proxy_buffers，参见 6.1.1 节
nginx.ingress.kubernetes.io/proxy-buffer-size	string	同 Nginx 配置指令 proxy_buffer_size，参见 6.1.1 节
nginx.ingress.kubernetes.io/proxy-request-buffering	string	同 Nginx 配置指令 proxy_request_buffering，参见 6.1.1 节
nginx.ingress.kubernetes.io/proxy-http-version	1.0 或 1.1	同 Nginx 配置指令 proxy_http_version，默认为 1.1，参见 6.1.1 节
nginx.ingress.kubernetes.io/upstream-vhost	string	自定义发送到上游服务器的信息头字段中 Host 的内容，相当于 Nginx 配置指令 proxy_set_header Host $host 的设置
nginx.ingress.kubernetes.io/proxy-redirect-from	string	设置要替换的源文本，同 Nginx 配置指令 proxy_redirect，参见 6.1.1 节
nginx.ingress.kubernetes.io/proxy-redirect-to	string	设置要替换的目标文本，同 Nginx 配置指令 proxy_redirect，参见 6.1.1 节
nginx.ingress.kubernetes.io/connection-proxy-header	string	设置发送到被代理服务器请求头中字段属性 connection 的值，相当于 Nginx 配置指令 proxy_set_header Connection 的状态为 Keep-Alive
nginx.ingress.kubernetes.io/x-forwarded-prefix	string	创建并设置代理请求头属性字段 X-Forwarded-Prefix 属性，用以向后端传递请求路径
nginx.ingress.kubernetes.io/http2-push-pre-load	true 或 false	同 Nginx 配置指令 http2_push_preload，默认值为 false，参见 5.7.1 节

（7）负载均衡

为方便上游服务器组的动态管理，Nginx Ingress 基于 Lua 实现了一致性哈希、基于子集的一致性哈希、轮询调度及峰值指数加权移动平均（Peak Exponentially Weighted Moving-Average，Peak EWMA）负载均衡算法。负载均衡配置说明如表 12-22 所示。

表 12-22　负载均衡配置

注　解	类型 / 选项	功能描述
nginx.ingress.kubernetes.io/upstream-hash-by	string	同 Nginx 配置指令 hash，此处默认为一致性哈希负载算法，允许除了客户端 IP 或 cookie 之外的会话粘连，参见 8.2.2 节
nginx.ingress.kubernetes.io/upstream-hash-by-subset	true 或 false	设置是否使用子集模式的一致性哈希负载算法，默认为 false
nginx.ingress.kubernetes.io/upstream-hash-by-subset-size	int	设置子集模式中上游服务器分组的大小，默认为 3
nginx.ingress.kubernetes.io/load-balance	round_robin 或 ewma	设置负载均衡算法，基于 balancer_by_lua 模块实现，支持轮询和 Peak EWMA 两种负载算法

- ❑ 子集模式的一致性哈希负载算法是将上游服务器组中的被代理服务器分成固定数量的分组，然后把每个分组当作一致性哈希计算的虚拟节点。默认一致性哈希是按照每个被代理服务器为虚拟节点进行计算的。
- ❑ Peak EWMA 负载均衡算法，是对每个 Pod 请求的往返延时（Round-Trip Time，RTT）计算移动平均值，并用该 Pod 的未完成请求数对这个平均值加权计算，计算值最小的 Pod 端点将被分配新的请求。

（8）会话保持配置

设置基于 cookie 的会话亲缘关系，也就是会话保持功能。启用基于 cookie 的会话保持功能时，可以使同一客户端的请求始终转发给同一后端服务器。Nginx Ingress 对启用会话保持功能的 Service 集群使用一致性哈希负载算法，即使后端 Pod 数量变化，也不会对会话保持功能产生太大的影响。会话保持配置说明如表 12-23 所示。

表 12-23　会话保持配置

注　解	类　型	功能描述
nginx.ingress.kubernetes.io/affinity	cookie	设置会话保持类型，目前只有 cookie 类型
nginx.ingress.kubernetes.io/session-cookie-name	string	设置 cookie 字段名称，默认为 INGRESSCOOKIE
nginx.ingress.kubernetes.io/session-cookie-path	string	设置 cookie 字段 path 的值，默认值为当前资源实例 path 的设置。如果启用 use-regex 功能，使用正则匹配时，必须单独指定，不能使用默认值
nginx.ingress.kubernetes.io/session-cookie-max-age	—	设置 cookie 字段 max-age 的值，表示 cookie 过期时间
nginx.ingress.kubernetes.io/session-cookie-expires	—	为兼容旧的浏览器，设置 cookie 字段 expires 的值，表示 cookie 过期时间
nginx.ingress.kubernetes.io/session-cookie-change-on-failure	true 或 false	当会话保持的被代理服务器请求失败时，如果设置值为 true，则将下次请求更改为向另一台被代理服务器转发，否则继续向当前被代理服务器转发请求

配置样例如下：

```
apiVersion: extensions/v1beta1
kind: Ingress
metadata:
    name: web-nginxbar-org
    annotations:
        nginx.ingress.kubernetes.io/affinity: "cookie"
        nginx.ingress.kubernetes.io/session-cookie-name: "route"
        nginx.ingress.kubernetes.io/session-cookie-expires: "172800"
        nginx.ingress.kubernetes.io/session-cookie-max-age: "172800"

spec:
    rules:
    - host: web.nginxbar.org
      http:
          paths:
        - backend:
              serviceName: nginx-web
              servicePort: 8080
          path: /
```

（9）HTTPS 配置

HTTPS 功能的配置说明如表 12-24 所示。

表 12-24　HTTPS 配置

注　解	类　型	功能描述
nginx.ingress.kubernetes.io/force-ssl-redirect	true 或 false	当客户端的 HTTPS 被外部集群进行 SSL 卸载（SSL offloading）时，仍将 HTTP 的请求强制跳转到 HTTPS 端口
nginx.ingress.kubernetes.io/ssl-redirect	true 或 false	设置当前虚拟主机支持 HTTPS 请求时，是否将 HTTP 的请求强制跳转到 HTTPS 端口，全局默认为 true
nginx.ingress.kubernetes.io/ssl-passthrough	true 或 false	设置是否启用 SSL 透传
nginx.ingress.kubernetes.io/auth-tls-secret	string	设置客户端证书的资源对象名称
nginx.ingress.kubernetes.io/ssl-ciphers	string	设置 TLS 用于协商使用的加密算法组合，同 Nginx 配置指令 ssl_ciphers，参见 5.2.1 节
nginx.ingress.kubernetes.io/auth-tls-verify-client	string	是否启用客户端证书验证，同 Nginx 配置指令 ssl_verify_client，参见 5.2.1 节
nginx.ingress.kubernetes.io/auth-tls-verify-depth	number	客户端证书链的验证深度同 Nginx 配置指令 ssl_verify_depth，参见 5.2.1 节
nginx.ingress.kubernetes.io/auth-tls-error-page	string	设置客户端证书验证错误时的跳转页面
nginx.ingress.kubernetes.io/auth-tls-pass-certificate-to-upstream	true 或 false	指定证书是否传递到上游服务器
nginx.ingress.kubernetes.io/secure-verify-ca-secret	string	设置是否启用对被代理服务器的 SSL 证书验证功能

HTTPS 配置样例如下：

```
# 创建TLS证书
openssl req -x509 -nodes -days 365 -newkey rsa:2048 -keyout /data/apps/certs/
    dashboard.key -out /data/apps/certs/dashboard.crt -subj "/CN=dashboard.
    nginxbar.org/O=dashboard.nginxbar.org"
kubectl -n kube-system  create secret tls ingress-secret --key /data/apps/certs/
    dashboard.key --cert /data/apps/certs/dashboard.crt


# 创建HTTPS服务
cat>dashboard-ingress.yaml<<EOF
apiVersion: extensions/v1beta1
kind: Ingress
metadata:
    name: dashboard-ingress
    namespace: kube-system
    annotations:
        nginx.ingress.kubernetes.io/ingress.class: nginx
        # 使用HTTPS协议代理后端服务器
        nginx.ingress.kubernetes.io/backend-protocol: "HTTPS"
        # 启用SSL透传
        nginx.ingress.kubernetes.io/ssl-passthrough: "true"
spec:
    tls:
    - hosts:
        - dashboard.nginxbar.org
        secretName: ingress-secret
    rules:
    - host: dashboard.nginxbar.org
      http:
        paths:
        - path: /
          backend:
            serviceName: kubernetes-dashboard
            servicePort: 443
EOF

kubectl create -f dashboard-ingress.yaml

curl -k -H "Host:dashboard.nginxbar.org" https://10.103.196.209
```

　　Nginx-ingress 在用户没有提供证书的情况下会提供一个内置的默认 TLS 证书，如果 secretName 参数没有配置或配置错误，Nginx 会使用系统默认的证书，所以配置后仍需检查确认。

　　HTTPS 客户端证书身份认证配置样例如下：

```
# 创建客户端证书资源对象default/ca-secret

apiVersion: extensions/v1beta1
kind: Ingress
metadata:
    annotations:
        # 启用客户端证书验证
```

```
        nginx.ingress.kubernetes.io/auth-tls-verify-client: "on"
        # 绑定客户端证书的资源对象名称，是命名空间default的ca-secret
        nginx.ingress.kubernetes.io/auth-tls-secret: "default/ca-secret"
        # 客户端证书链的验证深度为1
        nginx.ingress.kubernetes.io/auth-tls-verify-depth: "1"
        # 设置客户端证书验证错误时的跳转页面
        nginx.ingress.kubernetes.io/auth-tls-error-page: "http://www.mysite.com/
            error-cert.html"
        # 指定证书传递到上游服务器
        nginx.ingress.kubernetes.io/auth-tls-pass-certificate-to-upstream: "true"
    name: nginx-test
    namespace: default
spec:
    rules:
    - host: mydomain.com
        http:
            paths:
            - backend:
                    serviceName: http-svc
                    servicePort: 80
                path: /
    tls:
    - hosts:
        - mydomain.com
        secretName: tls-secret
```

（10）"金丝雀"发布

"金丝雀"发布又称为灰度发布，灰度发布功能可以将用户请求按照指定的策略进行分割，并转发到不同的代理服务器组，通过不同的代理服务器部署应用不同版本可进行对照比较，因该方式对于新版本而言类似于使用"金丝雀"的方式进行测试，所以也叫"金丝雀"发布。Nginx Ingress 支持 Header、cookie 和权重 3 种方式，可单独使用，也可以组合使用。"金丝雀"发布配置说明如表 12-25 所示。

表 12-25 "金丝雀"发布配置

注 解	类 型	功能描述
nginx.ingress.kubernetes.io/canary	true 或 false	启用"金丝雀"发布功能
nginx.ingress.kubernetes.io/canary-by-header	string	设置请求头属性字段的名称，用于根据该字段的值判断是否将请求路由到"金丝雀"服务器组，该字段值为 always 时则该请求被路由到"金丝雀"服务器组；该字段值为 never 时则不路由到"金丝雀"服务器组
nginx.ingress.kubernetes.io/canary-by-header-value	string	自定义用于判断是否路由到"金丝雀"服务器组的请求头字段值，默认为 always，必须与 canary-by-header 同时使用
nginx.ingress.kubernetes.io/canary-by-cookie	string	设置 cookie 的字段名称，用于根据该字段的值判断是否将请求路由到"金丝雀"服务器组。always 则路由到"金丝雀"服务器组；never 则永远不路由到"金丝雀"服务器组
nginx.ingress.kubernetes.io/canary-weight	number	将请求基于整数（0～100）的请求百分比随机路由到"金丝雀"服务器组；100 表示所有请求都路由到"金丝雀"服务器组；0 则表示不路由任何请求到"金丝雀"服务器组

"金丝雀"路由规则同时存在时的优先顺序是 canary-by-header、canary-by-cookie、canary-weight。

配置样例如下：

```
# 创建主机web.nginxbar.org的Ingress资源配置
apiVersion: extensions/v1beta1
kind: Ingress
metadata:
    name: web-nginxbar-org
    namespace: default
    annotations:
        nginx.ingress.kubernetes.io/ingress.class: "nginx"
spec:
    rules:
    - host: web.nginxbar.org    # 此service的访问域名
      http:
        paths:
        - backend:
            serviceName: nginx-web
            servicePort: 8080


# 创建主机web.nginxbar.org金丝雀组的Ingress资源配置
apiVersion: extensions/v1beta1
kind: Ingress
metadata:
    name: web-nginxbar-org-canary
    namespace: default
    annotations:
        nginx.ingress.kubernetes.io/ingress.class: "nginx"
        nginx.ingress.kubernetes.io/canary: "true",
        # 根据请求头字段CanaryByHeader的值进行判断
        nginx.ingress.kubernetes.io/canary-by-header: "CanaryByHeader",
        # 请求头字段CanaryByHeader的值为DoCanary时，路由到"金丝雀"服务器组
        nginx.ingress.kubernetes.io/canary-by-header-value: "DoCanary",
        # 根据Cookie字段CanaryByCookie的值进行判断
        nginx.ingress.kubernetes.io/canary-by-cookie: "CanaryByCookie",
        # 随机10%的请求路由到"金丝雀"服务器组
        nginx.ingress.kubernetes.io/canary-weight: "10",
spec:
    rules:
    - host: web.nginxbar.org    # 此service的访问域名
      http:
        paths:
        - backend:
            serviceName: nginx-web-canary
            servicePort: 8080
```

（11）lua-resty-waf 模块

lua-resty-waf 是一个基于 OpenResty 的高性能 Web 应用防火墙，对当前虚拟主机的访问可以按照相关防火墙规则进行访问过滤。模块配置说明如表 12-26 所示。

表 12-26 lua-resty-waf 模块

注　解	类　型	功能描述
nginx.ingress.kubernetes.io/lua-resty-waf	string	设置 WAF 防火墙的工作模式，inactive 表示不执行任何操作；active 表示启用；simulate 模式下，如果给定请求有匹配的规则，它将记录一条警告消息而不进行处理。这有助于在完全部署规则之前调试规则并消除可能的误报
nginx.ingress.kubernetes.io/lua-resty-waf-debug	true 或 false	设置是否启用调试功能，默认值为 false
nginx.ingress.kubernetes.io/lua-resty-waf-ignore-rulesets	string	设置忽略规则集的名称，当某些规则集（如 sqli 或 xss crs 规则集）太容易误报或不适用时，可通过设置该设置进行忽略处理
nginx.ingress.kubernetes.io/lua-resty-waf-extra-rules	string	设置自定义的规则
nginx.ingress.kubernetes.io/lua-resty-waf-allow-unknown-content-types	true 或 false	设置在发送了不在允许内容类型列表中的内容类型头时是否继续处理请求。默认允许的为 text/html、text/json、application/json 的文档类型，默认值为 false
nginx.ingress.kubernetes.io/lua-resty-waf-score-threshold	number	设置请求异常评分的阈值，如果超过这个阈值，则拒绝该请求，默认值为 5
nginx.ingress.kubernetes.io/lua-resty-waf-process-multipart-body	true 或 false	设置是否使用 lua-resty-upload 模块对 multipart/form-data 类型请求体的处理，默认为 true

（12）ModSecurity 模块配置

ModSecurity 是一个开源的 Web 应用防火墙。必须首先通过在 ConfigMap 中启用 Mod-Security 来加载 ModSecurity 模块。这将为所有路径启用 ModSecurity 过滤，可以手动在 Ingress 资源实例中禁用此功能。ModSecurity 模块配置说明如表 12-27 所示。

表 12-27　ModSecurity 模块配置

注　解	类　型	功能描述
nginx.ingress.kubernetes.io/enable-mod-security	bool	设置是否启用 ModSecurity 过滤，启用时应用推荐的规则以仅检测（Detection-Only）模式运行
nginx.ingress.kubernetes.io/enable-owasp-core-rules	bool	设置是否使用 OWASP 核心规则进行请求检测
nginx.ingress.kubernetes.io/modsecurity-transaction-id	string	设置从 Nginx 传递事务 ID，而不是在库中自动生成，有利于在 ModSecurity 中跟踪查看检测的请求，对应模块配置指令为 modsecurity_transaction_id
nginx.ingress.kubernetes.io/modsecurity-snippet	string	添加模块配置指令 modsecurity_rules 的内容

配置样例如下：

```
apiVersion: extensions/v1beta1
kind: Ingress
metadata:
    name: web-nginxbar-org
    annotations:
        nginx.ingress.kubernetes.io/enable-modsecurity: "true"
        nginx.ingress.kubernetes.io/enable-owasp-core-rules: "true"
        nginx.ingress.kubernetes.io/modsecurity-transaction-id: "$request_id"
        nginx.ingress.kubernetes.io/modsecurity-snippet: |
        SecRuleEngine On
        SecDebugLog /tmp/modsec_debug.log
spec:
    rules:
    - host: web.nginxbar.org
      http:
        paths:
        - backend:
            serviceName: nginx-web
            servicePort: 8080
            path: /
```

（13）Influxdb 模块配置

通过使用 Nginx Influxdb 模块，可以用 UDP 协议将请求记录实时发送到后端的 Influxdb 服务器。Influxdb 模块配置说明如表 12-28 所示。

表 12-28 Influxdb 模块配置

注　解	类　型	功能描述
nginx.ingress.kubernetes.io/enable-influxdb	true 或 false	是否启用 Influxdb 输出功能
nginx.ingress.kubernetes.io/influxdb-measurement	string	指定 Influxdb 中的 measurement 名称
nginx.ingress.kubernetes.io/influxdb-port	string	指定 Influxdb 的端口
nginx.ingress.kubernetes.io/influxdb-host	string	指定 Influxdb 的 IP 地址
nginx.ingress.kubernetes.io/influxdb-server-name	string	设置自己的应用标识

配置样例如下：

```
apiVersion: extensions/v1beta1
kind: Ingress
metadata:
    name: web-nginxbar-org
    annotations:
        nginx.ingress.kubernetes.io/enable-influxdb: "true"
        nginx.ingress.kubernetes.io/influxdb-measurement: "nginxbar-reqs"
        nginx.ingress.kubernetes.io/influxdb-port: "8089"
        nginx.ingress.kubernetes.io/influxdb-host: "192.168.2.110"
        nginx.ingress.kubernetes.io/influxdb-server-name: "nginxbar-com"
spec:
    rules:
    - host: web.nginxbar.org
      http:
        paths:
        - backend:
            serviceName: nginx-web
            servicePort: 8080
          path: /
```

第 13 章 *Chapter 13*

Nginx 在微服务架构中的应用

近几年，微服务（Microservices）技术迅猛发展，以 Spring Cloud 为架构方案、Kubernetes 为支撑平台成为微服务架构的主流实践方案。微服务架构中，把一个大系统中的单体应用按业务功能分解成多个功能单一的服务化小系统，并以 API 的方式使这些小系统相互协作，组合成这个大系统的功能应用。以往大型的复杂单体应用被拆解后的多个微服务所代替，系统中的每个微服务被独立部署，彼此之间是松耦合的。每个微服务仅关注如何很好地完成自身的任务，开发人员也可以更专注所负责的服务化模块，使软件生产的效率得到有效提升。

微服务是以多个独立的个体部署的，因此微服务架构给运维工作带来了诸多挑战，相对于单体应用，微服务的业务调用链更长、调用关系更复杂、故障点更多。运维人员需要考虑更多运行可用性、连续性、容量伸缩及响应速度方面的工作。Kubernetes 被认为是目前最成功、影响也最大的微服务支撑方案，它提供了资源调度、弹性伸缩、自动化部署等功能，并完美解决了负载均衡、集群管理、有状态数据的管理等微服务面临的问题，成为企业容器化微服务的首选解决方案。

在微服务架构体系中，Nginx 也基于其自身优势不仅在 Kubernetes 系统中以 Ingress 的方式提供服务入口应用，更在微服务网关等核心组件中发挥着重要的作用。

13.1　认识微服务

13.1.1　为什么需要微服务

计算机自诞生以来，极大地影响了人类的生产和社会活动，软件生产以一种生产活动的方式进入了人们的生活。软件生产是知识密集型的智力活动，生产过程仍以手工劳动为主。随着软件生产活动的发展，不同时期生产力的需求促进着生产方式的变革，表现形式从程序设计方式逐渐转变为应用架构的创新，微服务便以应用架构的创新形式随着软件生产的发展逐渐演变而来，成为软件生产发展的必然产物，同时也是软件开发过程中的必然需求。

1. 微服务是软件生产发展的必然产物

软件生产以程序设计为生产方式的表现形式发展经历了 3 个时期，分别是程序设计时代、软件系统时代和软件工程时代。

（1）程序设计时代（20 世纪 50 年代～20 世纪 70 年代）

程序设计时代的软件生产仅是程序设计，主要是按照需求编写用来计算的数学程序，编写者和使用者通常为同一人或同一组人，是一种自给自足、个体手工劳动的生产活动。编程语言主要以早期的命令式程序设计语言为表现方式。机器语言及汇编语言是最早的命令式语言，最早诞生的高级语言 Fortran Ⅰ，也是一种命令式语言，命令式语言是基于动作的语言。以冯・诺依曼计算机体系结构为背景，计算机被看作是动作的序列，程序就是用语言提供的操作命令书写的一个操作序列。命令式语言支持自然公式语法，如使用几条命令让计算机完成数学计算等，现在的高级语言都支持这种命令式语言的设计风格。

（2）软件系统时代（20 世纪 70 年代～20 世纪 90 年代）

软件系统时代有了数据结构的概念，程序与数据构成了软件，同时也产生了职业的软件开发人员，并由个体手工劳作逐渐转变成作坊式合作的真正软件生产活动。由于高级语言的诞生和 20 世纪 60 年代中期计算机硬件的飞速发展，计算机的应用领域及需求不断扩大，软件成为一种商品。这一时期由于生产力需求的增加，落后的程序设计方法严重阻碍了生产力的发展，导致了第一次软件危机的爆发。为解决这一问题，人们提出了结构化程序设计方法，结构化程序设计约定软件开发者采用自上而下、逐步求精、模块化的方式进行程序设计，整个程序的各个模块通过顺序、选择、循环的控制结构进行连接，只有一个入口和一个出口。模块化的设计实现了有效的工作分工，每个模块可以被不同的人编写、重用并独立测试，使生产力得到巨大提升。结构化程序设计的典型代表莫过于 C 语言，每个程序由多个源文件构成，每个源文件就是一个模块，不同的源文件被入口文件 main.c 引入后，通过控制结构实现模块功能的调用。

（3）软件工程时代（20 世纪 90 年代至今）

软件工程时代的软件生产引入了软件工程的概念，软件生产被定义了生命周期，程序开发也被要求遵守系统化、规范化、数量化的工程原则。随着社会的发展，人们对软件的需求量剧增，软件的复杂度也越来越高，大规模软件常常由数百万行代码组成，参与程序开发的人员数以百计，结构化程序设计的问题日益凸显。此时，以面向对象程序设计为代表的新的生产方式适应了生产力发展的需求，成为人们的新选择。面向对象程序设计是将结构化程序设计中的数据及与数据有关的函数集成在一起，形成对象，而对象的类型就是类，类中可以定义方法和属性等，并将结构化程序设计中主程序与子程序间的从属关系，变为对象间相互发送消息的平等关系。现今流行的开发语言大多是面向对象的程序设计语言，采用面向对象程序设计思想开发的外部文件里可以有更加复杂的方法。通过类、方法、属性的定义，使其可以处理更加复杂的场景。

　　早期，软件生产方式变革的重点都在数据结构和算法的选择上，随着软件系统规模的变大及处理的场景越发复杂，软件生产进入软件工程时代，整个软件系统的架构设计和规范变得越来越重要，数据库、网络、分布式等应用架构技术也成为软件设计的重要组成部分。软件生产方式的表现形式逐渐由内在的程序设计向外在的应用架构转变，曾被使用的应用架构有垂直应用架构和面向服务架构。

- ❑ 垂直应用架构。最早的 LAMP（Linux、Apache、MySQL、PHP）是一种非常原始的垂直架构模式，由于早期互联网公司的业务规模小，LAMP 在很长一段时间内十分流行。随着互联网应用规模的增长，分层模式的垂直应用架构得到了广泛应用。分层模式的最典型模型就是 MVC（Model-View-Controller）模型，MVC 模型充分利用面向对象的封装、继承及多态特性，把代码结构分为展示层（View）、控制层（Controller）和模型层（Model），控制层负责处理用户请求，通过模型层获取数据，并经过展示层渲染后展示给用户。MVC 模型下的应用代码通常打包在一个发布包中进行部署。在高并发场景下，会使用 Nginx 等负载均衡对部署在多个机器上的应用进行负载分流。

- ❑ 面向服务架构。面向服务架构（Service Oriented Architecture，SOA）是一种松耦合、粗粒度的以服务为中心的架构，以服务为基本的业务功能单元，由平台接口契约来定义，将业务系统服务化。按照这种方式，可以将程序代码中的不同模块解耦，并通过网络实现服务调用、消息交换和资源共享。它的关注点是服务，注重服务的可用性、松耦合的独立性、可任意组合编排、无状态且可被自动发现，所有服务间可以通过网络、注册中心或企业服务总线（ESB）等技术方式进行通信。

　　上述两种应用架构下的每个功能应用仍以单体应用的方式存在，当软件规模复杂时，代码的复杂性、维护性、创新性、可扩展性等问题依然存在。微服务架构基于面向服务架构，既在程序设计方法上限制了对象类模块的无限增长，使代码的复杂性得到有效控制，便于开发人员维护和扩展；同时又以服务化的形式增强应用架构的整合，使不同的应用以服务化的形式更易相互调用以实现不同的功能。微服务架构使软件生产方式再次发生变化，提升了软件生产效率，成为软件生产发展中的必然产物。

2. 微服务是软件开发过程的必然需求

　　用户需求不明确是软件生产供需矛盾的一个重要表现形式，自软件诞生以来就一直存在于软件开发过程中。用户在见到开发出来的软件前，通常自己也不清楚软件的具体需求，对软件需求的描述也不够精确，甚至可能存在很多错误的描述。用户在软件开发期间也会有变更需求的情况发生，甚至因与开发人员所处的业务领域不同导致彼此间对需求的理解存在很大的差异。

首先，我们要认识到这种需求不明确存在的客观性，因为它不只存在于软件生产活动中，还是一种客观的社会环境特点。这一社会环境特点被称为 VUCA，VUCA 是易变性（Volatility）、不确定性（Uncertainty）、复杂性（Complexity）、模糊性（Ambiguity）的缩写。VUCA 是如今整个社会环境的特点，尤其是信息科技方面，随着科技进步及互联网的快速发展，社会正处于信息化爆炸的年代，大数据、云计算、物联网、人工智能快速发展，人们对未来充满未知和疑惑，各种需求更加模糊、复杂且具有极大的不确定性。

在软件开发过程中，人们一直以不同的软件过程模型进行开发过程革新。最早出现的软件开发模型是瀑布模型，它以一种预见式的方式向用户确认需求，将开发周期从一个阶段向下个阶段逐级过渡。瀑布式的软件开发过程缺乏灵活性，当遇到用户需求不明确的问题时这一缺点最为突出。敏捷开发模型顺应时代的发展成为人们的首选，在它的迭代式开发模式下，开发工作被组织为一系列称为迭代的实现周期短小、固定长度的小项目，每次迭代都包含需求分析、开发、测试等一系列动作，通过迭代开发的方式可以在每次迭代时向客户细化需求，并不断调整开发过程，使其更接近用户需求。敏捷开发下的迭代周期都很短，通常在两周或三周左右。对于每次需求的变化，软件开发都要以最快的速度去调整。为适应这种变化，软件在程序设计上需要有更多可被重用的模块，应用架构方面也要能够应对其不断拆分或重组带来的变化。

微服务应用架构下，构成服务的粒度较小，代码逻辑简单、易维护、可替换性强。每个微服务都是独立运行的，每个产品功能由一个或多个微服务共同实现，对功能需求的变更只需增加或修改对应的微服务即可，其完全满足了敏捷式开发的需求，成为软件开发过程的必然选择。

13.1.2　微服务的技术特点

微服务是独立运行的、可被访问的服务单元。微服务架构是一种应用架构，架构中每个微服务可以独立部署，彼此之间是松耦合的。它集成了面向服务架构的诸多优点，且更注重以服务为单元的低复杂度、小体积形态，每个微服务代表一个较小的业务能力，多个不同的微服务可以被组织成可实现更复杂功能的集合。微服务适应了客观社会环境，能够有效满足敏捷开发的需求。Spring Cloud 是一套完整的微服务架构实践方案，它利用 Java 语言 Spring Boot 框架的开发便利性，使开发人员的开发项目与其提供的各微服务组件可以很方便地进行集成，使微服务架构的项目可以快速实施。本节便以 Spring Cloud 集成的常见的微服务架构组件为例，介绍微服务架构的技术特点。微服务架构的主要技术特点如下。

（1）服务注册发现

微服务架构中，为确保每个服务的高可用性，每个微服务都由多个部署相同代码的节点构成，每个微服务都会把自己的所有节点注册到注册中心。对于服务调用方，可以通过注册中心查询并发现期望调用服务的节点调用地址，以实现服务访问通信。注册中心会提供相应的检测机制，以确保被发现的节点地址是可用的。常用的服务注册与发现组件有 Spring Cloud Euraka、ZooKeeper、etcd、Consul。

（2）服务网关

微服务架构中，每个微服务都提供了一个小的应用功能，对于客户端来讲，要想完成一个较复杂的功能需要调用不同的微服务。为了便于客户端的访问及访问管理，在客户端和服务端之间增加了服务网关组件。服务网关为所有的微服务提供了一个唯一的入口，通过不同的路径将客户端的请求路由到不同的内部服务。通过服务网关还可以提供统一的用户鉴权、跨域访问、流量管控及数据整形等功能，既方便了微服务之间的访问，又减轻了开发工程师的工作量。常见的服务网关组件有 Spring Cloud Zuul、Kong（基于 OpenResty）及 Gravitee。

（3）配置中心

在传统模式下，每个应用都会存在对运行时的数据库、Redis 等组件或不同硬件配置下的运行参数进行修改的需求，这些修改都以配置文件的形式保存在代码包中。当每个微服务被拆分为更小的体积并独立部署时，部署节点的数量急剧增加，每个节点配置的修改也变得非常复杂。为了方便配置的修改，配置中心提供了一种配置文件与应用代码分离、集中修改的方法实现配置修改操作。每个服务将配置存储在配置中心，在每次启动时按需读取配置内容，完成配置加载的需求。常见的组件有 Spring Cloud Config、Apollo 及 Disconf。

（4）服务容错保护

微服务架构将原有的单体应用拆分为多个可独立运行的服务，使很多以前在单应用内存级的调用变成了网络调用。由于网络调用的不确定性或被调用方的可用性等因素极大地增加了访问响应延迟等问题的发生，相应地，调用方自身在等待期间无法响应上级服务的当前调用，若此时仍不断有相同的请求被发送过来，便会造成请求积压，甚至导致服务瘫痪。基于这种考量，Spring Cloud 在微服务架构中提供了断路器、线程隔离等一系列服务容错保护机制，以对调用的请求进行监控，当下游请求出错达到阈值时，将自动启动熔断，不再调用下游服务直接返回错误信息，当检测到下游服务器恢复时，则继续向下游服务器发送请求。常见的服务容错保护组件有 Spring Cloud Hystrix、Linkerd、Istio。

（5）分布式链路跟踪

在单体应用拆分为多个可独立运行服务的微服务架构中，服务节点不断增加，服务间的调用关系变得越发复杂。通常一个客户端请求会引发多个及多层级服务的调用，期间除了需要对容错保护机制进行监控，还需要对因调用关系而引发的链路性能进行分析监控。分布式链路跟踪会对客户端访问的每个请求创建一个唯一的跟踪标识，当请求在访问链路中流转时，跟踪系统将根据该跟踪标识实现对每个请求链路的监控。这些监控信息可以包括访问路径中的服务名称、请求耗时、方法错误等。常见的分布式链路跟踪组件有 Spring

Cloud Sleuth、Jaeger 和 Zipkin。

（6）微服务进程间的通信

微服务是通过网络实现通信的，服务的相互调用是进程间的通信调用。对于进程间的通信在通信机制上有两种，一种是 IPC（Inter-Process Communication）机制，其以 REST风格为代表，并完全通过 HTTP 协议实现，相对更加通用、规范；另一种是 RPC（Remote Procedure Call）机制，典型应用是 Google 开源的 gRPC 框架，它基于 HTTP/2 协议，使不同服务间的进程可以像调用本地方法一样调用远程方法。很多语言都支持这两种机制的实现，不同语言编写的服务都可以实现跨语言的进程间通信。在通信模式上有同步和异步之分，在同步模式下，服务间调用需要被调用方即时响应，在高并发场景下会出现阻塞；在异步模式下，服务间通过消息组件实现间接通信，可有效避免阻塞，同时还支持一对多的通信实现，常用的消息组件有 RabbitMQ、Kafka。

（7）支撑平台

碎片化是微服务的主要特征，因而微服务及微服务架构的运维变得更加复杂。容器化技术以进程级别虚拟化使每个微服务运行在传统物理机上，基于容器的管理系统 Kubernetes 为微服务提供了自动化的管理解决方案。Kubernetes 提供了包括自动化部署、运维、监控、负载均衡、灰度访问等功能，有效解决了碎片化微服务的运维管理问题。

13.1.3　微服务的进化

微服务架构技术仍在不断创新，人们围绕微服务不断提出不同的部署和使用方式，使得微服务架构技术不断进化。

（1）服务网格

服务网格（Service Mesh）是一种微服务架构形式，它将微服务独立运行时所依赖的服务组件功能与业务进程分离，使其作为一种可配置的基础设施层存在，每个微服务都包含一个基础设施，并在微服务间为业务进程提供快速、可靠、安全的通信保障。被分离的基础设施叫作 Sidecar，它实现了服务发现、负载均衡、链路跟踪、访问日志、身份验证、授权及容错保护等功能，使业务进程只关注于具体业务的实现即可。服务网格起源于开源项目 Linkerd，并因 Google 联合 IBM、Lyft 发起的 Istio 项目得到广泛推广。Istio 是基于 Kubernetes 容器管理框架实现的，并与 Kubernetes 系统实现了紧密的结合，它使用了 Kubernetes 的服务名及服务发现机制。Istio 的 Sidecar 可实现自动注入 Pod，并使集群内服务间的通信完全可被 Istio 监控。

❑ Istio 分为控制面板（Control Plane）和数据面板（Data Plane）。

❑ 控制面板负责实现与用户间的交互，实现监控数据的展示和数据面板相关配置的修改及存储。

❑ 数据面板由每个微服务的基础设施（Sidecar）组成，其负责与控制面板间的通信及具体微服务进程间的通信基础功能的实现，Istio 的 Sidecar 是通过 Envoy 实现的。

　　❏ 在 Kubernetes 中部署 Istio 后，Service 间的通信将不再通过 Kube-proxy，而是被 Istio 通过 iptables 规则转由 Sidecar 接管。

　　服务网格将 Spring Cloud 微服务架构中诸多组件通过基础设施层利用 Kubernetes 系统的特点注入微服务每个节点的 Pod 中，该方式对业务代码无侵入性，使开发工程师可以更专注于业务功能的实现，极大地减轻了进行软件开发的工作量，提高了软件生产效率。

　　（2）无服务器化

　　无服务器化（Serverless）并不代表没有服务器，服务器作为底层资源仍是软件运行的基础，它并不是不需要服务器，而是共享服务器资源。每个用户只需要考虑自己业务应用所需要的计算资源，而不需要关心其运行在什么样的服务器上。无服务器化是公有云产品的一个延伸，它极大地改变了程序设计的方法，对于非无服务器化下的程序开发，开发工程师需要对实现的业务代码加载诸多基础函数、进行打包编译和部署发布等一系列的操作。无服务器化则使开发工程师只需考虑具体代码的实现，甚至可以仅提供一段函数代码，就可以由无服务器化云平台完成一系列部署、发布、运行等操作。开源无服务器化应用 Kubeless 是基于 Kubernetes 系统实现的，它支持 Python、Node.js、Ruby、PHP、Go、.NET 等语言的运行时（runtime），也支持自定义运行时的方法。当用户提交一段函数代码或文件后，它会将这段函数与其依赖的运行时封装成可运行的服务，并以 Pod 的形式运行在 Kubernetes 集群中，调用方只需要通过 Kubernetes 提供的 Service 及 Ingress 提供的端口，使用基于 HTTP 的 REST 方式即可实现相应函数方法的调用。

　　无服务器化架构方式更细粒度地拆解了微服务，它使每个函数都可成为一个微服务的最小功能单元，极大减少了开发工程师所需考虑的非业务类额外因素，更包括代码可复用的公共组件等，使开发工程师们更专注于业务功能的实现，可以更快速地完成开发任务。

　　（3）持续进化

　　微服务概念自出现以来，大家一直在思考什么是"微"，就是微服务到底有多小、如何对现有的单体应用进行拆分。这个问题似乎很复杂，也让初识微服务的人对其望而却步，但无论是 Spring Cloud 架构、服务网格还是无服务器化都是将软件生产过程中可被重用的部分与业务代码分离，其本质上仍是结构化程序设计思想的延续，就是将复杂任务按照功能进行拆分，逐步细化并通过模块化的方式提高代码的可重用性，可将这类微服务架构统一称为结构化微服务架构。

　　在我们的认知中，我们周围所有客观存在的都是物质，每个物质都有它的物理属性和化学属性，分子、原子、离子是构成物质最基本的微粒。在自然界，物质的种类形态万千，物质的性质多种多样，但它们都有其特性，那就是客观存在，并能够被观测。我们可以将微服务架构中的微服务看作一个物质对象，微服务的名称、分类、接口地址、参数说明被定义为它的物理属性，微服务的接口被传递不同参数时产生的不同返回结果被定义为它的化学属性。对象类是组成微服务物质的分子，具有网络服务接口能力的一个或多个对象类构成一个微服务。这是以面向对象的思想构建微服务架构，多个对象类达到一定的规模就变成了单体应用，多个微服务之间被按照微服务架构的规则自动注册、彼此发现、共享数据、进行统一路由管理等则构成了更复杂的服务。

微服务在我们的现实世界里还需要不断进化，它已经变成客观存在，但以面向对象微服务架构的思想来看，它还不具备可被观测的特性，每个微服务的物理及化学属性应该形成一种标准和规范，可以在一定的授权范围内被用户观测和使用。例如 REST 风格或 gRPC 都是微服务化学反应的一种进程通信机制，无论使用哪一种，都应是物理属性中被声明的一部分，可以被外部用户直接观测。

人工智能技术已渗透到我们每个人的生活之中，未来计算机科学的各种应用都将以人工智能技术的方式体现。可被观测是微服务的一种基本特性，能够主动交流才是智能的体现，在具有智能特征的微服务架构体系中，每个微服务都应该可以智能地告诉服务中心：我是谁、我能做什么、如何和我交流并产生化学反应以及我的进化史。以公司为实体范围的内部用户将共享每个微服务提供的功能，用户通过服务中心检索每个分类的微服务，并按照自己的需求组装更复杂的功能。当网络中不存在符合功能的微服务时，工程师们可以根据需求添加新的微服务或对相似的微服务进行升级。服务中心管理着每个微服务的版本，并根据智能算法和微服务提供的测试声明确保其化学属性的可用性。

每个微服务均以对象类为最小粒度进行构建，当功能扩展的版本升级后，被智能中心扫描发现所包含的对象类达到技术体系约定的数量时，便会被要求拆分为多个独立的微服务。由于微服务的体量足够小、更加便于阅读，所以每个工程师将不再受传统部门或项目组的约束，其可自由地添加或更改自己所需要的微服务版本，包括更换为自己熟悉的编程语言。每个微服务接口名称将像物质分类一样被社会标准统一制定，即便开发人员遇到跨领域的开发需求，也只需在服务中心检索通用类目获得相应解释和定义，并按照约定的名称定义接口。

总之，自然界中的物质形态万千，同样，微服务应用的功能也是无穷无尽的，所以按照应用的功能进行拆分是无法找到固定拆分方法的，只要以对象类为最小维度构建，并确保其有物理和化学属性的特征，就可以构建一个微服务。笔者认为面向对象的微服务架构将是微服务进化的方向，微服务的粒度也只应与包含对象类的数量有关。

13.2　基于 Nginx 的微服务网关

Nginx 作为资深的代理负载服务器，在微服务的全生态架构方案中动作还是比较慢的，其在服务网格及无服务器化方面还在不断提升。Nginx 官方也提供了相应的产品组件，并在商业版本中提供了完整的微服务网关方案。在开源版本中，很多人都基于开源 Nginx 扩展版 OpenResty 实现了不同版本的微服务网关应用，本节将以已经商业化的开源微服务网关应用 Kong 为例，介绍 Nginx 在微服务网关中的应用。Kong 仍处在活跃开发的状态中，其1.0 以后的版本与早期版本有很大的不同，本章以最新版本 1.3 为例进行介绍。

13.2.1　Nginx 产品组件

微服务为软件生产带来了变革，相对地，也推动了 Nginx 应用产品的发展，在应对微服务架构的解决方案中，Nginx 产品组件中主要有如下 3 款产品。

（1）Nginx 控制器

Nginx 控制器（Nginx Controller）是 Nginx Plus 的 Web 集中监控和管理平台，提供了丰富的监控图表，使用户可以轻松地监视应用程序的运行状况和性能。使用 Nginx 控制器可以通过 Web 界面直观地集中管理数百台 Nginx Plus 服务器，其建立在模块化的架构体系上，可管理 Nginx Plus 的所有功能，包括其作为负载均衡、API 网关及作为 Service Mesh 环境中的代理服务等功能。负载均衡模块负责负载功能的配置、验证和故障诊断，API 模块允许用户定义、发布、保护、监视、分析 API，计划推出的 Service Mesh 模块将简化用户从 Kubernetes 的 Ingress 模式到 Service Mesh 体系结构的转变以应对数百个或数千个微服务的管理。

（2）交付网关

Nginx 将更注重成为其所代理后端的应用交付网关实现，作为各种应用的统一入口，实现访问入口路由、应用防火墙、内容缓存、负载均衡等功能。例如，成为微服务架构中的 API 网关或作为 Kubernetes 架构中的 Ingress 组件。

（3）Web 应用服务器

Nginx Unit 是一个支持多种语言、可动态配置的开源 Web 应用服务器，当前已经支持的语言有 Go、Node.js、Perl、PHP、Python、Ruby 和 Java。它于 2018 年推出，Nginx 官方正积极推动该项目的发展，也将提供对更多语言的解析支持。例如它支持 Java 语言的版本正在测试中，可以使 Java 应用以 Tomcat 兼容的方式被添加进来实现代码解析。Nginx Unit 提供了基于 RESTful API 的动态配置方法，简化了复杂的配置内容，标准化的 JSON 配置内容更便于阅读，对 Web 服务的配置变更均在内存中完成，无须中断服务。Nginx Unit 的最终目标是为多种语言应用创建一个统一的运行平台，并使应用程序代码以安全、可靠及最佳性能的方式运行。Nginx Unit 将应用运行的网络通信层与应用代码拆分，使应用代码可更专注于业务功能的实现，并能更方便地以 Service Mesh 方式作为微服务架构中的基础设施。

13.2.2　开源微服务网关 Kong

Kong 是一款开源的 API 平台，它是基于 Nginx 扩展版 OpenResty 的 Lua 应用，其将 Nginx 的配置解构成多个 Lua 应用模块，通过 Lua 应用实现了 Nginx 中各请求阶段的操作。Kong 把 Nginx 操作的配置存储在外部数据库中，并提供了 REST 风格的管理接口，用户可以通过管理接口实现 Kong 所有功能的动态操作。Kong 支持 PostgreSQL 和 Cassandra 两种数据库，可以通过数据库的主从同步或分布式部署实现配置数据的高可用，多台 Kong 服务器通过数据库共享配置数据，实现对多台 Kong 服务器的统一配置管理。Kong 提供了基于

Lua 脚本实现的多种功能插件，在将用户请求转发给后端服务之前，用户可使用这些插件实现用户请求的认证、访问限流、链路跟踪、日志处理等各种操作。Kong 是一个微服务网关平台，它作为微服务 API 的统一入口对外提供服务，为方便 API 的管理，定义了如下术语。

1. 消费者

Kong 系统中，把访问微服务 API 的用户定义为消费者，用户可以通过消费者对象定义消费者身份，并可通过相关插件实现消费者访问路由规则或服务的授权。

2. 消费者接口

消费者接口是消费者访问微服务 API 的接口，用于实现后端被代理目标的访问转发。

3. 管理接口

管理接口是进行 Kong 功能配置的接口，可通过管理接口对操作对象进行配置，其约定了 REST 风格的语法，用户可以很容易地通过管理接口实现对 Kong 的功能配置。

4. 操作对象

Kong 为方便实现 Nginx 配置的动态管理，定义了多个操作对象和对象参数，通过管理接口对不同的操作对象按照该对象的对象参数进行配置，可以非常快速地完成 Kong 的管理操作。Kong 常用的操作对象有目标（target）对象、上游（upstream）对象、服务（service）对象、路由（route）对象、消费者（consumer）对象、插件（plugin）对象、证书（certificate）对象、CA 证书（CA Certificate）对象、SNI 对象。

目标对象和上游对象构成真实的被访问服务器集群，可通过上游对象实现目标对象的负载均衡、会话保持等配置。路由对象和服务对象构成了 Nginx 虚拟主机的访问入口路由和转发目标的配置，服务对象可以直接代理一个外部主机域名，也可以直接关联上游对象实现用户请求的转发。插件对象由不同的功能插件脚本组成，其可以与路由对象、服务对象及消费者对象关联，实现消费者对象请求转发给后端服务之前的各种功能操作。消费者对象用于描述客户端标识，通过认证及 ACL 插件可以对其进行访问认证和访问路由对象或服务对象的授权。证书对象、CA 证书对象、SNI 对象均用于 SSL 相关配置。

由于管理工具 Konga 基于管理接口提供了更加方便的 Web 化操作方式，这里为方便读者理解和操作，便直接使用 Konga 配置界面的对象参数介绍 Kong 的相关操作对象和对象参数。

（1）目标对象

目标对象等同于 Nginx 配置中上游服务器的主机，一个上游对象可以关联多个目标对象，目标对象的配置是动态即时生效的。由于上游对象需要维护目标对象的变更记录，因此目标对象只能手动或通过管理接口 DELETE 方法设置权重为 0。目标对象的对象参数说明如表 13-1 所示。

表 13-1　目标对象参数

参 数 名	参数说明
Target	被访问的真实服务器，可以是 IP：Port，默认端口为 8000，也可以是域名
Weight	当前目标对象在上游对象中的权重，默认为 100，取值范围为 0～1000

（2）上游对象

Kong 的上游对象用于描述 Nginx 配置指令域 upstream 的配置内容，Kong 支持对其所关联的目标对象进行主动或被动健康检测的设置。Kong 为方便上游对象及其关联目标对象的管理，通过 Lua 脚本实现了加权轮询（round-robin）、一致性哈希（consistent-hashing）、最少连接（least-connections）负载均衡算法，默认为轮询。一个上游对象由多个目标对象组成，可以通过管理接口实现目标对象的动态变更。通常在一致性哈希算法和加权轮询负载策略下，目标对象数量的动态变化会引起负载策略的重新计算，虽然这种影响无法避免，但为了降低因负载算法重新计算产生的影响，Kong 为每个上游对象定义了一个环平衡器（ring-balancer），每个环平衡器有预先定义好数量的插槽（slot），上游对象中的每个目标对象将根据其权重被分配到相应数量的插槽，当目标对象数量变化时，只需对部分目标对象重新分配插槽而不需要负载策略的重新计算。环平衡器只有在上游对象更改总插槽数时才会进行负载策略的重新计算，目标对象初始分配的插槽数官方建议至少为 100 个，当上游对象预期为 8 个时，即使初始时为两个目标也至少应将总插槽数定义为 800。上游对象的对象参数说明如表 13-2 所示。

表 13-2　上游对象参数

参 数 名	参数说明
Name	上游对象实例的名称
Hash on	设置是否启用一致性哈希负载，选项为 none 及哈希类型 consumer、ip、header 或 cookie，默认为 none，即仅使用加权轮询对目标对象实现负载
Hash on header	当哈希类型被设置为 header 时，此参数用于指定请求头字段的名称
Hash on cookie	当哈希类型被设置为 cookie 时，此参数用于指定 cookie 字段的名称，如果请求的 cookie 中无此字段，Kong 将为该字段生成一个值并在响应头中设置客户端 cookie
Hash on cookie path	当哈希类型被设置为 cookie 时，此参数用于指定 cookie 路径的值，默认为 /
Hash fallback	如果启用一致性哈希负载策略，若用户的请求无法计算哈希值时，此处可指定一个备份哈希类型，选项为 none、consumer、ip、header 或 cookie，默认为 none。如果哈希类型设置为 cookie，则参数无效
Hash fallback header	当备份哈希类型被设置为 header 时，此参数用于指定请求头字段的名称
Slots	上游对象环平衡器的总插槽数，取值范围为 10～65536，默认值为 1000

（3）服务对象

Kong 中的服务（Service）对象是指被代理的服务目标，既可以是一个域名，也可以是一个上游对象的名称，区别在于是否由 Kong 实现负载均衡。每个服务对象可以关联多个路由对象。一个服务对象只能关联一个上游对象或被代理的主机域名。服务对象的对象参数说明如表 13-3 所示。

表 13-3　服务对象参数

参 数 名	参数说明
Name	服务对象实例名称
Description	服务对象实例描述
Tags	服务对象实例标签
Url	为方便配置，通过 URL 形式描述被代理主机的通信协议（Protocol）、主机（Host）、端口（Port）及路径（Path）的配置
Protocol	与被代理服务目标的通信协议。可选项为 http 或 https
Host	上游对象名或被代理的主机域名
Port	当前主机端口。默认为 80
Path	被代理主机的访问路径。默认为空
Retries	访问失败时执行重试的次数。默认为 5
Connect timeout	与被代理主机的连接超时时间，单位为毫秒。默认为 60000
Write timeout	与被代理主机的连续写超时时间，单位为毫秒。默认为 60000
Read timeout	与被代理主机的连续读超时时间，单位为毫秒。默认为 60000

（4）路由对象

路由（Route）对象用于表示 Nginx 配置中虚拟主机的配置，对应 Nginx 的指令域 Server 及其包含的 location 配置。Kong 配置结构中，因为服务对象用于关联被代理的目标，而路由对象单独存在没有意义，所以其必须与服务对象关联使用。路由对象的对象参数说明如表 13-4 所示。

表 13-4　路由对象参数

参 数 名	参数说明
Name	路由规则名称
Hosts	当前路由规则匹配的虚拟主机名称，同 Nginx 配置指令 server_name 的设置。该指令值是个列表值，可以输入多个
Paths	当前路由规则匹配的路径，同 Nginx 配置指令 location 的配置。该指令值是个列表值，可以输入多个
Regex priority	在同一虚拟主机下，当用户请求的路径被正则匹配到多个时，将只匹配该设定值最低的路由规则，Nginx 路径匹配优先级规则可参见 3.3.3 节。默认值为 0

（续）

参 数 名	参数说明
Methods	当前路由规则允许的 HTTP 请求方法。它是个列表值，可以输入多个
Strip Path	当用户请求匹配当前规则时，设置是否在转发给服务对象的请求 URL 中包含当前路由规则匹配的路径。默认值为 false，表示保持用户请求的 URL 不变。当指令值为 true 时，相当于把用户请求 URL 中的当前路由规则匹配的路径替换为空。当代理协议为 GRPC 或 GRPCS 时不能使用该参数
Preserve Host	设置是否将用户请求当前虚拟主机的域名作为转发给服务对象的请求头中 Host 的值。默认为 false，当设置为 true 时，Kong 发送给服务对象请求头中 Host 的值为当前用户请求的域名
Protocols	当前路由规则支持的用户访问协议，该参数选项是个列表值，默认为 ["http"，"https"]，可以输入选项为 http 和 https，当只选 https 时，所有 HTTP 请求都将跳转到 HTTPS

（5）插件对象

插件对象用于对用户在消费接口的请求 / 响应闭环中的不同插件执行方法进行配置，不同的插件与路由对象、服务对象及消费者对象关联，实现对消费者对象在 Nginx 中各请求阶段的相关操作。Kong 的插件对象既可以关联到服务对象，实现所有该服务的请求控制，也可以关联到路由对象，仅对某些路由接口的请求进行控制，甚至是更细粒度的，仅对指定的消费者进行控制。一个插件在一个请求的生命周期中只运行一次，当一个插件被与多个操作对象关联时，与路由对象、服务对象及消费者对象这 3 个对象关联的越具体则执行优先级最高，插件的全局配置优先级最低。

（6）消费者对象

消费者对象是描述用户身份的对象，通过认证及 ACL 插件可以对其进行访问认证和访问路由对象或服务对象的授权。

（7）证书对象

证书对象表示 HTTPS 域名关联的证书，证书对象用于存储 SSL 证书的公共证书 / 私钥对。Kong 使用这些对象来处理加密请求的 SSL 终止。

（8）CA 证书对象

CA 证书对象表示受信任的 CA。Kong 使用这些对象来验证客户端或服务器证书的有效性。

（9）SNI 对象

Kong 的 SNI（Server Name Indication）对象可与证书对象进行关联，将证书 / 密钥对绑定到一个或多个域名。SNI 是一种改善 SSL/TLS 的技术，用于对客户端请头中 Host 字段进行处理，通过对 Host 字段的识别解决了当一个服务器绑定多个域名时 SSL 证书选择的问题，服务器将根据 Host 字段的域名返回该域名的 SSL 证书。

13.2.3　安装部署

Kong 可以灵活地部署在用户的局域网中，其同样支持多种部署方式，官方在

DockerHub 上提供了 Docker 镜像，方便用户快速实现 Kong 的 Docker 化部署。部署步骤如下。

（1）首先初始化系统环境并安装 Docker 应用，配置样例如下：

```
# 安装yum工具
yum install -y yum-utils
# 安装Docker官方yum源
yum-config-manager --add-repo https://download.docker.com/linux/centos/docker-ce.
    repo
# 安装Docker及docker-compose应用
yum install -y docker-ce docker-compose
# 设置Docker服务开机自启动
systemctl enable docker
# 启动Docker服务
systemctl start docker
```

（2）Kong 应用部署

Kong 将 Nginx 的配置存储在外部数据库，可以通过自带的数据库初始化命令自动完成数据库表结构的创建和初始数据的添加，为方便一次性创建，该脚本会启动独立的容器 kong-migrations 来完成此项操作。此处脚本创建的 Kong 规划为主管理服务器，管理接口不提供外部访问，仅提供在同一虚拟网络内的 Web 工具的访问，因此设置为固定 IP。Docker-compose 脚本内容如下：

```
version: '2.1'
# 创建名为kong-net的虚拟网络
networks:
    kong-net:
        ipam:
            config:
            - subnet: 172.19.0.0/24
              gateway: 172.19.0.1
        name: kong-net
services:
# 创建用于数据库初始化的独立容器
    kong-migrations:
        hostname: kong-migrations
        container_name: kong-migrations
        image: kong:latest
        command: kong migrations bootstrap
        depends_on:
            db:
                condition: service_healthy
        env_file:
            - .env_kong
        links:
            - db:db
        networks:
            - kong-net
        restart: on-failure
```

```
# 创建Kong容器
    kong:
        hostname: kong-nginx
        container_name: kong-nginx
        image: kong:latest
        depends_on:
            db:
                condition: service_healthy
        env_file:
            - .env_kong
        networks:
            kong-net:
                ipv4_address: 172.19.0.201
        ports:
            - "8000:8000/tcp"        # 用于监听HTTP协议的消费接口，实现用户请求的接入
#           - "8001:8001/tcp"        # 用于监听HTTP协议的管理接口，此处关闭外部访问
            - "8443:8443/tcp"        # 用于监听HTTPS协议的消费接口，实现用户请求的接入
#           - "8444:8444/tcp"        # 用于监听HTTPS协议的管理接口，此处关闭外部访问
# network_mode: host                 # 在高并发应用场景下，可以将Docker容器以host模式运行，
                                     # 提高传输效率
        healthcheck:
            test: ["CMD", "kong", "health"]
            interval: 10s
            timeout: 10s
            retries: 10
        restart: on-failure
# 创建Kong的postgreSQL数据库容器
    db:
        hostname: kong-postgres
        container_name: kong-postgres
        image: postgres:9.5
        env_file:
            - .env_postgress
        healthcheck:
            test: ["CMD", "pg_isready", "-U", "kong"]
            interval: 30s
            timeout: 30s
            retries: 3
        restart: on-failure
        stdin_open: true
        tty: true
        networks:
            - kong-net
                ipv4_address: 172.19.0.202
        volumes:
            - /opt/data/apps/kong/postgresql/data:/var/lib/postgresql/data
```

环境变量文件内容如下：

```
cat>.env_kong<<EOF
KONG_ADMIN_ACCESS_LOG=/dev/stdout
KONG_ADMIN_ERROR_LOG=/dev/stderr
KONG_ADMIN_LISTEN=0.0.0.0:8001
KONG_CASSANDRA_CONTACT_POINTS=db
```

```
KONG_PROXY_ACCESS_LOG=/dev/stdout
KONG_PROXY_ERROR_LOG=/dev/stderr
KONG_DATABASE=postgres
KONG_PG_DATABASE=kong-data
KONG_PG_HOST=db
KONG_PG_PASSWORD=kong
KONG_PG_USER=kong
EOF

cat>.env_postgress<<EOF
POSTGRES_DB=kong-data
POSTGRES_PASSWORD=kong
POSTGRES_USER=kong
EOF
```

（3）Kong 的 Web 管理工具 Konga

Konga 是基于 Node.js 开发的 Kong 开源管理工具，它不仅提供了 Kong 管理接口的全部操作对象的管理功能，同时还可以对多个 Kong 节点进行管理，包括 Kong 节点的备份、还原、健康监测等，还提供了多用户的功能，让 Kong 的日常管理操作可以更加方便灵活。

Konga 通过数据存储操作用户及 Kong 管理相关的配置，此处与 Kong 共用 PostgreSQL 数据库，可通过如下命令创建并初始化数据库实例 konga：

```
docker run --network kong-net --rm pantsel/konga -c prepare -a postgres -u
    postgresql://kong:kong@172.19.0.202:5432/konga
```

编写 docker-compose 脚本，脚本内容如下：

```
version: '2.1'
services:
# 创建konga容器
    konga:
        hostname: konga
        container_name: konga
        image: pantsel/konga
        env_file:
            - .env_konga
        external_links:
            - kong-postgres:db
        ports:
            - "1337:1337/tcp"
        networks:
            - kong-net
# 加入名为kong-net的虚拟网络
networks:
    kong-net:
        external: true
        name: kong-net
```

环境变量文件内容如下：

```
cat>.env_konga<<EOF
DB_ADAPTER=postgres
DB_HOST=db
DB_USER=kong
DB_PASSWORD=kong
DB_DATABASE=konga
NODE_ENV=production
EOF
```

Kong 集群只需在其他服务器部署 Kong 节点并连接到同一个 PostgreSQL 数据库即可，Kong 为避免频繁地进行数据库连接，会将数据库的内容缓存在本机内存中，管理接口修改数据库配置后，Kong 的配置会在同步周期下一次开始时生效，同步周期可以通过配置文件 kong.conf 中的配置参数 db_update_frequency 进行修改，默认时间为 5 秒。

13.2.4　微服务网关应用

作为一款微服务网关应用，Kong 通过插件功能实现了微服务网关的多种功能，此处分别以访问认证、请求终止、数据整形为例，为了方便读者理解和应用，此处均使用管理接口直接操作，功能参数仍以 Konga 页面显示的名称进行说明。

（1）访问认证

Kong 提供了基本认证、密钥认证、OAuth2 认证、HMAC 认证、JWT 认证、LDAP 认证等多种方式的认证插件，此处列举常见的密钥认证方式配置。密钥认证插件参数说明如表 13-5 所示。

表 13-5　密钥认证插件参数说明

参 数 名	参数说明
consumer	消费者 ID，如果为空则对所有消费者有效
key names	密钥名称，用户可在请求头或请求参数中使用该字段提交密钥，该值为数组，可以添加多个名称。密钥名只能包含 [a-z][a-z][0-9][uu] 和 [-]
hide credentials	设置是否将密钥名称字段传递给被代理服务器，指令值为 true 时将不向被代理服务器传递该字段
anonymous	如果身份验证失败，则用作 anonymous 消费者的可选字符串（消费者对象实例 uuid）值。默认值为空，表示直接返回验证失败状态码 4××。此值必须引用 Kong 内的消费者 ID 属性，而不是 "custom_id"
key in body	如果设置为 true，Kong 插件将尝试从请求体中读取密钥名称，支持请求体的 MIME 类型有 application/www-form-urlencoded、application/json 和 multipart/form-data
run on preflight	如果设置为 true，该插件将在请求之前运行。否则在请求任何阶段均被允许

接口认证是服务开发中常见的功能，Kong 插件的认证功能可以让开发工程师不必单独

开发此功能，仅需选择使用 Kong 的认证机制或通过认证转发使用内部的认证服务器，让所有的接口服务很容易地实现统一认证的功能。在下面的配置样例中，在 Konga 中按照参数配置添加密钥认证插件，认证密钥名称为 apikey。

```
# 创建服务
curl -i -X POST \
--url http://10.10.4.8:8001/services/ \
--data 'name=baidu' \
--data 'url=https://www.baidu.com'

# 创建路由
curl -i -X POST \
--url http://10.10.4.8:8001/services/baidu/routes \
--data 'name=baidu' \
--data 'paths[]=/v1/baidu'

# 访问测试，确认路由规则
curl -i -X GET \
    --url http://10.10.4.8:8000/v1/baidu

# 关联插件到路由对象实例baidu
curl -i -X POST \
    --url http://10.10.4.8:8001/routes/baidu/plugins \
    --data "name=key-auth" \
    --data "config.key_names=apikey" \

# 创建消费者
curl -d "username=test123" http://10.10.4.8:8001/consumers/

# 创建消费者密钥
curl -X POST http://10.10.4.8:8001/consumers/test123/key-auth -d ''

# 查看并获得密钥
curl http://10.10.4.8:8001/consumers/test123/key-auth

# 消费者使用密钥访问
curl -i -X GET \
    --url http://10.10.4.8:8000 \
    --header "apikey: xKgpAM6qBQE3e8nrR51dIrK89ggRdelf"
```

（2）请求终止

请求终止（request-termination）插件原设计场景是进行请求熔断等安全管理，但其同样适用于做依赖该接口的测试桩场景，通过 Kong 的请求终止插件可以非常快速地实现该功能，而且不需要做任何代码改动，测试桩的创建和撤销也非常简单。插件参数说明如表 13-6 所示。

表 13-6　请求终止插件参数

参 数 名	参 数 说 明
consumer	消费者 ID，如果为空则对所有消费者有效
status code	返回响应状态码
content type	相应数据 MIEM 类型
body	设置响应数据内容

下面是一个测试桩的样例，该插件可以对当前接口的请求返回固定格式的 JSON 数据，该场景可以满足不同团队合作时在真实业务 API 代码开发完毕前，让合作方、前端及测试人员进行代码升级或测试。

```
# 创建服务
curl -i -X POST \
--url http://10.10.4.8:8001/services/ \
--data 'name=baidu' \
--data 'url=https://www.baidu.com'

# 创建路由
curl -i -X POST \
--url http://10.10.4.8:8001/services/baidu/routes \
--data 'name=baidu2' \
--data 'paths[]=/v2/baidu'

# 访问测试，确认路由规则
curl -i -X GET \
    --url http://10.10.4.8:8000/v2/baidu

# 关联插件到路由对象实例baidu
curl -i -X POST \
    --url http://10.10.4.8:8001/routes/baidu2/plugins \
    --data "name=request-termination" \
    --data "config.status_code=200" \
    --data "config.content_type=application/json; charset=utf-8" \
    --data "config.body={\"status\": 200, \"data\": {\"status_code\": 403,
        \"message\": \"测试数据\"}, \"message\": \"专业测试桩\"}"

# 测试结果
curl -i -X GET \
    --url http://10.10.4.8:8000/v2/baidu
```

（3）数据整形

通常一套服务提供的 JSON 格式数据是固定的，但在多个团队的开发合作中，可能需要对接口数据返回格式有不同的需求，以往大家都希望用一个统一的标准进行规范化的 JSON 数据格式输出，但执行起来则会遇到诸多现实问题。通过 Kong 的插件可以让使用方和供给方不必再为这种标准而纠结，开发人员不需要修改代码，仅需要简单进行 Lua 脚本编写就可以实现现有服务的供给或使用需求，这里使用 Kong 的第三方插件 API 转换（API

Transformer）插件做样例在中间进行数据整形，大家也可以根据实际需求定制自己的 Kong 插件。API 转换插件功能参数如表 13-7 所示。

表 13-7　API 转换插件参数

参 数 名	参数说明
consumer	消费者 ID，如果为空则对所有消费者有效
request transformer	请求数据整形脚本路径，必选项
response transformer	响应数据整形脚本路径，必选项
http 200 always	HTTP 响应码总为 200

此处演示将管理接口返回的 JSON 数据格式修改为前端 jQuery 插件 DataTables 的数据格式。因 API 转换插件的 request_transformer 参数为必选项，即便不需要请求阶段数据整形，也要为此参数指定文件，如下样例中将创建一个返回空数据的 req.lua 文件。

```
# 安装插件
git clone https://github.com/qnap-dev/kong-plugin-api-transformer.git
cd kong-plugin-api-transformer
luarocks make

# 启用插件，需要重启Kong才可生效
sed -i "/\"session\",/a\   \"api-transformer\"" /usr/local/share/lua/5.1/kong/
    constants.lua

# 创建服务，代理目标为管理接口
curl -i -X POST \
--url http://10.10.4.8:8001/services/ \
--data 'name=adminapi' \
--data 'url=http://10.10.4.8:8001'

# 创建路由
curl -i -X POST \
--url http://10.10.4.8:8001/services/adminapi/routes \
--data 'name=adminapi' \
--data 'paths[]=/adminapi'

# 访问测试，确认路由策略
curl -i -X GET \
    --url http://10.10.4.8:8000/adminapi

# 关联插件到路由adminapi
curl -X POST http://10.10.4.8:8001/routes/adminapi/plugins \
    --data "name=api-transformer" \
    --data "config.request_transformer=/etc/kong/scripts/req.lua" \
    --data "config.response_transformer=/etc/kong/scripts/datatables.lua" \
    --data "config.http_200_always=true"

# 创建req.lua，此处需要在Kong系统中进行操作
mkdir -p /etc/kong/scripts
```

```
echo "return true, \"\"" > /etc/kong/scripts/req.lua

# 创建响应数据整形脚本datatables.lua，此处需要在Kong系统中进行操作
cat>/etc/kong/scripts/datatables.lua<<EOF
local return_body = {
    data = {}
}
local _resp_json_body = ngx.ctx.resp_json_body
return_body.data = _resp_json_body.data
local i = 0;
for _, obj in pairs(return_body.data) do
    # 此处可进行相关字段的变更或过滤
    i = i + 1;
end
return_body["page_size"] = i
return_body["recordsFiltered"] = i
return_body["recordsTotal"] = i
return true, _cjson_encode_(return_body)
EOF

# 访问测试，确认返回数据
curl -i -X GET \
    --url http://10.10.4.8:8000/adminapi/routes
```

Kong 的插件都是基于 Lua 脚本实现的，通过 Nginx 可以实现用户请求过程中各阶段的数据操作，此处不再举例，大家可以根据实际需求灵活使用 Kong 的功能。

推荐阅读